漫谈光通信

模块卷

匡国华 著

上海科学技术出版社

图书在版编目（CIP）数据

漫谈光通信. 模块卷 / 匡国华著. -- 上海 : 上海科学技术出版社, 2023.1（2024.1重印）
ISBN 978-7-5478-6005-2

Ⅰ. ①漫… Ⅱ. ①匡… Ⅲ. ①光通信 Ⅳ. ①TN929.1

中国版本图书馆CIP数据核字(2022)第217684号

漫谈光通信·模块卷

匡国华　著

上海世纪出版(集团)有限公司
上海科学技术出版社　出版、发行
(上海市闵行区号景路159弄A座9F-10F)
邮政编码 201101　www.sstp.cn
常熟高专印刷有限公司印刷
开本 787×1092　1/16　印张 30
字数 474 千字
2023 年 1 月第 1 版　2024 年 1 月第 2 次印刷
ISBN 978-7-5478-6005-2/TN·35
定价：98.00 元

前　言

从2015年写公众号开始，一晃儿就进入第7个年头了，日子过得真快，体会也不同。

2018年出版的《漫谈光通信》，主要是2015年和2016年公众号中的一部分内容，本书主要是2017—2019这3年的学习笔记。

这些散乱的笔记，有个乱中有序的规律，从对一个技术点的疑惑开始，收集相关资料，分析，整理，输出，反馈，修订。

收集-分析-整理-输出，是很多人的学习方式，我也一样，第一步的输出，虽然包括了一些前期资料的理解和转化，但错误频出，接纳这些错误是我这些年受益匪浅的心理过程。

在没有公开之前，那些是不是错误，其实我并不知道，换句话说，也许这些错误会伴随我度过未来的中老年日子。

当有机会公开，就有机会得到反馈，虽然反馈有正向积极的，也有负面消极的，去除情绪干扰，剩下的就是让我知道哪些地方是要改正的，这个步骤对我来说很重要，因为有了成长的契机，下一步就会去修订错误知识点，得到改进和提升。

收集-分析-整理-输出-反馈-修订-提升……螺旋曲线就是工作之余学校之外碎片化时间，碎片化学习的一条隐藏曲线。

目　录

波分与骨干网

5G 与 5G 光模块

PON光模块

光学透镜

合分波 MUX/DeMUX

隔离器

TEC热电制冷器

波长选择开关（WSS）

电接口

发射端电路简析

接收端电路简析

高速信号处理

波分与骨干网

高速通信为什么选光-电的趋肤效应

光通信选光，是因为信号速度增加电就传不远，有趋肤效应、介质损耗等。本节详细聊聊什么是趋肤效应。

很多时候，大家看到的电传输是下图这样的。

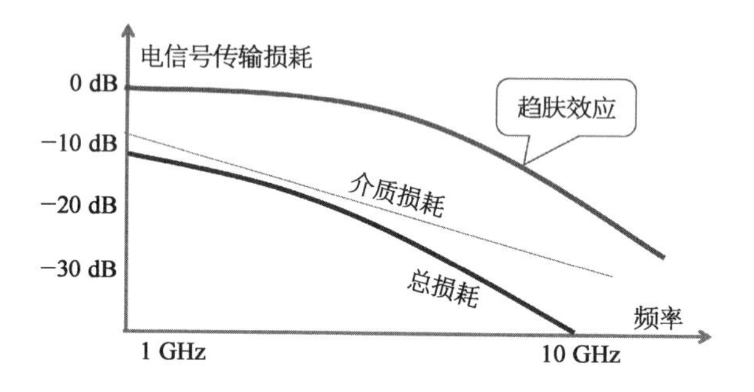

电信号，有电流、无电流，在数字通信领域，就是代表二进制的两个态。

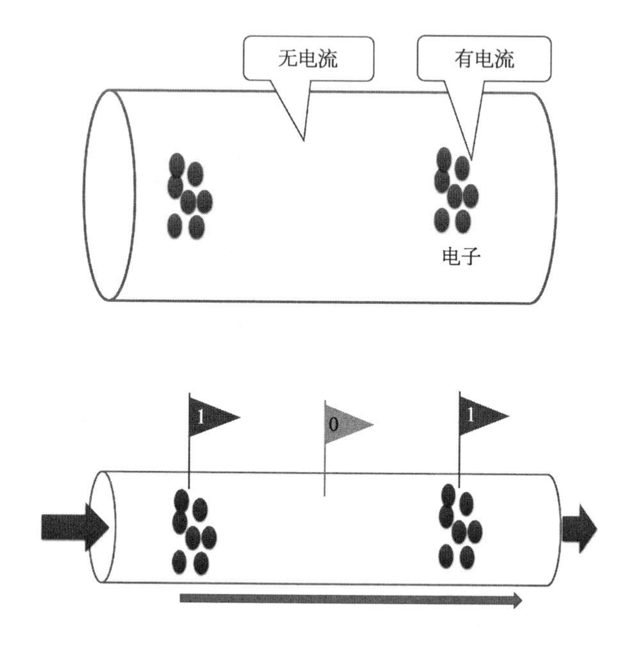

当电场变化时会产生磁场，想当年，上初中咱们就天天攥着拳头算方向……曾经都是学霸。

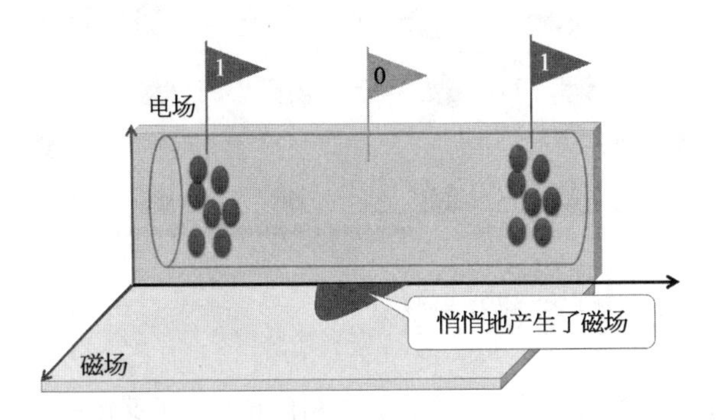

咱们想提高信号传输的频率。

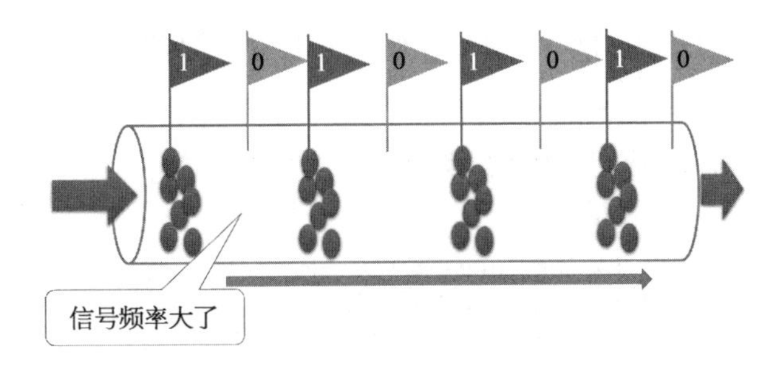

磁场也悄悄地变大啦。

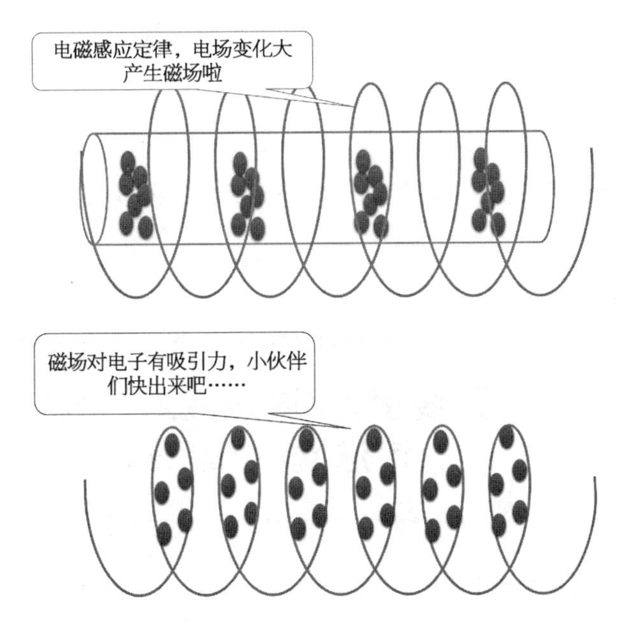

然后就这样儿了。

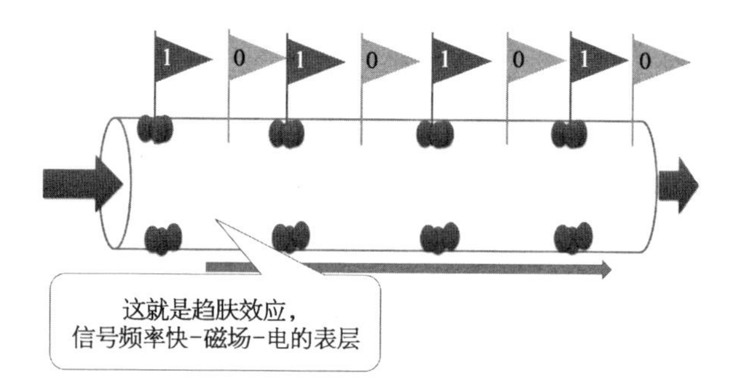

电子们都挤一堆儿，不管东家给了多粗的电线，我就用一层。这等于有效导电面积降低，电阻增加了。

导线希望是0电阻，畅行无阻，可看样子电阻增加，电流还能传多远呢，秒秒钟就消耗掉了。

话说，电不听话，咱们不较劲，换个更好的平台。

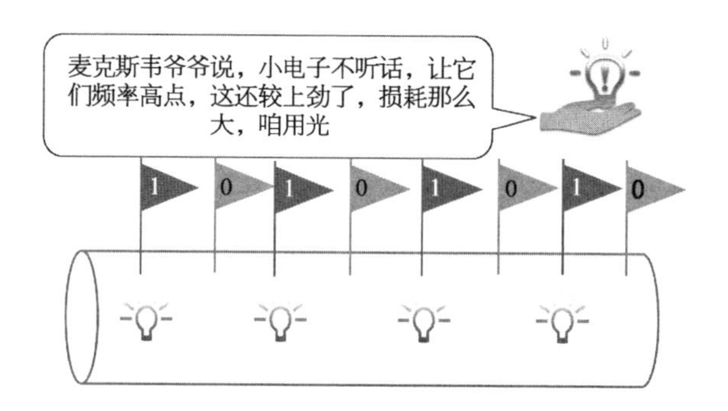

光也好，电也好，都在宇宙最霸气的麦克斯韦方程组中。

区别　传送网/承载网，有线接入/无线接入/城域接入，城域传送网/IP 承载网

传送网与承载网的区别：

传送网,主要对象是语音业务,也就是传说中要保证电话打得通、听得清……

承载网,主要基于 IP 承载,主要对象是互联网业务,也就是要保证咱们上网上得快……

传送网,这个词儿比较早,网络最早的业务就是打电话啊,固话最早,后来有了移动电话,最近的十来年,互联网发展越来越重要,也就更多关注承载网。

二网的业务有重叠,未来也会越来越多地融合。

局域网、城域网和广域网的区别:

局域网,是一个学校、一个公司,或者咱几个人连个网,就是局域网,很小范围内的网络。

城域网,就是一个城市的网络。

广域网,比城域网大的网络,可以是好多好多个城市的省,甚至可以是一个国家的网络。

这是基于地域的概念。

无线接入、有线接入与城域接入的区别:

与终端相连的网络,就是接入网。

与有线终端相连的网络,就是有线接入网,也叫固网接入,家里的座机就是固定电话。

与无线终端相连的网络,就是无线接入网,也是移动接入,手机是无线电话,也是移动电话。

各种 PON 网络是有线接入,各种基站发射的无线信号就是无线接入。

城域网,一个城市里的网络架构,分为城域接入、城域汇聚、城域核心网。

城域网中的有线接入和无线接入,就叫城域接入,再一层层传到省级、国级、国际网络。

城域传送网与 IP 城域网的区分:

城域网,是地域概念。

传送网与承载网是业务概念,承载就是承载的 IP 业务。

这个城域网的业务以电话语音为主的就叫城域传送网,或者叫城域传输网。

这个城域网的业务以上网为主,就叫 IP 城域网。

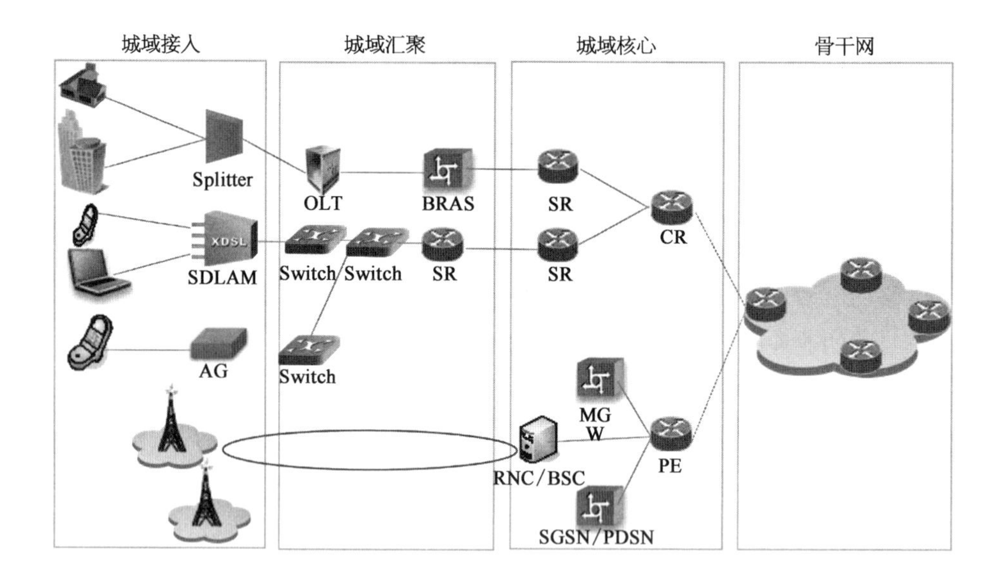

小结：

传送网与承载网，是业务的不同。

局域网/城域网/广域网，是地域的概念。

有线接入与无线接入，是终端类别的不同。

IP 与 IP 承载，传送网与承载网

语言是人们交流的基础工具，在古代交通不发达的时候，会说当地语言即可。比如，粤语是广东一带的局域语，闽南语是福建一带的局域语，反正不出门，在这个局域内信息交流无障碍。再扩大一些，意大利有意大利的语言体系，汉语也有自己的语言体系……

人类进入如今国际化的时代，一个意大利人、一个英国人和一个中国来的广东人，坐在一起也可以交流，一般选择用英语。

英语，这时候就成为国际语。

汉英词典、意英词典等，这种语言协议，就是翻译，可以称之为国际语言协议，有了这个协议，信息交换就能实现。

IP(Internet Protocol,网际协议),是将不同的局域网(比如以太网)或各种分组交换网统一起来的网络之间的协议。

有了通用的网际协议,各种数据交换就能实现。

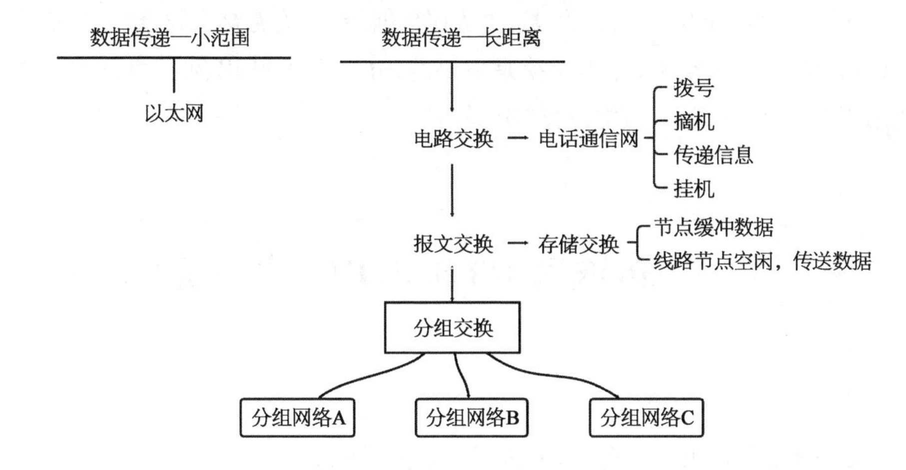

数据传递,以太网是一种典型的内部局域网的交换协议,在城域网和数据中心中应用很广泛。

长距离的数据传递,起初是在电话网络的基础上发展而来的。

电话网络,目的是传语音,叫作传送网。电话的英文为 telephone,传送网的英文为 tele communication(telecom)。

后来有了一些需求,如传递个电子邮件啊、图片啊……这就是数据互联,英文为 data communication(datacom)。

长距离的数据传输,发展的初期是承载在语音电话网络上的,叫“承载网”,同样的网络线,在传送语音之外,承载了数据的传输。

长距离的数据传输,经过了几个阶段:

电路交换,就是和打电话一样的:拨号,对方摘机,双方开始通信传数据,之后挂机。

后来,电路交换的线路利用率太低,就有了报文交换。咱们准备的一条信息,贴个地址条,就交给网络,网络瞅空,线路上没有其他数据时,它就给你传到下一个节点。

报文交换,线路的利用率高了,可信息传递的时间是不可控的。

再后来,就有了分组交换,把报文切成标准的小数据包,然后编上号,发出去。颗粒小,容易找到线路的时隙。接收方收到小块信息,组装起来,就好。

分组,这就有了很多种分法,像各国之间的语系。

各种分组网,要进行互联,那就需要网际协议,就是 IP。

所以,在传统的电信传送网上,要实现数据传输,就需要承载,现在几乎没有电路交换和报文交换,分组交换是主要的,分组之间的 IP 网际协议是一种通用语言,所以承载网,经常特指"IP 承载"。

传送网 OTN 与 PTN 的区别

在聊传送网时,OTN 与 PTN 有什么区别,OTN 主要说的是管道,PTN 主要说的是业务,传送网的发展路线和逻辑关系见下页图。

20 世纪 70 年代开始时,光纤传输,大家做业务的目标就是能通信息,能用,结果形成所谓的传输格式的两大体系:欧洲一套标准,美国一套标准。

三大地区是日本、美国和欧洲这 3 个光纤通信早期玩家,各有各的传输协议。

这样的方式,信息交互要跨洲的话,就很难实现了。

1985 年,贝尔实验室就在研究对于上一代通信格式来说更加标准化的方式,叫 SONET。

1988 年,ITU-T,国际电信联盟把基于 SONET 的技术进行全球标准化,可以支持全球互通的国际光纤传输标准就定义为 SDH,解决的是全球互通性。

同时,波分复用(WDM)技术也开始发展,解决的是信道容量的难题。

SDH 和 WDM 的区别:

当年秦始皇统一天下,有一个影响了后代的巨大工作,叫统一度量衡,其中一条就是"车同轨",战国时期各个诸侯国的战车制式各不相同,修的路也是宽窄不一,车同轨的意思是车要一致,路也要一致。

SDH,关注的是传输业务,换句话说,他们是研究"车同",车的大小,各种配件接口……

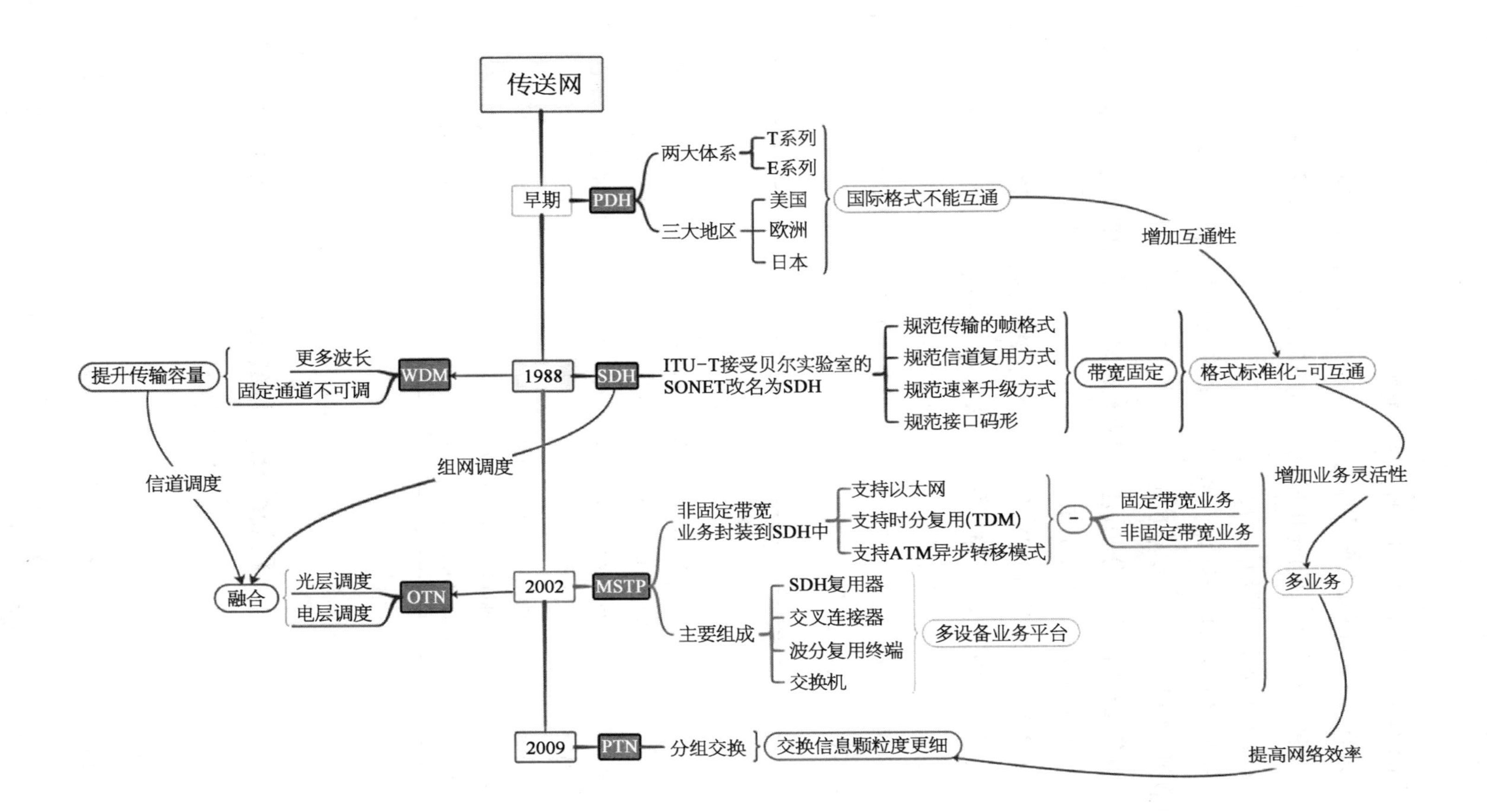

传送网
早期
PDH
两大体系
T系列
E系列
三大地区
美国
欧洲
日本
国际格式不能互通
增加互通性
1988
SDH
ITU-T接受贝尔实验室的
SONET改名为SDH
规范传输的帧格式
规范信道复用方式
规范速率升级方式
规范接口码形
带宽固定
格式标准化-可互通
增加业务灵活性
WDM
更多波长
固定通道不可调
提升传输容量
信道调度
组网调度
2002
MSTP
非固定带宽
业务封装到SDH中
支持以太网
支持时分复用(TDM)
支持ATM异步转移模式
固定带宽业务
非固定带宽业务
多业务
主要组成
SDH复用器
交叉连接器
波分复用终端
交换机
多设备业务平台
OTN
光层调度
电层调度
融合
2009
PTN
分组交换
交换信息颗粒度更细
提高网络效率

WDM,研究的是"轨同",且是多个轨并行。

以前的光纤通信,主要是打电话,这个信道属于固定带宽。

20 世纪 90 年代,互联网的业务开始蓬勃发展,这个时候数据传输越来越多,而且是带宽不一致的。

在 SDH 的基础上,就有了 MSTP,可以把固定带宽和不固定带宽的业务,封装到 SDH 中,可以多业务互通。

业务层面的继续划分,就是分组颗粒越来越小的 PTN,这样提高了传输效率。小数据量就不需要大卡车。

SDH 到 MSTP 再到 PTN,是业务的发展路径,是车,是固定车厢长度装载固定箱子的 SDH,过渡到,把大小不一箱子装到固定车厢里的 MSTP 技术,再到多车厢技术且可以调度车头和车厢的 PTN 技术。

WDM 到 OTN,是管道的发展路径,是路,WDM 就是四车道六车道的平路,OTN 是立交桥,增加了路的灵活调度。

简写	全　称	中　文
PDH	plesiochronous digital hierarchy	准同步数字系列
SDH	synchronous digital hierarchy	同步数字体系
MSTP	multi-service transport platform	多业务传送平台
TDM	time division multiplexing	时分复用
ATM	asynchronous transfer mode	异步转移模式
PTN	packet transport network	分组传送网
OTN	optical transport network	光传送网

Telecom, Datacom, Access

电信: telecom,

数通: datacom,

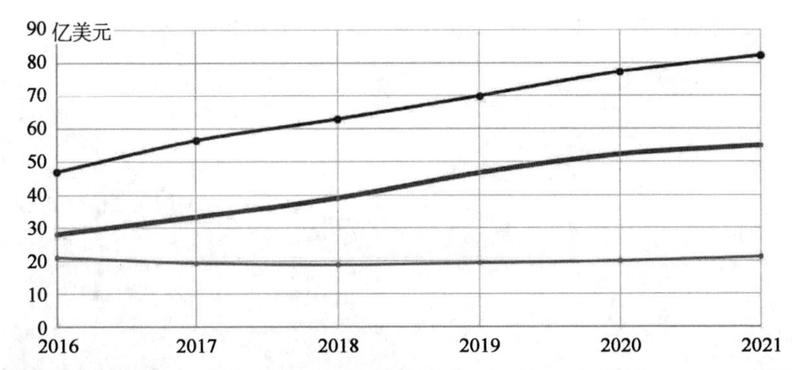

年度	2016	2017	2018	2019	2020	2021
电信	46.95	56.5	62.94	69.99	77.32	82.31
数通	27.99	33.22	39.03	46.64	52.25	54.92
接入	20.95	19.28	18.75	19.31	19.91	21.14

令人迷惑的三大市场

接入：access。

聊聊历史以及它们之间的区别（这个电信是泛指，不是特指中国电信这个运营商公司）。

1）Telecom

西方文明有两个源头，一为希腊文明，另一个是希伯来文明。

其中，希腊文明对英语产生了很大的影响，所以很多英语词汇源自希腊语并被吸收改造之后，沿用到现在。

回到主题，telecom 是 telecommunication 的简写。

tele 在希腊语中是“遥远的”的意思，现在特指远程。

communication 是希腊语“共享”之意，现在特指通信。

通信：communicate by letter，相互之间交换信件，信息交换共享之意。

电报 telegraph，最早的 telecom。

电报是一种最早用电的方式来传送信息的、可靠的即时远距离通信方式。

划重点：可靠、即时、远距离、通信。

“可靠”这个词，就排除了飞鸽传书之类的事儿。

即时，排除了写信这个事儿，写信属于通信，也具备远距离这个特点，也可靠，是吧。

telecom 远程 & 通信

1837 年发明电报

所以：

美国电信运营商 AT&T，叫美国电话电报公司。

日本运营商 NTT，叫日本电话电报公司。

电话 telephone，也属于 telecom。

1860 年，Antonio Meucci 发明电话。

1876 年，Bell，咱们知道的那个贝尔，申请了电话的发明专利。

tele，远，phone 是“声音”的意思。

好，前情回顾：

1837 年，发明电报。

1860 年，发明电话。

1866 年，美国邮路法案，成为电信业的一个标志起点，是美国邮政总局以法案的形式控制电报工业。

1934 年，制定通信法案。

1860 年发明电话

1996 年，制定新通信法案，也就是那个妈妈贝尔，和分家后的一群贝尔。

Mobile Phone，还是属于 telecom。

Mobile Phone，Mobile 移动。

1895 年，发明无线电通信。

1973 年，摩托罗拉发明第一台商用移动电话。

移动通信，依然属于 telecom 的一种。

小结一下，telecom——即时远程通信。

目前网络架构包括：

固定网络，就是固话之类的，当然现在的固网依然包含数据业务，这个一会儿再说。

移动网络，为移动电话服务的通信设备和系统架构。

2）Datacom

数据通信是通信技术和计算机技术相结合而产生的一种新的通信方式。

数据通信

20 世纪 50 年代，有了计算机。

20 世纪 60 年代，有了 APRA 计算机网络。

后来就有了数据通信，数据通信重要功能是计算、存储和交换。

datacom，泛指的是数据中心，归属于互联网厂家，提供的各种云服务之类。

telecom，泛指的是各种运营商，提供的各种基于语音的服务以及各种扩展的这些个事儿。

这几年,手机能打电话,也能上网啦。

电脑,能上网,也能有语音服务。

两者的界限,越来越模糊,它俩本质的区别还是有点的:

telecom 的本质,是远程通信,到今天的理解就是传输是核心。

datacom 的本质是计算、存储、交换,到今天的理解是数据交换是核心。

telecom 可以没有交换系统,而 datacom 则必须具备交换功能。

3) access

和用户 & 终端直接相连的就是接入网,这个是最简单的。

接入分为: 有线接入、同轴接入、光接入、无线接入、2G、3G、4G、5G。

来区分 datacom, telecom, access:

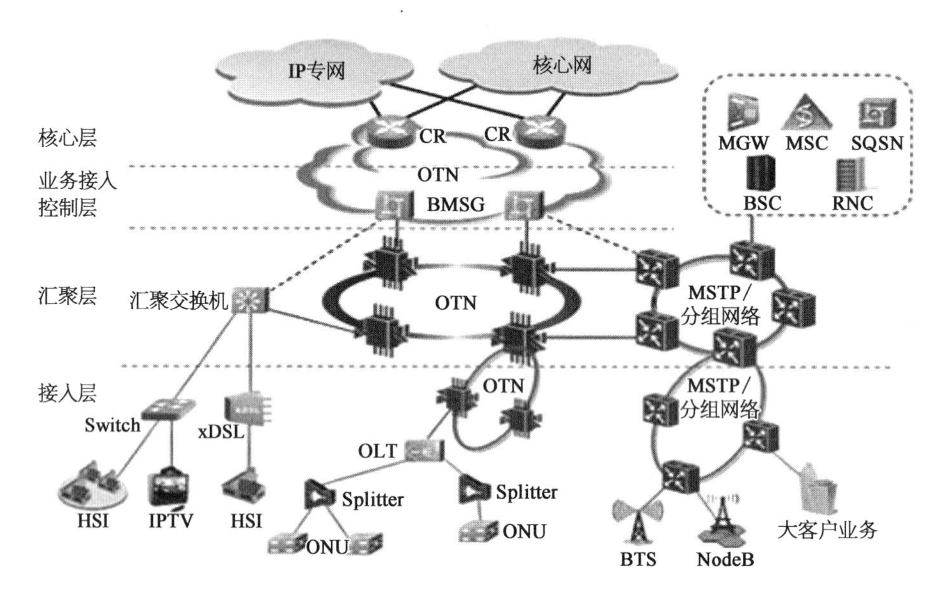

通常所说的 datacom,指 IP/MPLS 骨干网和城域网,从骨干 CR 节点一直到城域的 BRAS 中的三层设备。

通常所说的 access,指的是 BRAS 之下的设备。

那排除掉 datacom,排除掉 access,在 BRAS 二层以下的设备,传输层的设备,就叫 telecom 了。

附: 三层设备与二层设备

具备路由功能的交换机叫三层交换机,也叫三层设备。

不具备路由功能的交换机就叫二层交换机,也叫二层设备。

二层和三层设备的主要区别，就是 datacom 和 telecom 的主要区别。

路由：提供数据交换。

二层设备无需路由功能，属于 telecom。

三层设备具有路由功能，属于 datacom。

什么是环网

对做光模块的人来说，常遇到好些比较新奇的网络概念，有问“城域网就城域网呗，为啥叫城域环网？”

城域网，一个城市内的通信网络，那和环网有啥关联？

好多人用公路来比喻通信网络。对城市居民来说，你想拜访这个城市任何一个人，都能找到去他家的路线，当然人家给不给你开门是另一回事。

网络拓扑就是这些路，开门与否是访问权限。

20 年前，我来到武汉光谷。那会儿还不叫光谷，内心充满了忧伤，因为出门 500 m 是个三条路的汇聚点，就买碗面条，也得等到天荒地老才能过得了马路。

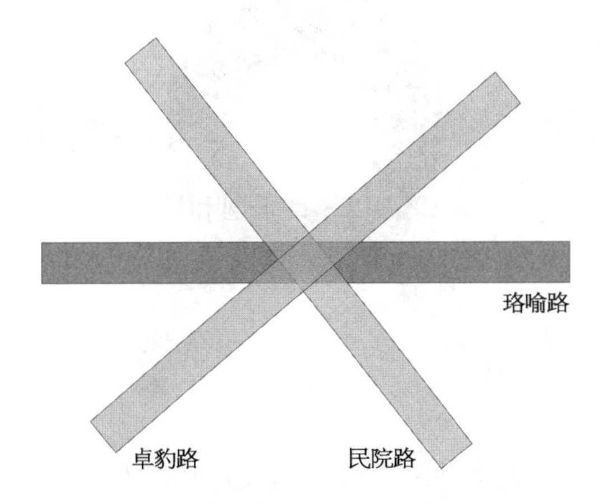

从理论上来讲，你站在那个汇聚路口，有很多种可能性。好在 20 年前，这里是郊区，人不多，车也不多。

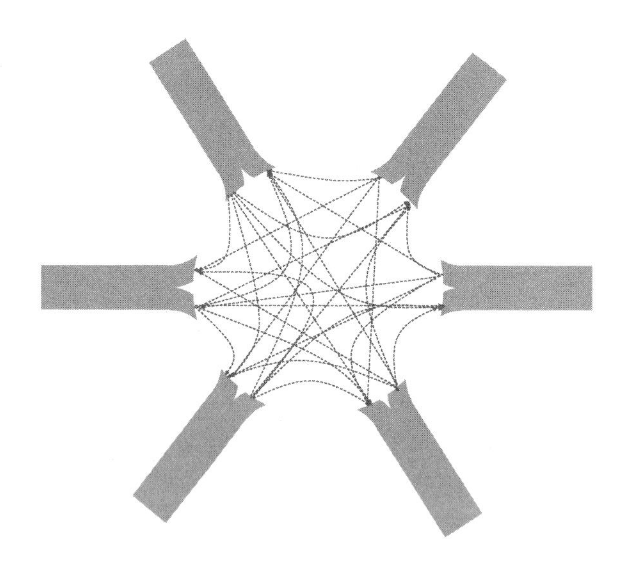

再后来，十几年前，有了光谷这个名词，房多了，企业多了，人就更多了，路就堵啦，堵还是有解决方案滴，那，就有了一个转盘，它本质上就是一条路，解决了上述路口 6 个节点之间的 n 种连接方式。

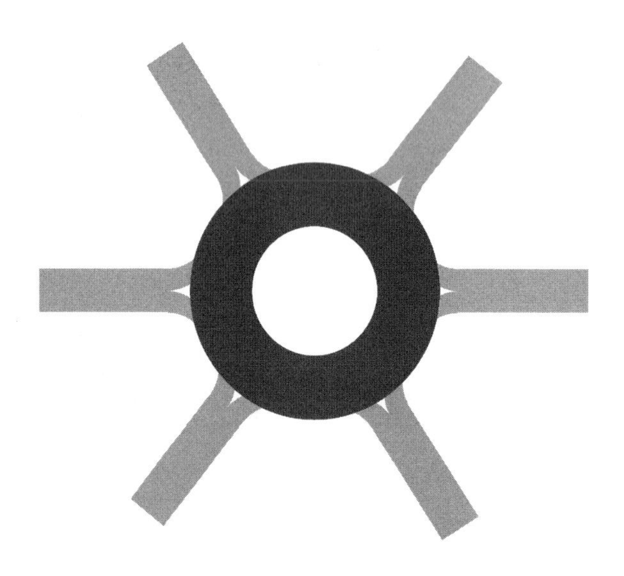

同样的，对信号传输来讲，一个节点有发送和接收两个方向，如果对其他 5 个节点都要实现双向传输，就得 30 条光纤。

而用环网，主线只用一条光纤，多方便。

现如今的光谷转盘

著名的环网,还有那个“啊……五环,你比四环多一环”的北京

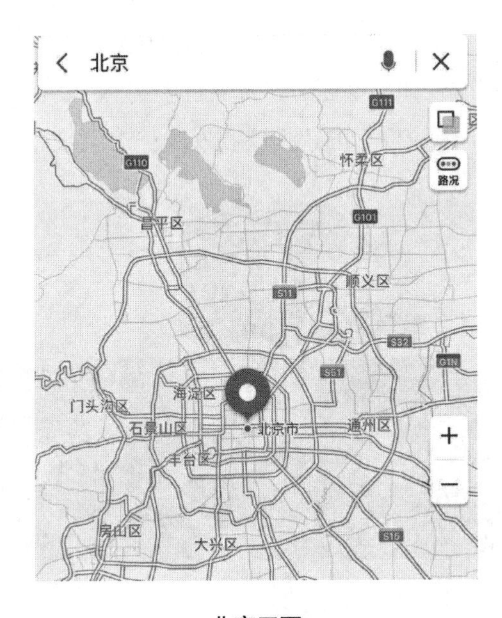

北京五环

对城域网,一个城市的网络拓扑来讲,环网设计是最节约光纤资源且时延最短的一种方式。

区分客户侧与线路侧

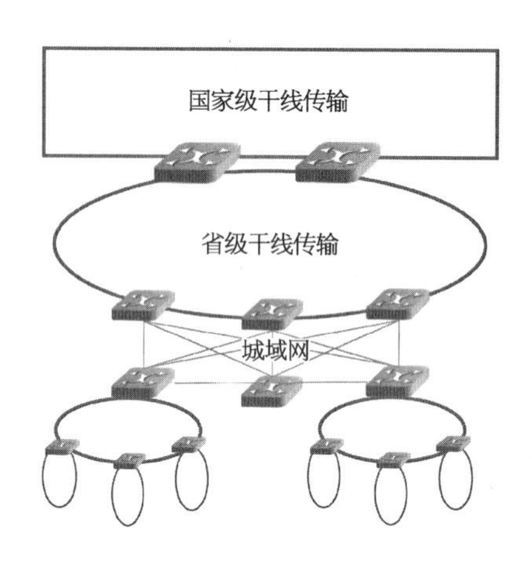

问题：

线路侧和客户侧是如何划分的？

光传送网包括长途干线和城域网。

信息通信，咱们还是以送快递类比。

在网上买个鼠标，商家在深圳请快递小哥收件，然后装车，可以装大卡车集装箱上高速公路，也可以上铁路货车，到武汉，快递小哥送到我家。

在武昌区有一个快递分发总站，装集装箱发货，或者开集装箱收货，这就是线路侧。

这个快递分发总站，和 x 小区有一摩托车快递要收件发件，y 小区一面包车的快递要收发，z 小区一板车的快递要收发……这就是客户侧。

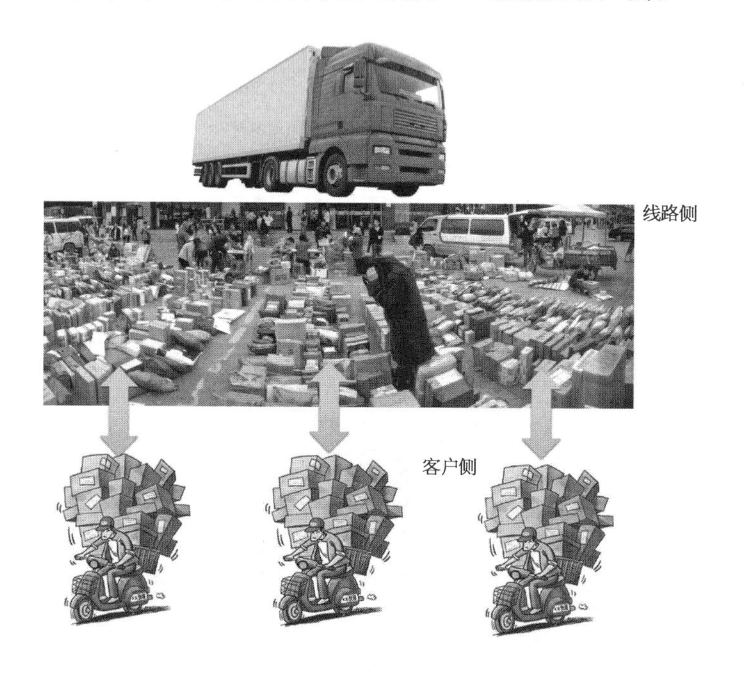

这个快递分发总站，具备路由功能，画出咱们光通信的图。

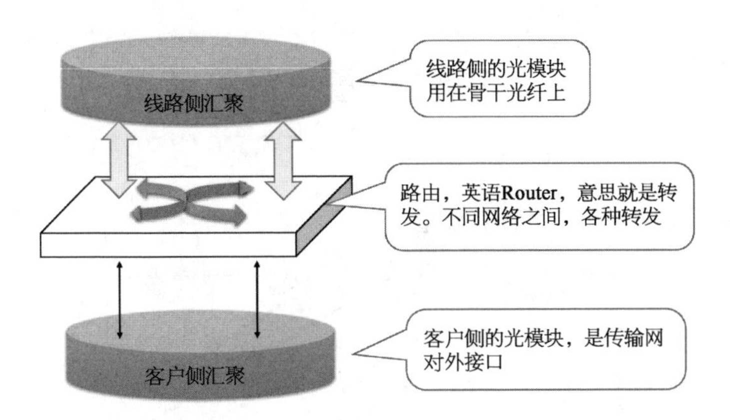

对光模块来说，线路侧与客户侧的需求各有侧重。

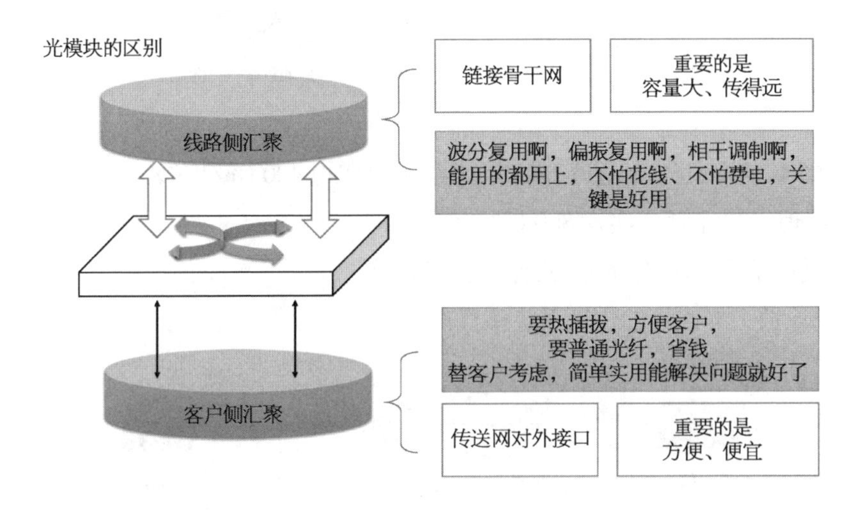

一个典型的传送网设备，连接干线网络的一侧叫线路侧，连接用户的一侧叫客户侧。

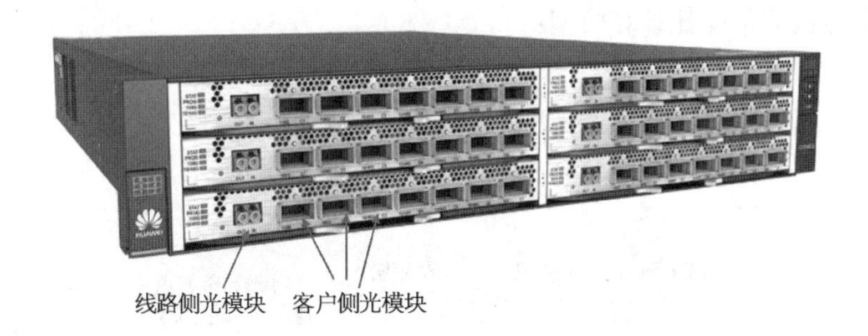

干线光通信系统容量

长途干线的系统容量计算模型：

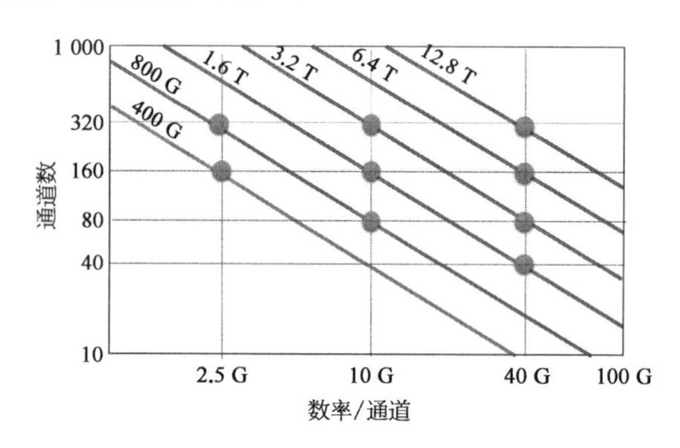

2.5 G 速率,160 个通道 DWDM 系统可以实现 400 Gb/s 传输。

同理,320 个通道实现 800 Gb/s 传输。

40 G 系统、320 个通道,就有 12.8 Tb/s 的容量。

n 段放大器连接的传输系统模型：

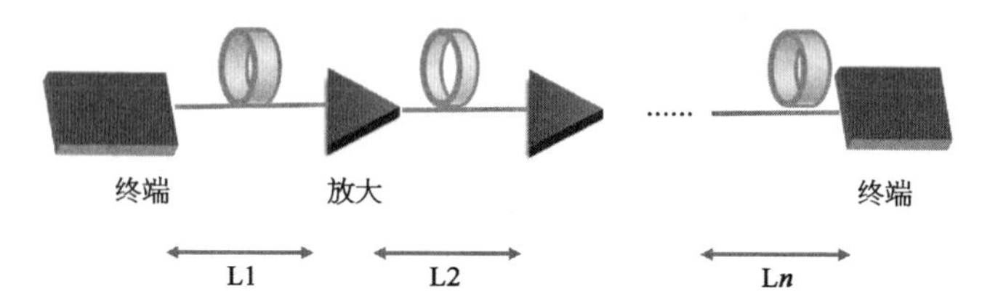

长途骨干或海缆传输,一般都需要中继。

传输的光信噪比计算模型：

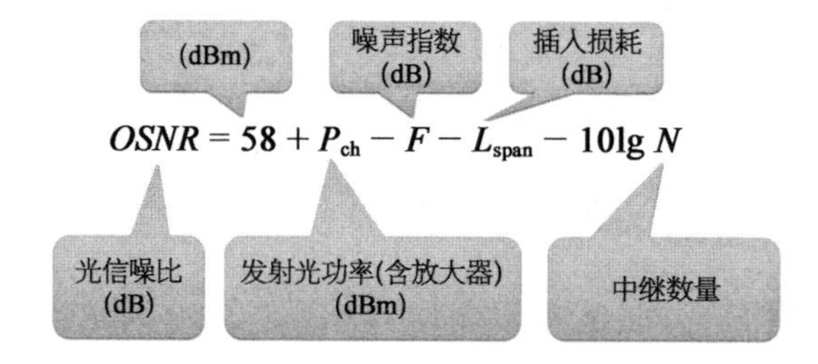

每一段中继距离不同，通道数与光功率的曲线，中间涉及非线性效应与放大器成本之间的平衡。

中继距离长，用的放大器少，省钱。

要求出光功率大，有非线性效应。

中继距离短，避免非线性效应，可是通道数增加，成本高。

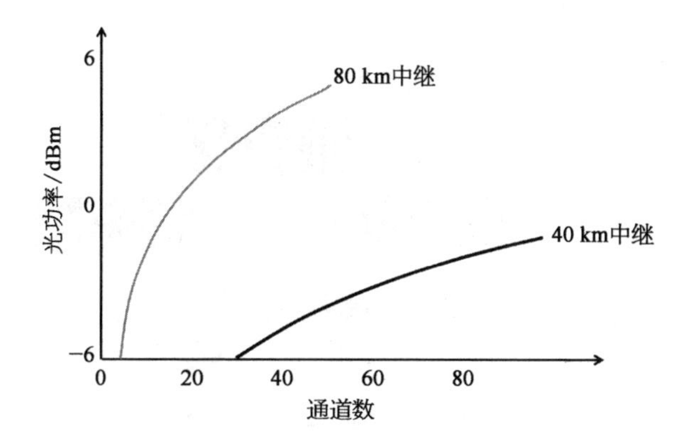

网络传输距离

把不同网络的传输距离作个汇总：

最长的海底通信，万公里。

· 亚太2号海底光缆APCN2 1.9万km	19 000
· 东亚海底光缆系统和城市到城市海底光缆EAC/C2C，3.68万km	36 800
· 环球海底光缆FLAG，2.7万km	27 000
· 亚欧海底光缆SEA-ME-WE 3，3.9万km	39 000

然后是长途干线，千公里。

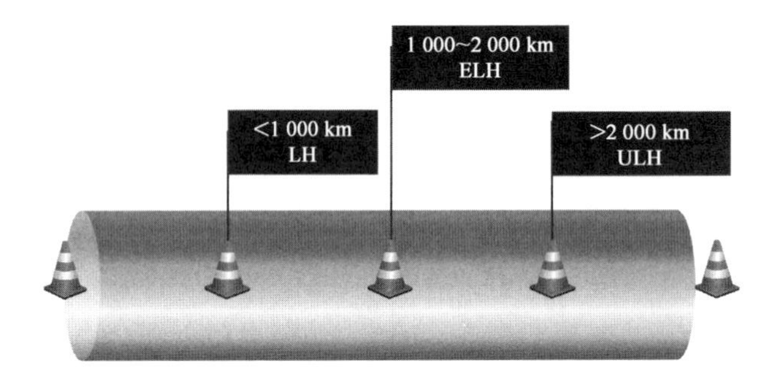

第三是城域，百公里。

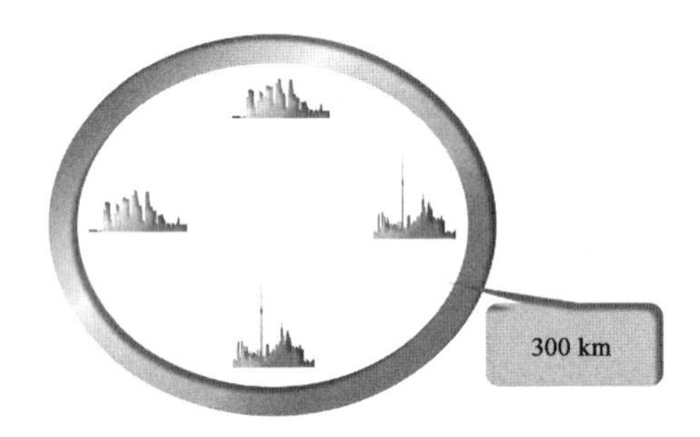

城域网，是环网结构，论圈圈分。

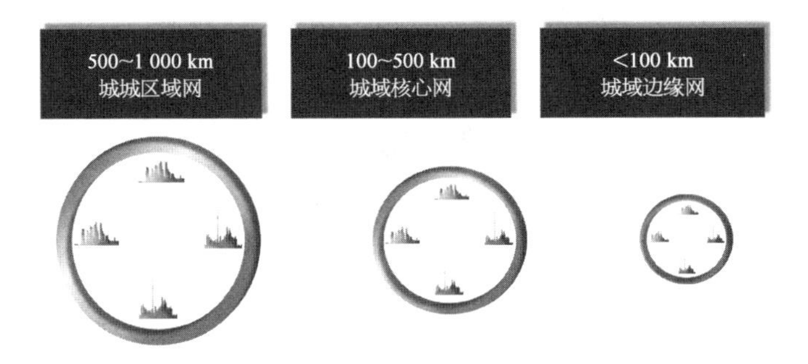

第四是接入,几十公里。

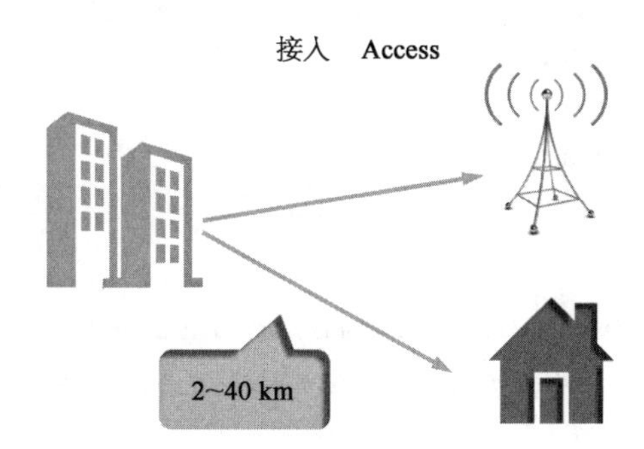

最后是数据中心,几公里,论米。

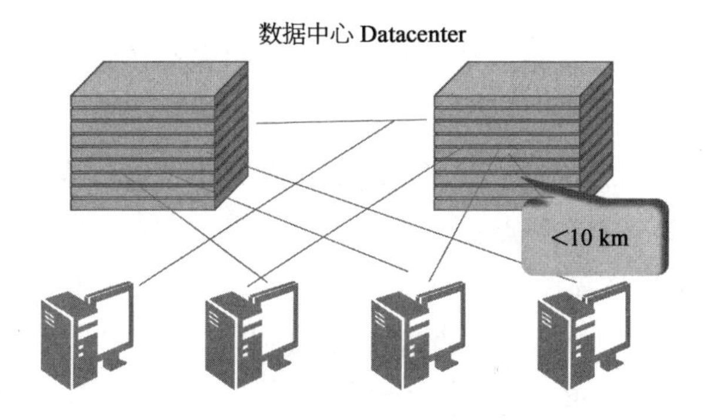

这多简单:

论万——海底

论千——长途

论百——城域

论几十——接入

论米——数据中心

从直调直检的强度调制到相干通信

数据中心直调直检与相干通信之争——为什么用相干通信? 2019 年 OFC

贝尔实验室的一篇 PPT 的前半部分很适合外行来理解高大上和高深技术著称的光通信技术界。贝尔就是那个传说中的贝尔实验室(几经变换后,现在的诺基亚公司)。

NOKIA Bell Labs

Note

Weremind you that a tutorial is preferably an instructionallesson made for a broad audience to discover a field

Your talk should be presented at a level that is understandable to a diverse audience of non-specialists

光纤通信发展史,就是一部激光器发射——光纤传输——探测器检测技术发展史。

评价一个光通信系统的一个简要指标,就是 B · L,传输速率与传输距离积,前四代技术聚焦重在两点:

(1) 加大传送带宽。

• 提高信号的比特率,聚焦的调制方式是强度调制。

• 提高并行波长,聚焦是多波长复用。

(2) 提升传输距离。

• 如何提升发射端光功率。

• 如何提高接收端的灵敏度。

后来的相干依然解决的是大带宽和长距离通信:

(1) 加大传送带宽。

• 提高信号的比特率,聚焦的调制方式是强度调制。

• 提高并行波长,聚焦是多波长复用。

• 增加相位调制这个维度(推动 DSP 技术发展)。

(2) 提升传输距离。

• 如何提升发射端光功率。

• 如何提高接收端的灵敏度,采用差分探测器(也叫平衡探测器)。

四波混频

密集波分复用中,有一个现象叫“四波混频”,官方的解释中,有两段是这么描述的:

当有至少两个不同频率分量的光一同在非线性介质(如光纤)中传播时,就有可能发生四波混频效应。

四波混频过程是对相位非常敏感的(即四波混频作用依赖于涉及的所有光的相对相位)。当激光在光纤等介质中满足相位匹配的条件时,四波混频作用会随着传播距离的增加而有效地增强。

好,咱们把应用只限定到光纤这种非线性介质,而且,不同光的频率就是咱说的波长,描述就变成这样了:

当有两个波长的光同在光纤中传播时,就有可能发生四波混频效率。

首先,光纤的折射率,表征的就是光在光纤中的传输速度,因为光进入介质后速度受到了阻碍,降低了。

$$\underset{\text{介质的折射率}}{n} = \frac{c\ \text{真空光速}}{v_1\ \text{光在介质中速度受到阻碍}}$$

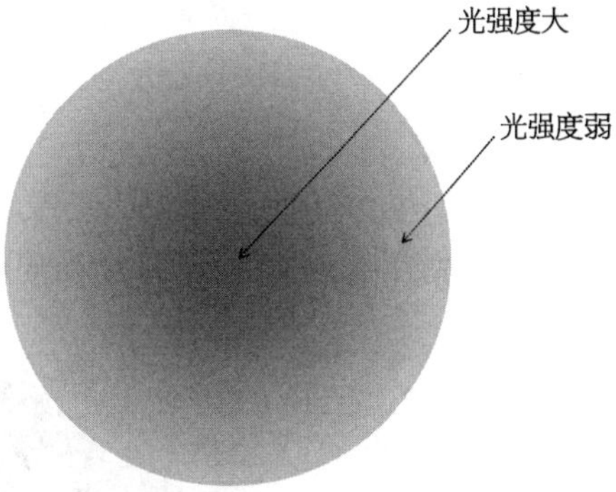

光纤的非线性效应,光会在光纤中产生自聚焦现象,这个现象的原理和今天聊的四波混频的深层道理是一样的。都是光的强度改变光纤的折射率分布。

光强度大

光强度弱

先回忆自聚焦现象,一束光的输出,中间光强度大,外围光强度弱。

光入射到光纤时,强度大可以理解为光子多,中间拥挤的光子导致跑的速度更低了,而两侧的光子不多,跑起来速度高,也就是折射率低,导致光纤的折射率分布不均匀。

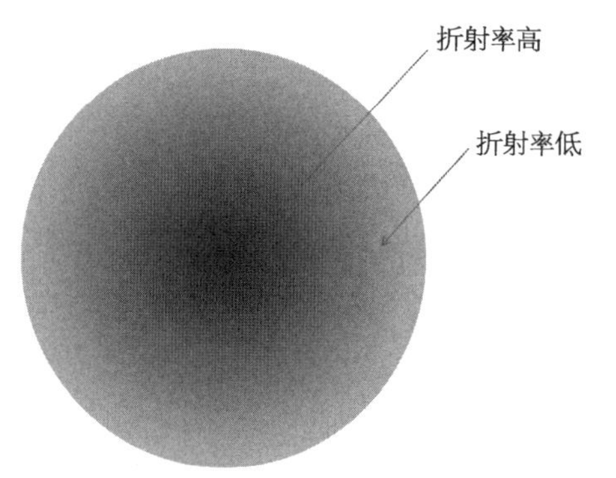

入射光的强度分布不均匀，导致光纤折射率变化，光纤的折射率变化形成一个透镜，反过来对入射光速产生影响，这种现象叫“自”聚焦，就是中间的光子本来就跑得慢，而两侧速度快的光子看着前头很空，就有一部分跑到中间去了，导致中间的光子更多，速度更慢，跑着跑着，就自己把自己堵死了。

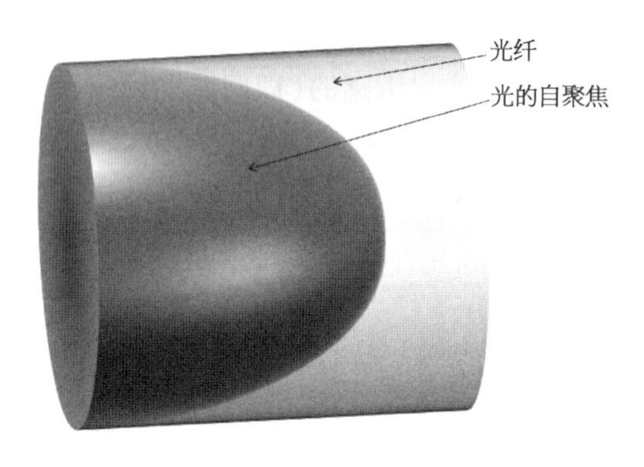

四波混频，本质也是光强度对于光纤折射率的影响。光是有波粒二象性的，以波动传输时，就是下图：

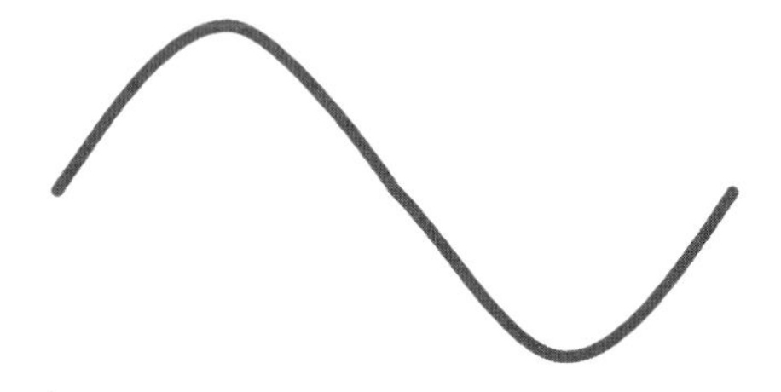

光在光纤中传输时，就是这样的：

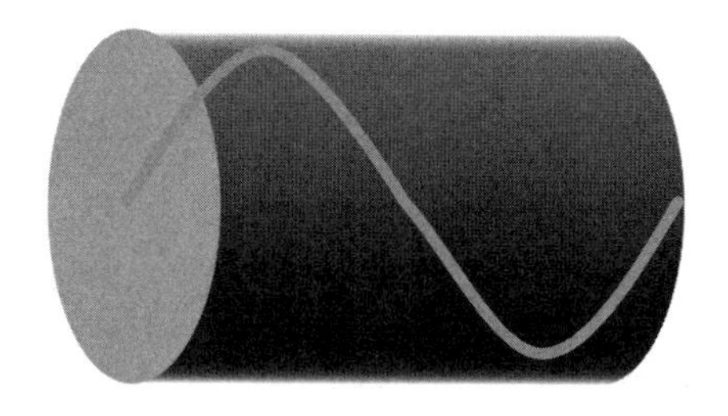

咱们一步步地简化,光也是电磁波,是从电场到磁场再到电场的转换后传输。

电场的强度随着时间周期性变化,电场能量逐渐减弱(总能量没有消失,减掉的电场能量转换成了磁场能量)-增强-减弱-增强。

只看一个光的一个偏振面(TE 电场分量,或者 TM 磁场分量),就是能量随着时间的强和弱的变化,引起光纤折射率的变化。

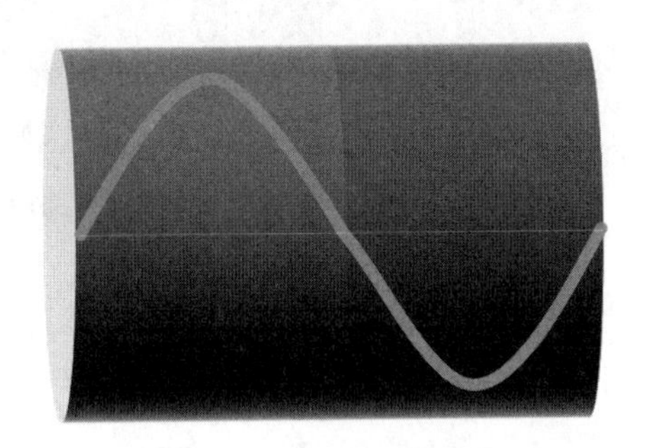

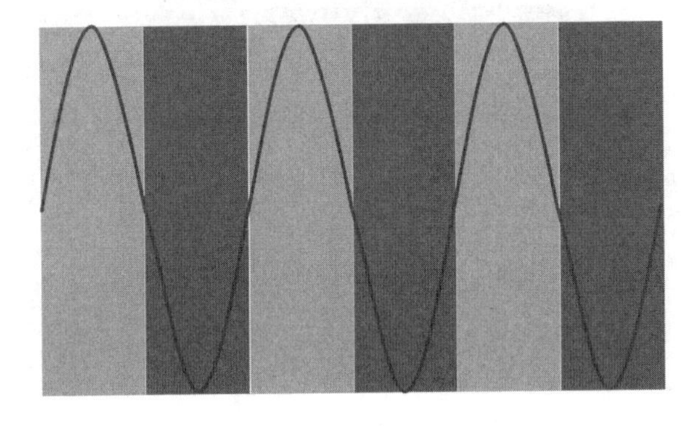

折射率周期性变化,那不就是一个光栅么?

前面说,至少两个波长,才会引起四波混频。

再加一个波长,波的长度不一样。

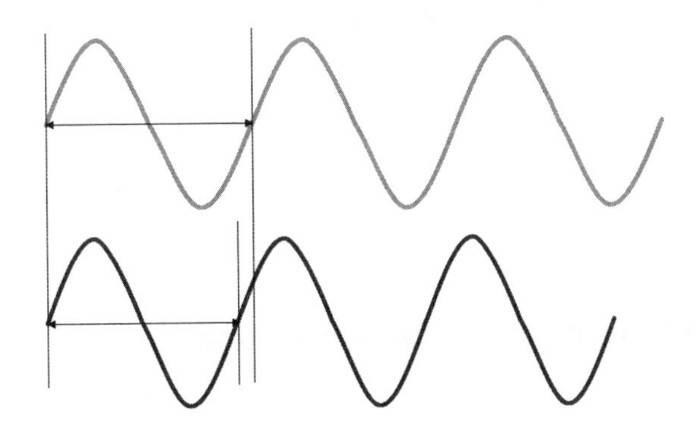

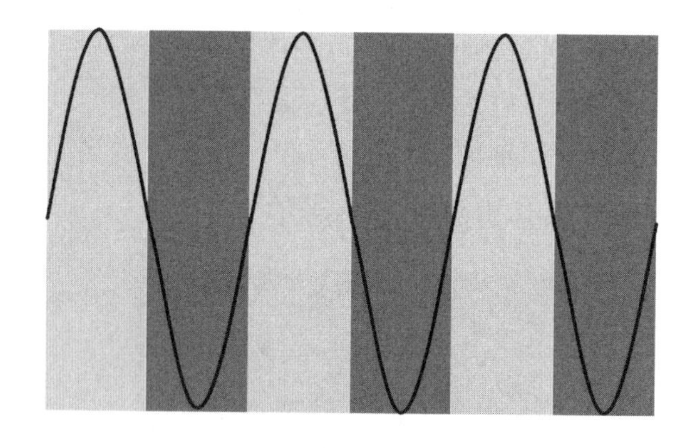

两个不同波长在同一个光纤中的传输叠加在一起，它们各自有一个周期性变化的折射率，这两套折射率的变化叠在一起产生一个新的光栅。

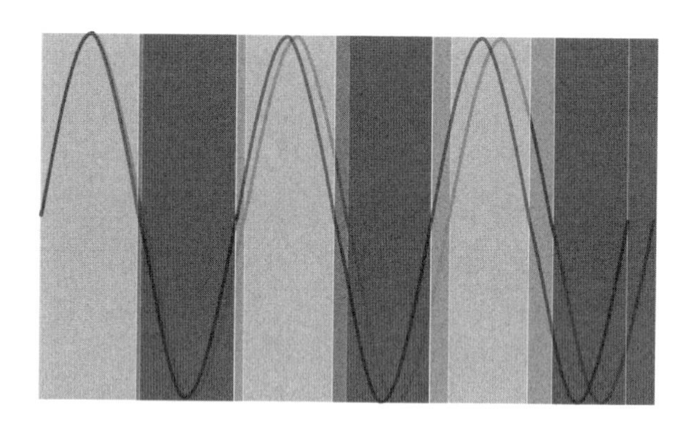

光栅的折射率分布是什么？就是光子的速度不同，快-慢-快-慢地跑。

光的波粒二象性：

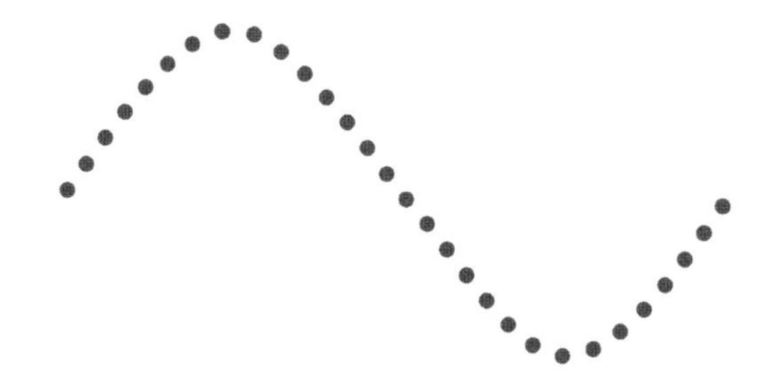

一般的光粒子，会随着原有的折射率节奏去跑，原来的两个波长，各自按各自的节奏去跑。

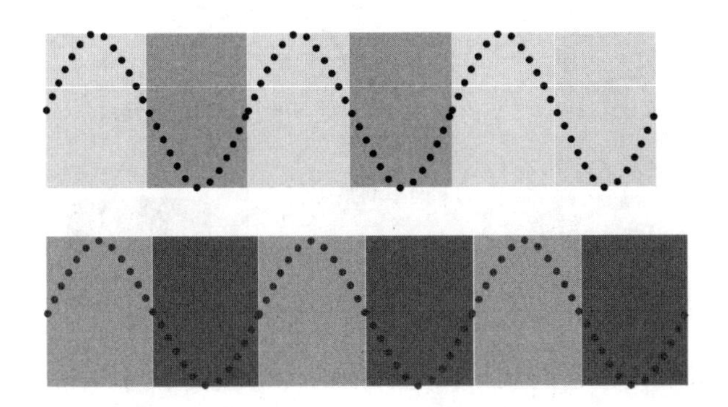

可咱现在的光纤，产生了一个新的折射率变化的节奏（原来的两种套在一起形成的），有些光子就被带偏了，会按照新的节奏来，这就是新的波长。

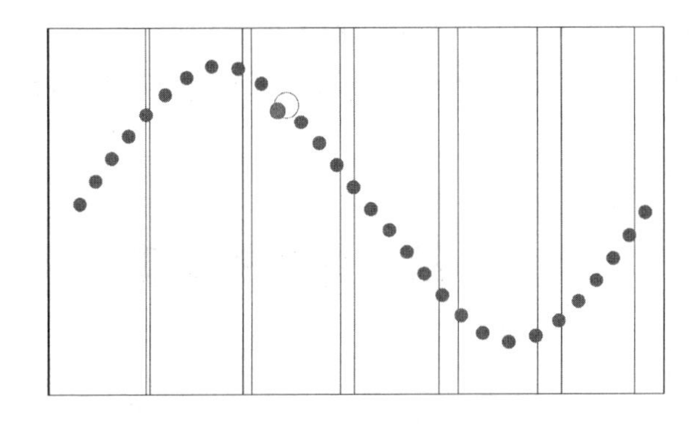

两波长激发出来的新波长，是 $2\nu_1 - \nu_2$，或者是 $2\nu_2 - \nu_1$，

换句话说，就是第一个波长被第二个波长带偏了，产生一个新波长。

第二个波长，也会被第一个波长带偏，又产生一个新波长。

小结：光的强度会改变光纤的折射率。

如果光的强度在一个入射面上分布不均匀，那是改变了光纤横截面折射率分布，导致光的自聚焦现象。

如果光的强度是在时间上变化，那随着光的传输，改变了光纤轴向上的折射率分布状态，这就是光栅。

两个波长，或者两个以上的波长，多个光栅的嵌套，会出现新的光栅组合，激发出新的波长，这叫四波混频（波长与光频率是可以换算的，1 550 nm 的波长就是 192 THz 的频率）。

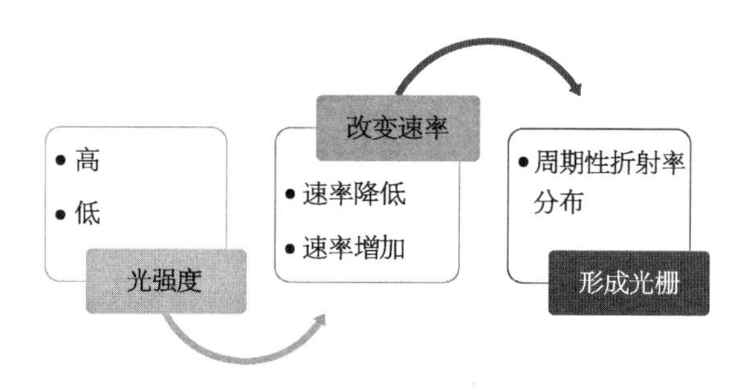

光纤的色散,是说不同波长在光纤中的传输速度不同。

零色散光纤,是两个(或多个)波长的速度相同,那严格意义上说,光的传输只考虑波长的差异,也就是相位匹配(相位差可以严格计算的)。

四波混频作用会随着传播距离的增加而有效地增强。

零色散光纤:简单理解为满足相位匹配条件。

非零色散光纤:目的就是破坏掉它们的相位匹配,减弱这种四波混频现象。

四波混频的危害

波分复用,是光通信用得太多的一种增加光纤传输容量的方式,多个波长共同在一根光纤上传输。

理论上,每个波长,各自传各自的信号,是独立的。

但四波混频会对它们产生影响。

四波混频,说的是“频率”,也就是光作为信号载体,信号有个频率,载体本身也是有频率的。说的这个频,是光作为载体的频。

波分复用,说的是“波长”,是光作为信号载体,自己的波长,比如 1 310 nm,就是每个波的长度是 0.000 001 31 m。

波长与频率,是可以互相换算的。

$$\underset{\text{光的频率}}{\nu} = \frac{c\ \text{光速}}{\underset{\text{光的波长}}{\lambda}}$$

光频率/GHz	光波长/nm
192 100	1 560.61
192 200	1 559.79
192 300	1 558.98
192 400	1 558.17
192 500	1 557.36
192 600	1 556.55
192 700	1 555.75

聊四波混频,咱们用频率来表征波分复用,看上表,频率间隔是 100 GHz,间隔相等,这个事情变得有意思了。

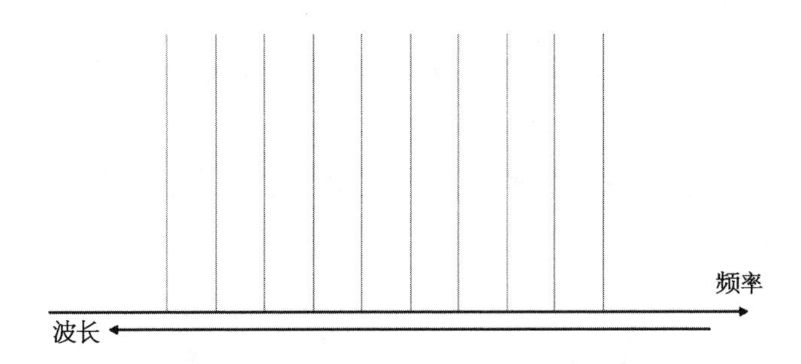

择出来其中的两个频率:

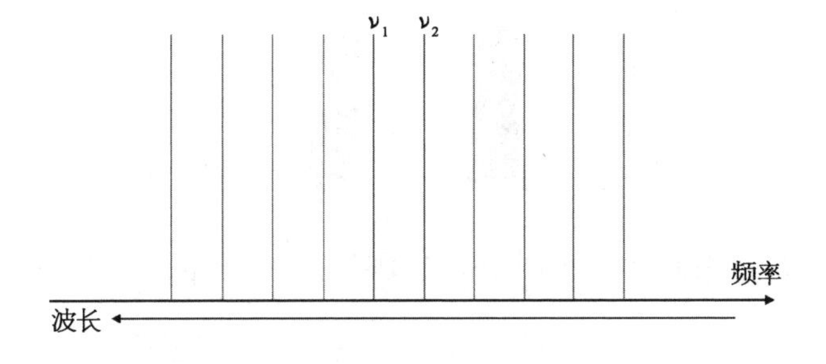

ν_1 和 ν_2 会混出两个新波长 $2\nu_1-\nu_2$, $2\nu_2-\nu_1$。

这两个新增的波长是什么?

$$
\begin{aligned}
\text{新增频率} &= 2\nu_1-\nu_2 \\
&= \nu_1-(\nu_2-\nu_1)
\end{aligned}
$$

$$新增频率 = 2\nu_2 - \nu_1$$
$$= \nu_2 + (\nu_2 - \nu_1)$$

$\nu_2 - \nu_1$，是频率间隔。

新增的两个波长在这里：

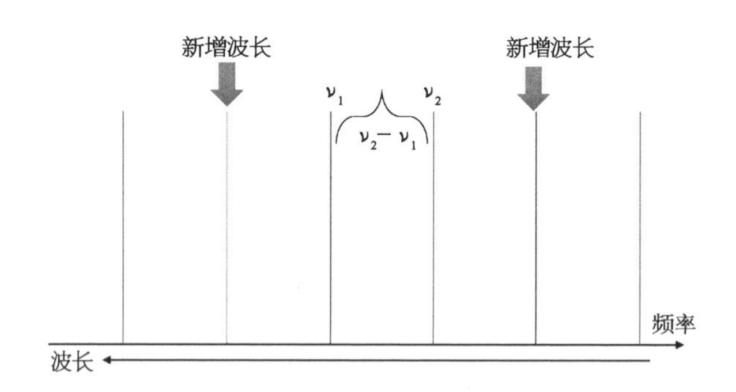

关键在于，人家原来的 ν_1-波长间隔和 ν_2+波长间隔，是作了规划的，是要走信号的。

现在 ν_1 和 ν_2 混频之后新增的波长，完美无缺地覆盖在人家的信号上，这就是打架的节奏。

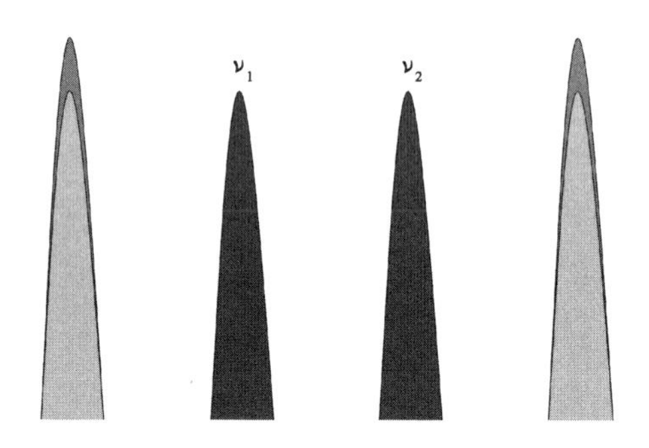

简单理解，像咱们公交车上的座位，是提前设计好的，一排一排的。

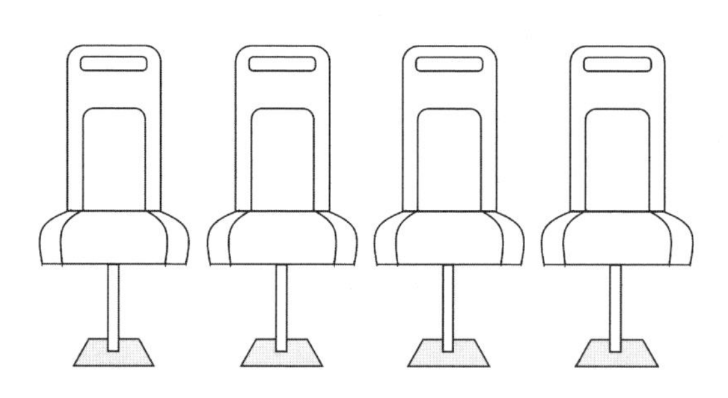

上来两个波长,这两个波长可只买了两张票啊。

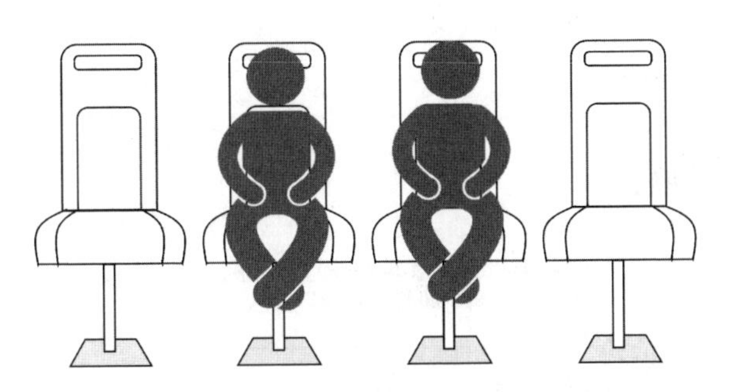

你俩上车,突然就生出来两个新波长,而且这新波长还完美无缺地被放到隔壁的两个位置上了。

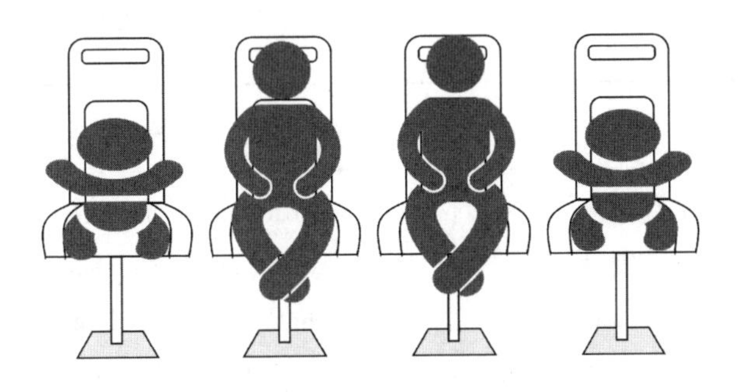

这两个新波长坐的位置,是人家买票的位置啊,你就说尴尬不尴尬。

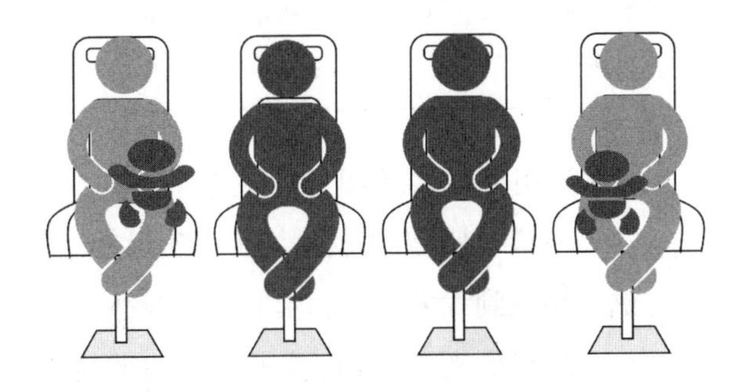

波 长 调 度

有一句话,是这么说的,OTN 与 WDM 的区别是增加了电层调度与光层调度，光层调度中可重构网络是增加了波长调度。

疑问：什么是波长调度？

我先上一个逻辑图：

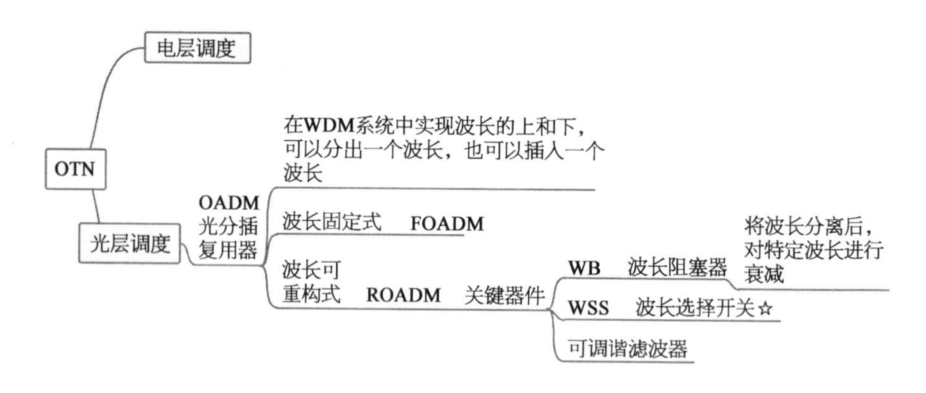

缩略语	中 文	英 文
OTN	光传送网	optical transport network
WDM	波分复用	wavelength division multiplexer
OADM	光分插复用器	optical add-drop multiplexer
FOADM	固定光分插复用器	fixed optical add-drop multiplexer
ROADM	可重构光分插复用器	reconfigurable optical add-drop multiplexer
WB	波长阻塞器	wavelength blocker
WSS	波长选择开关	wavelength selective switch

调度这个词，在火车站用得很多，那我就用火车举例。

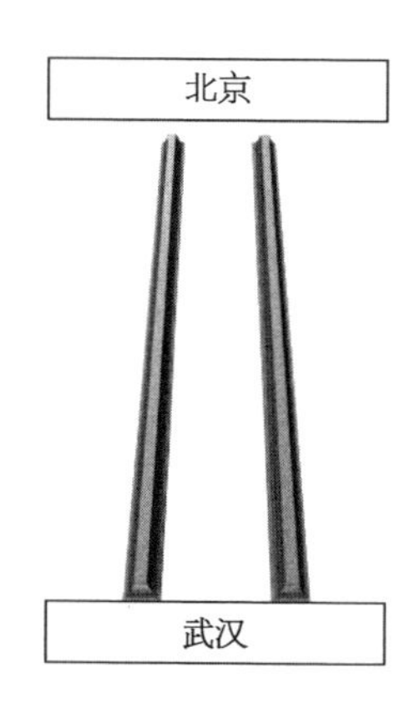

最最早期，火车就是为了高速运货，直来直去，我就把这个预设到我大武汉和咱们的大首都，一条轨道。

最早的光纤通信，首先实现的就是用光纤来运输信息，通了是第一步。

接着嫌弃运输量不够，那就增加轨道。

在铁路系统，这种标记为轨道1，轨道2，轨道xx。

在光纤通信系统，这种标记为波长1，波长2，波长xx，俗称波分复用。

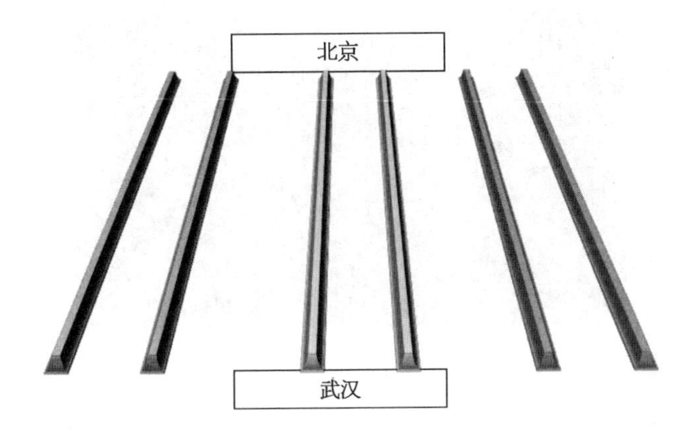

既然设计了这种多轨道模式，那如果中间的某一个轨道要进出，怎么办？这就需要调度。

简单的实现，是固定轨道的调度，如下图的设计，就是让中间轨道的火车能出站。这在 OTN 的光层调度中，属于固定波长的分插复用，可上，也可下，换句话说，对不住，如果你不是我规定的波长通道，那就下不来也上不去。

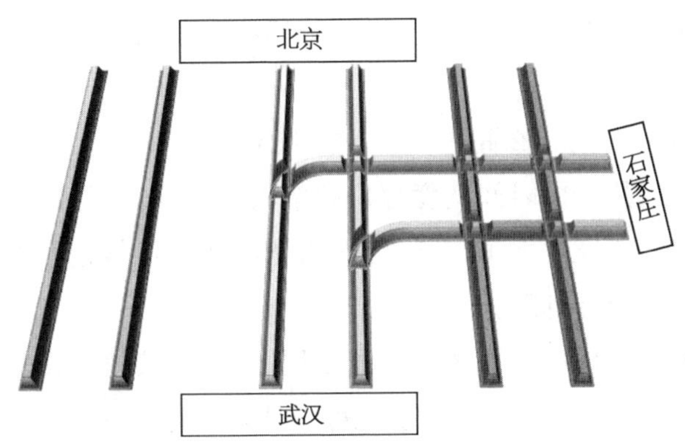

什么是波长调度，就是可以换轨道，车上的信息还是咱们的信息，火车还是咱们的那列火车，可我们能把它设计一下，可以进行轨道（波长）的调度的现代火车站（可重构分插复用器）。

为什么 DWDM 系统，高速率不能用 NRZ?

在 DWDM 系统中，随着每波长信号速率的提升，从 10 Gb/s 到 40 Gb/s，再到 100 Gb/s 及更高速率时，传统的 NRZ 编码不再适用，需要新的调制方式来提高频谱效率。

同样的 DWDM，为什么高速率就不能用 NRZ?

傅里叶变换，周期的时间宽度与角频率相乘 = 2π，信号速率增加，脉宽周期变短，也就是频谱宽度增加，信号的光谱宽度随着信号速率的增加而增加，而 DWDM 的频谱资源有限。

简单理解一下，DWDM 是密集波分复用，每个波长通道，就像一条信号道路，道路有宽窄，可以是 200 GHz 宽，也可以是 50 GHz 宽。

每个人，是一个符号位，他携带的信息是 bit，NRZ 就是一个人每次只带一个 bit，这个 bit 可以是 0 也可以是 1。

低速率，比如 10 Gb/s/波长，那就是散步送信息的节奏(见下页第 1 图)。

如果一个波长的速率要达到 100 Gb/s，信号速率提高 10 倍，那是 600 里加急策马送信的概念。在电影里，600 里加急，骑手最爱说的一句话“闪开，闪开，圣旨到……”

速度越快，它需要越宽的道路，才能不受影响，信号的光谱宽度随着信号速率的增加而增加(见下页第 2 图)。

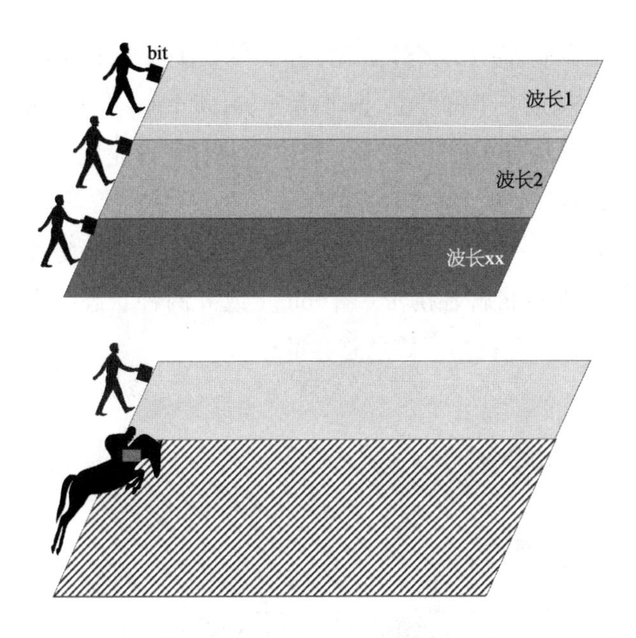

而 DWDM 恰恰很在意道路的宽窄,每条道越窄,那才能容下更多的人。这就产生矛盾:

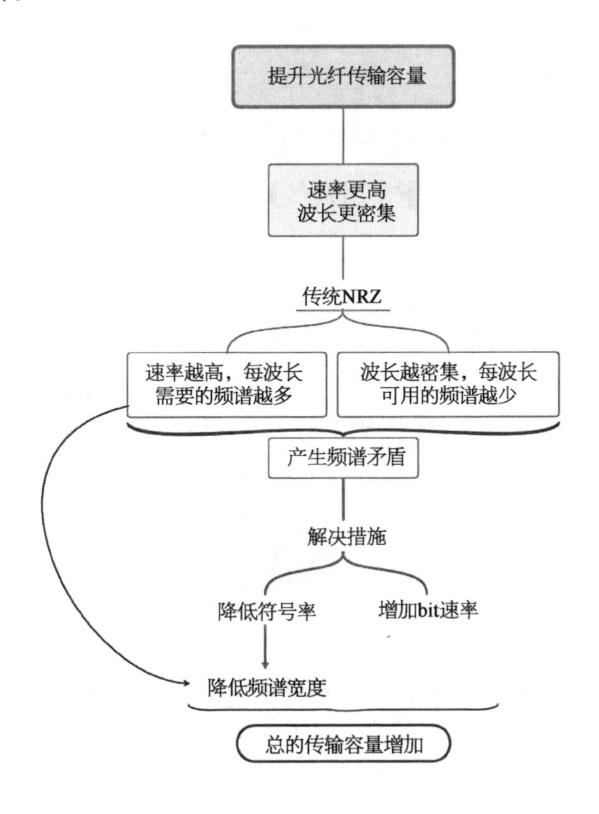

比如四相位调制，左手一个I调制，右手一个Q调制，I袋里是1或0，Q袋里也是1或0，这就是一个符号位，携带两个bit，每个bit有1或0两种状态，那这个人携带的信息总有4种状态(4个相位)，这样子还是散步过去，不需要更宽的频谱宽度，但携带的信息容量提高了。

更高的，肩膀是一个偏振态，胳膊是一个偏振态，左右肩膀各携带一个bit，1或0两种状态；左右胳膊各携带一个bit，1或0两种状态。这样，依然是散步，不增加频谱宽度，但提高了信息总容量。

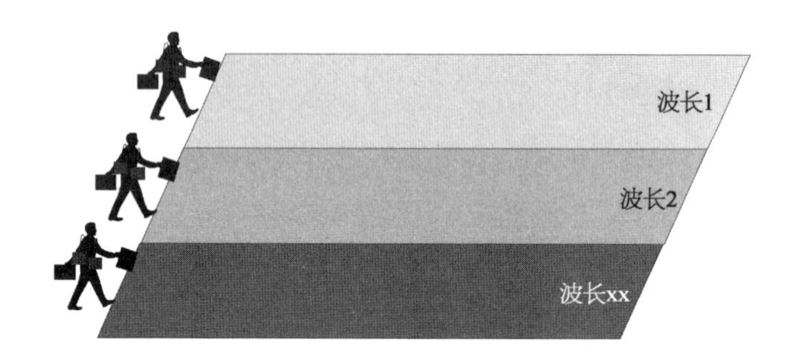

100 G光模块CFP，CFP2，CFP-DCO，CFP2-ACO

聊聊100 G光模块的DCO与ACO的差异。

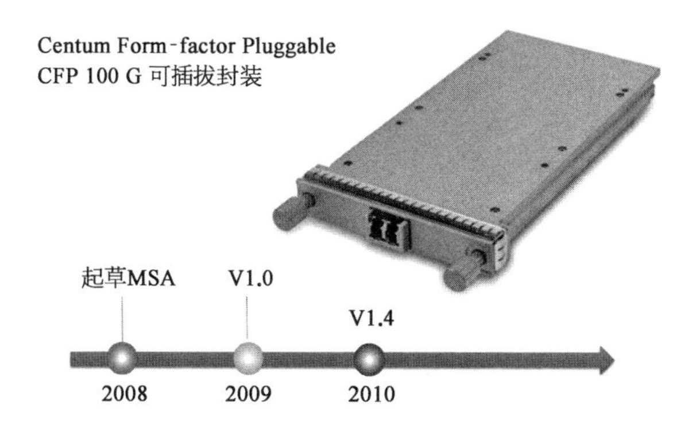

CFP,是 100 G 光模块的多源协议,在骨干网长距离传输、城域网的长距离传输中,相干通信技术成了主流选择。

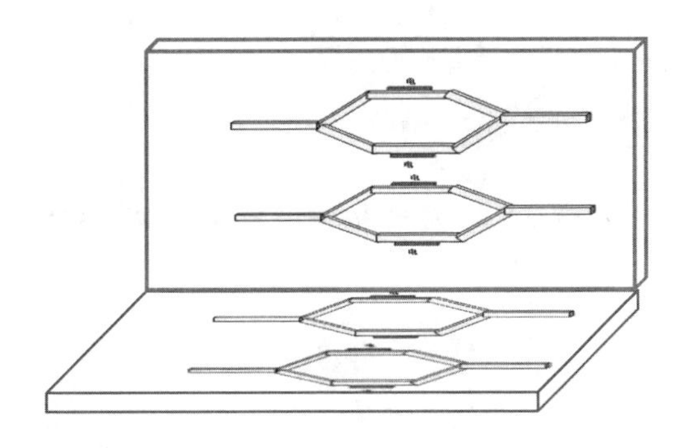

相干光模块的主要架构:

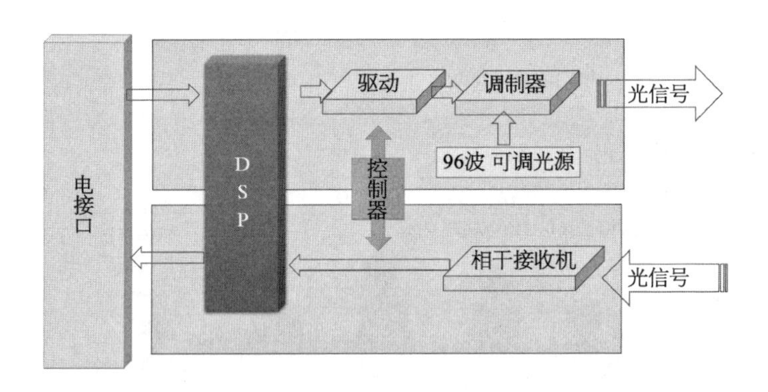

继续,OIF 在对 100 G 光模块的功耗定义:

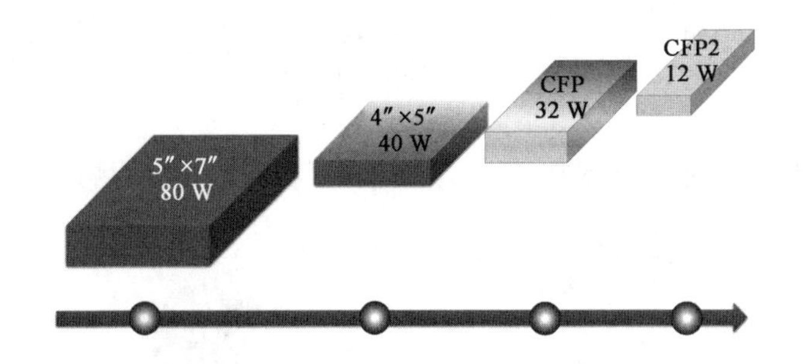

低功耗、小封装、大容量、便宜、别出毛病,是咱们通信人天天祈求的理想、奋斗的目标。

在 CFP 这个大块头后,又有了 CFP2。

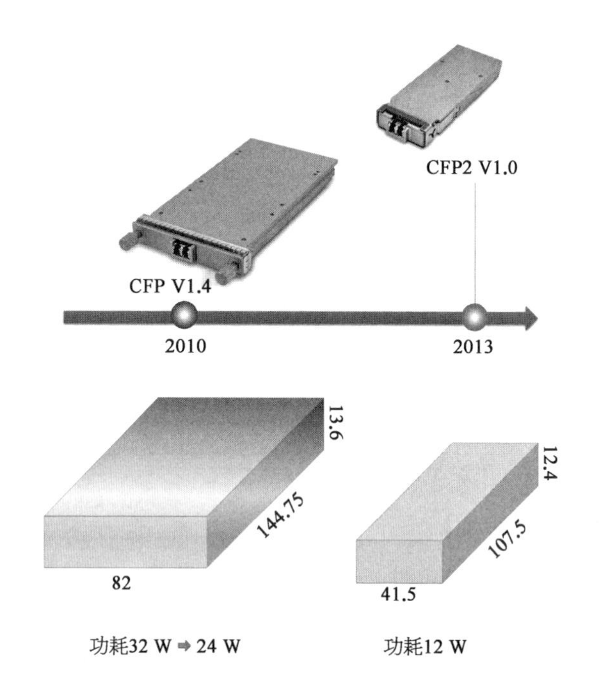

太好了，功耗降低。

然后纠结了，咱的技术在 2013 年、2014 年实现不了理想啊。

只能做个选择题。

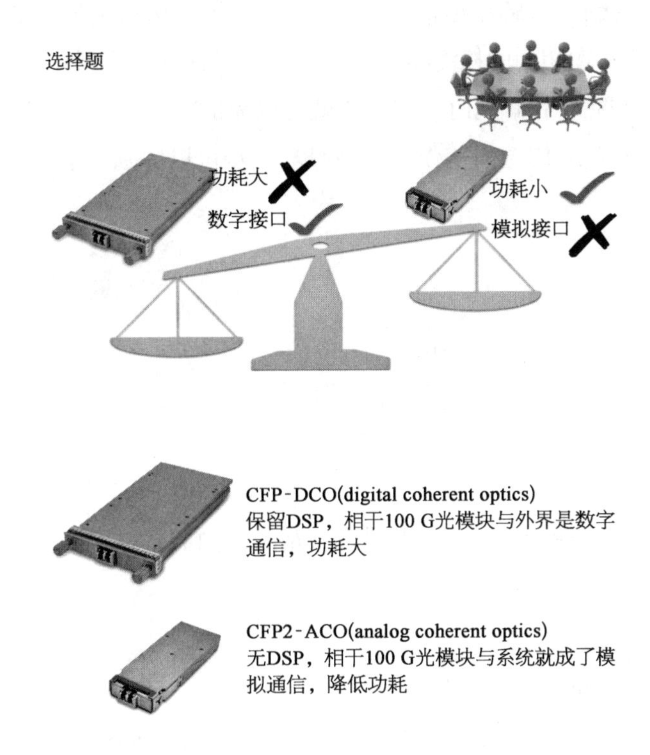

CFP2－ACO 小是小了,功耗也低了,就是模拟信号有点纠结,武当派、峨眉派、少林派各要一套算法,互相看不惯,互相不兼容。咱 MSA 原本是开会大家商量着来,这不兼容的架势就挺头疼。

当然啦,DCO 或 ACO 也只是现在的选择,历史的车轮、历史的潮流、历史的那啥,都是滚滚而来呼啸而去,今天的纠结到了明天也许就不是个事儿。

把 DSP 塞到 CFP2 封装,甚至 CFP4 封装,都可以展望一下子两下子的。

相干接收之平衡探测器

所谓相干接收,就是在接收端恢复出相位所代表的 bit 信息。

用一个本地振荡器，与调制的信号做乘法，俗称混频或者叫“干涉”。

通常相干接收器，解调出信号之后，会加一级平衡探测器。平衡探测器，就是一对性能基本相同的探测器，它其实并不参与相位的解调。

两相位的调制，在解调时只需一步就可以完成。

四相位的调制，解调的工作，需要两步，一步可以区别上下，另一步是区分左右。

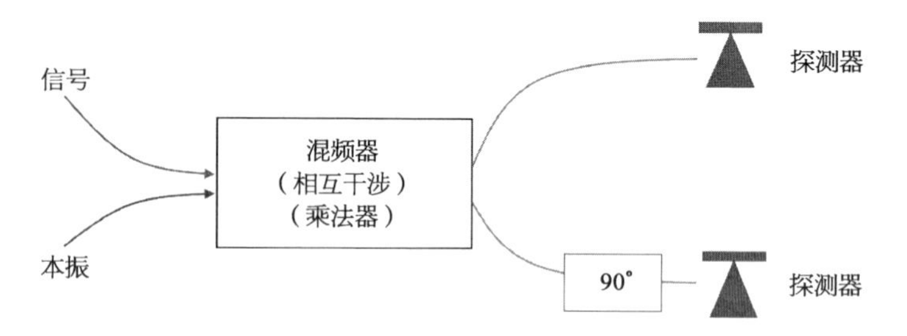

探测器只能区别电流大小，下图第一路的探测器可以区别出一个轴向，是1还是0。

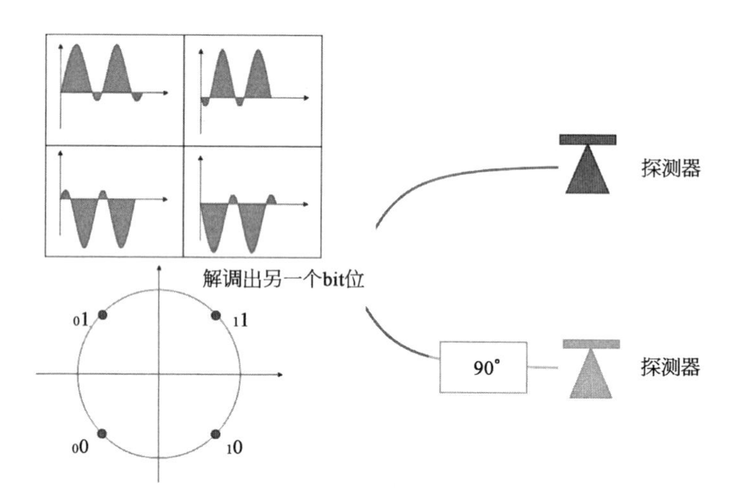

另一路做90°延迟后，就可以解析出另一个轴向的状态，是1还是0（见下页第1图）。

按说，这个时候，用两个探测器已经可以辨析出咱们四相位所代表的信息了。那为什么再加探测器？

这是用一对探测器，来完成原来一个探测器的功效，下图是两组平衡探测器。

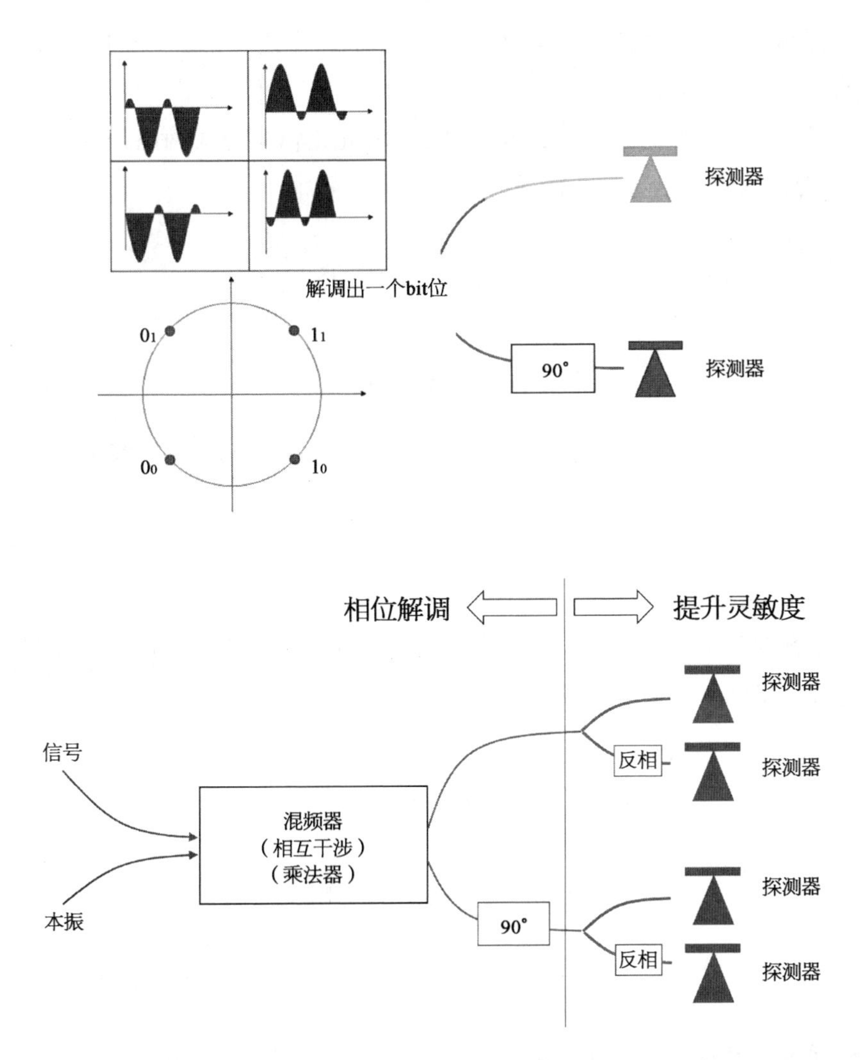

平衡的意思，是像跷跷板一样，信号互为反相，两个探测器是一组平衡探测器，同一个信号，分成两路，一路直接输入探测器 1，另一路反相（在相位调制概念里，延迟 180°就等于反相）后进入探测器 2。

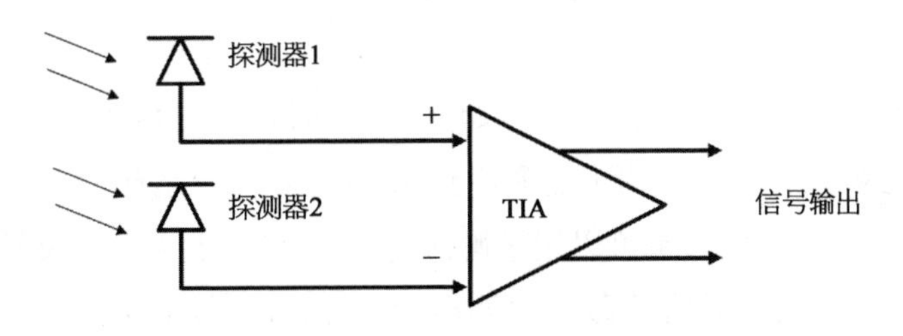

探测器 1 和探测器 2,再进入一个放大器,一个进入正,一个进入负,两者就有减法并放大的作用。

把其中一组平衡探测器放大,看信号 S,先是信号分成两路,其中一路反相,差分放大器输出端信号看下图。

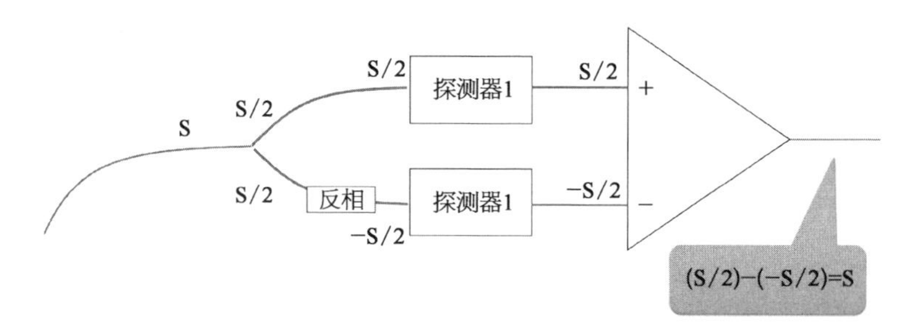

平衡探测器,不参与解调的正经事儿。然而,对信号 s 取反,再取反,输入是 S,输出也是 S。对信号来说,这不是纯属于有病得治的节奏?

平衡探测器的作用,在于降低噪声。咱们所有的操作是对信号的控制,噪声还在那里呢。

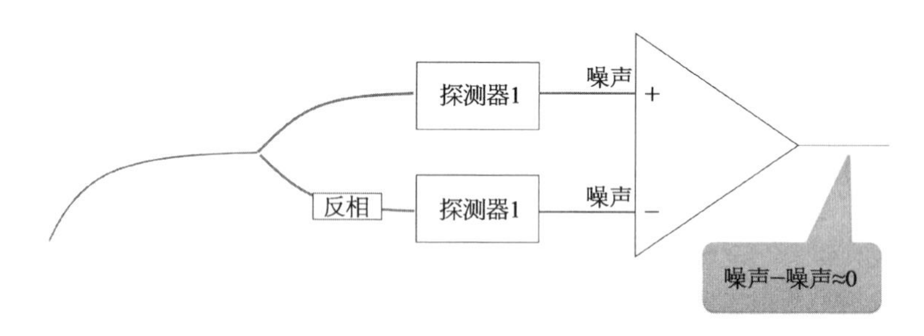

通过上图那个复杂的变换,信号仍是信号,噪声则不再是噪声。

一个探测器　　一对儿探测器

$$\frac{S}{N} \qquad \frac{\frac{S}{2}-\left(-\frac{S}{2}\right)}{N-N}$$

信噪比越好,灵敏度越好,这么一操作灵敏度可以提升 10~20 dB。很是霸气。

相干光通信中,没有这个平衡探测器也叫作相干通信,只是有它之后效果更好。

普通的非相干通信,也可以用平衡探测器,它可以大大提升灵敏度。只是要实现平衡探测需要对信号做反相处理,需要信号相位的控制。直调直检的目的是短距离简单便宜的调制与解调，如果用平衡探测器，要付出的代价很大。

相干通信，难的是对信号各种相位的控制，45°，90°……控都控了，也不在乎多做一组 180°的反相控制，引入平衡探测器，可以大大提升接收端的灵敏度性能，增加链路的功率预算，延长信号的传输距离。

相位调制与解调

相干通信里用到了一个相位调制，这个的理解是比较简单的。传输用的光也好，其他的无线射频也好，都有一个基础的波，叫载波。

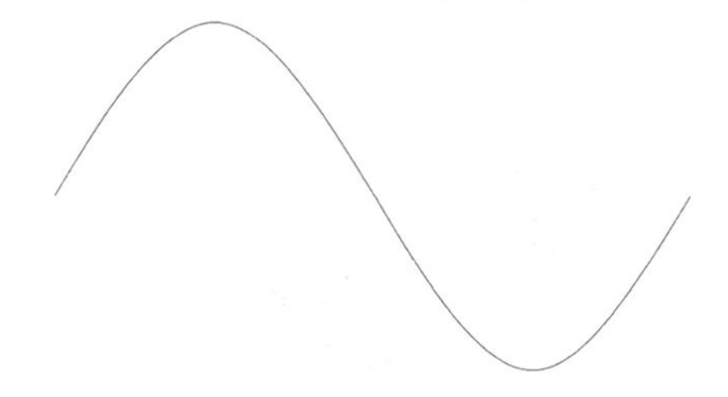

怎么给这个载波调制上咱们需要的信号？如果用强度调制就是信号的强弱来表示，这里写的是利用相位来调制。

先给这个波，划出两条传输路径，比如光，可以用波导，电可以用传输线。

电传输线，一根长，一根短，长的就有延迟。光的延迟可以通过控制折射率，总之，同样的信号载波，给它设计两条不同的路径。

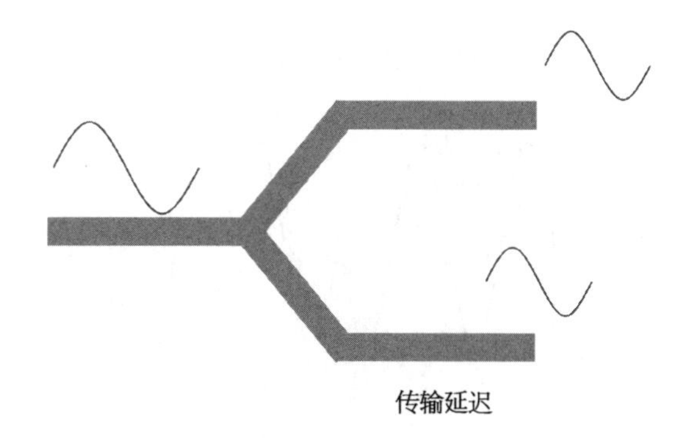

传输延迟

咱们后端，做一个开关（其他设计也类似涉及开关作用），就能选择光的输出路径。

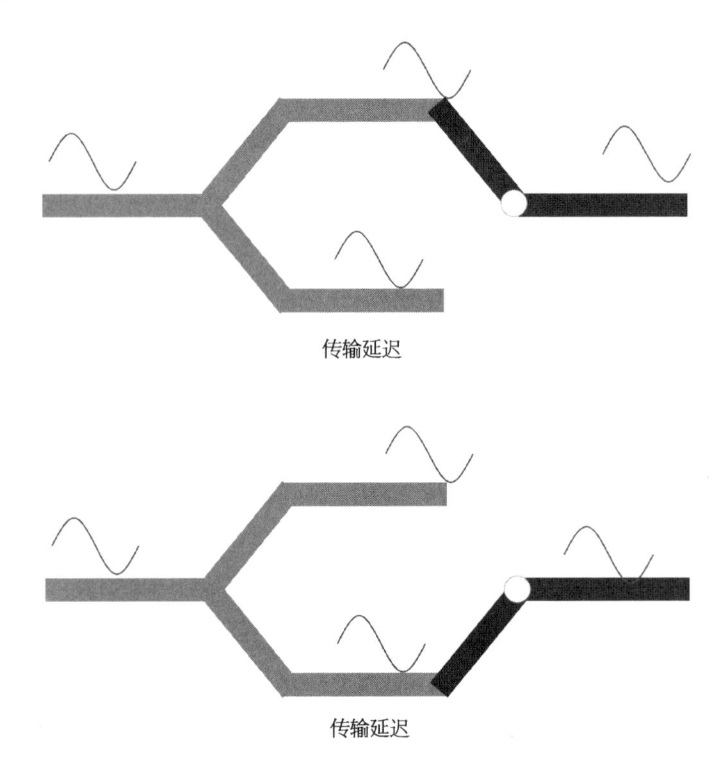

传输延迟

传输延迟

所谓的调制，就是控制开关的那个信号，选择通道，拨到上头就是1，拨到下头就是0。

看波形，这就是咱们经常看到的那个相位调制的图。

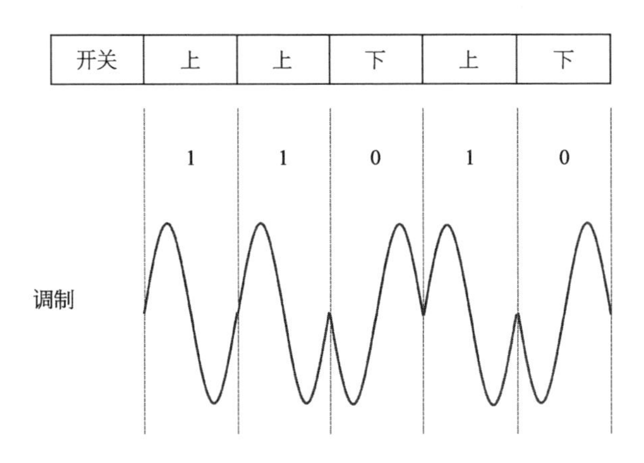

接收端看到这么个图,怎么解读?让调制信号再混上一个没调制的本振信号。

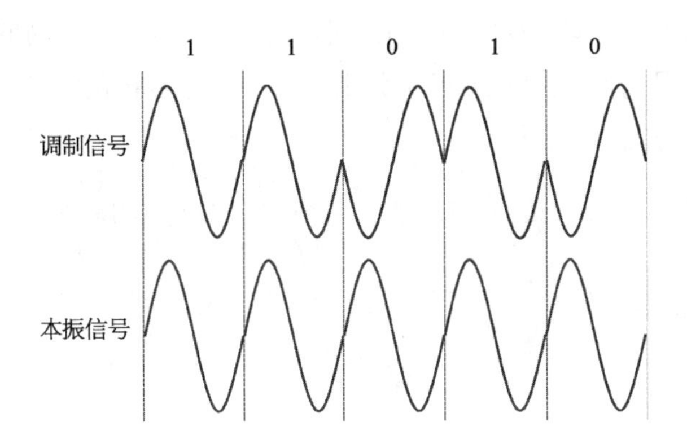

一个正弦波或者余弦波,咱们一般这么表示,峰值是+1,谷是-1。

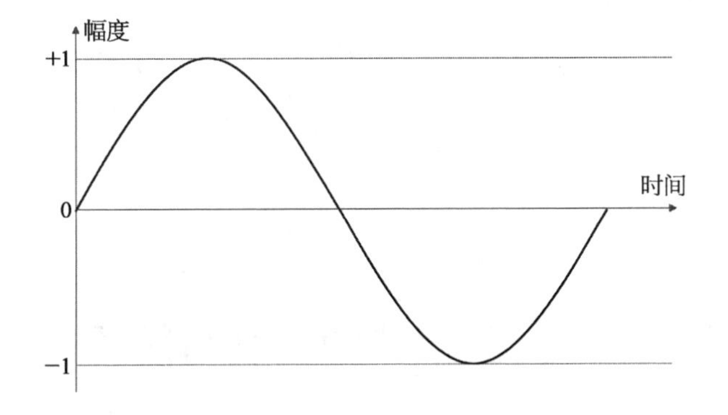

让两信号进入乘法器,1 乘 1 等于 1,(-1)乘(-1)也等于 1,1 乘(-1)等于(-1),小学算术,看图:

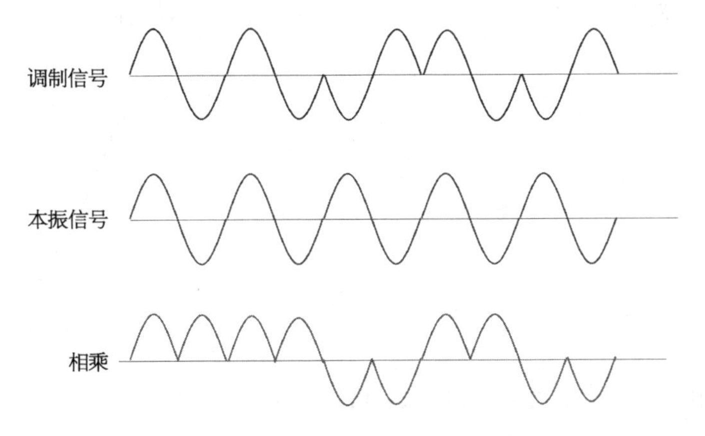

调制的信号,无延迟的是1,有延迟(延迟相位 π)的是0,这叫相位调制。

解读这个信号,就是和同频同相的本振信号做乘法,比0高的幅度是1,比0低的幅度信号为0,又把控制开关的那个脉冲信号给转化回来了。

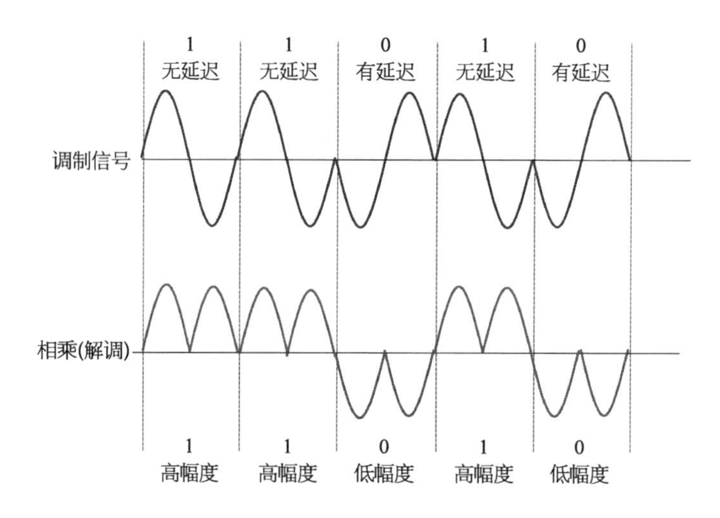

四相位的调制与解调

上节相位调制与解调,是两个相位的调制与解调。本节接着写四相位。相位、波形与时间是下图这么对应的,波形的横轴是时间。

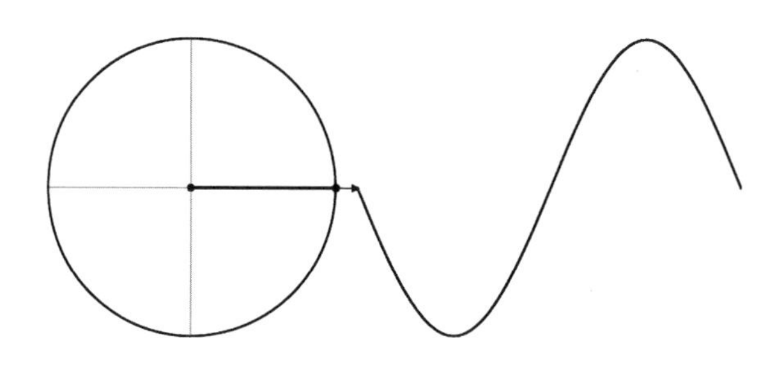

咱们四相位调制,经常看到是这样的:

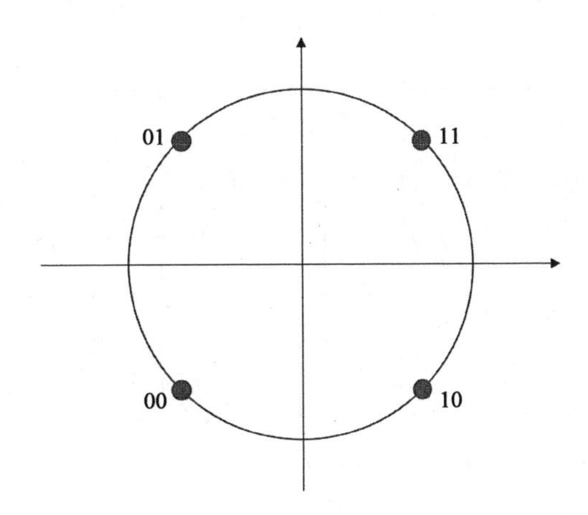

对应波形：

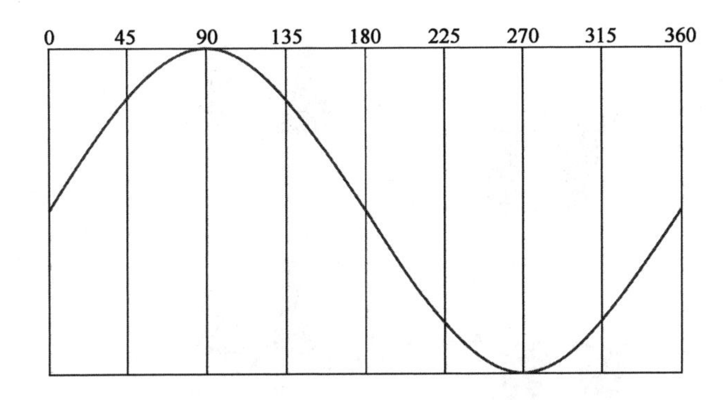

咱们把波形放到相位中：

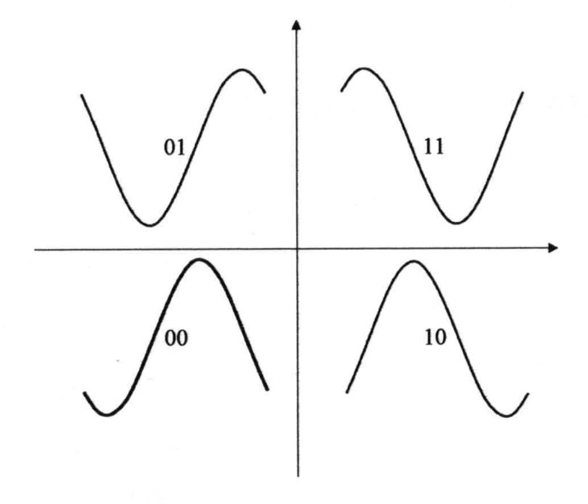

上文聊的,用本振波和调制了延迟相位的波形相乘：

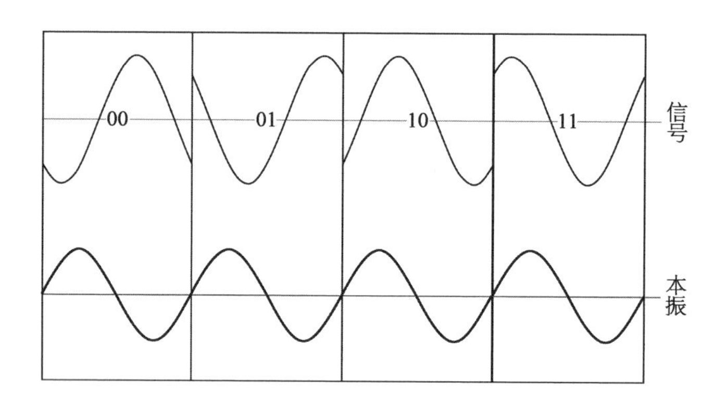

乘法之后的波：

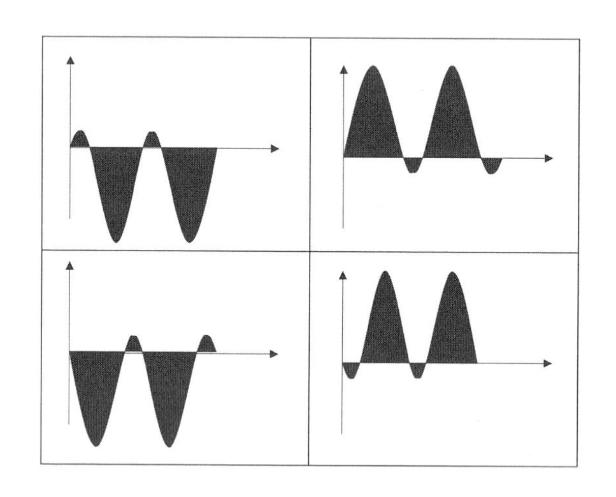

看波形，

右侧的电平幅度大于1，属于高电平。

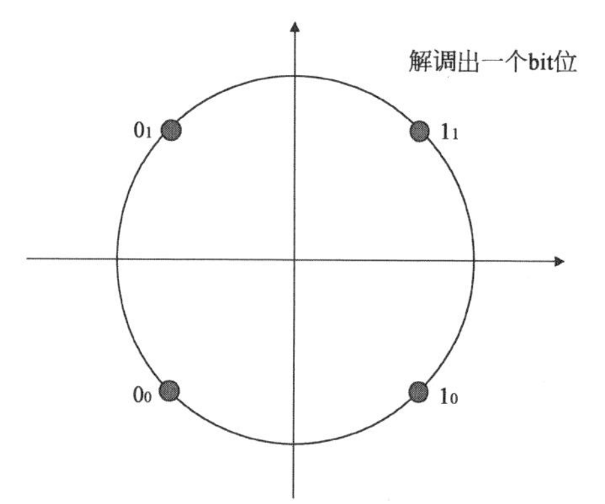

左侧的电平幅度小于1，属于低电平。

看左图对应的关系，解调出来第一个bit，右侧为1，左侧为0，

天天看相干解调，四相位的接收端，有一个总信号的90°转换。

把波形统统延迟90°，相乘后的波形如下：

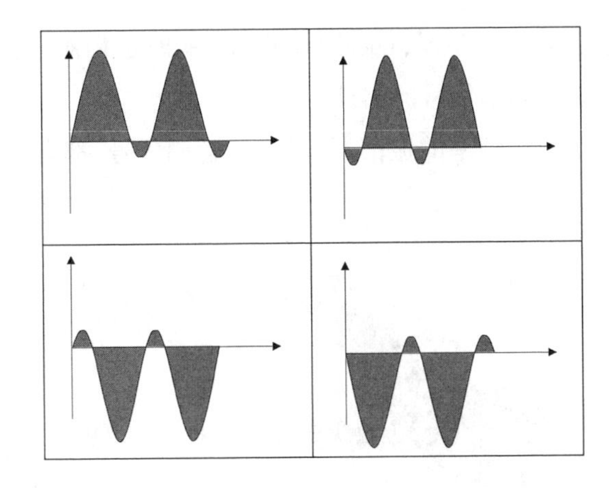

上边都是 1,下边都是 0,这就解调出来另外一个 bit。

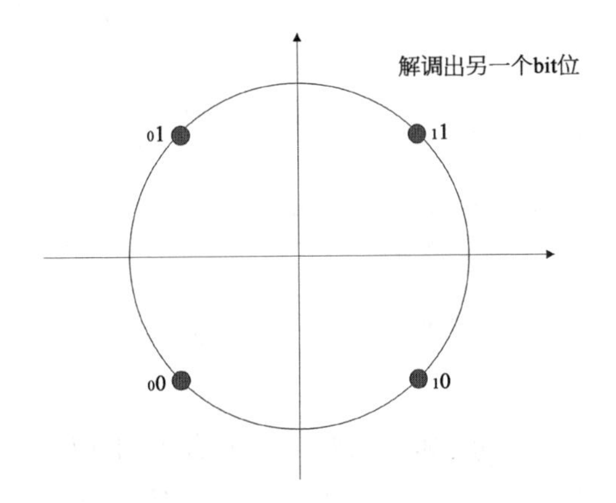

有意思吧,小结一下:

四相位的调制,就是 45°,135°,225°,315°这 4 个相位。

解调,这 4 个原始相位的信号与本振信号做乘法,俗称混频,可以解调出一个 bit。

这 4 个原始相位统统延迟 90°,再乘之后,就可以解调出另一个 bit。

相干光模块中的本振光源

在相干光模块里,都有一个激光器,叫作“本振光源”。

本振的意思是本地振荡器，Local oscillator，本地是相对于接收端来说的，振荡器是指输出固定频率信号的器件。

在本地加一个固定频率的振荡器，是为了解调信号，都有一个本振频率与信号做乘法。

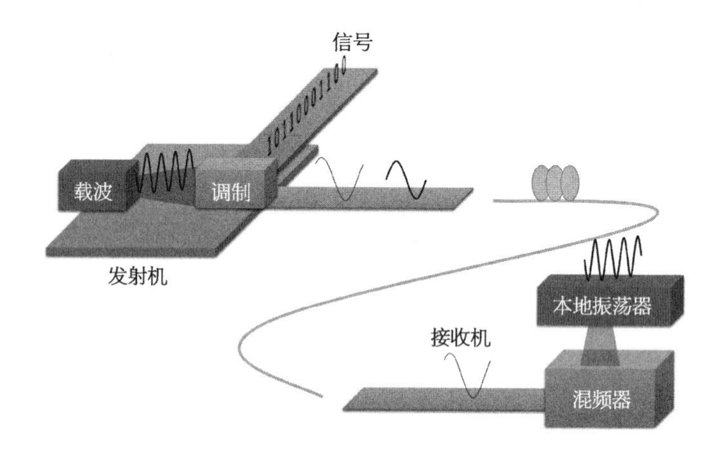

在射频信号的调制与解调中，这个本地振荡频率，可以是晶体振荡器，电信号。

在光通信中，光也是一种波，也有固定的频率。比如 1 550 nm 波长的光，频率就是 193 THz。

发射端的载波信号是光，那在接收端也要有个相同或者基本相同频率的本地振荡器，来做解调。这个用来做解调的本地振荡器的光源，就叫“本振光”。

基于载波相位的调制与解调，在通信领域不是稀罕事。

用基于光做载波的相位调制与解调，在理论上也不是稀罕事。

解调这个事情就是用本振光与原始信号做乘法，在无线射频通信中，这个乘法器叫“混频”，在光通信里，本振光与原始调制光做乘法，叫“干涉”，相互干涉，简称“相干”，这就是传说中的相干光通信。

真正的相干光通信的发展，是科学家们找到了精准控制光相位的方法之后，光这个载波频率，太高了，也就是最近十几年才能够很好地去控制住相位。

DP - QPSK

2 个相位调制,叫相移键控(phase shift keying,PSK),用相位表示 1/0。

4 个相位调制,叫正交相移键控(QPSK),一个符号位有 4 种状态,可以表示两个 bit 位,00,01,10,11。

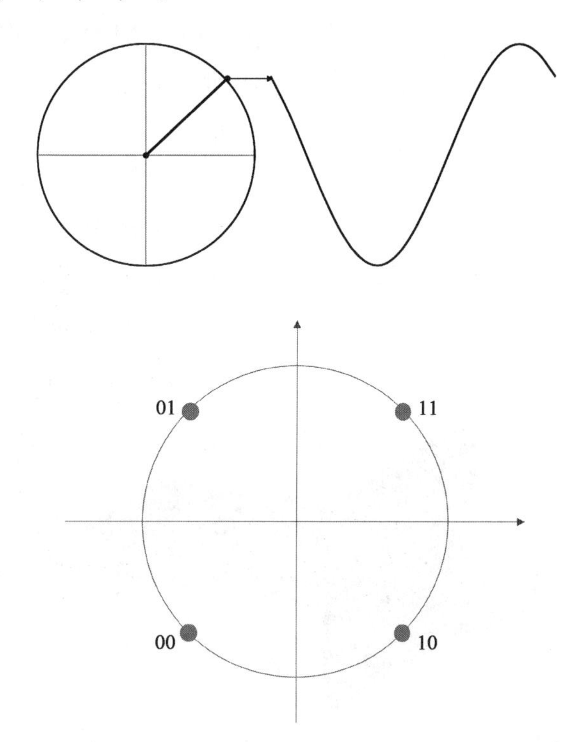

光是有两个偏振面,一个叫 TE,一个叫 TM,两个偏振面,各走各的波。

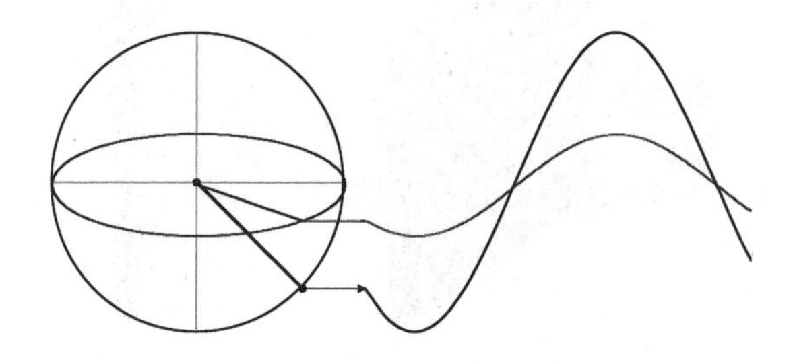

在TE上可以做4个相位的调制,在TM上也可以做4个相位的调制,双偏振的QPSK(Double Polarization - QPSK,DP - QPSK)。

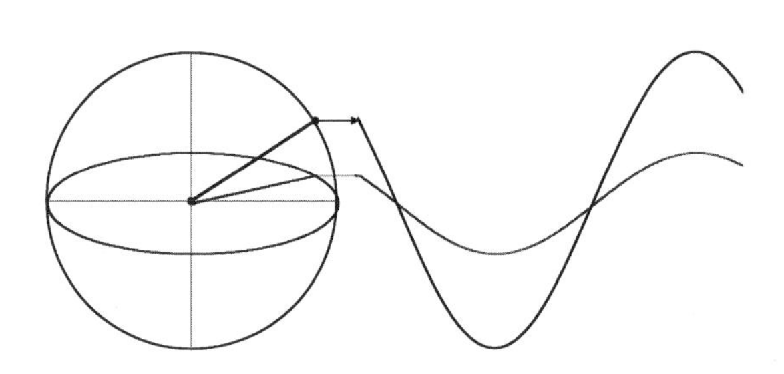

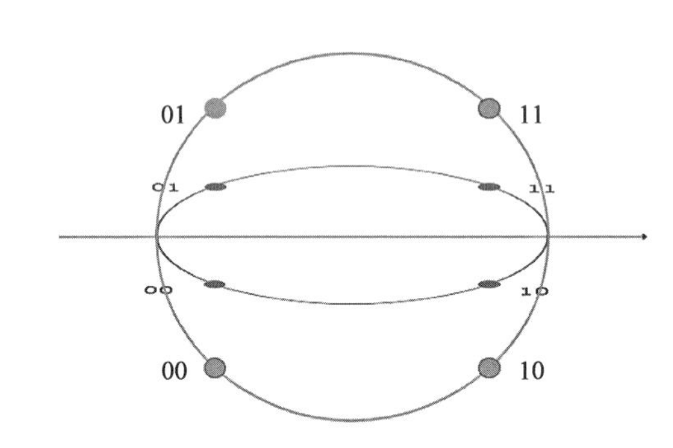

DP - QPSK,传输的信息量是QPSK的两倍,可以实现4个bit位的信息。

解调DP - QPSK,先把光做一个偏振分离,然后分别对TE和TM做相位解调,就好。

偏振,很容易理解,一束光,通过狭缝,就成了一面光,这叫起偏。

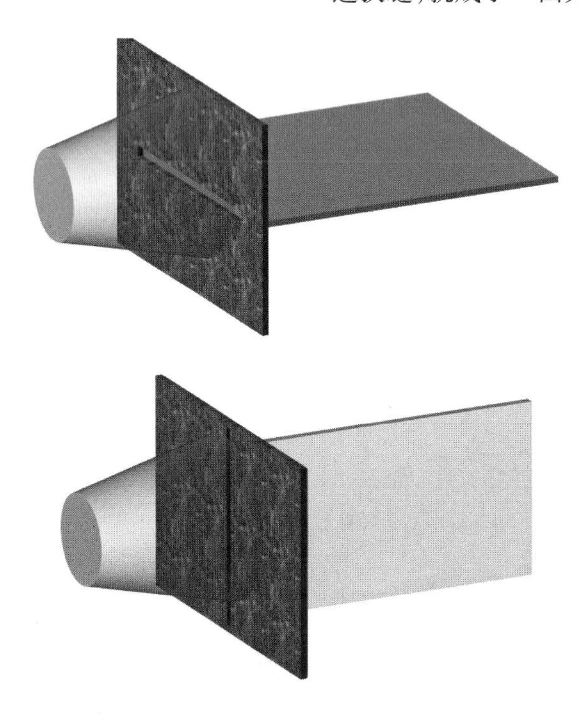

比如这几天看复联,3D,电影的画面,是两套,一套是竖着的画面,一套是横着的画面。

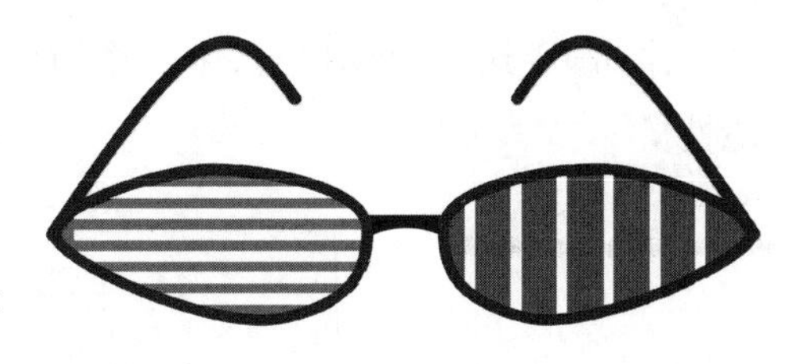

咱们用看电影的 3D 眼镜,就是检偏器,一只眼镜片是横着的缝儿,另一只是竖着的缝儿,各自收各自的电影,所谓的电影就是一秒钟传多少个图片。

咱们的双偏振,也是这样的操作原理。给它起偏,加调制,到接收端再检偏,然后分别对每个偏振面的信息做解调。

QPSK 星座图与 IQ 眼图的对应

QPSK 和 IQ 调制,不同的相位,可以分解到两个正交的坐标轴上:

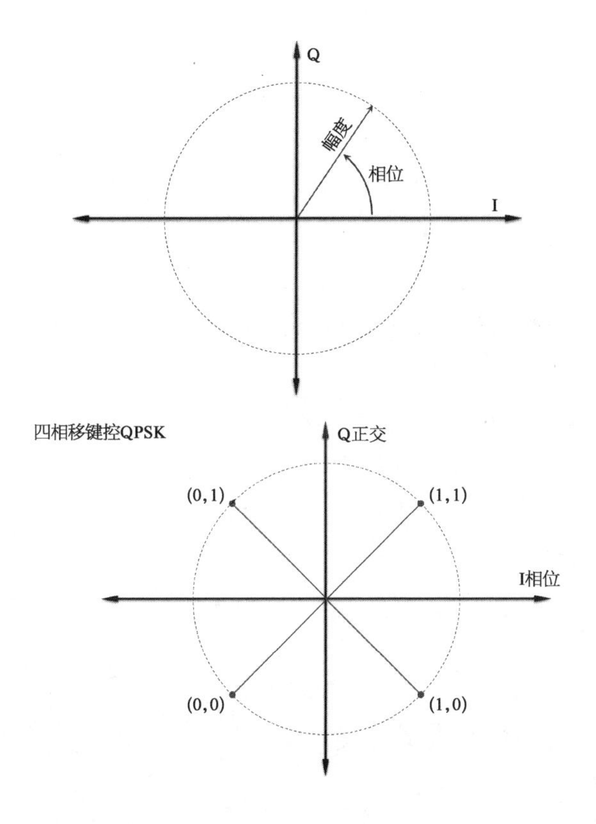

比如,01 这个坐标信息,下一个时间点,可能被调制的状态,都有 4 种可能性。

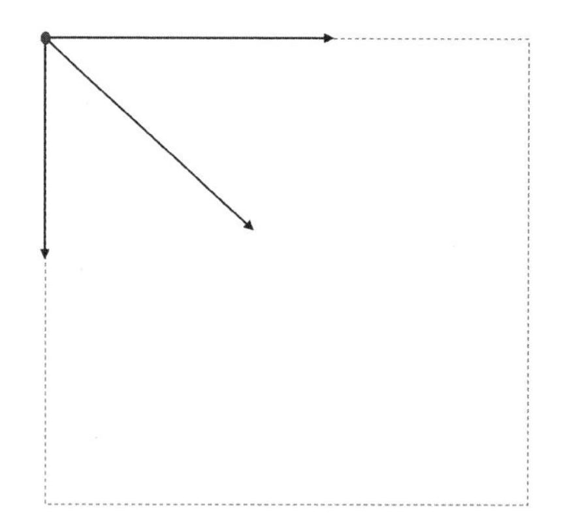

把时间轴拉出来看,到下一个符号位,存在着从 01,跳变到 01,00,10,11 的可能性。其他也一样,每一个单位时间,都存在 4 种跳变。

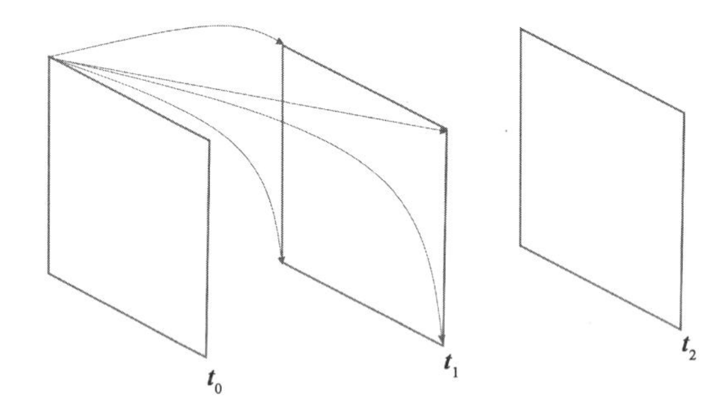

把 IQ 随时间变化的痕迹,按时间多组切片叠复在一起,每种可能性都有了。

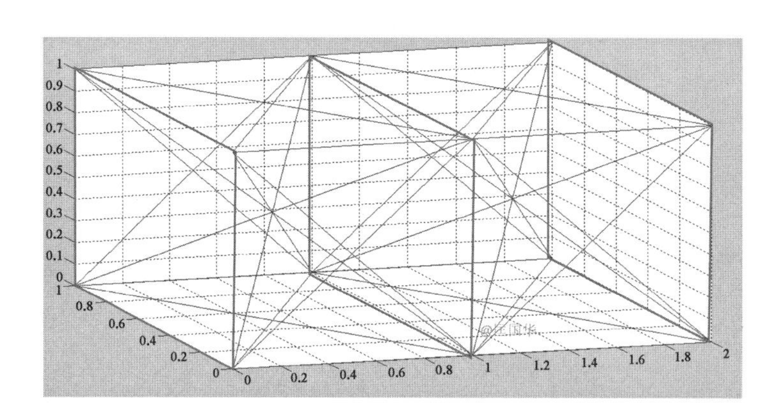

站在垂直于时间的地方看 IQ 坐标系,时间被压缩在二维平面上。

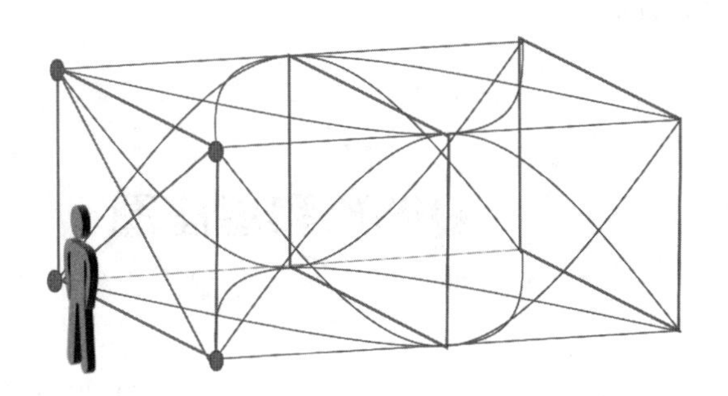

那 IQ 看起来就是个星座图,可以看出调制的相位好不好,一致性强不强,不在调上的坏点多不多……

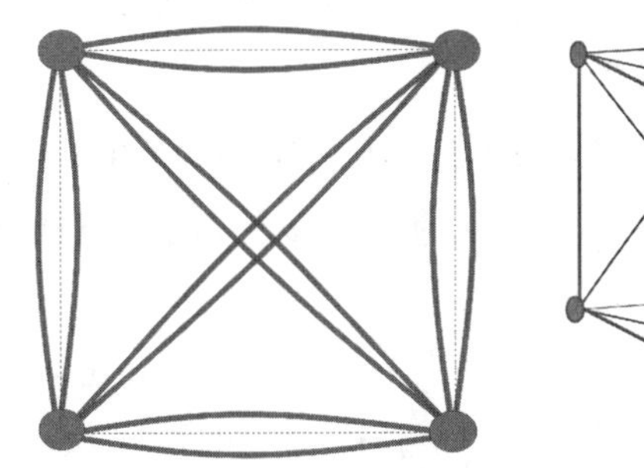

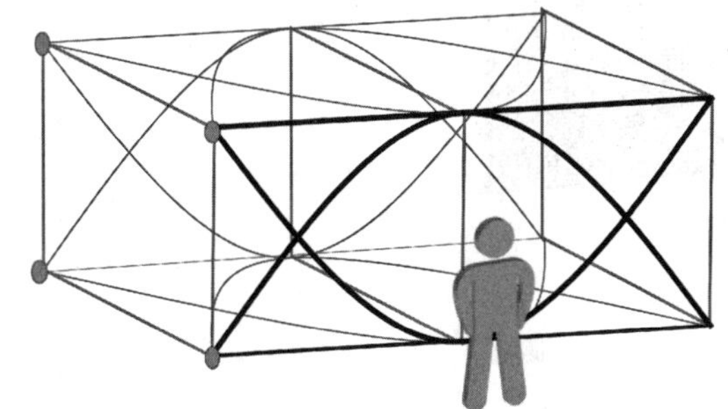

如果站在 I 的垂直面上,它的多个图的痕迹就会重叠成 Q 和时间的关系,就是一个 NRZ 眼图,同样可以解读出很多信息。

趴着向下看,是 Q 轴被重叠,I 和时间的关系也是一个眼图。

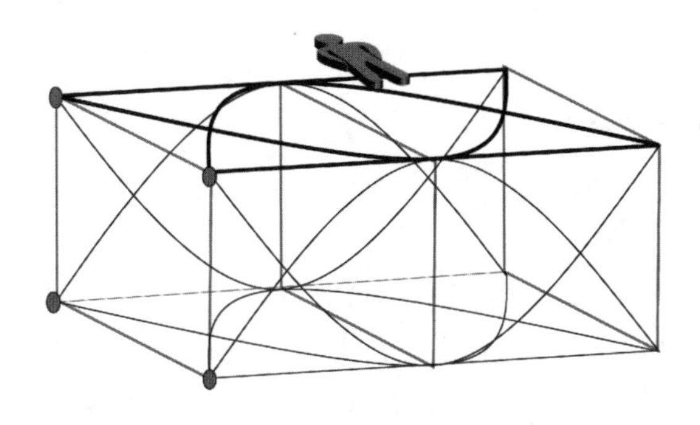

如果是多 QAM 调制,星座图上会看到 16 个点、64 个点……

I 或 Q 与时间轴的二维面上,可以看到类似 PAM-4,PAM-8 那样的多阶眼图。

它们只是不同观测面而已。

QPSK 和星座图

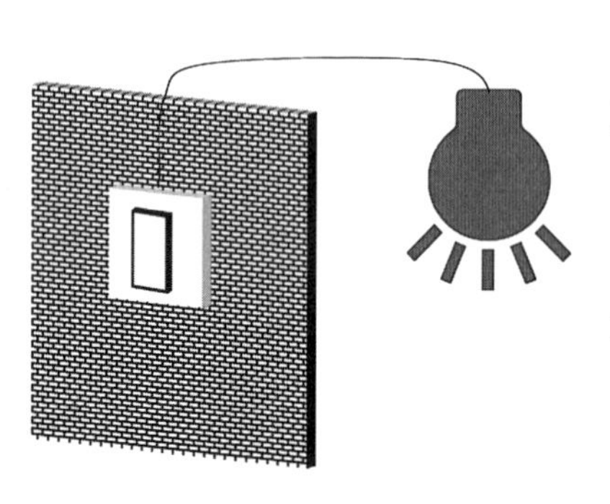

正交相移键控(quadrature phase shift keying,QPSK)。

什么叫键控?

晚上回家,开门第一件事儿是开灯,这就是键控。

键,控制的是开和关,表示 1 和 0。

表示 1 和 0 的有很多种,比如信号幅度的大和小:

幅度调制

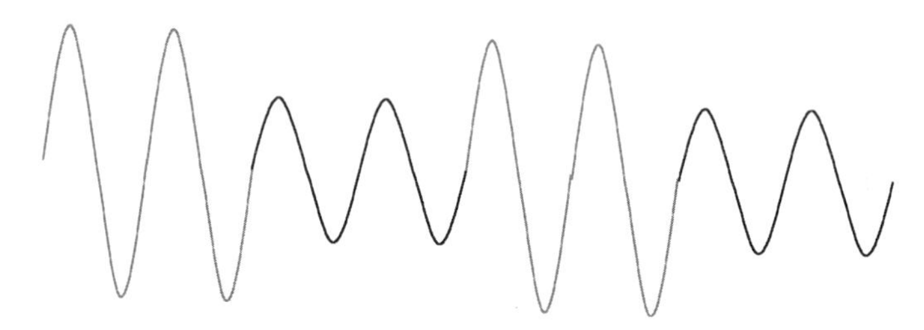

比如相位的正和反:

相位调制

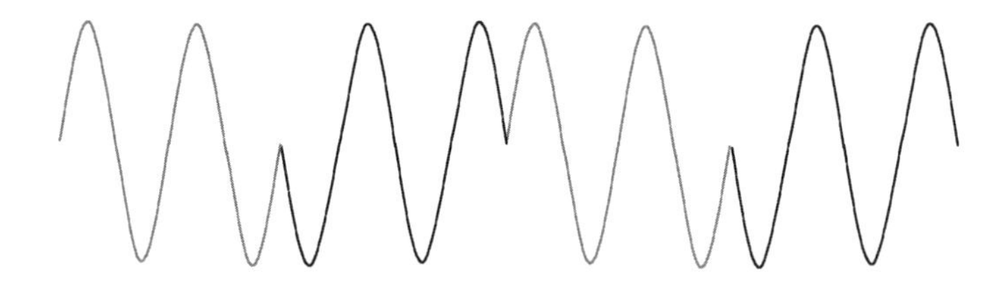

正交相移键控,控制的是“相位”,那啥叫正交?

正弦波移动 90°相位,就是余弦波。

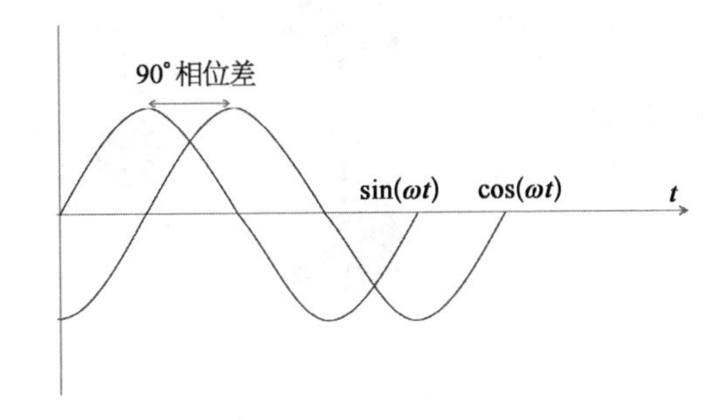

用相位坐标表示的话,90°刚好正交。

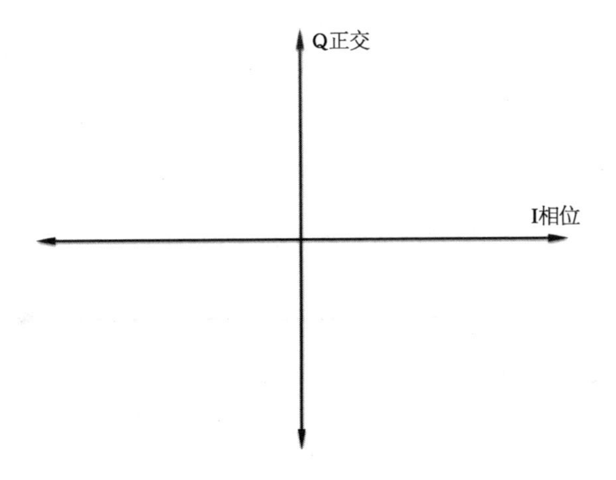

相位坐标上,信号距离圆心的距离是幅度,偏离 I 坐标的角度叫相位。

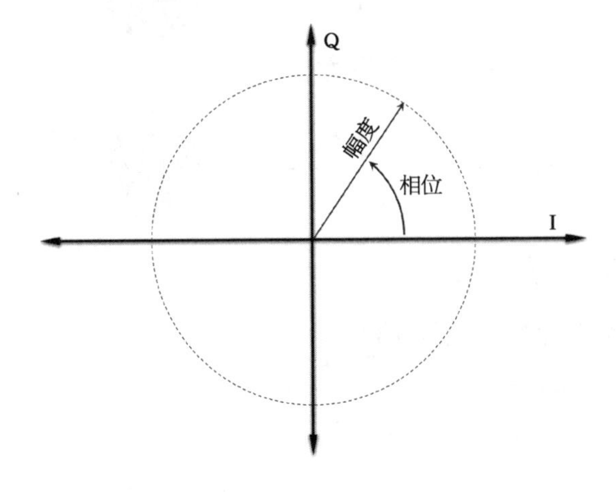

正交相移键控,如何实现?

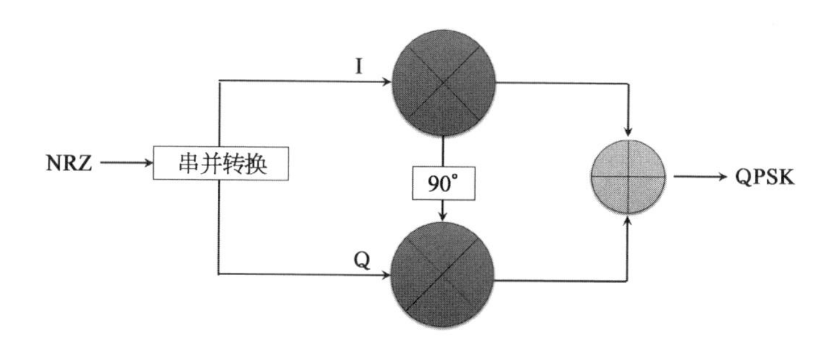

先对信号做串并转换,分成两路并行信号:

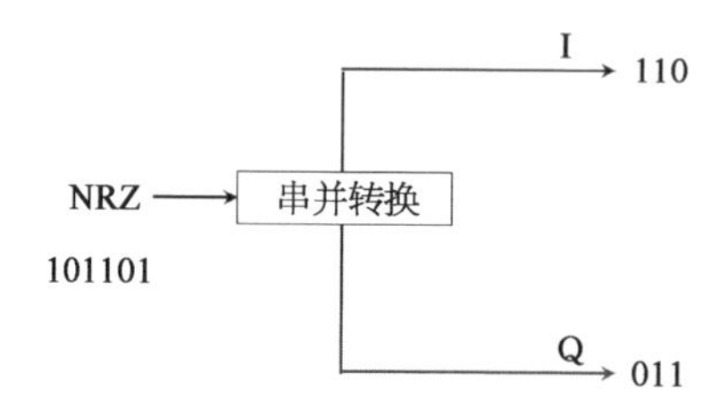

这两路并行信号的 10 分别这么表示:

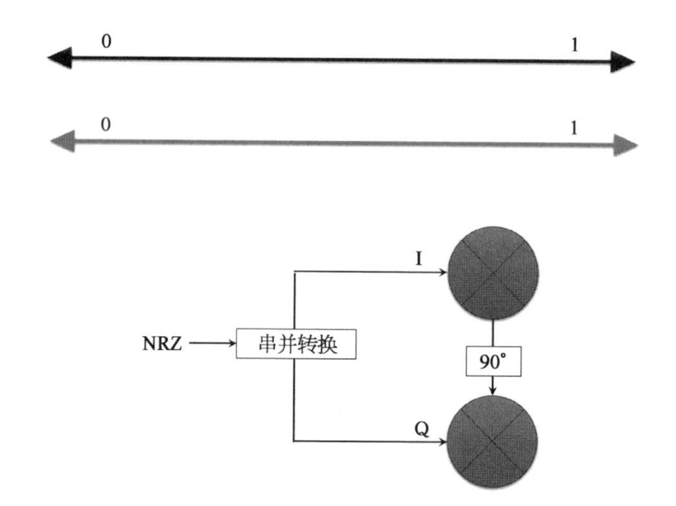

Q 延迟 90°(见下页第 1 图),

就成了正交坐标系(见下页第 2、第 3 图),

I 路的第一个 bit 是 1,

Q 路的第一个 bit 是 0,

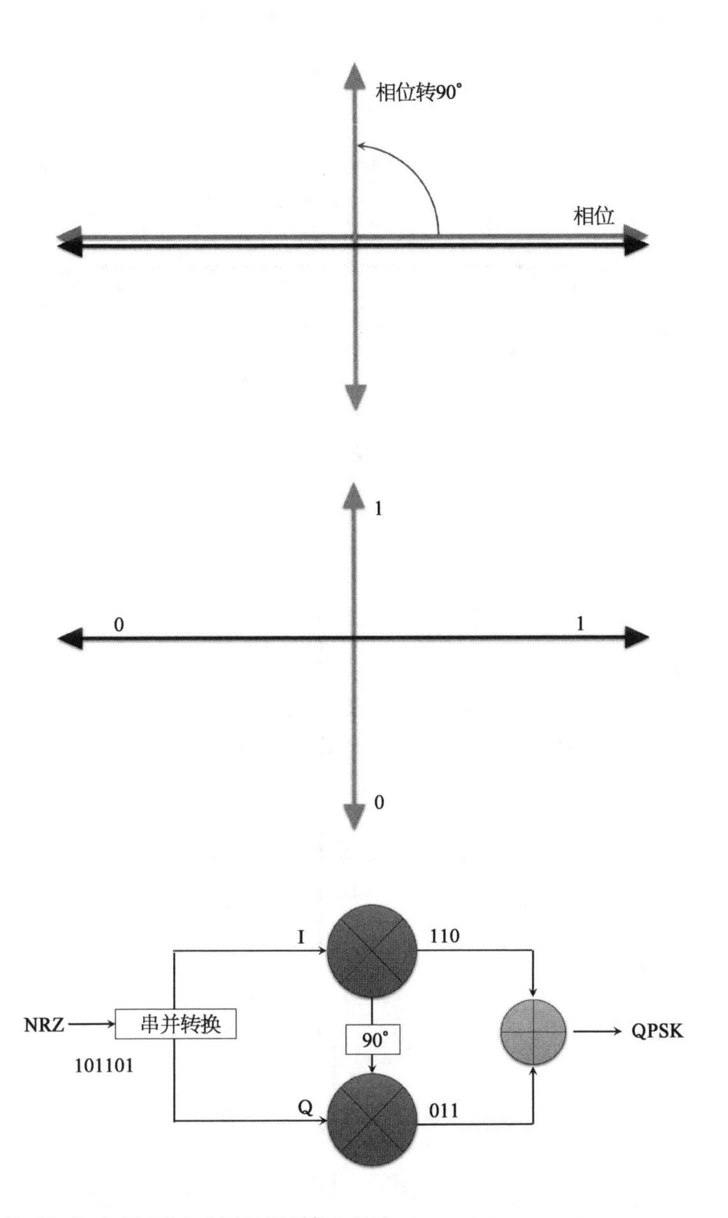

分别标注在坐标系上(见下页第 1 图):

两路 10 与 10 共有 4 种组合,对应在相位图上就是 45°,135°,225°,315°,所以也叫四相移键控(见下页第 2 图)。

QPSK 星座图,也叫矢量图(见下页第 3 图)。

坐标中,I 是相位,Q 是相位的正交坐标,通常也叫 IQ 调制。

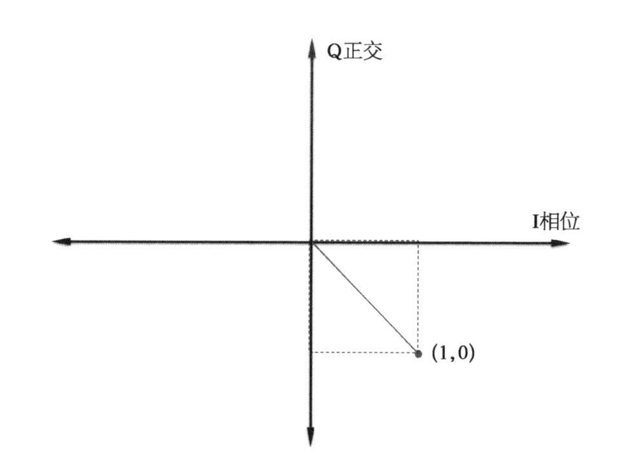
Q正交
I相位
(1,0)

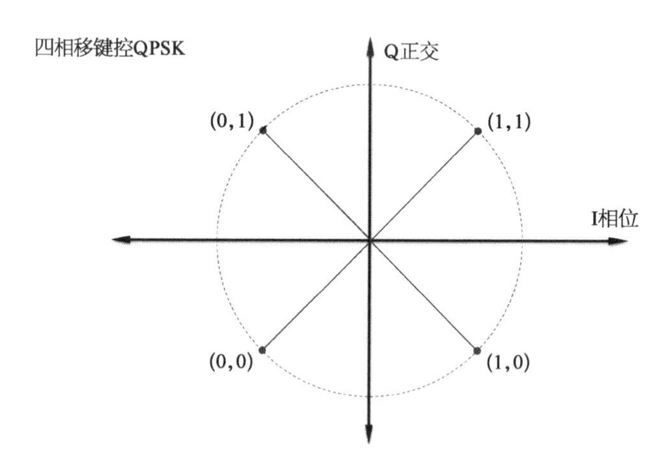
四相移键控QPSK
Q正交
(0,1)
(1,1)
I相位
(0,0)
(1,0)

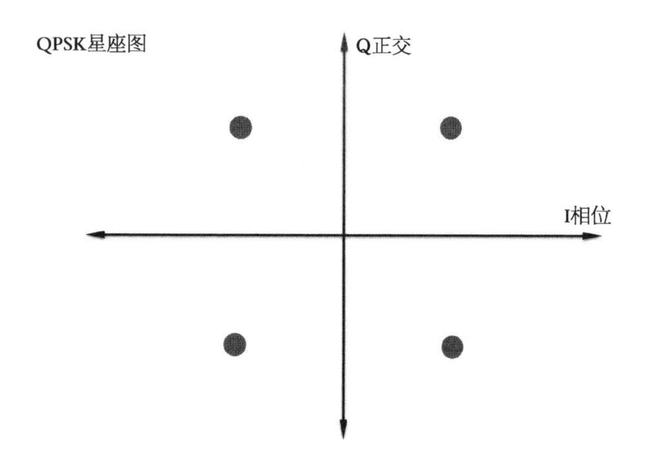
QPSK星座图
Q正交
I相位

相干光模块

如何提升信道的传输能力,是通信业的永恒话题。

大家的思路,无非是传输信号的速率越来越快,或者多叠加一些波长,或者增加复杂的调制模式(比如多相位)。

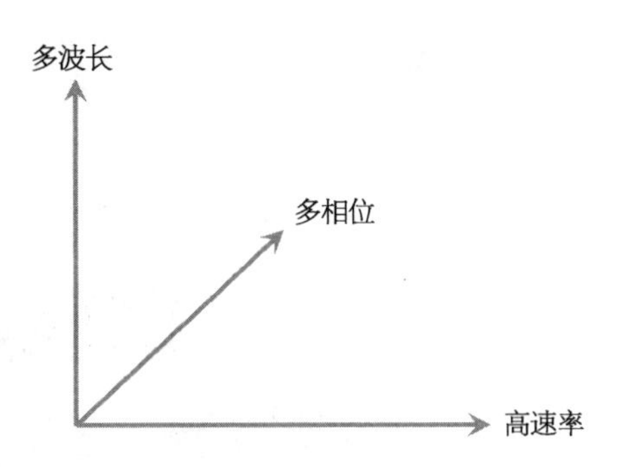

本节聊的相干模块,就是要解决这个问题。

波长:越来越多,就是传说中的WDM,40波复用、80波复用、96波复用

速率:100 G到200 G到400 G……

20世纪80年代,大家就在研究多相位调制,也就是相干模块,多了一个调制维度。信噪比高、传得远。

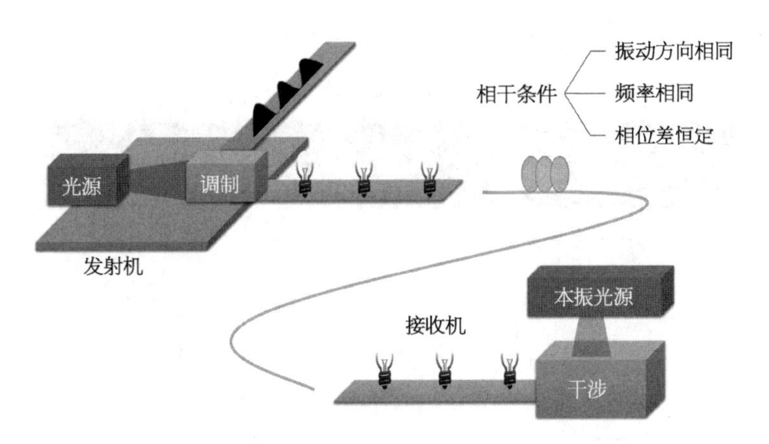

可是,这么好的技术却没有得到大规模的应用,原因是EDFA技术和DCF技术成熟,而精准控制相位的技术却还在研究之中。

直到10年前,科学家们掌握了商用的相位控制方法,相干技术就嗖嗖地开始占领市场。

主要应用场景,是DCI,数据中心互联和城域网。

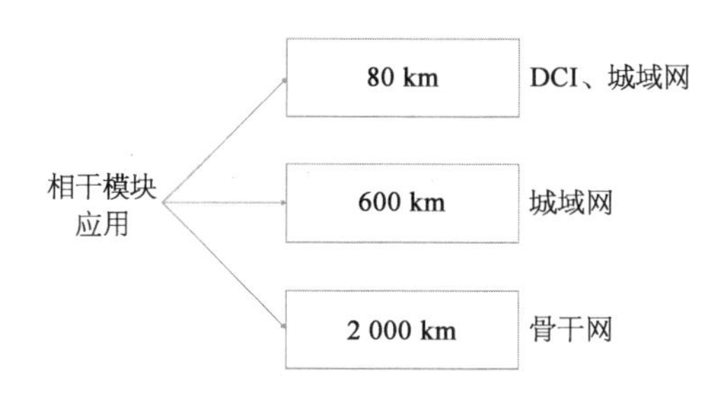

骨干网中，相干一直都是要做的事儿。

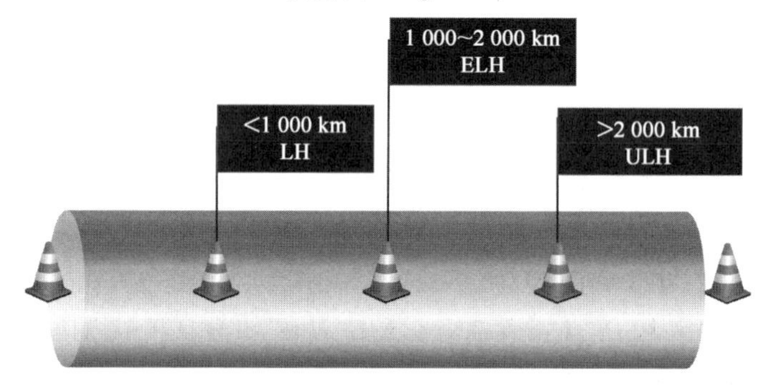

城域环网中，相干在长距城城应用中也很霸气。

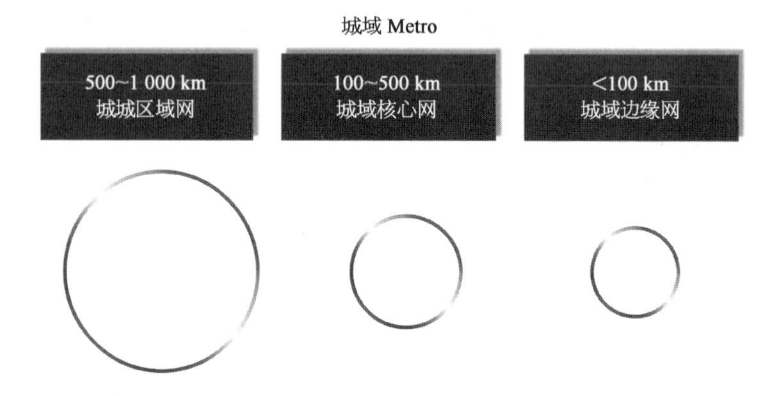

现在快速增长的市场则是 DCI，数据中心互联，云计算服务。

对于 DCI 来说，紧凑型是必须的条件，大家那么大的数据量，空间就很宝贵，相干模块小型化是看得到的趋势（见下页上图）。

什么是 ACO 和 DCO？

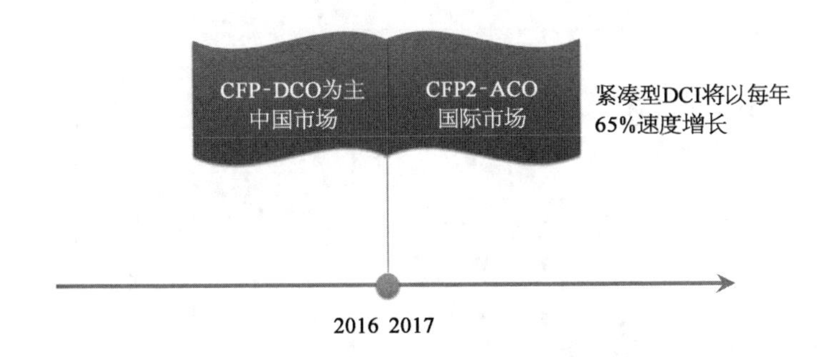

光模块中有 DSP，输出数字信号，就叫 digital coherent optics。

光模块中没有 DSP，输出的是模拟信号，就叫 analog coherent optics。

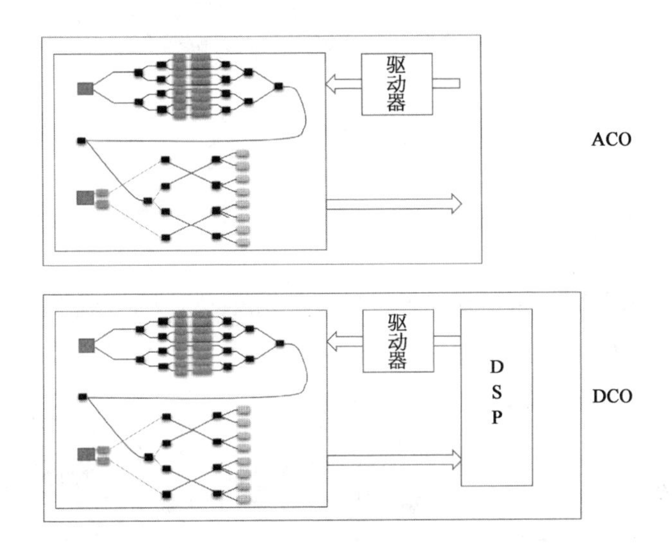

为什么 DSP 放不放进去，那么重要？因为数据处理量太大，DSP 需要的逻辑单元固定那么多，那功耗也很大。

放进去和不放进去，就是在权衡模块尺寸功耗与性能。

相干光模块，有三大关键器件（见下页第 1、第 2 图）。

这 3 个器件，如何小型化，如何低功耗，是关键。

可调谐光源，越来越小。

对 DSP 来说，如何降低功耗是个话题，这和工艺相关，之前写 CMOS 工艺，20 nm，14 nm，沟道长度降低，电子渡越需要的电源也可以降低，芯片的功耗降低，尺寸也小。

对于调制器、接收机，或者调制器+接收机，高集成度才能小型化。

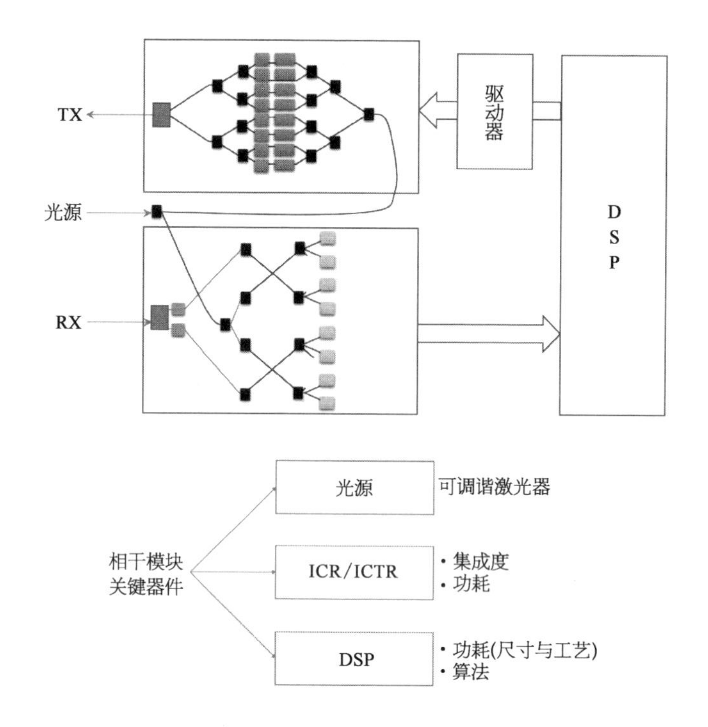

而对于市场应用来说，模块做小远远比单颗物料成本的降低有意义。

因为高密度，可以带来总部署成本下降。

调制器与接收机的集成度，是个关键。

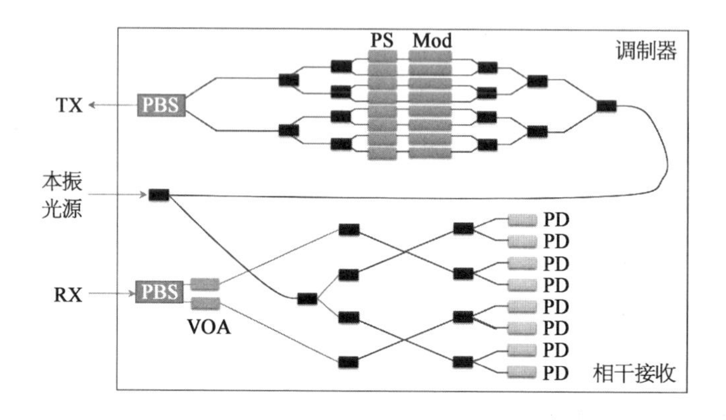

汇总一下：

200 G/400 G 小型化相干模块，占据 WDM 市场容量的一半以上，未来 5 年则占据到 90%。

相干模块中，3 个关键器件，光源、DSP 和 ICT/ICR。

光源关键：可调谐波长精度，线宽、尺寸。

DSP 关键：功耗（尺寸）、算法。

ICT/ICR 关键：集成度、功耗。

这又是一块兵家必争之地。

混 频 器

何为混频器？

混频器也叫变频器，将接收到射频信号（微波信号，或者光信号）与本振信号相乘，信号频率由一个量值变换为另一个量值的过程。

以愚公移山为例：

信号，就是我们移山的使命，每天上山搬一筐石头，下山填到海里。

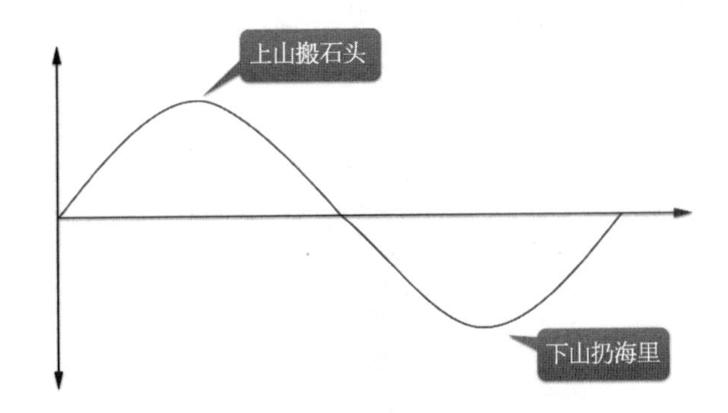

但是石头需要人来搬，比如愚公，愚公平常走路是一步一步走，有自己频率。

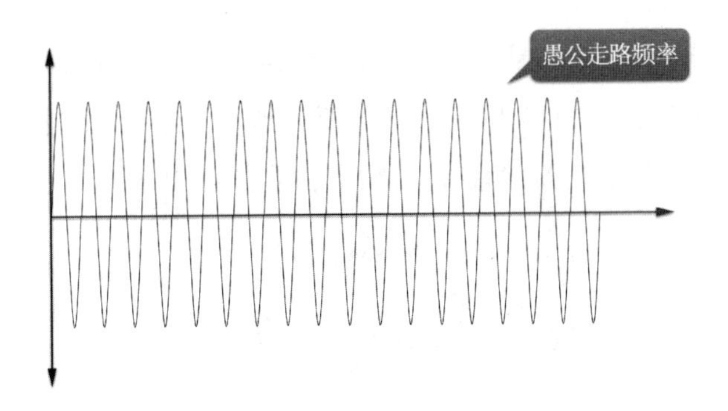

载频，就是把信号调制到一个频率上，可以调制到微波频段，也可以调制到光上，光也是电磁波也有频率，微波也是电磁波也有自己的频率。

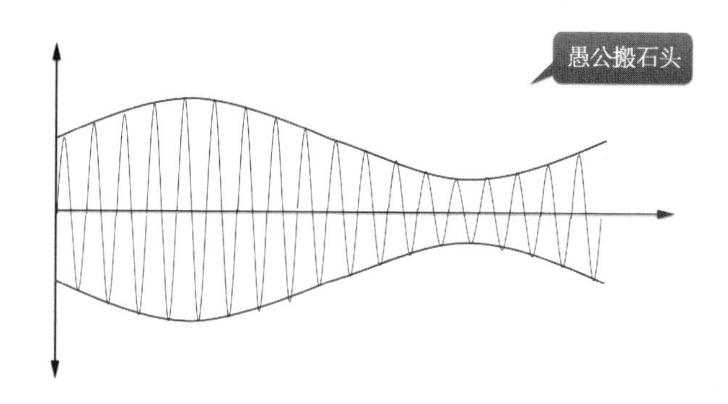

愚公一天天老了，每次上下山搬的那筐石头越来越少。

信号传输一段，有衰减，可咱的使命要传下去啊，愚公要把搬山事业传给愚公的儿子，让儿子继续搬。

那怎么才能有儿子，先得娶个媳妇。

媳妇就是本振信号，媳妇不用搬石头(无调制信号)，可是媳妇和愚公共同决定了儿子的一些特征。

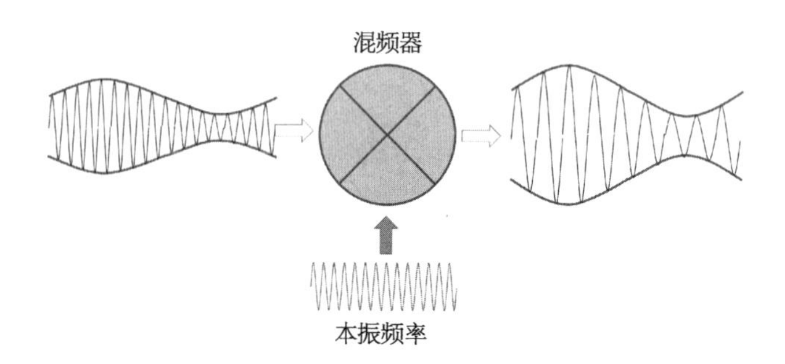

愚公走路频率f_1，媳妇是f_2。那儿子基因取决于父母，要么优点相加，要么相减，儿子的频率是父母的“和”或“差”，要么是f_1+f_2，要么是f_1-f_2。

公式表达，就是混频器，两路输入频率相乘，输出则为和差：

$$f=\cos(f_1)\times\cos(f_1)$$

$$=\frac{\cos(f_1+f_2)+\cos(f_1-f_2)}{2}$$

相干通信中接收端也会用到混频器，与本振光源特性相关。

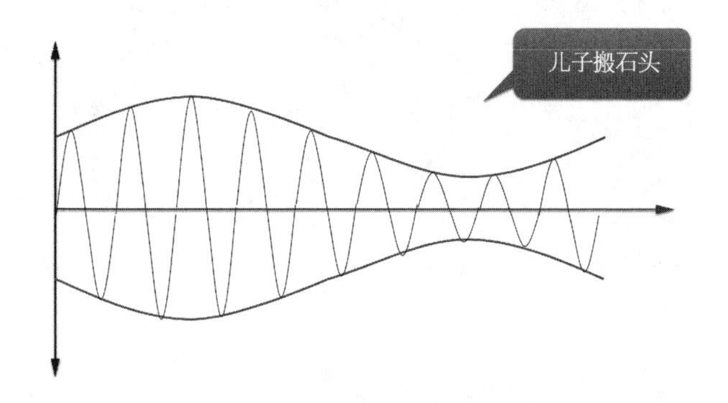

愚公让儿子继承移山事业，要看娶个什么媳妇，要娶个贤妻，频率和谐，儿子就有了增益，年轻力壮能继续家族事业。

混频器的作用：

可以将信号从一个调制频率，转移到另一个调制频率。

通过选择本振频率，将信号转移到一个稳定系统频率，窄带滤波，并增益放大，提升接收灵敏度。

200 G 400 G 系统中的相干接收是什么

相干接收是怎么回事？

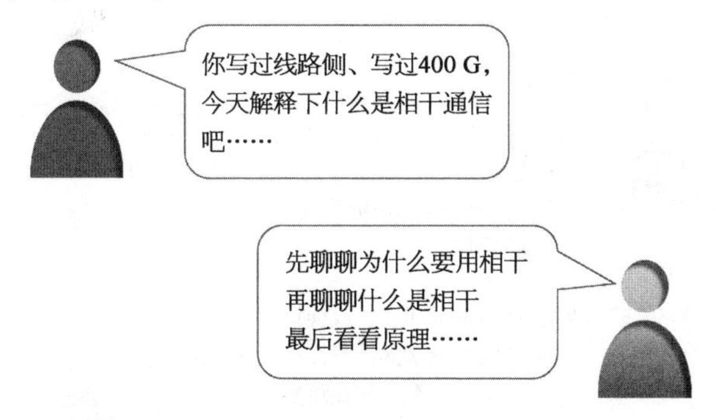

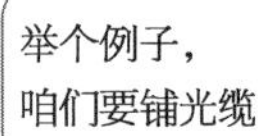

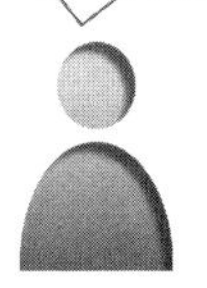

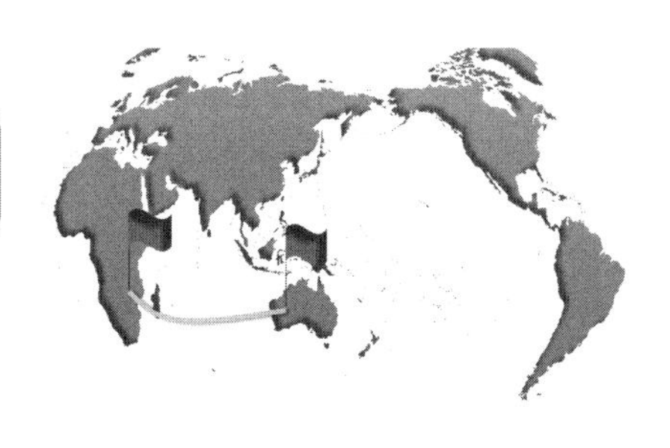

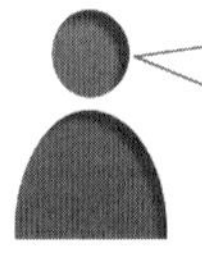

这距离远，跨着海呢，几千公里。
咋办？

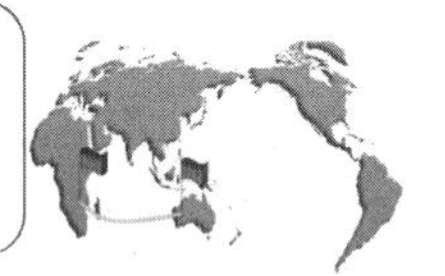

哈哈，那能怎么办，两条：

- 数据尽量多传
- 水底下尽量少施工

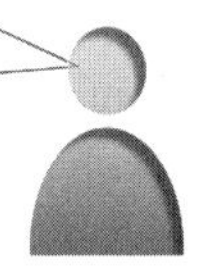

我想起来了，怎么数据多

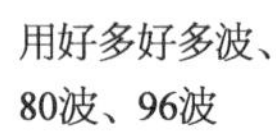

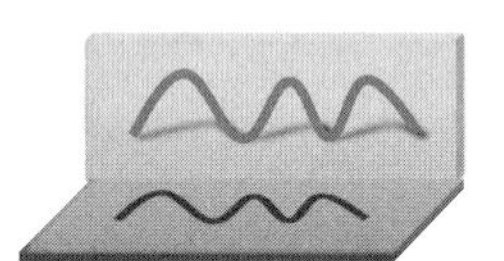

偏振复用啦，各种复用

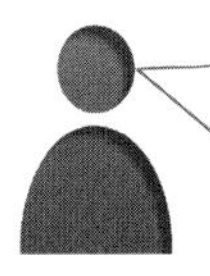

水底下少施工，这距离这么远，我接收了信号，看不出来是啥了呀
整点放大器啊，色散补偿啦，总是得用上吧

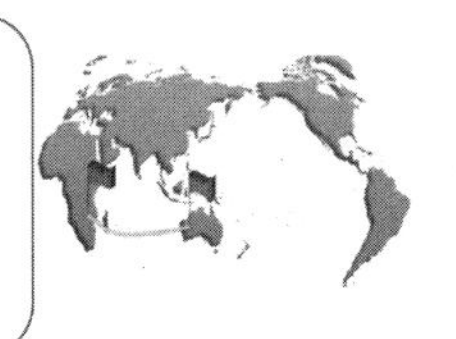

你说的是普通接收，我现在有个好技术，普通接收挺费劲的信号，小一百万倍，小一千万倍，我也能检测出来

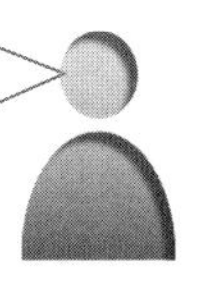

灵敏度有 20 dB 的提升。

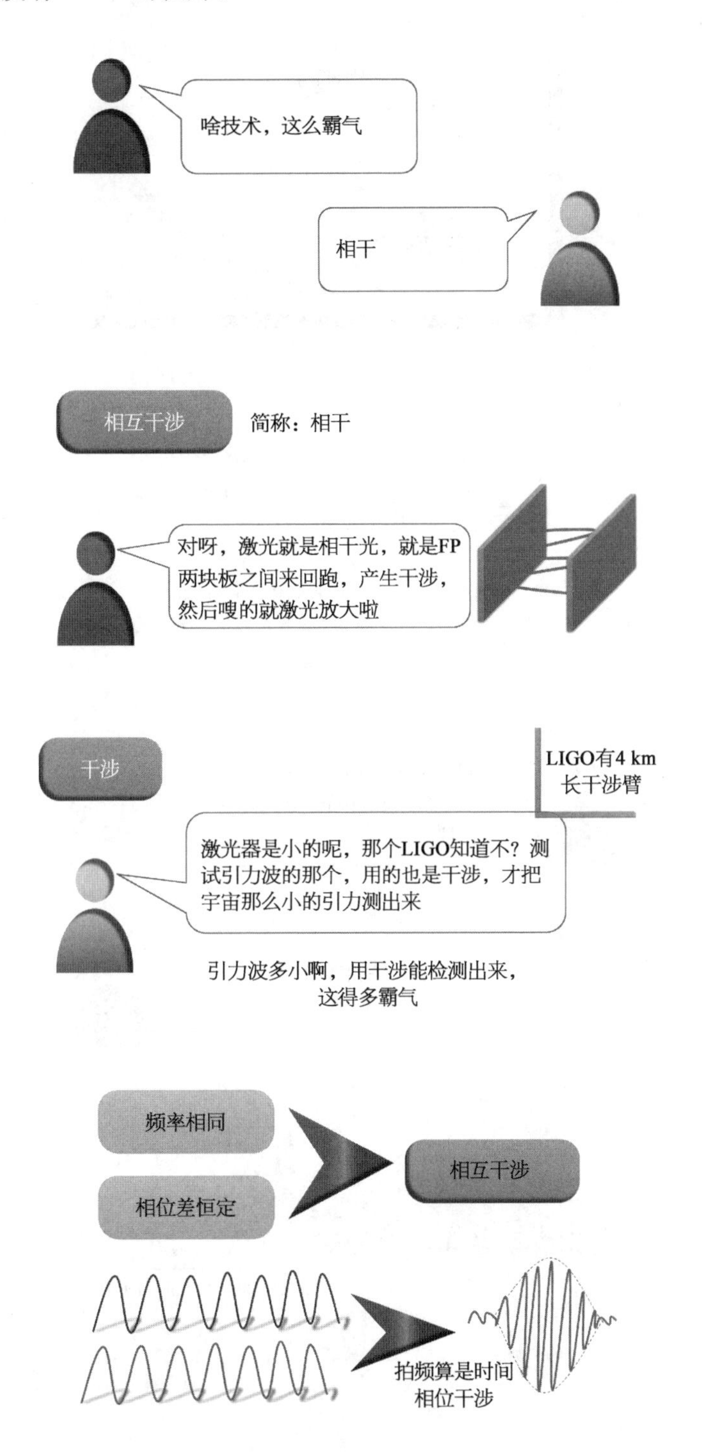

咱们信号是空间强度上干涉。

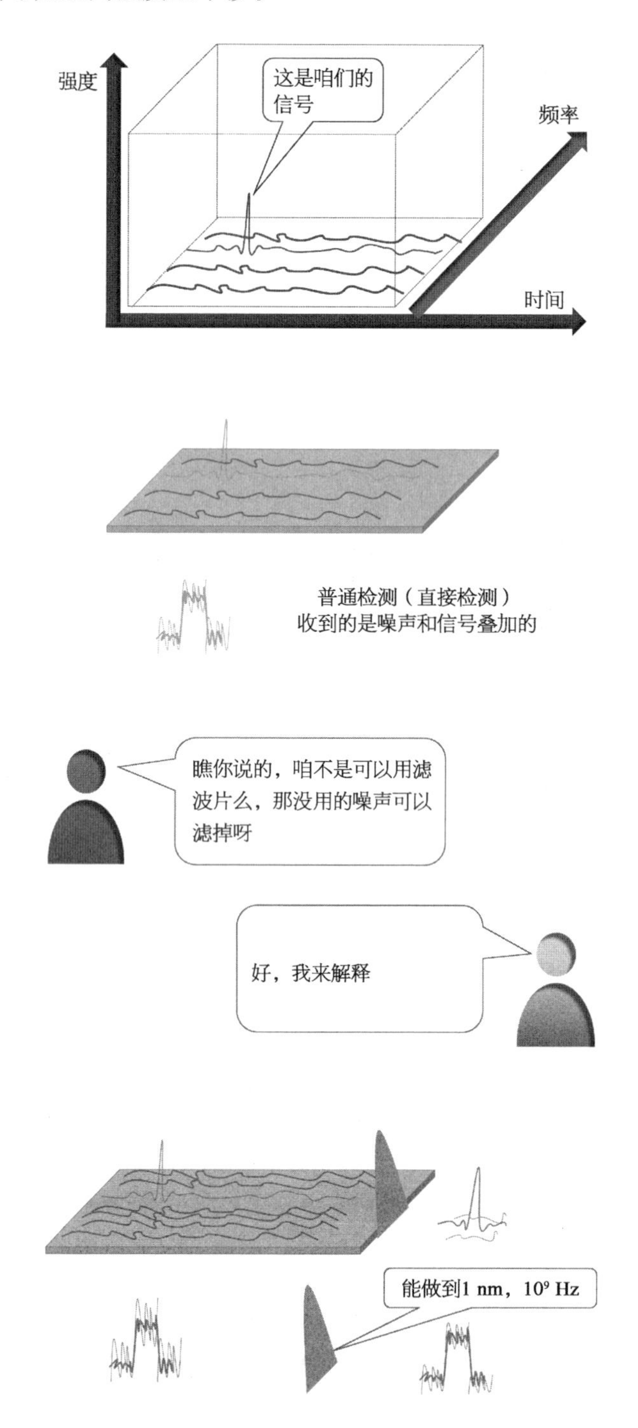

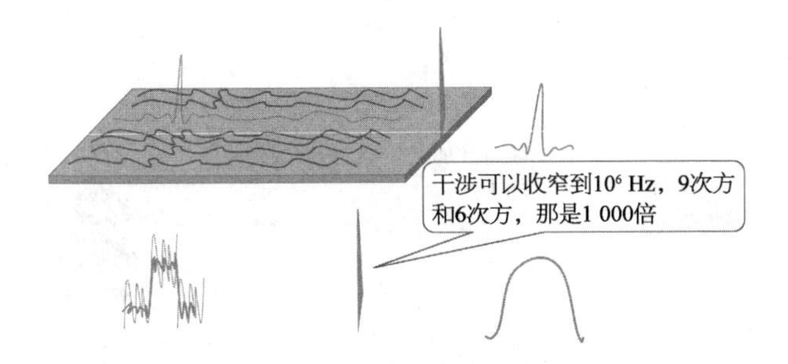

窄带滤波与干涉,滤波效果有 3 个数量级。

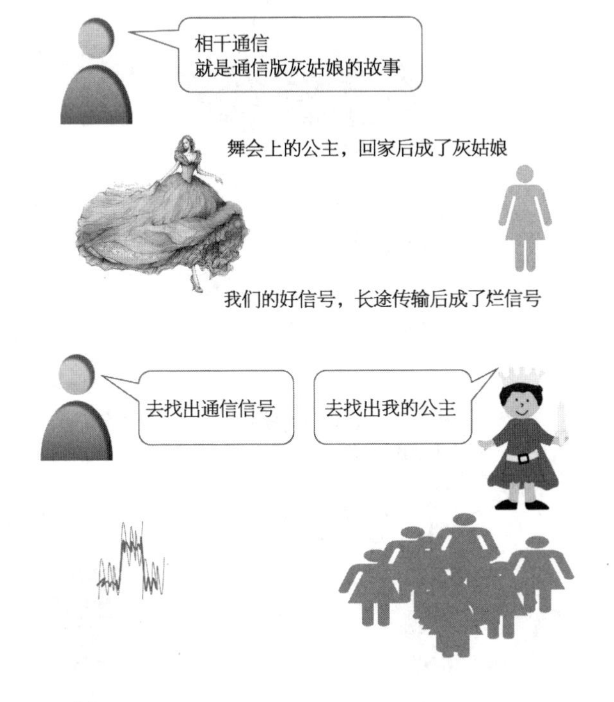

窄带滤波是这样：

相干是这样：

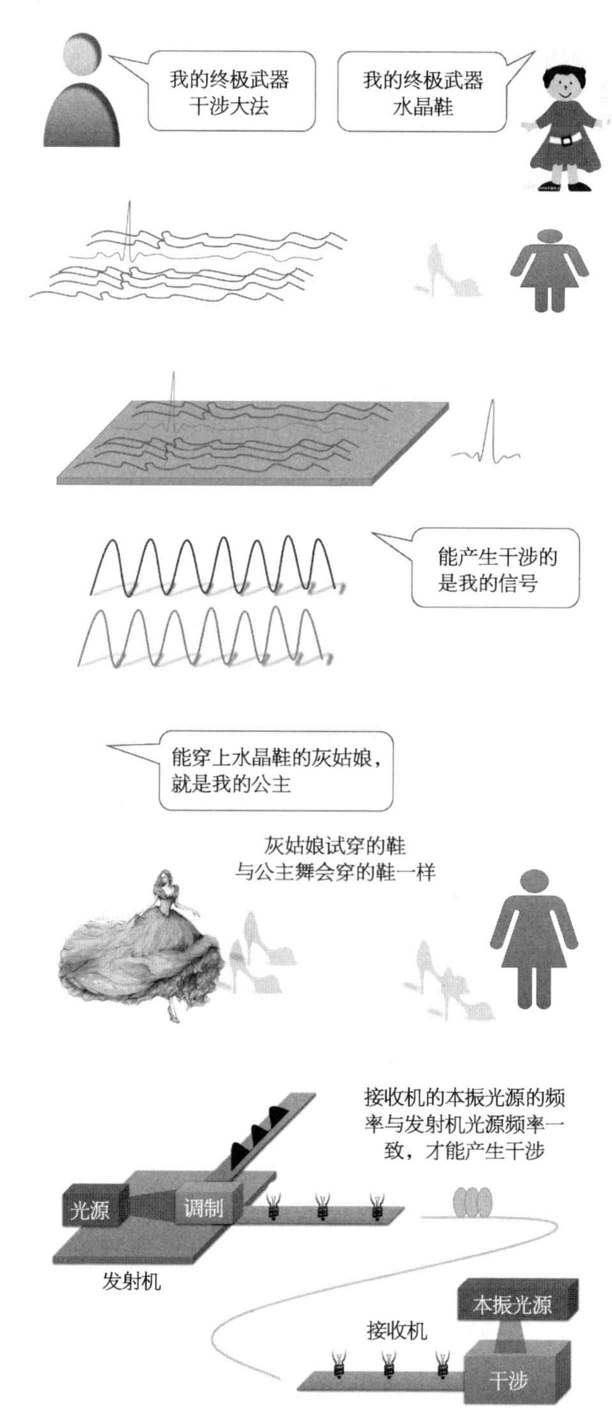
我的终极武器
干涉大法
我的终极武器
水晶鞋
能产生干涉的
是我的信号
能穿上水晶鞋的灰姑娘，
就是我的公主
灰姑娘试穿的鞋
与公主舞会穿的鞋一样
接收机的本振光源的频
率与发射机光源频率一
致，才能产生干涉
光源
调制
发射机
本振光源
接收机
干涉

相干，就是用和发射机一样频率、相位差恒定的本振光源，去和信号作干涉。

能产生干涉效果的就是信号，化化妆，放大，拾掇拾掇就还原成咱们的信号了。

不能产生干涉效果的通通都是杂草，除掉就好。

相干接收，对于光源的要求变得很高，窄线宽啊，波长稳定啊，各种要求。就相当于，保持水晶鞋的完整度，才是找出灰姑娘的核心。

什么是 DST 色散支持传输

业界常讨论 DST 传输，色散支持传输，可以让 DML 直调激光器的传输距离远远大于外调制 EML 或者 MZ 调制的传输距离。

本节聊聊这个技术的来历。

先从激光器原理来聊聊直接调制激光器为什么产生啁啾，啁啾如何导致传输距离受限，再去了解 DST。

激光器，是电信号转成光子发射，电子要穿过有源层，就叫个“渡越”，就像过马路一样。

咱们眼中的马路就这么长

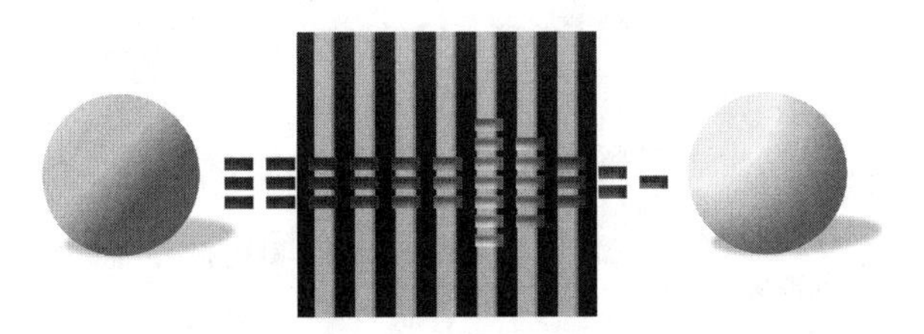

激光器中，电子（载流子）穿过有源层（马路），变成光子

信号 1，载流子（电子）很多，一起过马路（见下页第 1 图）。

信号 0，载流子少，过马路就快。渡越时间短（见下页第 2 图）。

跑得慢，时间长，也就是频率低（见下页第 3 图）。

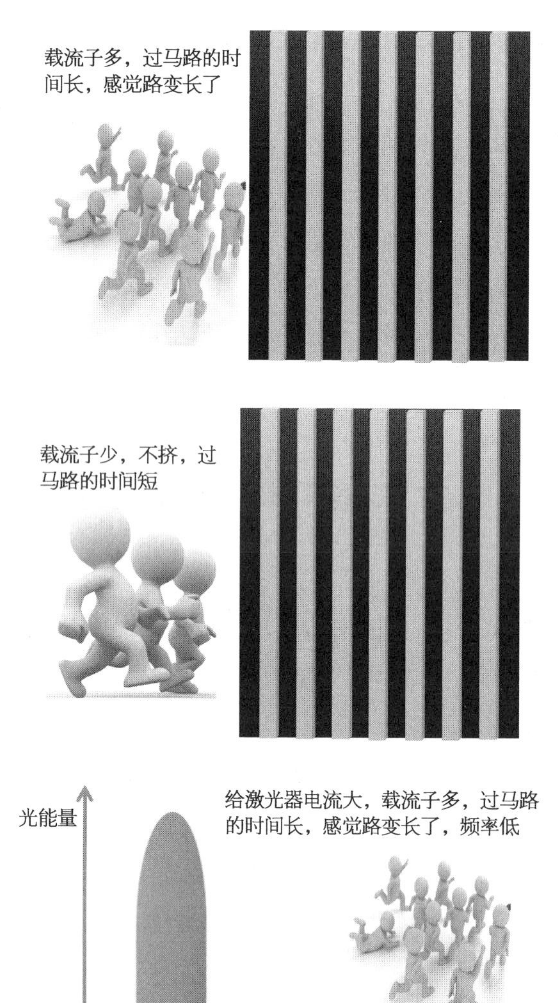

跑得快，时间短，也就是频率高。

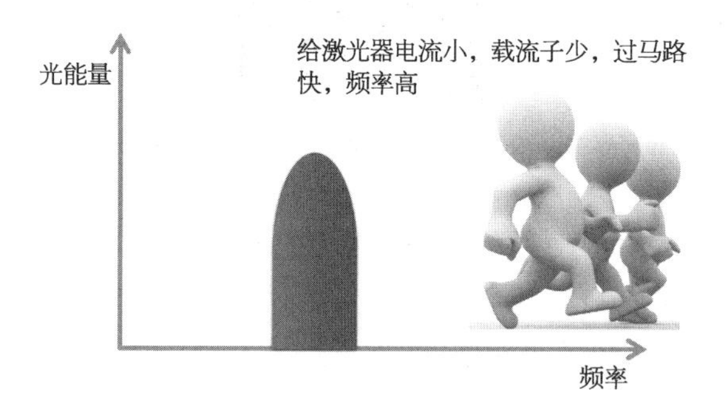

合起来,直接调制激光器,1 和 0 之间,就有了频率差。

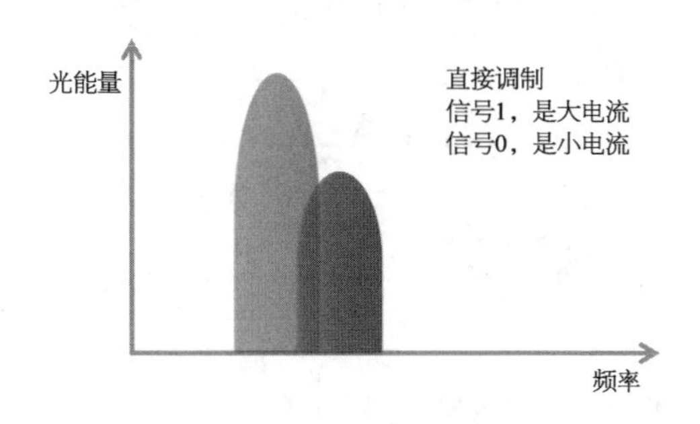

从幅度上看,消光比是幅度上的,啁啾是频率上的。

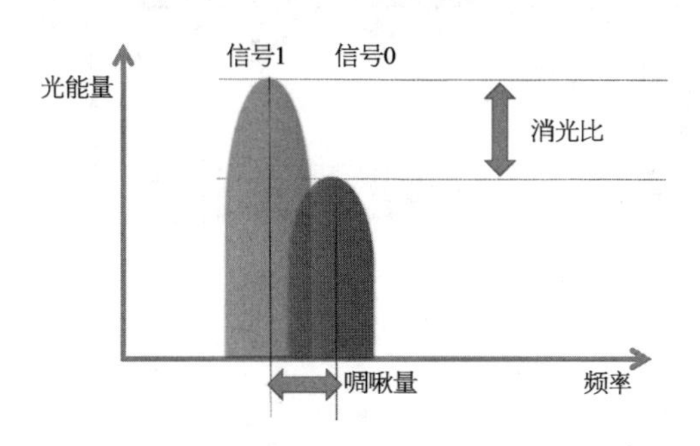

激光器静态波长是定值,光速也是定值。

信号 1 和 0 之间产生的频率差,就有了波长漂移。

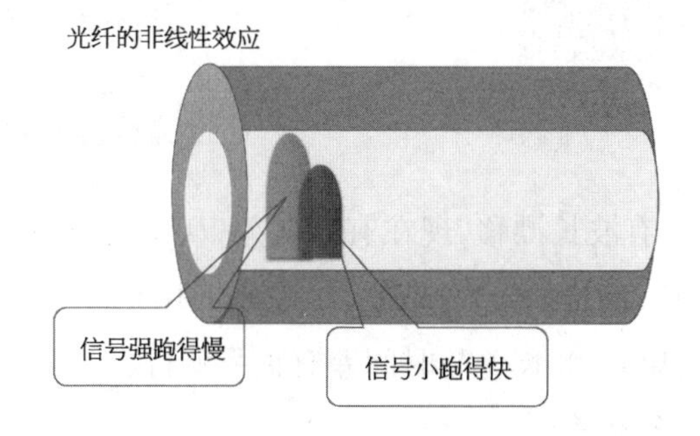

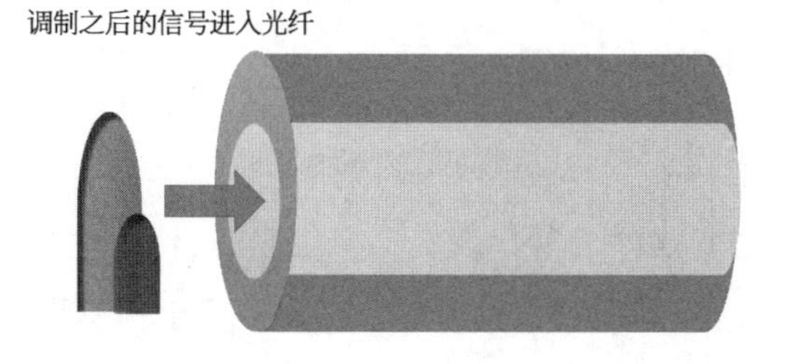

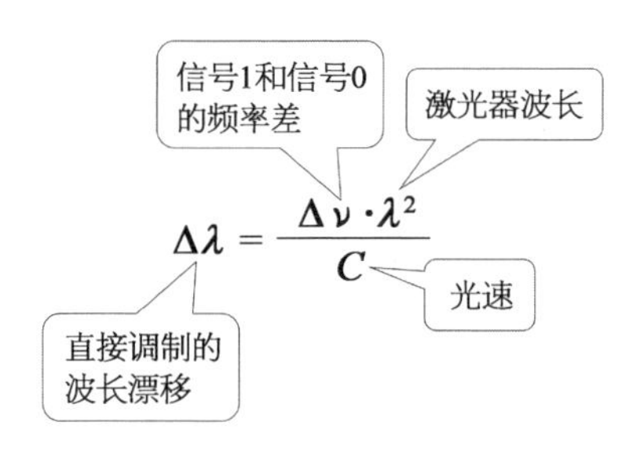

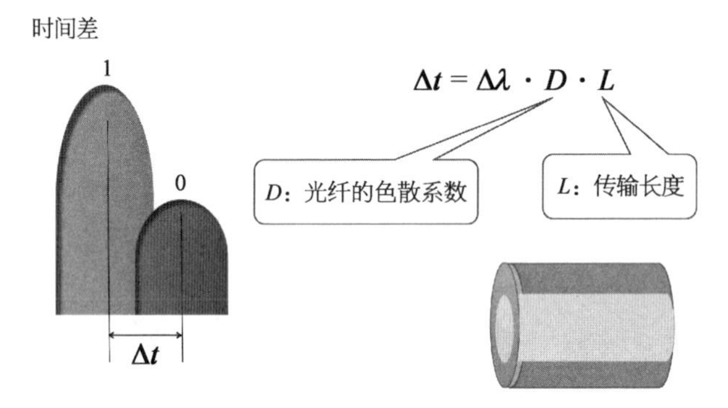

刚才那个公式，有波长漂移，现在有时间差，D 是定值，1 550 nm 波长的色散 G.652 光纤，是 17，都是一查就知道。L 是光纤距离。

从第二个公式知道，波长差与时间差有关系就行。

时间差产生什么效果？

因为 0 跑得快,1 跑得慢,过了光纤之后,产生三电平,特别讨厌。

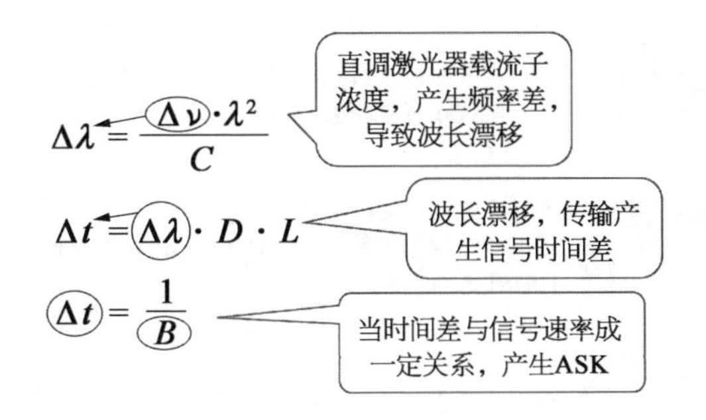

咱们放一个概念,NRZ 是 OOK 开关键控,也就是 ASK,幅度高低来做 1 和 0。

世界上还有一个 FSK,频移键控。ASK 和 FSK 就像收音机的调频和调幅,都是很成熟的技术。

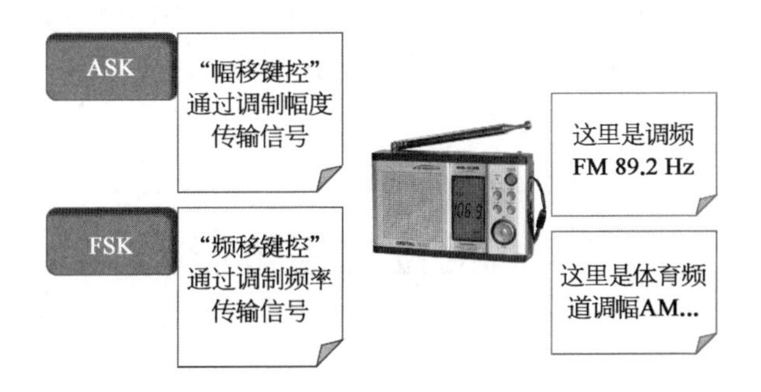

DST 色散支持技术,结合 ASK 和 FSK 两种调制方式,把上面公式中的时间差换算成频率来计算。

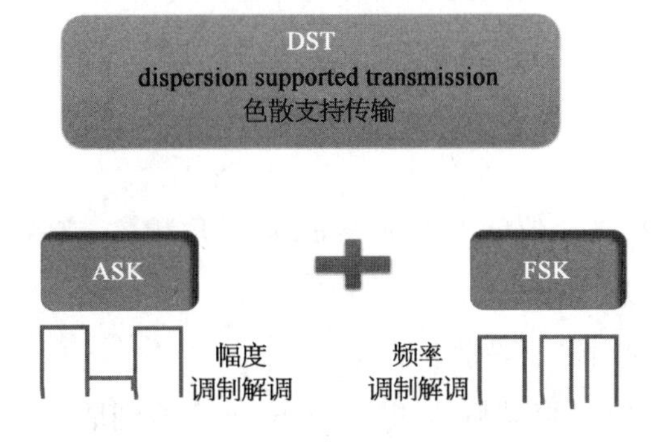

DST 有什么特点?

把幅度的事情，放到频域考虑，换个角度
几十块钱收音机能搞定的技术，不会太复杂

比外调制的传输距离还长4倍
1995年，阿尔卡特实验，10 G DML传30 km，
加DST传到250 km

距离要确定、激光器啁啾要确定、各种参数不能变

上面 3 个公式,有频率差、距离、色散系数等,都不能变,才能计算出精确的时间差。这是 DST 技术受限的主要原因。

现在大家在从 10 G 到 100 G,200 G 的应用中,发现 B(信号比特率)变得很大,而时间差(啁啾等)可允许的范围小到不能承受。DST 的不灵活反而成为次要因素,DST 的色散补偿效果又开始闪闪发亮。

相位与相位调制

相位: 对一个波来说,特定时刻它在循环中的位置。

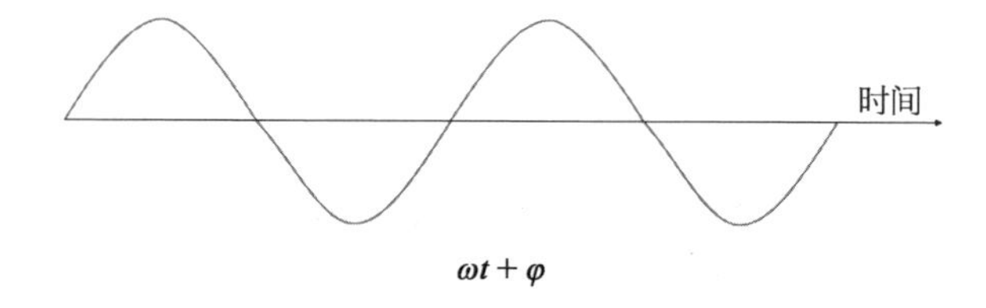

$\omega t+\varphi$

很多教科书里,把相位标注为 $\omega t+\varphi$, ω 是角频率,或者叫角速度,一秒钟转多少弧度;φ 是初始相位。

理解相位这个事情,就像骑自行车。

如果在左脚上绑一根长粉笔,贴墙骑车,就会看到墙上画出咱们书上常见

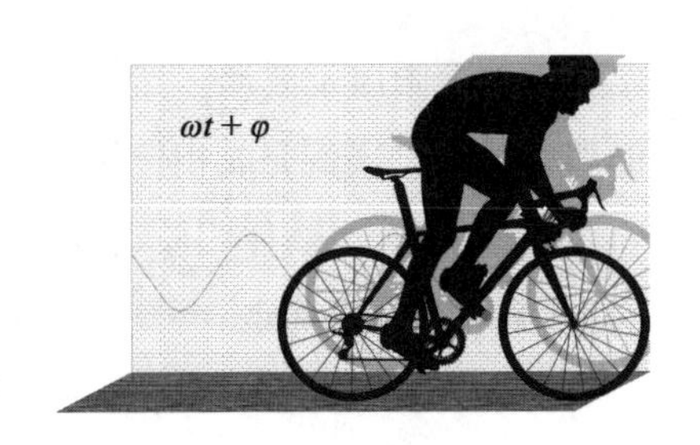

的，波站在粉笔的角度看世界，它只转圈儿，在其中一个时间 t，这个粉笔一定有一个固定的位置，这个位置对应的圈儿的角度，就是相位。

ω 是蹬自行车的速度，一秒钟转多少度。

有时候，ω 会写成 $2\pi f$，f 也是蹬自行车的速度，表示的是一秒钟转多少圈儿（不是多少度），单位是 Hz。

光，是波，1 550 nm 波长的光，一秒钟转 192 100 000 000 000 圈儿，写成 192.1 THz，T 是 10 的 12 次方。

φ，就是咱们起蹬的位置，有些人习惯左脚在上先蹬，有些人习惯左上方先蹬，各种姿势导致初始相位不同。

同一束光，它的频率相同，也就是 f 相同，ω 相同。

所谓的相位调制，其实是它的起始相位不同。

比如二相位调制，粉笔还是绑在左脚上，如果左后右前的起蹬姿势代表为 1，实线姿势；左前右后起蹬代表 0，虚线样子，下图的二相位调制，就代表 1011。

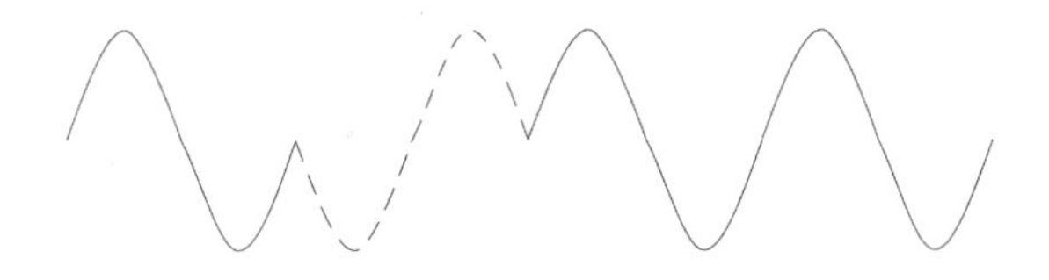

或者也可以这样理解：先迈左脚叫作 1，先迈右脚叫作 0。

我闺女经常走道蹦蹦跳跳，原本是先迈左脚，左右左右，随着时间的推移，两脚在地上画出了波形。然后突然左脚一颠，连跳两步，看起来就像先迈右脚的那种感觉。这就完成相位切换，也就是调制。

四相位的变化，像四肢动物走路，比如马，右前足→左后足→左前足→右前足，循环往复往前走。

马术表演有舞步，突然某一只脚颠一下，也是相位切换，可能存在的就是00，10，01，11 四种相位的某一种状态。

DMT

光模块白皮书里头提到一个 DMT 格式：

5 G 中传光模块类型

速　率	封　装	距　离	波　长	调制格式	光 芯 片
25 Gb/s	SFP28	40 km	1 310 nm	NRZ	EML+APD
50 Gb/s	QSFP28 SFP56	10 km	1 310 nm	PAM4	DFB+PIN EML+PIN
	QSFP28 BiDi	10 km	1 270/1 330 nm	PAM4	DFB+PIN EML+PIN
	QSFP28 SFP56	40 km	1 310 nm	PAM4	EML+APD
	QSFP28 BiDi	40 km	1 295.56 nm 1 309.14 nm	PAM4	EML+APD
100 Gb/s	QSFP28	10 km	CWDM LWDM	NRZ	DFB+PIN EML+PIN
	QSFP28	40 km	LWDM	NRZ	EML+APD
	QSFP28	10/20 km	DWDM	PAM4、DMT	EML+PIN

续 表

速 率	封 装	距 离	波 长	调制格式	光芯片
相干 100/200/400 G	CFP2 - DCO	80~1 200 km	DWDM	PM QPSK、多 QAM	IC - TROSA - ITLA
200/400 G	OSFP/QSFP - DD	2/10 km	LWDM	PAM4	EML+PIN

咱知道 NRZ,PAM4 一些基本的调制格式。DMT 是什么概念?

DMT,discrete multitone,离散多音。

Tone,音调,本质就是频率。我闺女弹古筝,我给她调音,就是看每个弦拨动时与腔体共振的那个频点与标准频点是不是一致,测音器就是频率检测器。

多音,就是分成很多个频段,就是多个子载波调制,通常默认的是每个子载波的调制格式是一样的。

离散多音,是指每个子载波之间,可以各自调制,不强求一致。

为啥呢,因为高频段的衰减比低频要大,那各自选择合适的调制格式,更容易传输信号。

咱们的 NRZ 调制,就是一个单弦,只是拼命地往快弹。

多音调制,就是一把琴(一根光纤),每个弦上都可以传 1010 的调制信号,而且因为音调的不同,接收端通过窄带频率滤波出来,信号解调是互不干扰的。

所以,多音调制,可以用很低的带宽,实现更多的 bit 传输量。

离散多音调制 DMT,可以结合不同音的特点,选择离散的,各种不同方式的调制格式。

奈奎斯特滤波、脉冲整形、升余弦滤波器

奈奎斯特滤波。

发送-传输-接收。

发货-快递-收货。

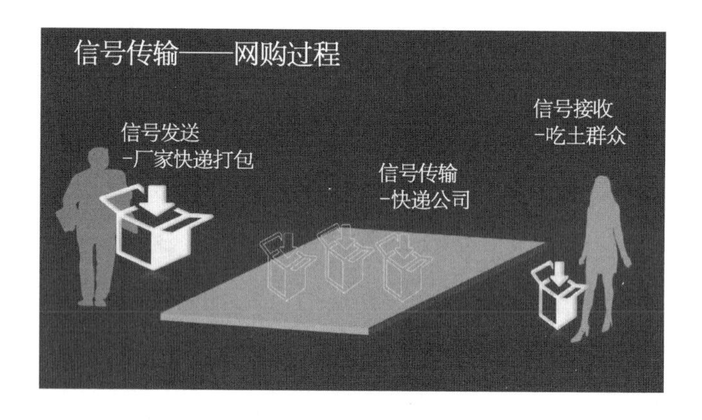

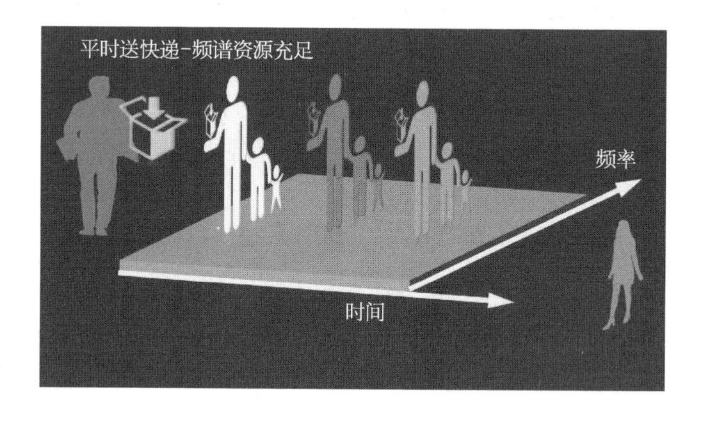

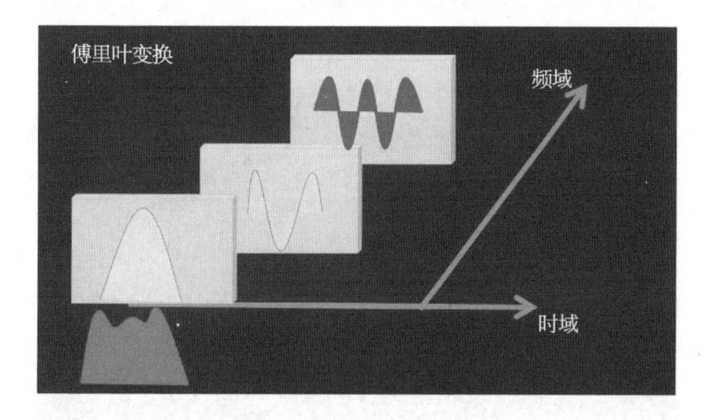

时域的标准矩形信号，实际在频域是多个频点叠加。

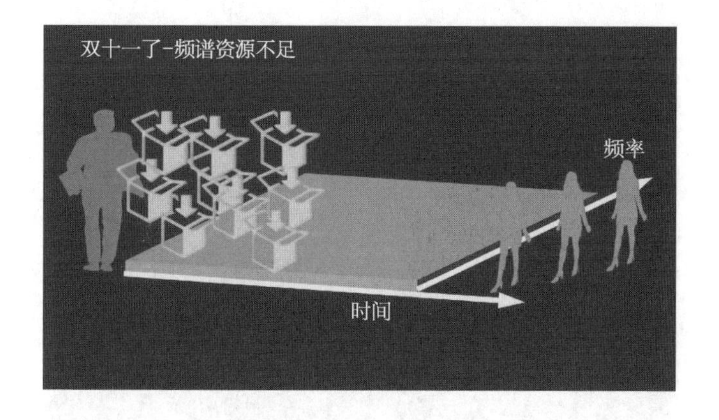

频谱分割。

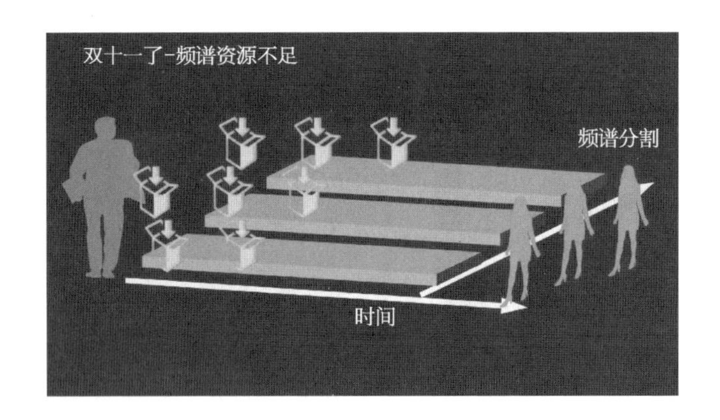

频谱本身连续,给它做个通道划分-滤波。

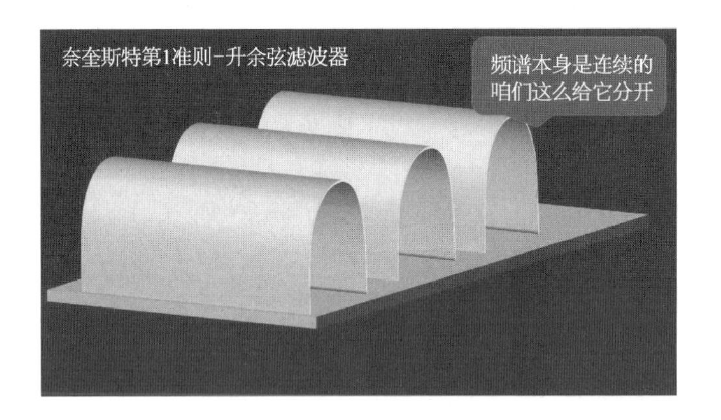

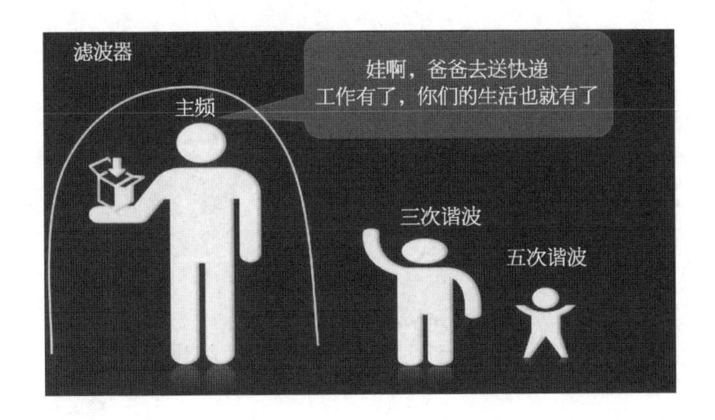

奈奎斯特是第一个既能克服符号干扰，又能保持小带宽的大科学家。

什么叫符号干扰，其实就是信号拖尾，互相打架。

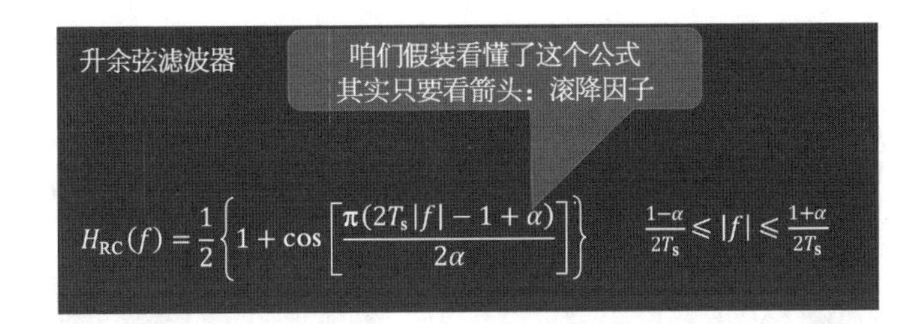

升余弦滤波器，是奈奎斯特第 1 准则中的滤波器模型，里边最重要的是滚降因子。

它在实际应用中，代表什么？

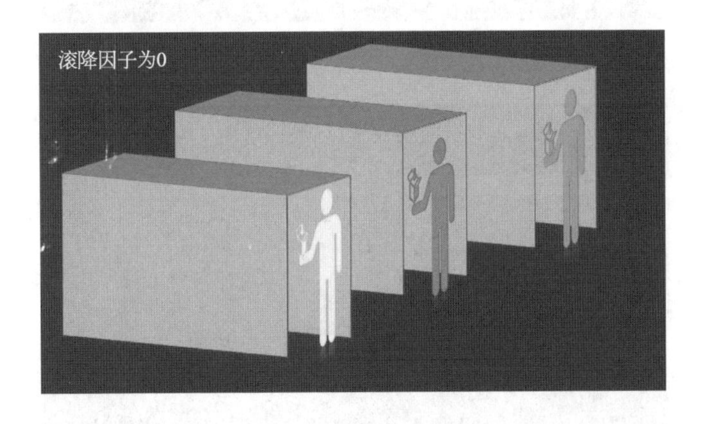

这就是顺丰快递呀。

滚降因子降低,走通道得猫着腰。

人生充满了忧伤,拉家带口的日子没了,直腰走路的日子也没了,唉……

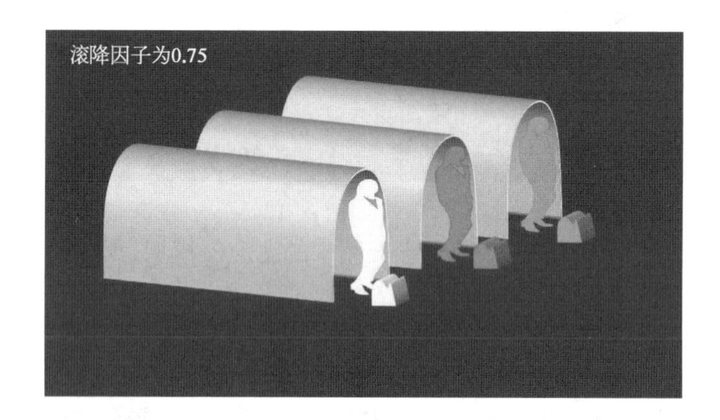

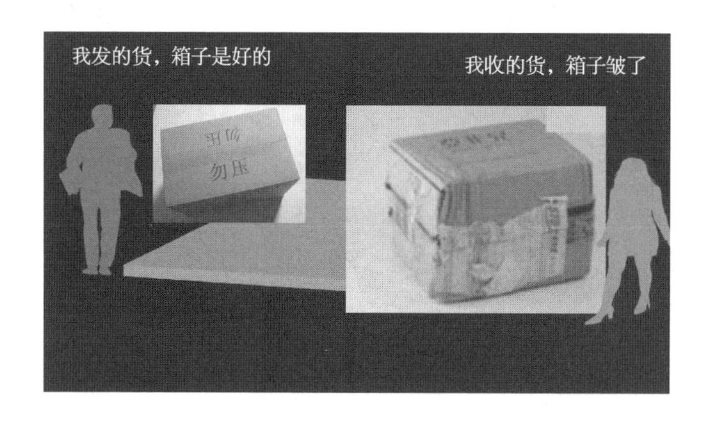

忧伤是没有尽头的，还有爬着才能过的通道。

古有韩信胯下之辱，也有越王勾践卧薪尝胆之志。

其实，目标才是最重要的，爬着过通道又能怎样呢，撞了南墙咱都不回头呢，买个铲子挖个洞继续走。

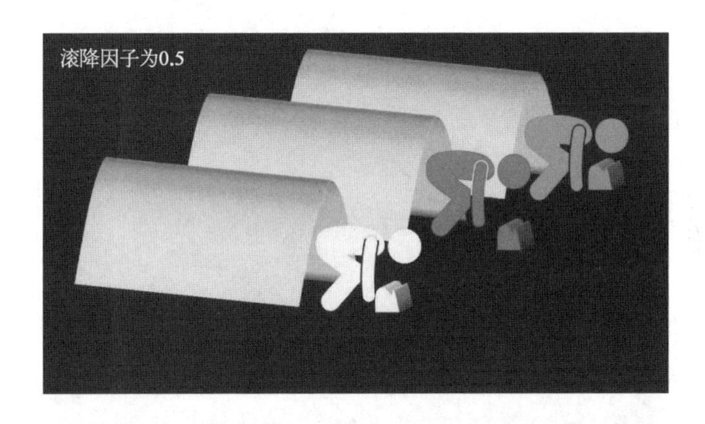

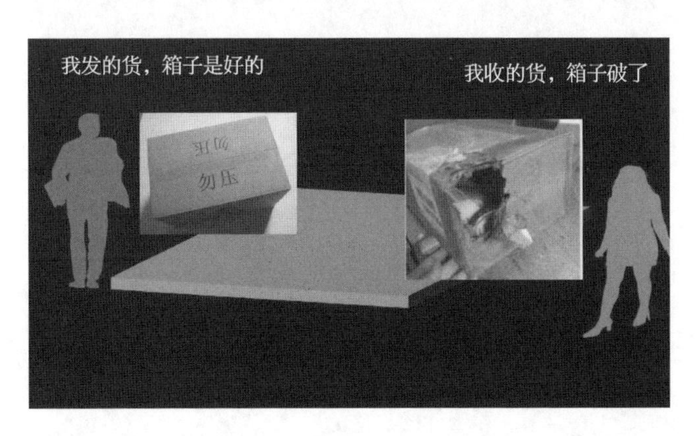

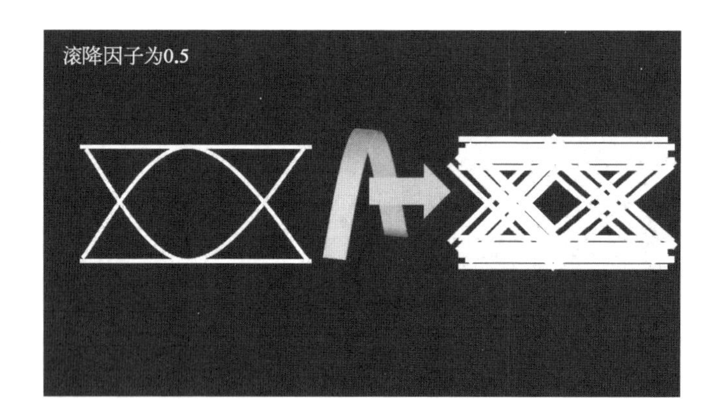
滚降因子为0.5

5G 与 5G 光模块

无线基站之 BS，BTS，NB，eNB，gNB

移动通信,摆脱了电话线,信号的传输,是手机和设备之间通过无线电磁波进行的。

第一代移动通信,是模拟信号的传输,专家把“发射接收无线信号”的那个通信设备,叫作 base station,直接翻译就是“基站”。

第二代移动通信,从模拟转向数字,发射无线信号的那个设备,就叫 base transceiver station,简称 BTS,就是强调一下,基站中的无线收发单元是非常重要的技术单元。

BTS,基站收发信台,中文里依然延续老传统,叫“基站”。

2G 中 BTS 的那个 T,transceiver 收发单元,是基带和射频在一起,一般安装在楼顶上,地方比较高,容易辐射信号到咱们的手机上。

第二代移动技术也就是 GSM,是从 1987 年开始讨论,1990 年发布第一份协议,1992 年中国开始 GSM 的建设,那个时代还不是现如今到处都有电梯的时代。

但凡基站信号有故障,这些运维工程师们就成了集健身与技术为一体的好男儿,一手拿着 transceiver(载频)、一手拿着合路器、背上工具箱,斜挎电脑包,负重爬楼。

第三代基站,其中一个很重要的技术方向,就是讨论如何减轻发射部分的重量,后来就采取分离技术,把 BTS 中 T 的部分进行分离,无线射频收发的天线部分,放到楼上/塔上,基带的部分就放在楼下。

3G 基站取名叫 node B,BTS 的节点,简称 NB。

第四代移动通信,官方名字叫 LTE,也就是长期演进计划,long term evolution,在 3G 的基础上演化发展。

所以 4G 中,各种路线图充满了“演进”这个关键词,4G 的基站的名字就成了 evolved NB,简称 eNB,意思是 3G NB 的演进。

到现在的第五代移动通信,5G 时代,基站叫个啥,很多人献计献策,在众多的代号中最后确定了其中一个,叫 next generation NB,下一代 NB,简称 gNB。

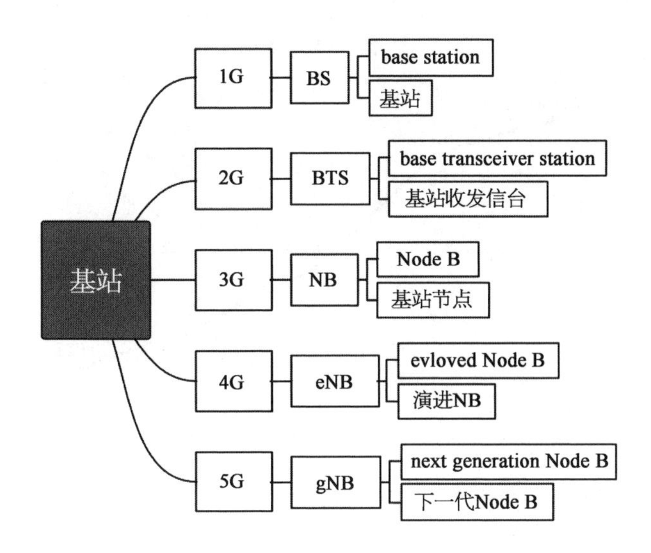

D-RAN 与 C-RAN

前言 1:

第一个议题,光模块发货量嗖嗖地长,可产值并没有增加,啥原因啊,多简单,光模块售价是先拦腰砍、拦腰砍完拦腿砍、拦腿砍完拦脚砍。

小伙伴得出一个结论,哼,万恶的运营商剥夺我们的生存空间!

运营商一个大写的冤!

前言 2:

现在一般是人手一机,还有一些人几部手机,早上起床要先看看手机,晚上依依不舍手机看着看着就睡着了。

我们很忙,要聊天、购物、看新闻、看视频……移动流量一个跟头一个跟头地往上翻。

可是,5 年前和今天,手机流量增加了十几倍,咱们电话充值有增加十几倍么?

no,打死我们也不能给移动、电信、联通这么多钱！哼！

我们的观点是提速降费,必须增加流量,必须不能多要钱。

无线基站的建设,演进思路很清晰。

怎么省钱怎么来?

对了,本节的主题是 D - RAN,C - RAN。

RAN,radio access network,无线接入,就是咱们的手机打电话、上网要和基站用 radio,无线射频信号做通信连接(PON 是有线接入或者叫宽带接入)。

很早很早的时候,只有回传,就是基站与基站控制器之间。

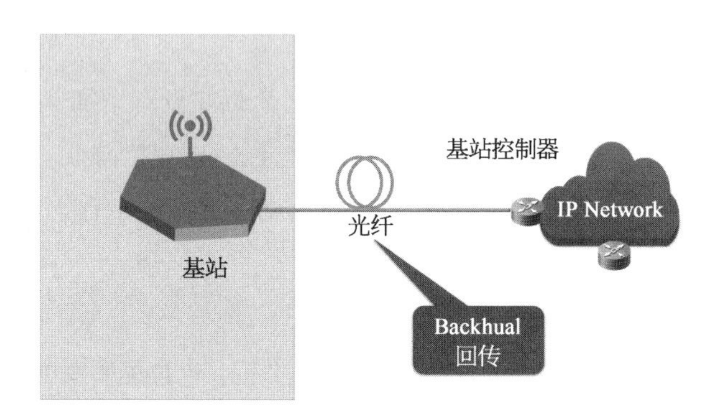

第一代的基站,是真的建个小房子,外边是基站的塔,用铜线把信号弄到塔下,RRU,把信号给 BBU。

RRU(radio remote unit),射频拉远单元。

BBU(building base band unit),室内基带处单元。

BBU 处理的数字信号，咱们手机打电话是无线射频模拟信号，RRU 就负责射频信号的发送和接收。

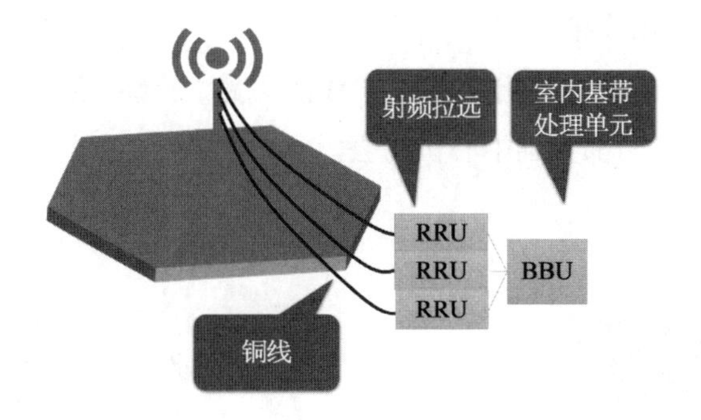

后来，要提速。

速率提升，铜线这个就不够用了，光进铜退，RRU 拆成两块，把射频头挂到天线顶上去，叫 RRH，radio remote head 射频拉远头，剩下的就都放到塔下的 BBU 里头去。

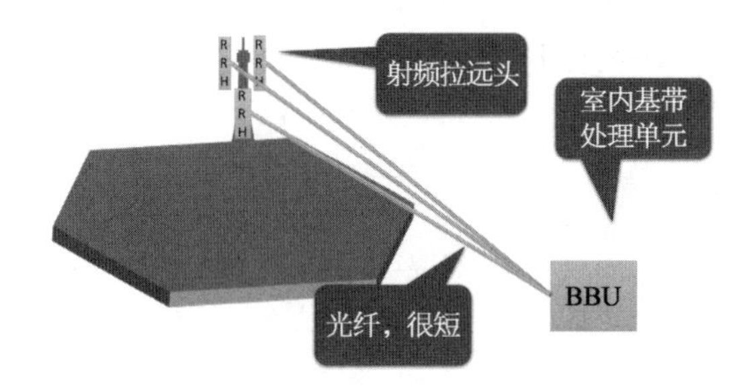

为啥不把 RRU 都挂上去，那玩意太重，在地上放着没事儿，挂上去就太费钱了，RRH 是射频核心，又轻。找到了省钱的思路。

再后来，小伙伴儿商量，要不把 BBU 集中管理吧，光纤不贵，咱把附近几个塔下的房子里的 BBU，搁一块儿，叫分布式 BBU，省钱，少盖房子少花钱。

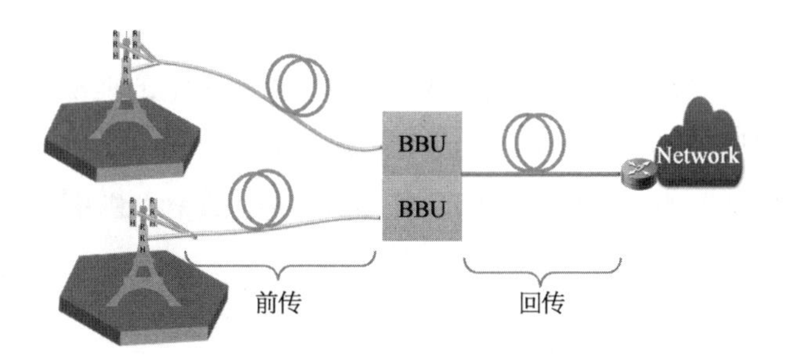

这会儿的分布式 BBU,不在中心机房内啊,这个分布式基站,就是 distributed。

RAN,分布式无线接入。

再再再后来,运营商提出一个更省钱的思路,干脆,咱把前传的光纤再多扯几公里,把 BBU 们都弄到中心机房去。

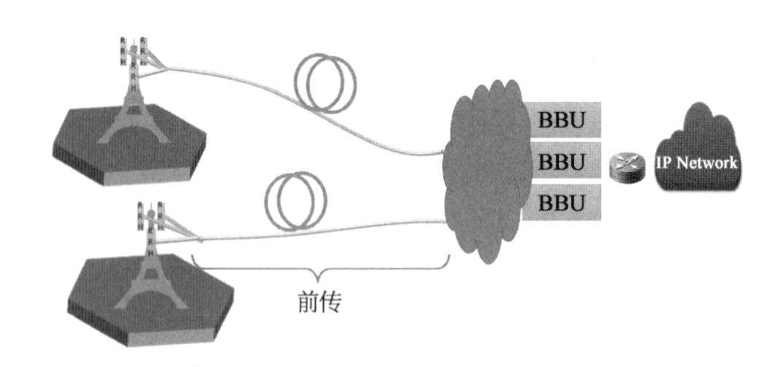

这就是 C-RAN,C 就是虚拟啊,云化啊之类的。

可以理解为 RRH(或者 RRU),它们和一个虚拟 BBU 在对接。

D-RAN:

分布式无线接入。

BBU 不在中心机房。

RRU(RRH)与 BBU,是物理一对一关系。

C-RAN:

云化无线接入。

BBU 在中心机房。

RRU(RRH)与 BBU,是虚拟联系。

C-RAN 为什么能省钱? 一个是用个虚拟机就替代了 BBU,省的是硬件成本。

另一个是省的后期巨大的能耗成本,整个移动网络的能源消耗,72%来源于基站,而基站的能源消耗 46%来源于空调机组。

C-RAN,省一些 BBU 的总数量,把 BBU 集中的中心机房共用空调,再省点电费。

科技的发展,有两个巨大的推动力:一是穷,二是懒。

5G 之彩光与无色

问：5G 前传方案中，提到光模块的彩光方案、无色方案，问彩光又无色是什么意思？

答：用无色光模块来支持彩光方案。

但上面的意思，依然会让人混淆，那离开光模块，先聊聊颜色。

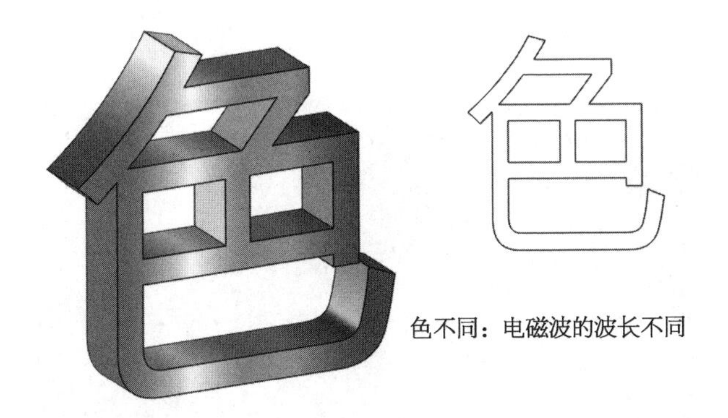

眼睛对颜色的感知，其实是不同的电磁波波长在眼中的体现而已。

对物体来说，红色物体是吸收除红色之外的其他颜色，红色以反射的形态被眼睛感知到，其他颜色的物体也如此。

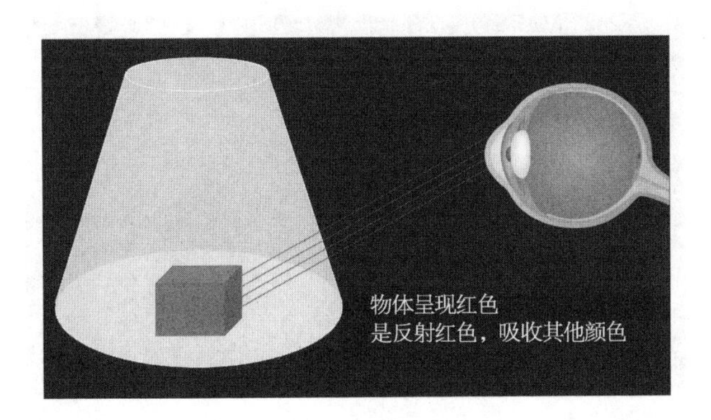

透明，是物体对所有的波长都透射，对眼睛来说是感知到这个透明物体周边物体的那些个波长，这叫透明。

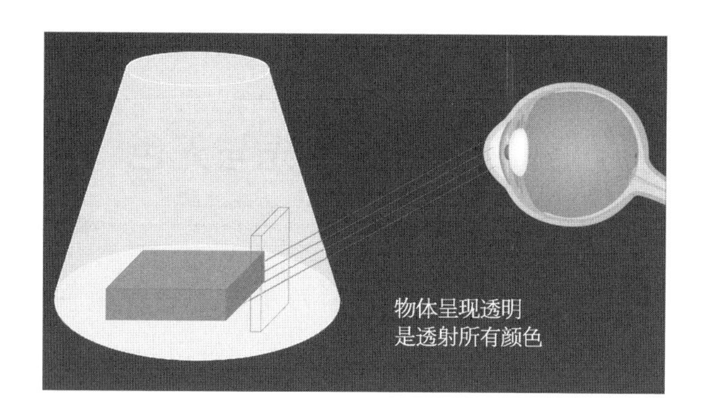

白色，是这个物体反射所有的波长，眼睛感知到所有波长的混合体后认为是白色。

黑色，是物体把所有波长都吸收了，眼睛啥也没感知到。

通常，咱们以为透明的物体叫无色。

其实，色谱中会把白色归纳为“无色”。

颜　色	物　体	眼　睛
红/橙/黄/绿/青/蓝/紫	反射特定波长	感知特定波长
黑色	吸收所有波长	无感知
透明	透射所有波长	感知不到物体 感知到物体周边的波长
白色	反射所有波长	感知到所有波长

眼睛对白色的定义是含有“所有”波长。

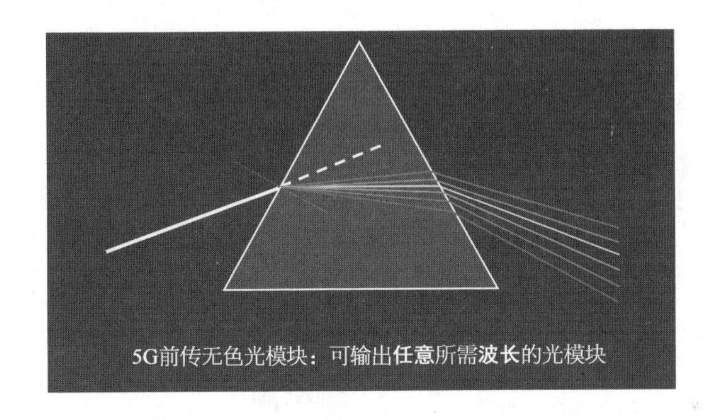

5G 前传无色光模块，是指可输出任意所需波长的光模块，也就是波长可调谐光模块，这个模块通过波长调谐，支持 5G 的彩光方案部署。

接下来聊聊，为什么希望采用无色光模块。

无论是 6 波彩光，还是 12 波彩光，如果光模块选择固定、单一波长的激光器方案，那么对基站来说，备货就需要备齐所有的一组波长光模块，因为你不知道哪一个波长的模块会出现故障。

那么，备用光模块采用可调谐波长的模块，就很方便进行快速维护。

再或者，如果无色光模块非常便宜的话，用户端大面积采用无色，在初期部署时，对普通的基站建设者们来说最方便，这个模块对他们来说就是一种型号而已，即插即用，不要 n 种方案与 n 个波长的光纤输入进行挑选和配置。

彩光模块之有源波分、无源与半有源波分

接着聊 5G 光模块，前传光模块的几种场景。

下图是光纤直驱方案，按照最常用的选择，基站 3 个扇区，需要 3 个光模块，光纤另一头的 BBU/DU 需要另外 3 个光模块。

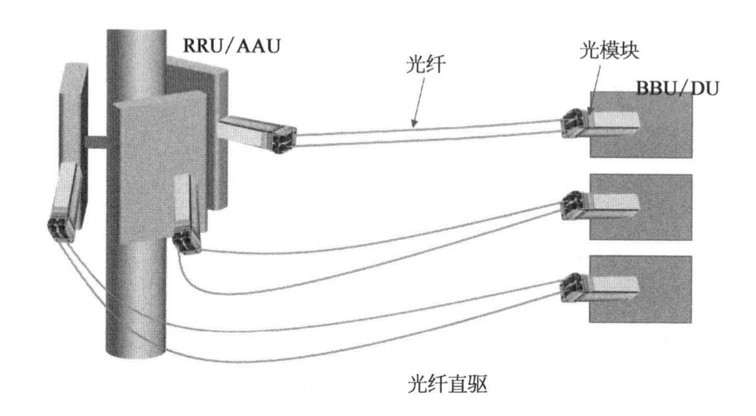

光纤直驱

下图是 BiDi 前传方案。

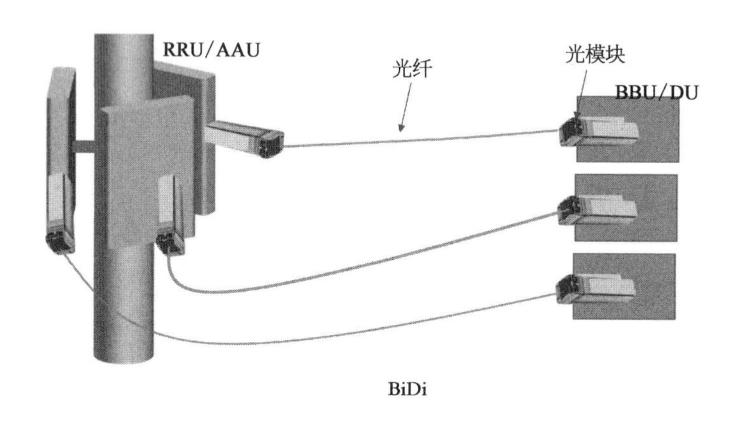

BiDi

下图是彩光前传，无源彩光，先按照 6 波来解释（12 波的原理类似），彩光的意思是，中间的那一根长光纤上有很多路信号按照波长复用的模式来传输。

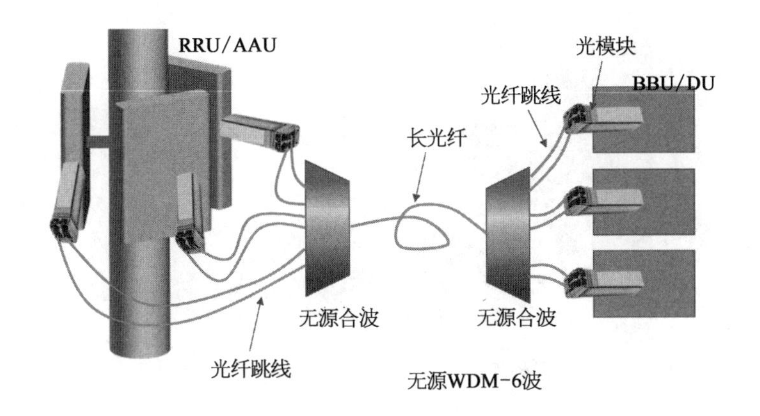

6 个单独的不同波长的光纤,合成到一个光纤上,或者把一根儿光纤的波长解开到 6 个 6 根儿光纤。这是合分波器件的作用。

无源合波,就是不需要外置电源的器件,常用的是 AWG,阵列波导光栅。

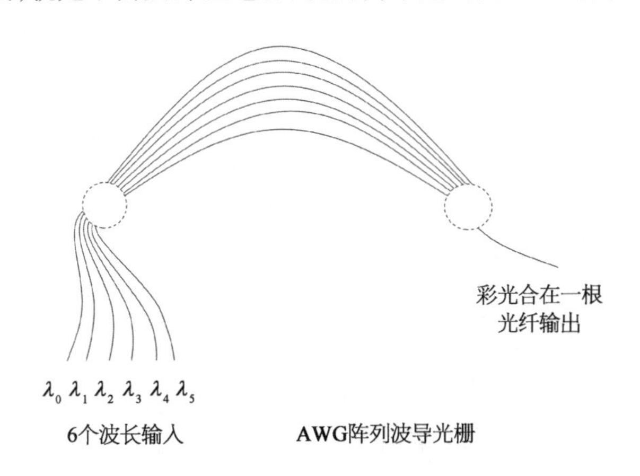

AWG 的重要作用是,把 n 个波长端口合在一起。但另一个重要特点是,一旦设计完成,哪一个端口输入/输出哪一个波长,关系是固定的。

这就有了半有源波分的概念,一端用无源波分,另一端用有源控制器。用于切换主备份线路,做设计冗余(见下页图)。

半有源的方案,可以用在更重要的场合,防止线路故障。

小结一下:

波分方案,是把多个波长合在一根光纤上进行传输。

有源波分,是波长端口均可配置,这需要电源和电路。

无源波分,是固定波长端口的方案,不需要额外做配置电路,简单省钱不

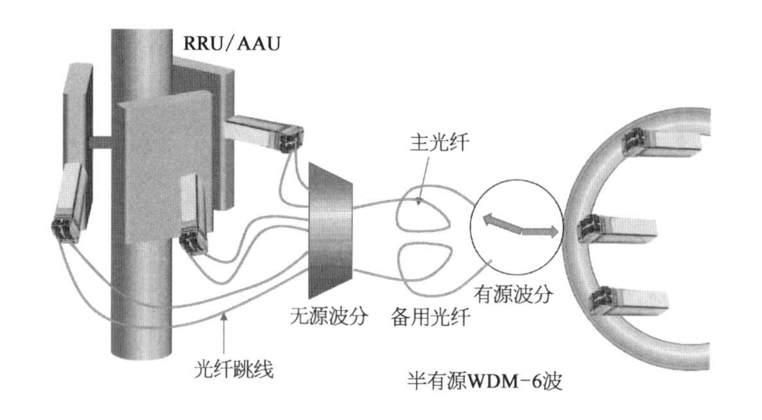

省事。

半有源，就是贴近天线那一侧采用无源合波，贴近中心局房那一侧采用有源控制的波分方案。

一个基站前传到底是用 6 个还是 12 个，或者是 24 个模块

问题 1：

前传光模块的需求，有不同的传输距离，这个我们能理解，有需要灰光或者彩光的，我们也能理解，但我们不能理解的是为什么前传模块的速率有10 G，25 G，50 G，100 G 之分？

问题 2：

在大家计算 25 G 的光芯片和模块的预计出货量时，特别难以接受的是到底一个基站是按照 6，12，还是 24 个光模块来计算？

问题 3：

12 波彩光方案，到底是用在 4G/5G 混合前传场景，还是只用于 5G 前传？

我只能说，以上都对，只是不同的场景会有不同的计算方式。

场景一：我家门口。

我家门口有个湿地公园，我在下图所示位置拍下基站照片。

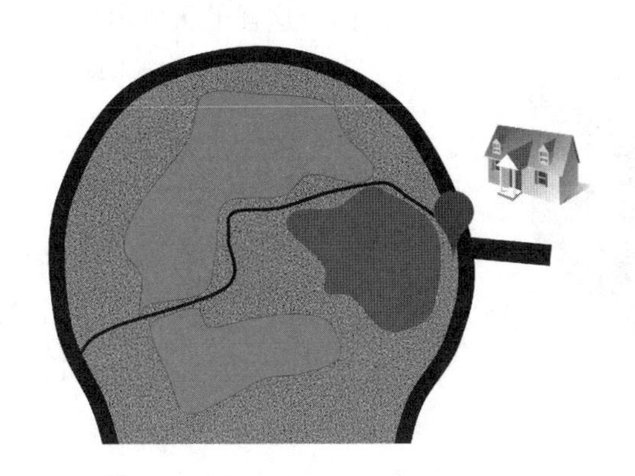

这个塔上有 3G,4G 和 5G,3 组天线。

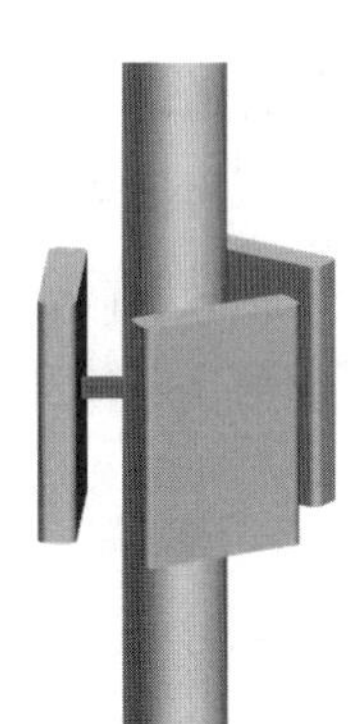

这样的场景,首先是我希望无论走到哪个方向,都有信号,对天线来说需要 360°覆盖,这是常规需求,一般是一个天线覆盖 120°。

这是绝大多数光模块计算中,以 3 为倍数的原因。

我家门口,有社区,但没有大的商业区,这样的铁杆子有那么好几个,平均一个杆子管住几百个人就差不多了。

一个基站管多少人的手机顺利连接,是和人流密度相关的。

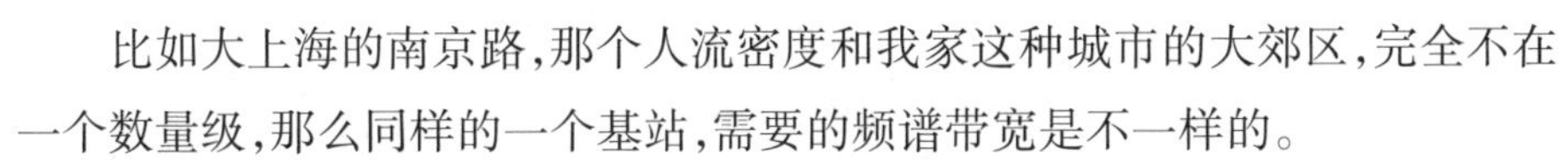

比如大上海的南京路,那个人流密度和我家这种城市的大郊区,完全不在一个数量级,那么同样的一个基站,需要的频谱带宽是不一样的。

场景二: 候机厅。

去机场,人流集中的地方,一定是规划好的,哪些区域可以去,哪些区域没

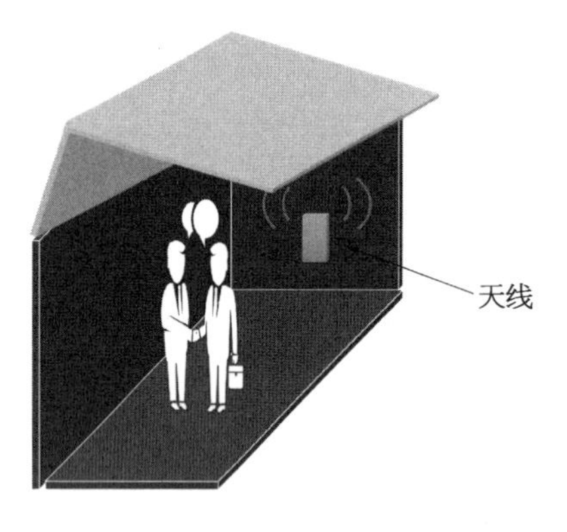

有人，这样的天线其实不需要360°覆盖。

这也是少数一些场景中，大家的计算前传光模块，会出现一些不以3为倍数的公式。

前传光模块的传输距离，和基站的AAU/RRU与BBU之间的距离相关。

前传光模块的波长，与基站建设愿意采用的光纤数量相关。

光模块的数量，和建设多少基站、每个基站有多少天线、每个基站支持几组类型3G/4G/5G，基站带宽这几个参数相关。

比如右图25 G彩光模块的应用场景。

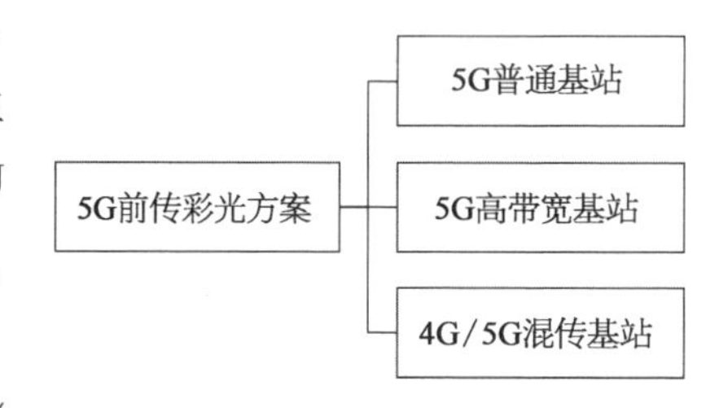

6波彩光，用于咱老百姓的大多数生活工作场景，一个基站3个扇区，从AAU到BBU，3个扇区收发双向，6个光模块，需要6个激光器波长。

12波彩光，用于高带宽场景以及4G/5G混传场景。

先说高带宽，比如CBD商业区，一个基站需要覆盖更多的人群，就用两倍的普通基站的设计：12个光模块，12个波长。

再说4G/5G混传，容易理解，6个波长用于4G，6个波长用于5G。

其实高带宽场景，可以直接用50 G光模块来支持，6个波长也可以，光模块的信号速率，和基站自己的带宽、模拟信号数字化的压缩率相关。

$$\text{速率} = Sf * (15 + 15) * \frac{16}{15} * \frac{10}{8} * N * C$$

压缩率（C）

天线数（N）

8B10B编码（$\frac{10}{8}$）

CPRI的控制码（$\frac{16}{15}$）

Q相位15bit

I相位15bit

无线采样频带（Sf）

回到问题一，我把前传光模块速率划分一下：

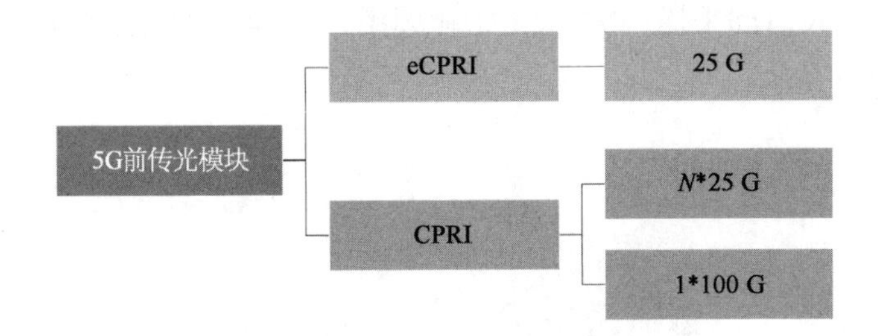

为什么有 eCPRI 和 CPRI 的区别?

插入一个故事,咱们去视频 APP 上看电影,会看到一个分辨率的区别,图像本身是个模拟信息,咱们的存储其实是把它数字化了的,也就是数字化得越精细,咱们的体验越好,但是需要的传输流量也越大。

eCPRI 和 CPRI 类同电影的数字格式压缩比,咱们手机与基站天线之间的传输信息,是模拟量。

从基站下来,会把这个模拟量,转为数字信息来进行传递。咱们前传光模块传输的是已经把模拟信息数字化后的 1010 的格式。

	4K超高清格式	DVD格式
看同一部电影	图片像素采集更精密	图片像素采集不那么精细
	占用硬盘空间大	占用硬件空间小

	CPRI格式	eCPRI格式
拿起手机电话	声音模拟量采集更精密	声音模拟量采集不那么精细
	传输的数字量大	传输的数字量小

一个模拟量。

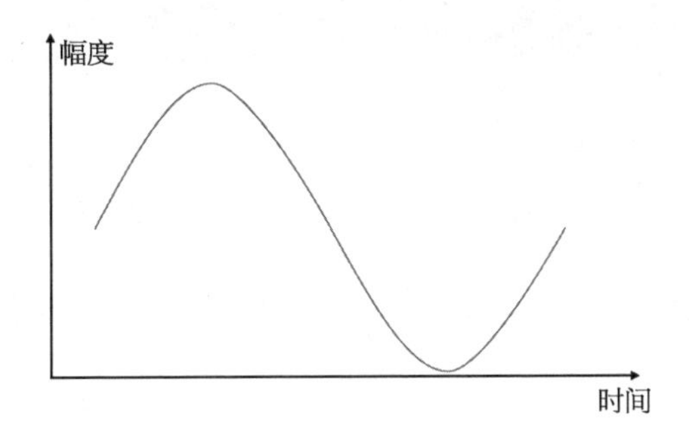

首先,多长时间采样一次,这是采样频率,采样得越精细,将来恢复出来的模拟量失真越小。

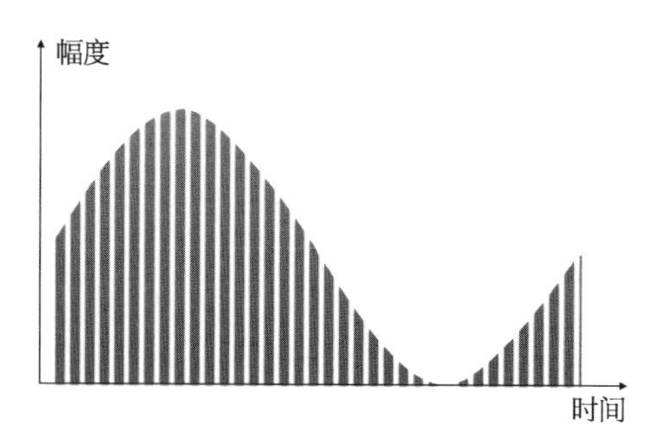

其次,对纵轴信号幅度进行 ADC 采样,采样的 bit 位数越多,将来恢复出来的模拟量失真越小。

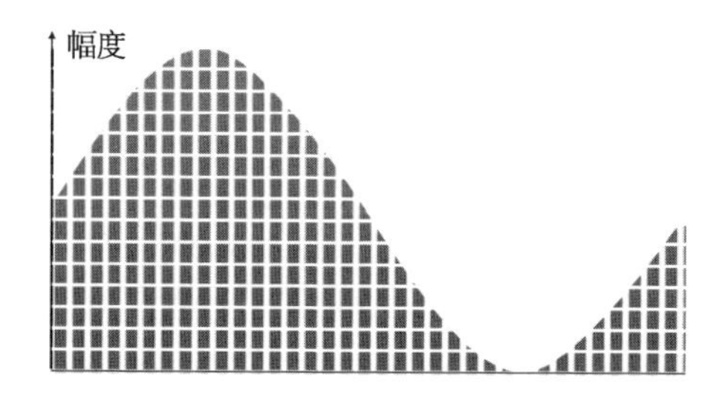

这两者,采样频率和采样位数,当然是越精细越好,可这需要成本。

CPRI 的采样方式,对模拟信息的失真比较小,俗称压缩率低,但同样的基站带宽,需要更多速率的光模块。

eCPRI,模拟信号失真大,因为对信号的压缩率变大了,可这样能采用低速率的光模块。

协 议	压 缩 率
CPRI	1/3.2
eCPRI	1/10

所以,前传光模块速率有 25 G,50 G,100 G 这几类的差别。

基站之宏蜂窝、微蜂窝

本节讲一下什么是基站。

基站：就是个发射无线电的台子

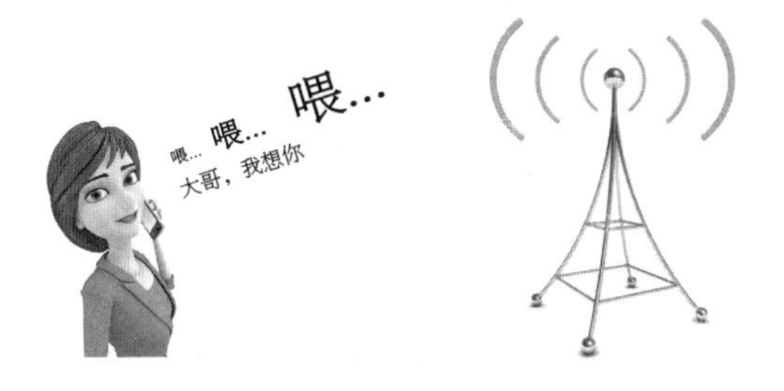

咱手机,无线电话,肯定得有无线电的发射接收台子。

基站和基站用蜂窝式排列：

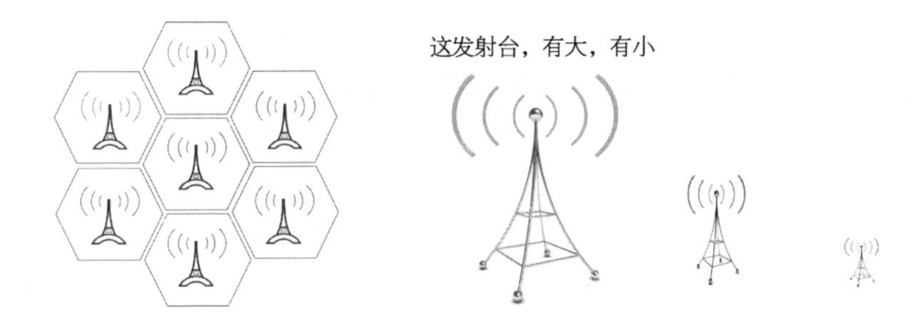

每个蜂窝采用一组无线电频率，用字母区别

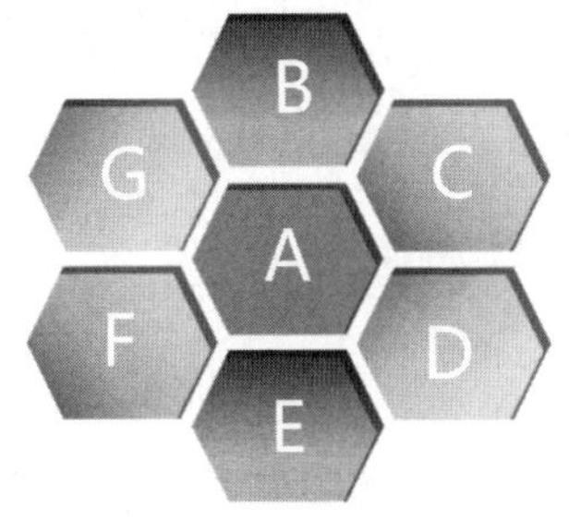

那就是大、中、小蜂窝。

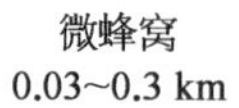

架在老百姓房顶，可以补充宏蜂窝的盲点，
有些火车站、医院这些热点，也架上

微蜂窝 各种伪装

想装在人家老百姓房上，不容易，还讲不清楚。真的，你给我妈讲两天无线传输技术、能量、电磁波，老太太一定得疯。

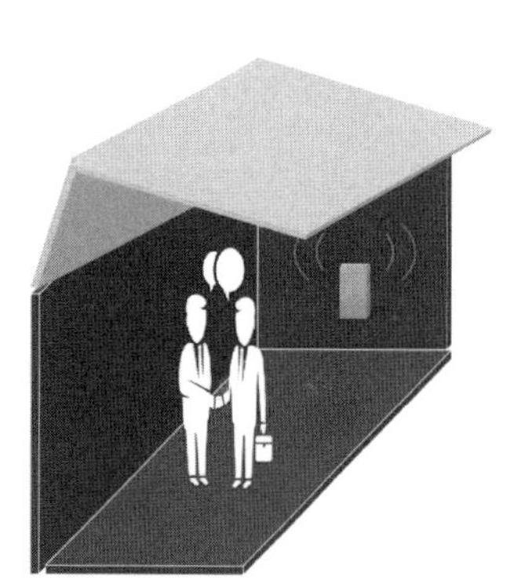

微微蜂窝
Picocell
<30 m

关键咱老百姓吧，还就认准了，你这无线电嗖嗖的会伤我的脑子，但是吧，手机没信号不行。

我们“攻城狮”（即工程师）们，容易么，悄没声地把基站打扮成树、空调、烟囱。话说，房顶上孤零零的一棵永不落叶的“树”,不知道树是一种怎样孤独的心情。

最后,再上总结图:

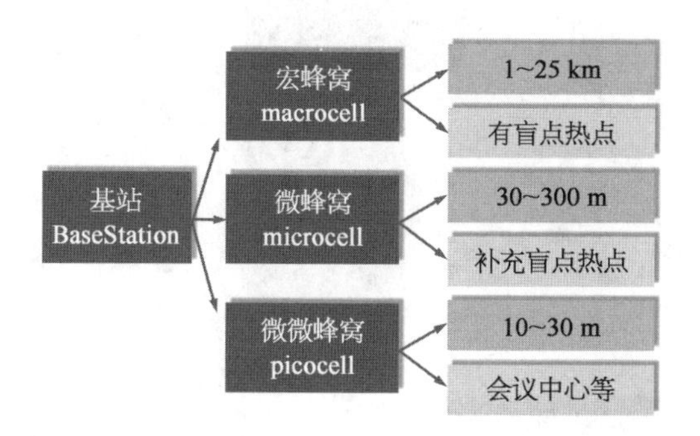

无线基站与直放站的区别

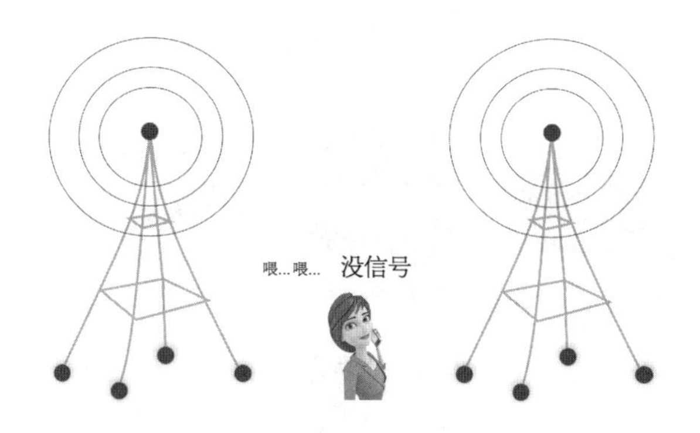

无线基站信号,总有覆盖不到的地方,有两种选择:

什么是直放站,也叫中继站,在基站信号比较弱的地方,放大信号。其实就是射频信号放大器、功率增强器,把基站信号放大,那就可以打电话了。

聊基站,宏蜂窝(也就是宏基站),覆盖不到的盲点,可以用微蜂窝补充,也可以用直放站,直放站最大的优点是省钱。

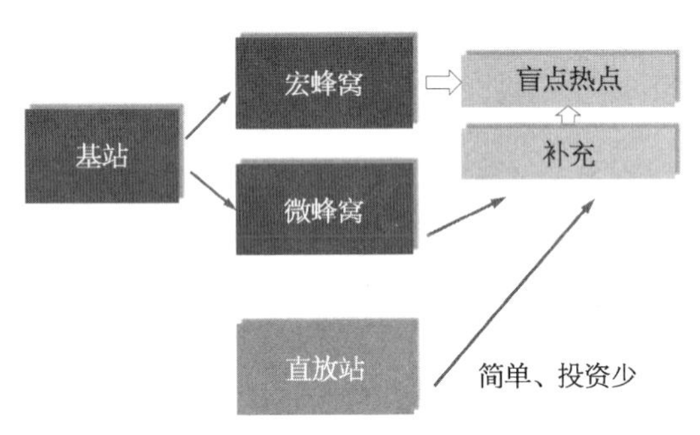

建基站像盖房子,直放站像搭帐篷,直放站有点像灾后过渡房,比盖个新房便宜点能住人。

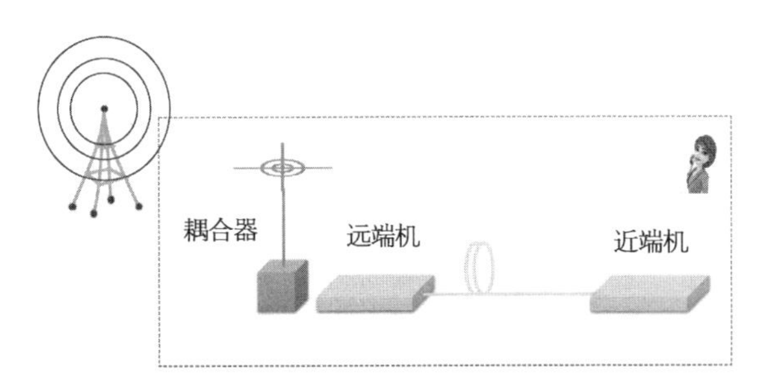

直放站包括耦合器,有远端机与近端机,信号传到近端,就处理一下给用户。

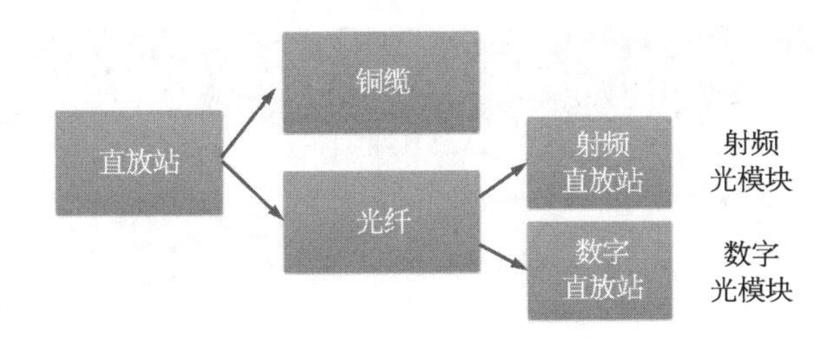

上图的数字光纤直放站,与 RRU,BBU 之间的数字模块不同。

数字光纤直放站是发射端把模拟射频信号 A/D 转换,模拟信号采样转成数字信号后传输。接收端 D/A 转换,接收到的数字信号再还原成模拟信号。

RRU,BBU 这是分布式基站的回传,不是直放站的。

总结,基站与直放站:

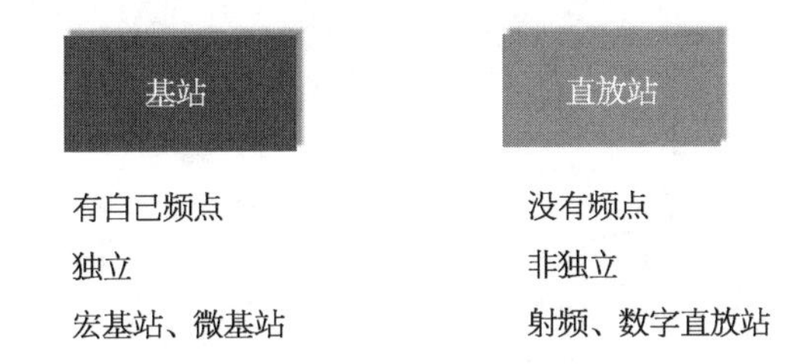

用于 5G 前传的 DSFP 光模块封装

什么是 DSFP?

简单理解就是,一样的 SFP28 封装的光模块里,可以实现两倍的密度。

简　称	术　语	通　道　数
SFP	small form factor pluggable	一组 TX+RX
DSFP	D:Dual,双通道	二组 TX+RX

这个 MSA 协议目的之一是 5G 前传,可在同样的 SFP28 封装实现密度翻倍。虽然 DSFP 与 SFP 外形大小相同,但金手指数量不同。

类　别	管脚数量
SFP	20
DSFP	22

DSFP 在原来 SFP 的 20 个管脚基础上新增两个。

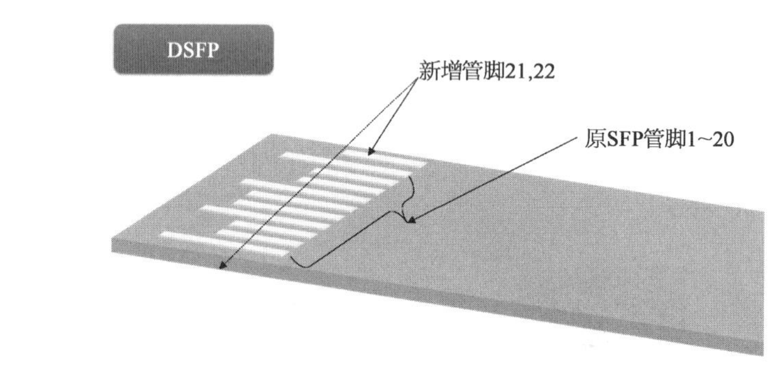

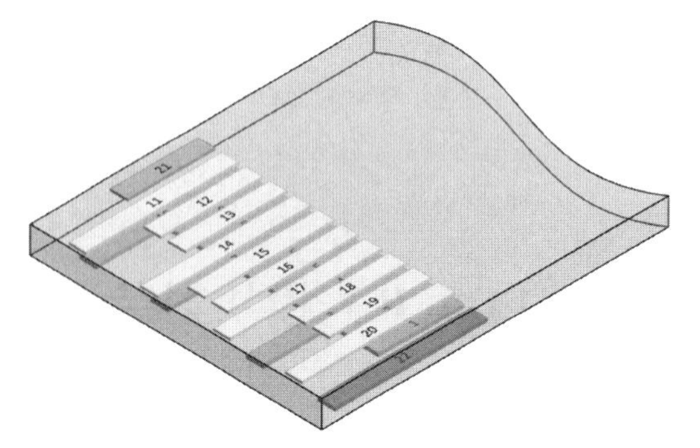

把 DSFP 的 PCB 树脂透明化,用深色标注第 21,22 金手指。

金手指侧剖面图,有两对差分信号,在 5G 前传可以一个光模块走两路 25 G 收发信号。

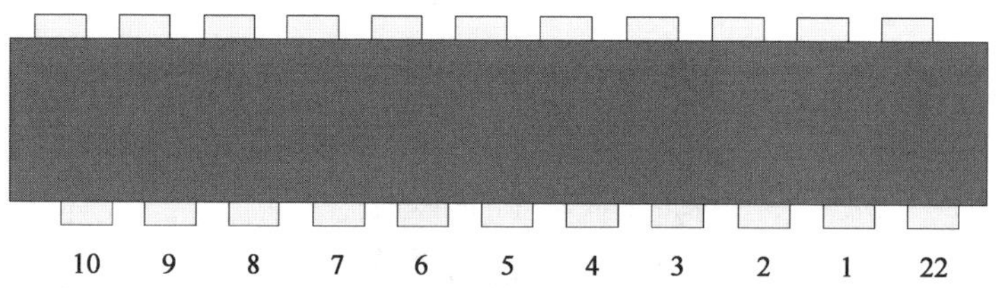

完整的 22 个管脚定义。

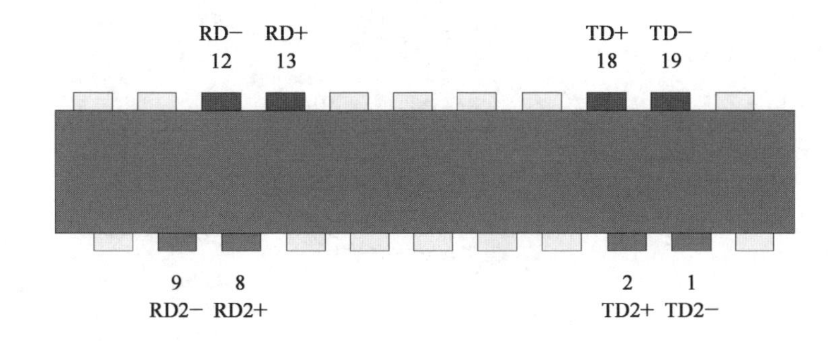

关于 5G 前传 Open－WDM、半有源及彩光模块

在 5G 中，前传是指 DU 到 AAU 这一段距离。通常 C－RAN 的前传接入方式光模块的传输距离是 5～10 km。

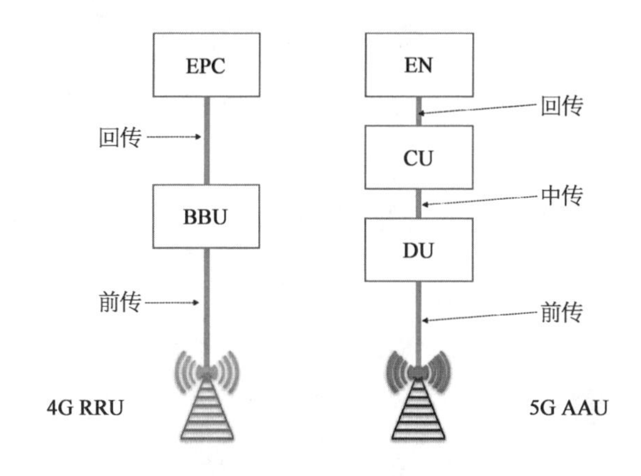

一般一个 DU 会接 6～10 个 AAU（见下页第 1 图）。

每个基站，天线要覆盖 360°，最简配置是每个 AAU 分 3 个天线，每个天线负责 120°扇区。这样一个 AAU 就需要 3 对儿光模块来做信号传输。

3 对儿模块，3 组收发。

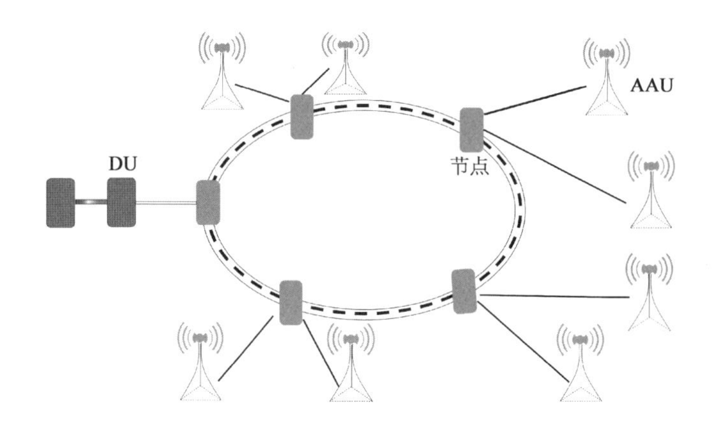

如果用灰光，也就是同一个波长的模块，那么从节点到天线，6 根儿光纤，从节点到 DU 也是这么多光纤。

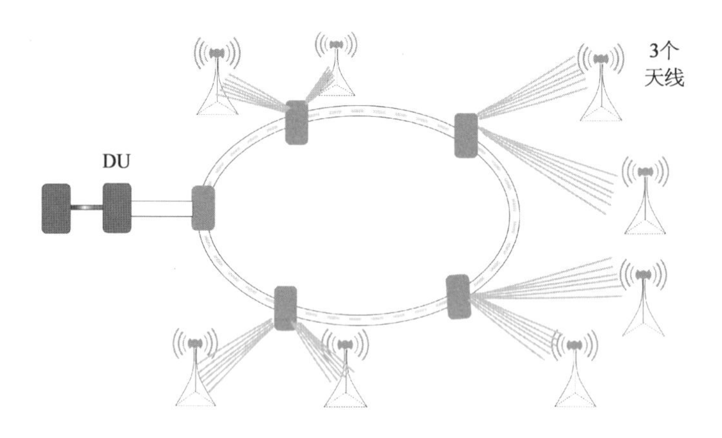

这就是传说中的 5G 前传，光纤直驱方案。

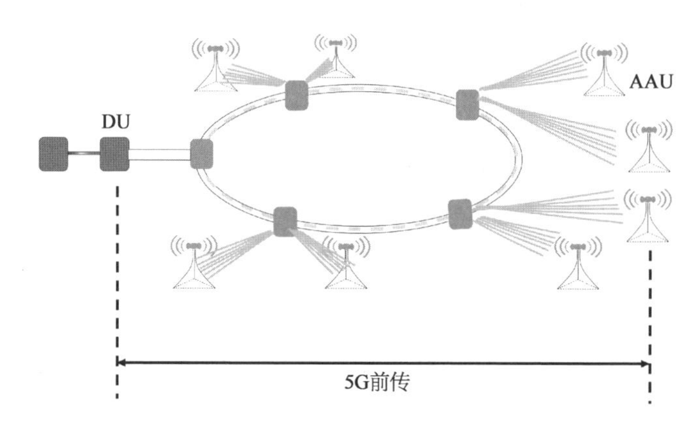

如果部署光纤，变得更困难的话，降低光纤数量，增加光模块难度是一种选择路径。

比如，BiDi，单线双向，一对儿模块，收发共用一根儿光纤，用两个波长来区分。

这样，省一半光纤资源。

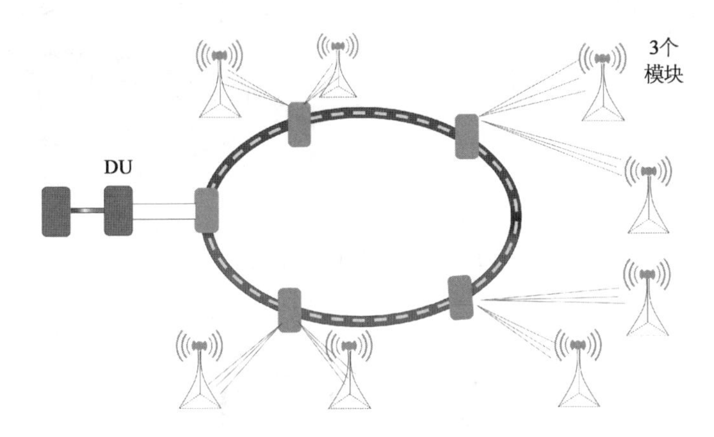

中国移动提出的彩光方案，可以更节约光纤，当然付出的代价是光模块会更难实现。

就是 1 个基站，3 对儿模块，用 6 个波长复用，1 根儿光纤传输。

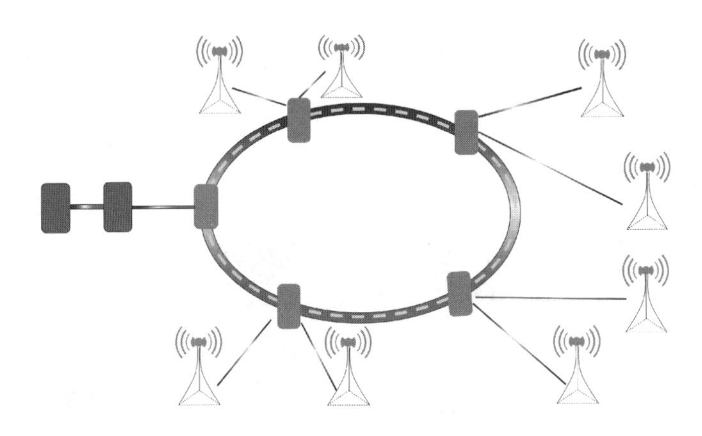

这种 6 波长复用，在接入 DU 的一端是有源节点、有源波分设备；在基站侧是无源 AWG 合分波，分别给 3 个模块的发射与接收，共 6 个波长(见下页第 1 图)。

这种彩光前传方案，节点是一个有源+一个无源，中国移动叫作“半有源”。

那这种直驱、BiDi 和半有源彩光，3 种接入方式，对光模块的要求不同，彩光模块需要 6 个波长，低色散波段是 O 波段，在数据中心的 100 G(4 波长×25 G)成

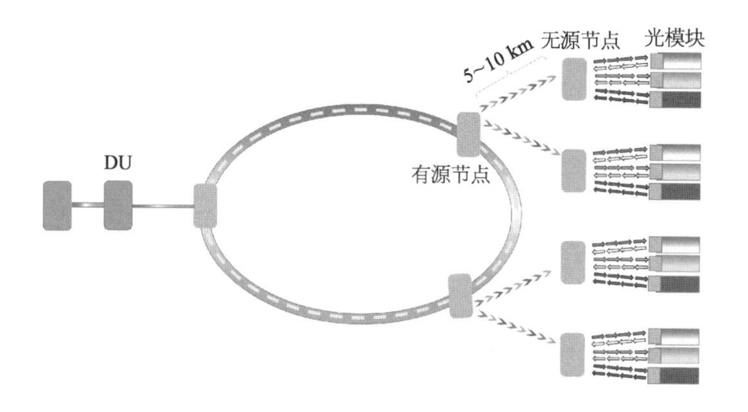

熟产业链中,1 271,1 291,1 311 和 1 331 4 个波段能找到 25 G 激光器。

那么另外两个波长,如何选,几个设备商还在讨论阶段。

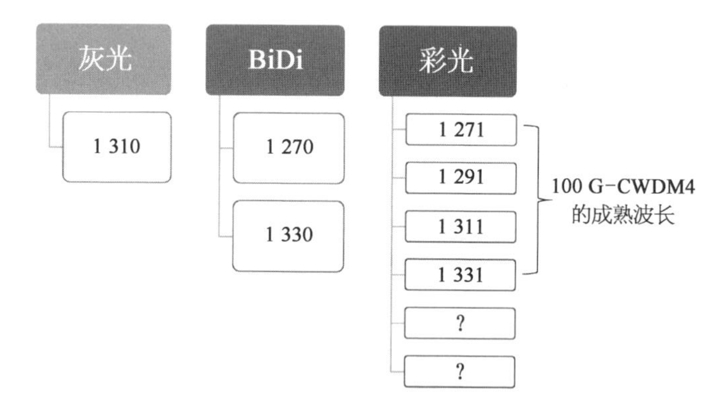

一种提法,是新增两个波长。

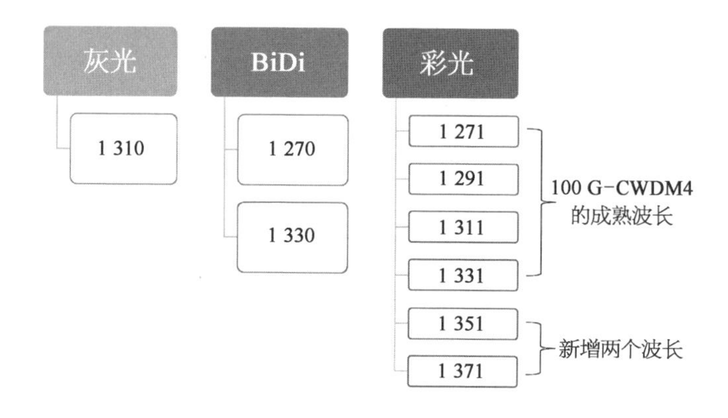

另一种提法,是插入波长,把 20 nm 的波长间隔缩短至 10 nm,拓展至 12

波(2021 年,匡国华补充,后选取新增两波长方案,插入波长方案不再使用)。

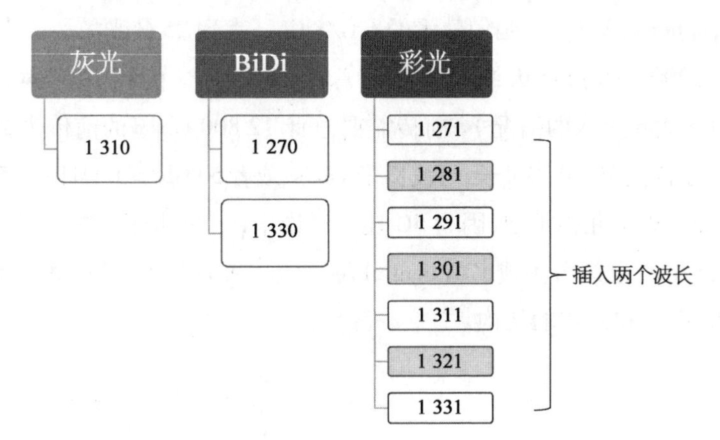

CWDM,粗波分复用,波长间隔 20 nm。

DWDM,密集波分复用,100 GHz 是 0.8 nm。

那现在用 10 nm 做间隔,也许取个名字叫中等间隔波分复用,medium WDM,MWDM?

5G 前传　中传　回传

大家比较关心,对光模块这个产业链来说,5G 传输是个啥样的架构。

5G 基本上已经确定,CU 和 DU 分离。

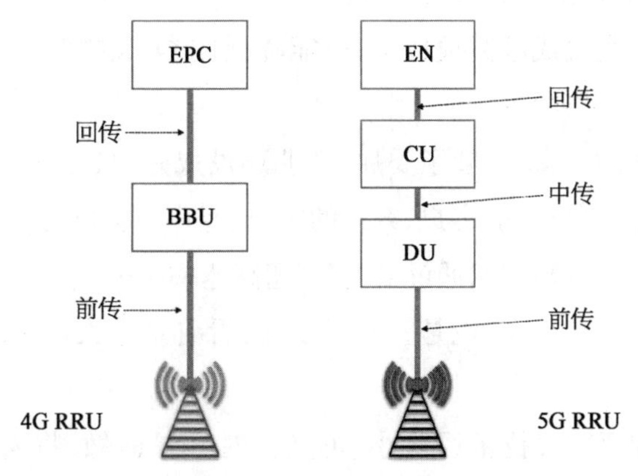

3G/4G 时代,是 BBU 与 RRU 分离。从 RRU 到 BBU 之间属于前传,标准是 CPRI,option1,2,3,…,咱们熟悉的 6 G/8 G 一直到 25 G 光模块。

4G 的 200 MHz,256 天线,前传需要总计 2 560 Gb/s 的 CPRI 带宽,那在 5G 支持 1 GHz,256 天线的情况下,前传需要总计 12 800 Gb/s 的前传带宽。具体模块形式,也许是 WDM 多波长,每波长 25 Gb/s,或者 50 Gb/s(PAM4 & 25 G baud rate),也许这俩字儿很重要,因为 5G 还在讨论中,一切都有变数。

5G 的 BBU 继续分离成 CU(centralized unit)和 DU(distributed unit),这就有了前传、中传和回传的架构。

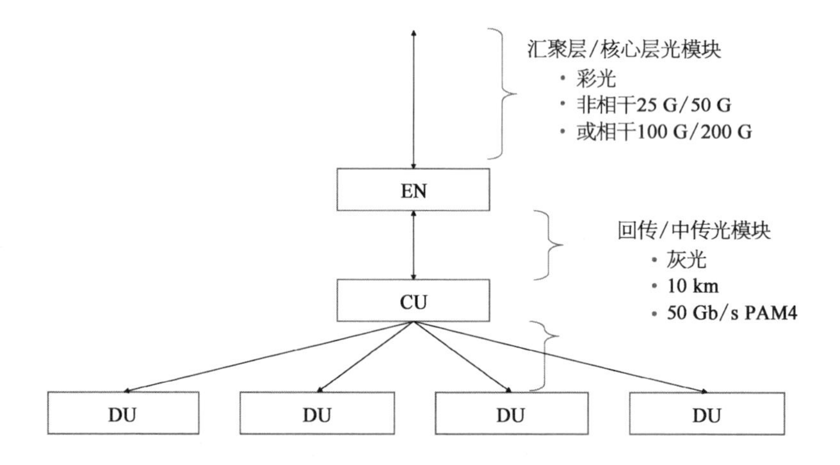

回传和中传光模块,很大的可能性就是每波长 50 Gb/s。

汇聚层和核心层,则大家犹豫不决,想的都是少花钱多办事儿。

非相干模块便宜,产业链成熟,成本低,可是性能不太好。

相干模块吧,性能好,但是比较贵。

大家期待硅光集成赶紧地成熟,既能降低成本,又提高性能,附带小型化低功耗。

做硅光技术的厂家,一肚子委屈,产业还没成熟、自己还没挣到第一桶金呢,客户链(国华自创名词,客户、客户的客户、客户的客户的客户……)都已经自动把期望值提升到超超超低价格、超超超高速率……

做普通光模块的厂家,也是一肚子委屈,看着是个大市场,但是不知道用啥模块,标准没定。

晚点动手研发吧,技术风险小,可又怕对手提前做,将来市场上自己就瞎了。

现在就动手吧，有些厂家能多做几套方案，那是得砸钱才行，比如华为。有些厂是又想跟上市场，又没钱可砸，一会儿做个 25 G NRZ 方案，一会儿又做个 50 G PAM4 方案，一会儿做个 200 G 方案，想想要不再讨论讨论 400 G？再睡醒一觉，不行，还是做 WDM 方案吧，8×25、32×25 还是 16×50……？波长间隔是 CWDM？做个方案，DWDM？再做个方案……东做一下，西做一下，时间就这么荒废了……

调 顶

什么是“调顶”？

调顶，pilot tone modulation，或者叫低频微扰 low-frequency dither，我的理解就是信号的二次调制。

咱们光模块，说这是 10 G，这是 25 G，这是 400 G，这个是业务信号的比特率，G 就是 10 的 6 次方，25 G 表示每秒有 25 000 000 000 个比特。

然后，咱们经常说这是 1 310 nm 的 10 G 光模块。

这个 1 310 nm，就是载波的波长，换算成频率后，是 229 THz，T 是 10 的 12 次方，也就是 229 THz，表示每秒有 229 000 000 000 000 个波。

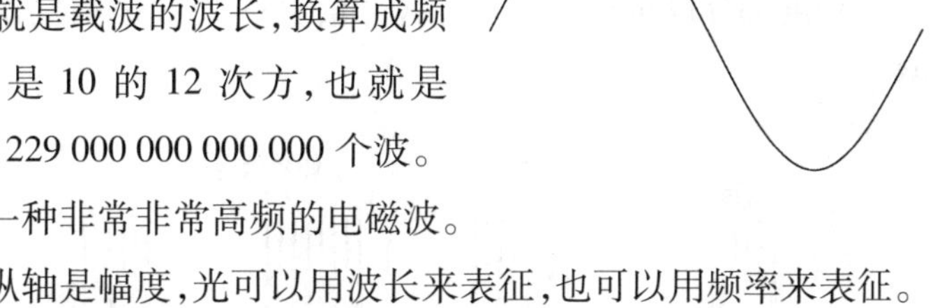

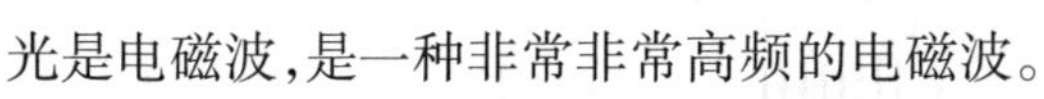

光是电磁波，是一种非常非常高频的电磁波。

横轴是时间轴，纵轴是幅度，光可以用波长来表征，也可以用频率来表征。

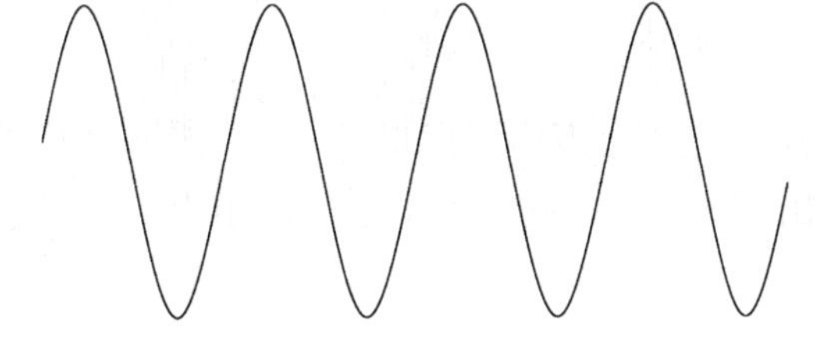

波　长	频　率
1 550 nm	192 THz
1 310 nm	229 THz
850 nm	353 THz

按着时间顺序,几千个光波幅度大(功率小),几千个光波幅度小(功率低)。

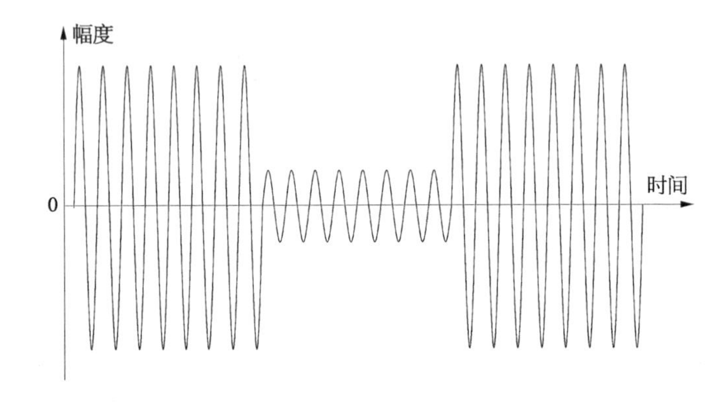

把上图的纵轴的0,平移,0是相对值,一般表示正弦波习惯用上边,而用调制信号的话,习惯用下面。

强度部分也可以是1010,这个信号一般就是咱们说的光模块的业务信号了。

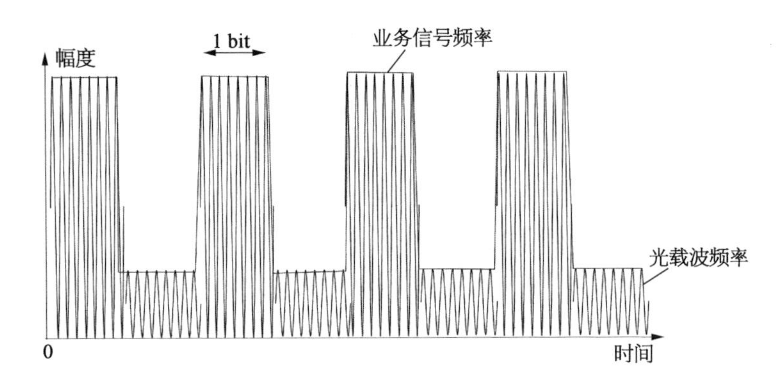

波　　长	频　　率
光	xxx THz
业务信号	xx GHz

1 THz = 1 000 GHz

继续,我们把时间轴继续压缩。

如果继续调制,比如用光衰减器,隔一段时间把光略微衰减一下,顶部幅度,也是一个信号,是吧,这个调制,就是咱光模块里常说的调顶。

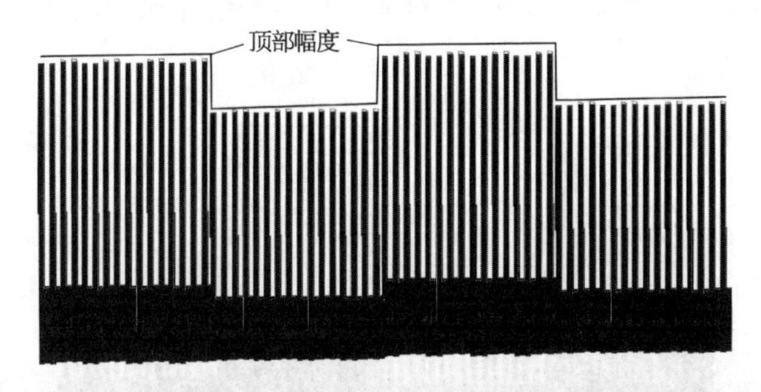

波　　长	频　　率
光	xxx THz
业务信号	xx GHz
调顶信号	xx MHz

1 THz = 1 000 GHz = 1 000 000 MHz

第二个潜在的问题,为什么需要调顶?

比如在 SDH 的波分系统中,需要附加时钟信号,用来做同步,SDH 就是 synchronous digital hierarchy,同步数字体系。

以前波分会单独分配一个波长出来,发送时钟,或者占用 OSC 监控通道来发送同步时钟,如果能把时钟直接调顶的方式,调制在业务信号上,那么岂不是可以省一个通道。

比如在 G.989 标准讨论中,有个 AMCC,auxiliary management and control channel,辅助管理和控制通道,需要在业务信息之外,来传输信道两侧的控制信息,比如对方要不要调整波长,调整得到位不到位……

AMCC 的处理模式,也是在业务信号上做个调顶。

比如在线 OTDR,optical time-domain reflectometer,光时域反射,利用这种反射原理来检测光纤故障。

在线 OTDR 的实现方法,一是用一个单独的通道,二是在业务信号上调顶等。

调顶为什么那么难实现?

前提是,光模块的主要作用是业务信号的传输,这是最高优先级的任务,任何附加功能都不能影响到业务信号的转换,包括调顶。

调顶,如果调制的深度太深,那对业务信号的信噪比、调制幅度、消光比等参数会产生影响。

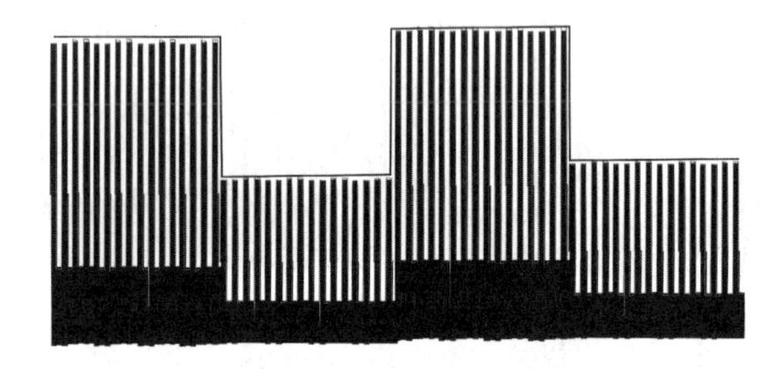

如果调制的深度太浅,很容易被接收端直接当成噪声给处理掉了。

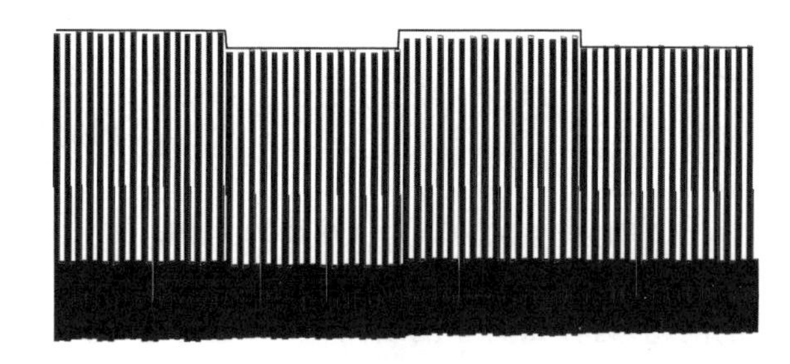

对调顶的深度来讲,深了不行,浅了也不行。

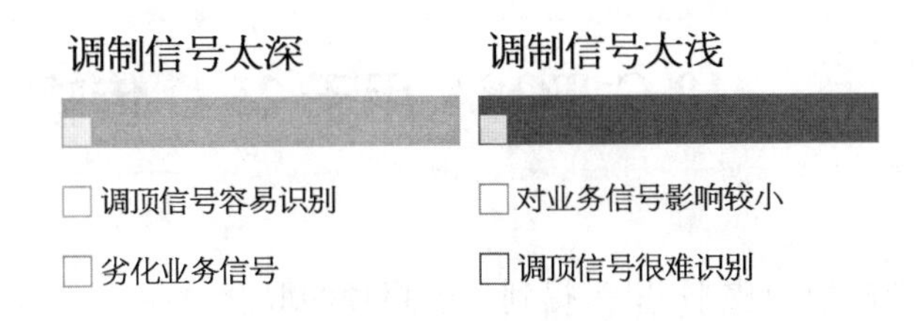

另一个,调顶的频率太低了不行,信道上 EDFA 穿不过去;频率太高了也不行,两个频率很难区分开来。

用一张图来汇总:

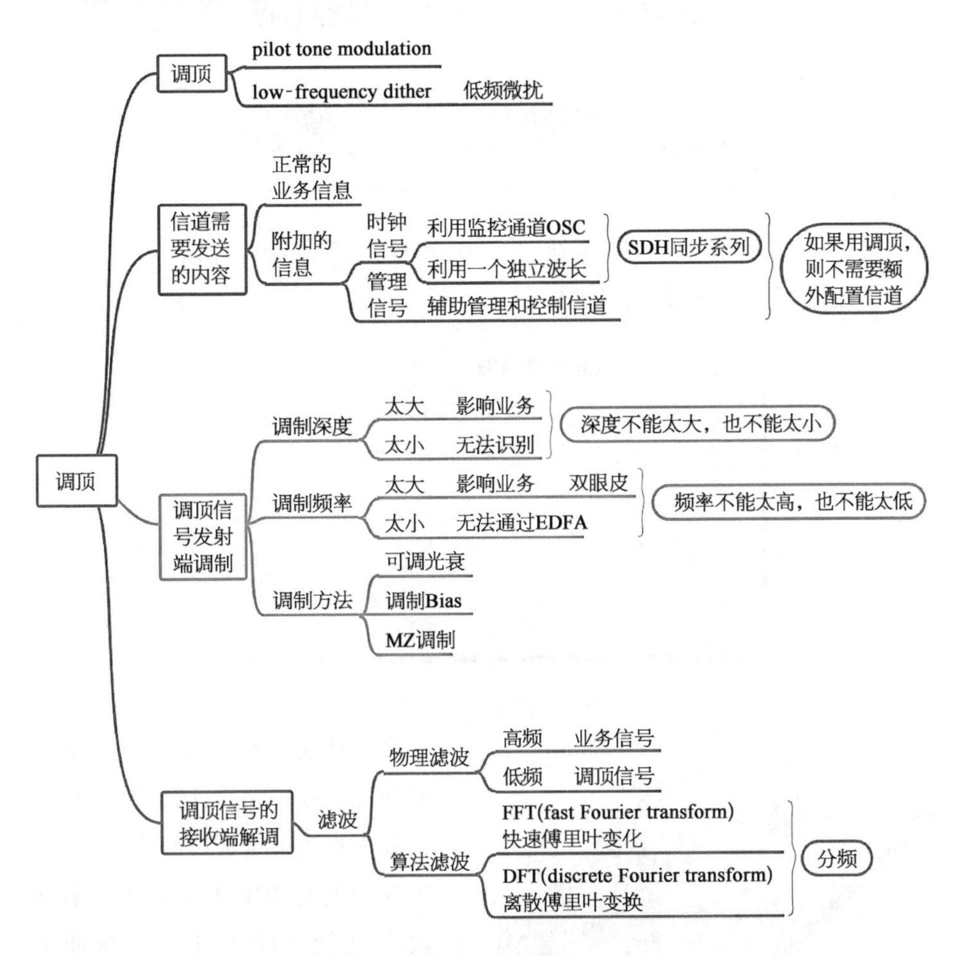

10 G TOSA 用于 25 G 传输

5G 承载光模块白皮书，里头提到一个超频的概念。

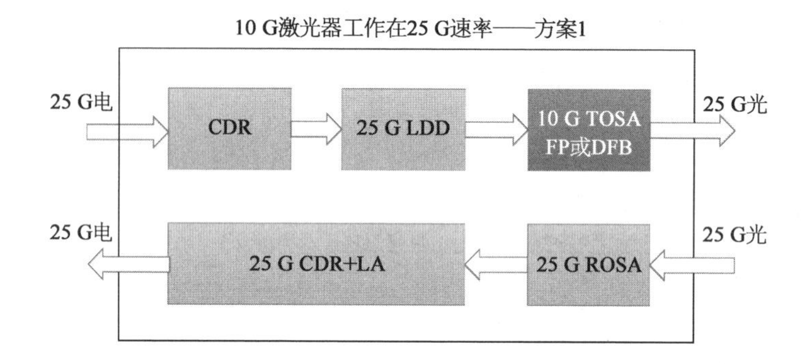

先聊一聊，10 G TOSA 不做处理，用在 25 G 上，眼图会是什么样子？

普通咱们看到的眼图，是这样：

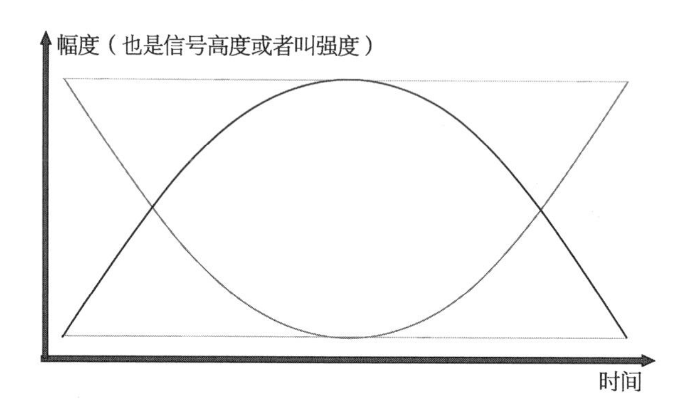

眼图其实是很多很多个时间段的脉冲累计在一起的，像摞扑克牌。

眼图其实是这么摞起来的，站在女生前边的是 101，3 个脉冲一小时间段儿，中间那排是 010 3 个脉冲这一小段儿，当然还有 111，000，110，

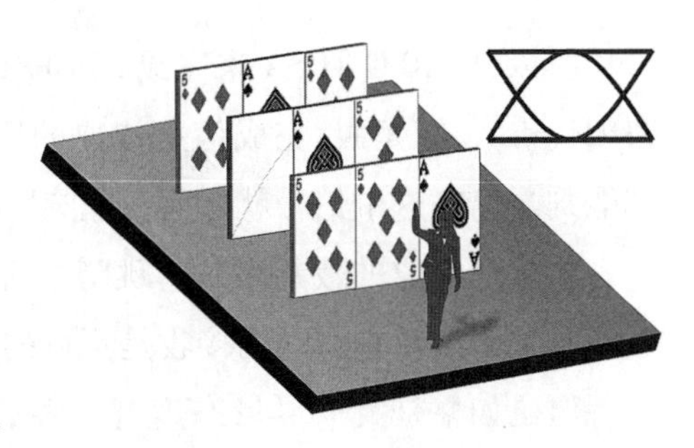

011,…摆上 500 个、1 000 个,就是咱们看到的眼图。

我只挑一个出来,101 有 3 个脉冲的那条。

信号的幅度,就像咱们跳跃的高度,1 是跳起来,0 是蹲下去。那 101 就是从蹲着到跳再到蹲的这么一个时间段。

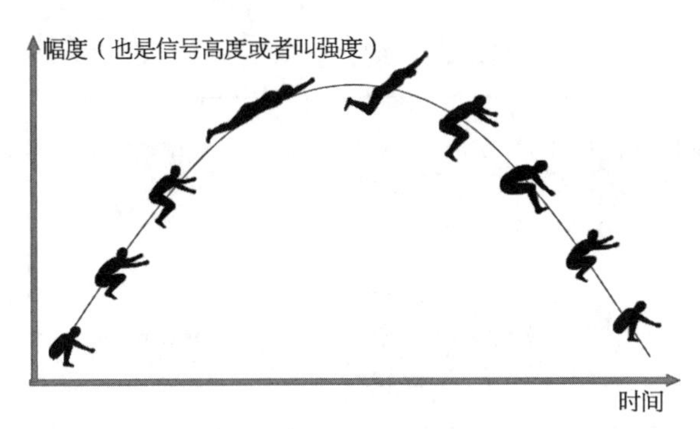

激光器的调制能力,能用在 100 Gb/s 的激光器,调制一个 25 G 的信号,很容易,俗话说这个激光器带宽很大,就像专业跳高运动员,他跳得又快又高。

如果是我闺女来完成这一套动作,也可以,算在普通人的蹲跳蹲,一般的跳跃高度和一般的跳跃速度。

换上我亲爹,这就不行了,我爹的跳跃能力有限(像用 10 G 激光器,来干 25 G 的活儿),他的蹲跳蹲是手忙脚乱的蹲跳蹲,刚听到命令"从 0 到 1",还没跳起来呢,人家已经开始下一条命令了"从 1 到 0",所以将将就就地完成了一个 010 的动作。

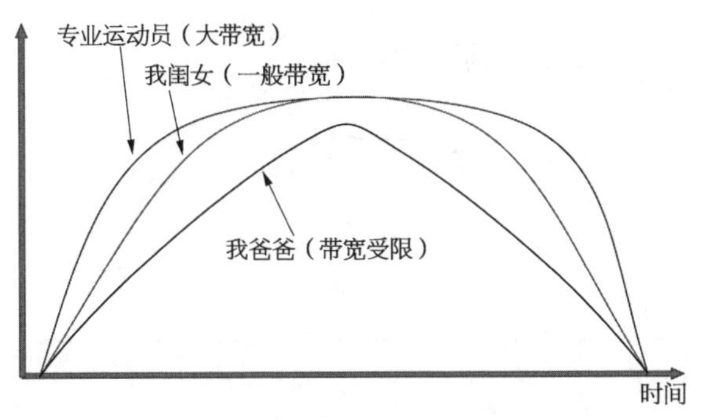

所以,用 10 G TOSA 来完成 25 Gb/s 的信号调制,第一是眼图看起来很丑,眼闭代价大,三角眼,完成信息传递的质量不好。但也不是不能用,因为接收端能判断出来这个信号就好啊,无非就是怎么认出来 010,蹭跳蹭呗。

如果是专业的裁判来判蹭跳蹭是否合格,那我爸那个凑合型的动作,绝对过不了关。也就是普通的接收是不行的。

但是如果是我爸尽量态度好一些,跳得认真一些,接收端换上我妈来分辨,那就好啦。我妈能用丰富的生活经验,自动脑补我爸动作的不规范。

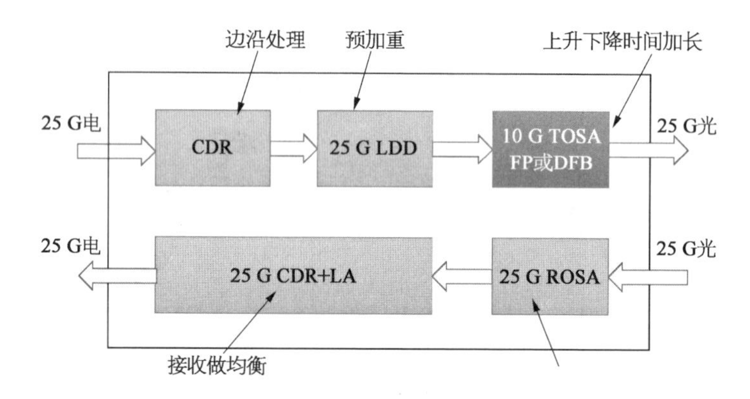

从专业上来说,低带宽的激光器来调整大速率的信号,会出现调制带宽不足、眼闭代价大、码间干扰强。那接收端,就做均衡处理,也就是用后端的信号处理,来补偿发射端信号质量的不足,能辨识出 1 或 0 就好。

最简单的均衡,就是 CTLE 滤波器,发射时高频信号衰减幅度大,那接收的滤波带宽就不动它,发射的低频信号衰减的幅度小,那接收端就硬给它削一块幅度出去。

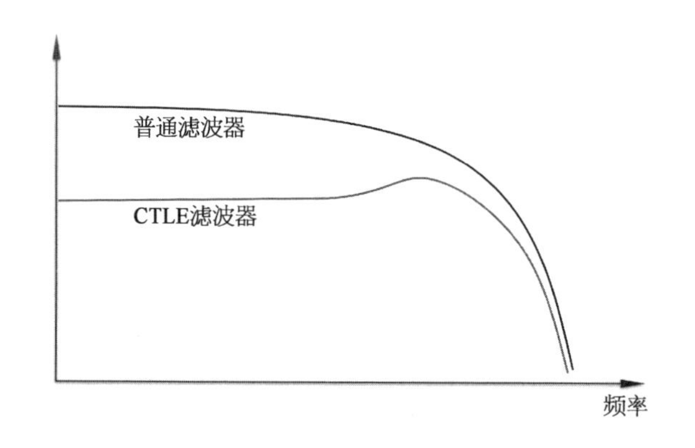

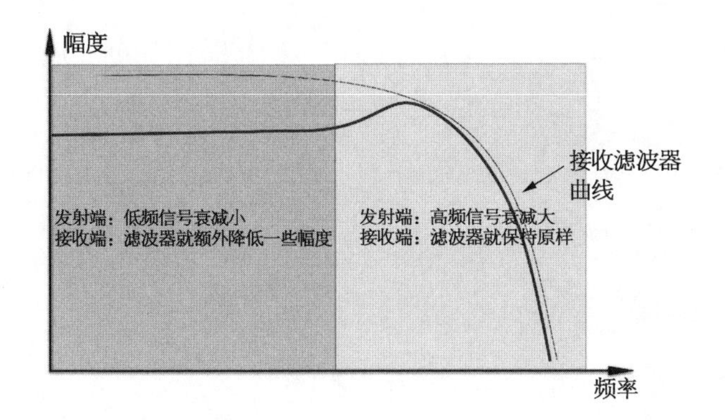

10 G TOSA 用在 25 G 的信号上，一是发射端做预加重，最重要的是接收端的均衡处理，能够识别出不太完美的 0 和 1，而不出现误判，也就是没有误码。

接收端均衡，有很多种方式，最简单的是 CTLE，线性均衡。

数据中心高速光模块

光模块中 KR，CR，SR，DR，FR，LR，ER 与 ZR

PMD 类 型	传 输 距 离
100 G－FR	2 m～2 km
100 G－LR	2 m～10 km
400 G－FR4	2 m～2 km

聊聊 400 G－FR4 的 FR，KR，CR，SR，DR，LR，ER，都是啥意思。

802.3 属于 IEEE 的体系，-R 的命名规则，如下

例如：

100 Gbase－LR4，模块速率 100 Gb/s，LR 表示 long reach，也就 10 km，n 是四通道，这个就是 4×25 G，可以传输 10 km 的 100 G 光模块。

100 Gbase－LR，模块速率 100 Gb/s，LR 10 km，n 被省略掉了，是单通道，1×100 G，可以传输 2 km 的 100 G 光模块。

PMD 类型	传输距离	备　　注
KR	几十厘米	K，backplane，背板之间的信号传输
CR	几米	C，copper，同轴电缆连接
SR	几十米	S，short，短距，高速光模块一般用多模光纤
DR	500 m	D，datacenter，用于 500 m 左右的数据中心内部传输

续 表

PMD 类型	传输距离	备　　注
FR	2 km	F，far，特指数据中心内部较长的传输距离，常见 2 km，是由 100 G CWDM4 的 MSA 协议引入 IEEE 并改名
LR	10 km	L，long，长距
ER	40 km	E，extended，扩展距离，相对于 LR 又扩展啦
ZR	80 km	非 IEEE 标准

咱们的光模块是插在线卡前端的，整个线卡，又插到背板上，背板之间信号的互联，叫 KR，有几十个厘米，有时候也叫 KR 总线，如数据中心的交换机。

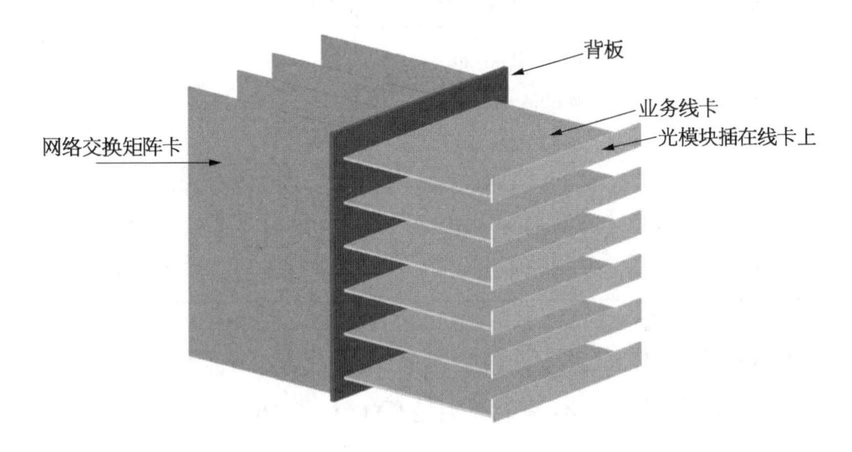

Infiniband 光模块 SDR/DDR/QDR/FDR/EDR/HDR/NDR

什么是 EDR？FDR？

话说数据中心有一种交换机，叫作 Infiniband 交换机，比如下页上图这样的。

咱们不管他们的网络协议是啥样，对光模块来讲，EDR，FDR 表示的就是一对儿差分线的速率。

Infiniband EDR交换机

Infiniband FDR交换机

简　写	全　　称	差分线速率
SDR	single data rate	2.5 Gb/s
DDR	double data rate	5 Gb/s
QDR	quad data rate	10 Gb/s
FDR	fourteen data rate	14 Gb/s
EDR	enhanced data rate	26 Gb/s
HDR	high data rate	50 Gb/s

NDR-Next Data Rate,还不知道啥速率,下一代速率。

咱们 100 G 光模块中,有一个类别是 CXP,C 是 16 进制中的 12,X 是罗马数字的 10,P 就是热插拔。

这种模块就可以用于 Infiniband 中的 QDR,也就是单通道 10 Gb/s 速率,有 12 个通道,总计 120 Gb/s。

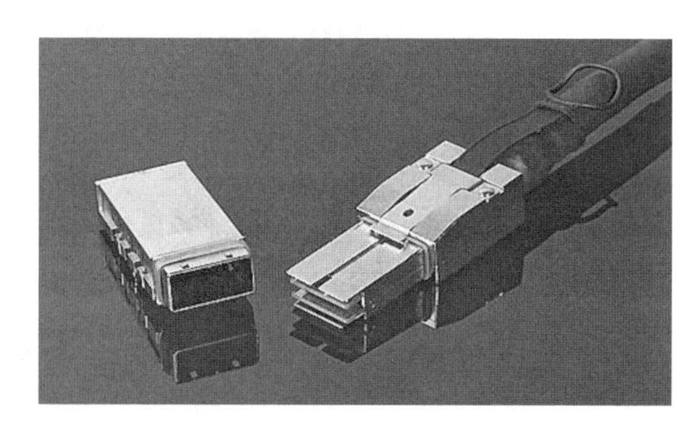

那么，还有就是 QSFP28，可以用于 EDR，单通道 26 Gb/s，Q 是 4 个通道，总计 104 Gb/s。

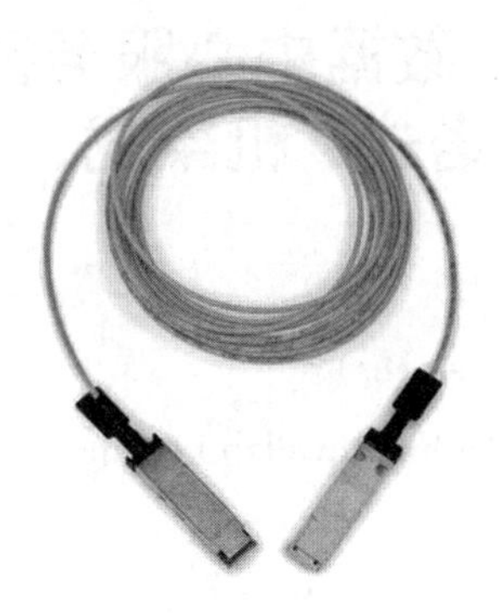

Infinband 把它换算到光模块，就可以这样子看：

	单通道	4 通道	12 通道
SDR	2.5	10	30
DDR	5	20	60
QDR	10	40	120
FDR	14	56	168
EDR	26	104	312
HDR	50	200	600

这种交换机，在数据中心的比例并不太大，数据中心 100 G 光模块中，大约 4%是用于 Infiniband，更多的是以太网交换机。

小结：

Infiniband 是一种网络协议格式，咱物理层卖光模块的人无需关心。

SDR/DDR/QDR/FDR/EDR 可以代表一对儿差分线的速率。

它又分单通道、4 通道和 12 通道的接口。

4 通道，经常用 QSFPx 光模块，比如 QSFP+，QSFP28，QSFP56……的 Q 指的是 4 个通道，也就是发射端 4 对儿差分线，接收端 4 对儿差分线。

12 通道的光模块（比如 CXP），或者更高速率的并行光引擎。

数据中心服务器——塔式、机架式、刀片式

啥叫刀片服务器(blade server)?

官方说法是一种HAHD(high availability high density,高可用高密度)的低成本服务器平台。

什么是服务器?

什么是刀片服务器?

为什么是这种发展路线?

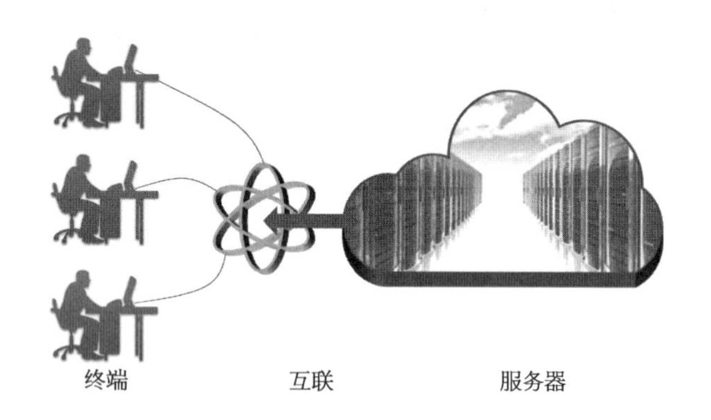

个人电脑

服务器

我们要上网,全球那么多个人电脑、手机、各种终端,在数据中心就有超级大的服务器。

服务器和咱们的电脑架构类似,包括处理器、硬盘、内存、系统总线等,服务器的信息处理能力更大。

最早的时候,服务器是塔式的,和咱家的老式电脑的主机箱差不多。

服务器多了以后,不好摆放,就有了机架式。

机架,是电信业工业化生产的一种标准结构。

机架的标准，EIA（Electronic Industries Association，电子工业协会）有定义，美国电子行业标准制定者之一。

中国的国家标准 GB/T 19520.1—2007，也有定义，与 EIA 定义尺寸相通。

宽度：19 in，两个承重梁之间的安装宽度。

高度：论多少个 U，每个 Unit 的高度是 1.75 in。15U，24U，32U 等。

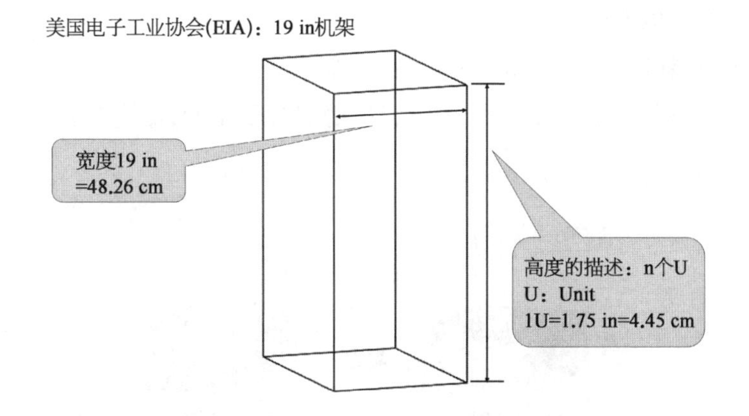

机架式服务器，宽度统一，高度可以是 1U、也可以是 2U，或者更笨重些的 4U……这样，服务器码得整整齐齐。

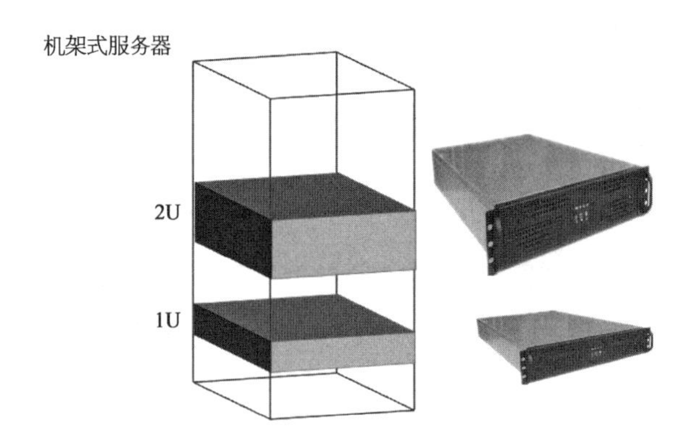

再看刀片服务器,就给一个板卡,处理器、硬盘、内存、系统总线等布局。在一个板卡上。

为什么会需要？咱服务器的需求多了,每个 U,每个 U 的,就得不断地摞上去。可加机柜就得占地方。

占地方,就得盖房子,那又得费钱、费心了。

所以,机柜是标准的,咱原来 1U,2U 的服务器空间,给它切片,像吐司面包一样地切。

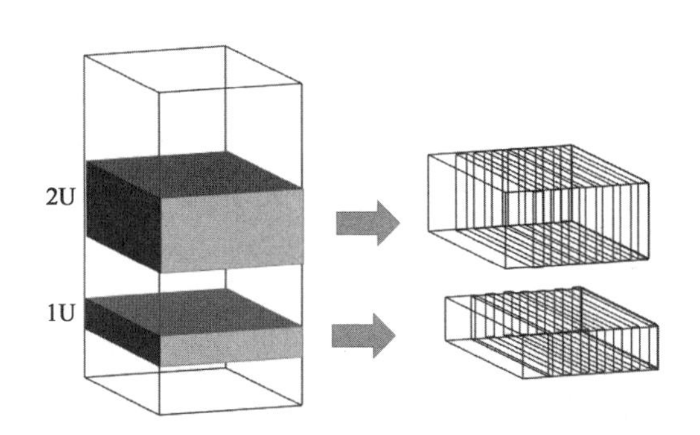

每一片儿,做一个服务器。

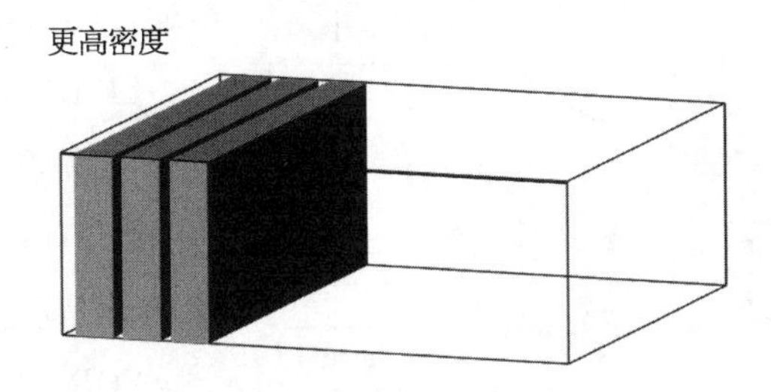

地方还是那么多地方,机架还是那么多机架,用刀片服务器,更霸气。

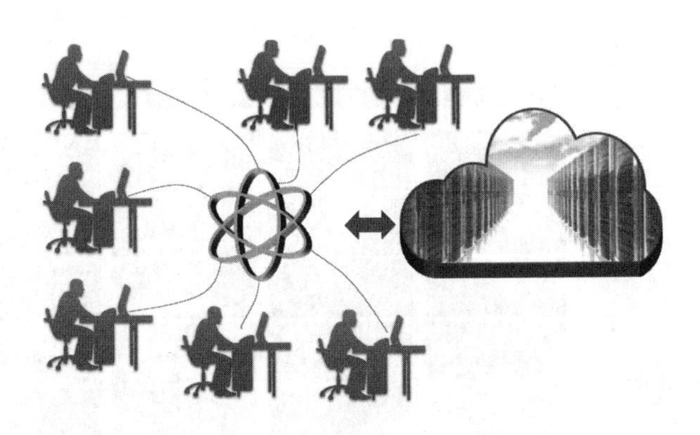

数据中心 TOR

数据中心的服务器,在 100 G/400 G 标准,有这么一个表格是咱们卖光模块光器件常用的。

连接方式	连接距离
从服务器到 TOR	3 m
从 TOR 到 LEAF	20 m
从 LEAF 到 SPINE	400 m
从 SPINE 到 DCR	2 km
从 DCR 到 METRO	10~80 km

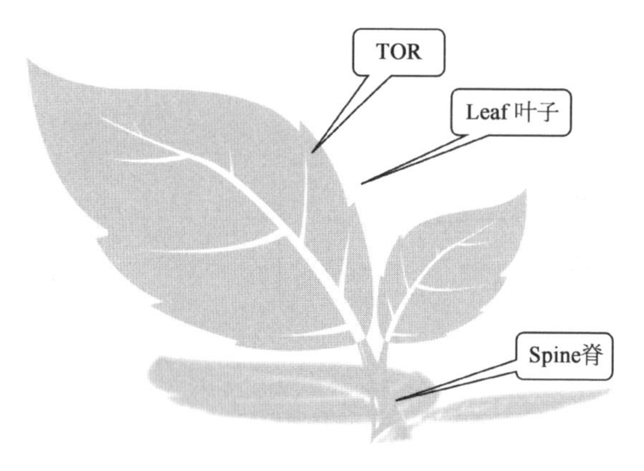

TOR，LEAF，SPINE 的关系如左图所示。

LEAF 就是叶子的意思，spine 就是脊的意思。

而 TOR 是啥？是从 EOR 和 MOR 演变而来的。

EOR，机柜一排的末端，有交换机和配线架。

EOR：end of row

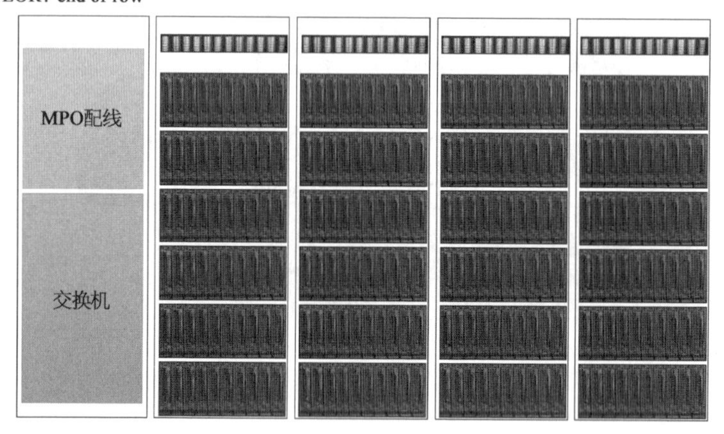

MOR，就是在中间的意思。

MOR：middle of row

MPO配线

交换机

后来，再省点地方呗。

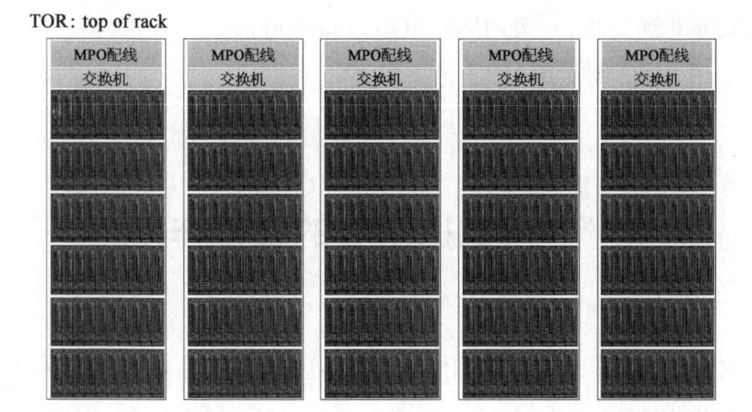

在每个机柜的顶部,放上交换机和MPO光纤配线架。虽然用的交换机数量多了点儿,也换了很多好处。

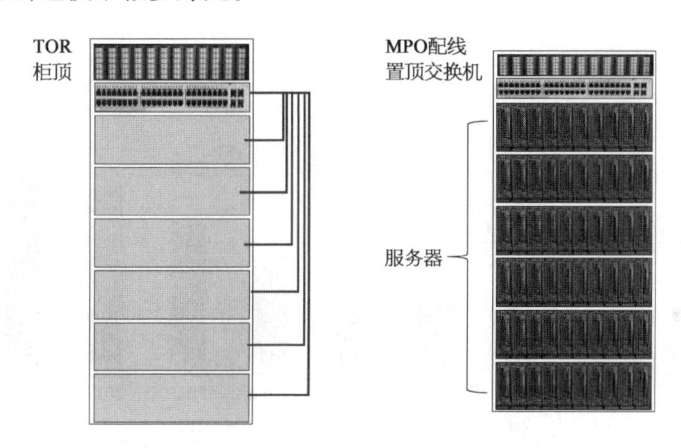

用TOR,数据中心服务器或者存储单元变得简洁、容量更大。

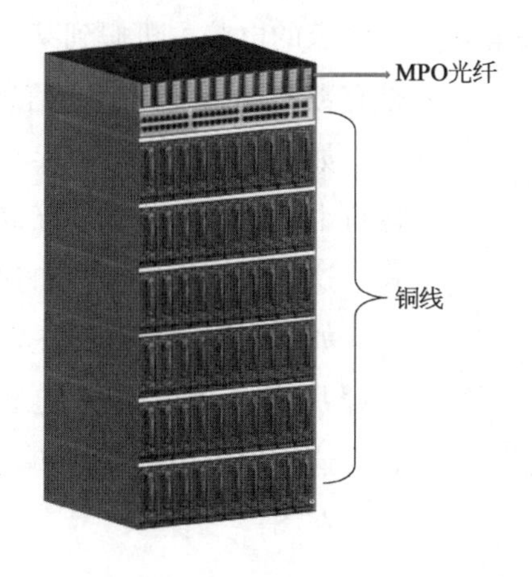

从服务器到 TOR，一般用同轴电缆，3 m 足够。

从 TOR 出来，则使用 MPO 光缆。

数据中心的杠杆作用

以太网光模块三分之二是用在数据中心的，我自己认为这个领域里的光模块是有杠杆效应的。

数据中心流量增长趋势，90%以上的数据中心是云服务。

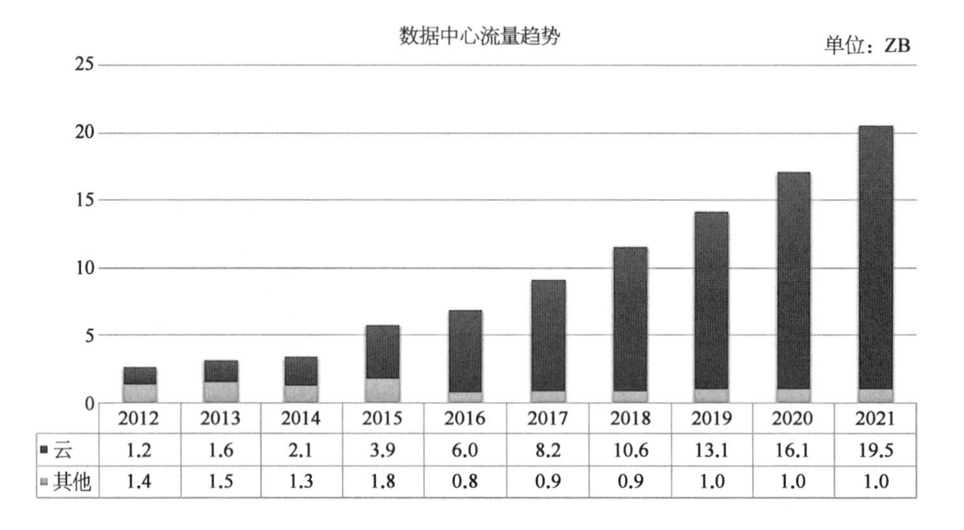

	2012	2013	2014	2015	2016	2017	2018	2019	2020	2021
云	1.2	1.6	2.1	3.9	6.0	8.2	10.6	13.1	16.1	19.5
其他	1.4	1.5	1.3	1.8	0.8	0.9	0.9	1.0	1.0	1.0

数据中心，简单理解就是把咱家的电脑主机搬到某一个集中的地方，它也是有数据存储（硬盘）和信息处理的功能。

用户 15%
数据中心互联14%
数据中心内部 71%

如果咱家的信息都存在本地自己的电脑上，运行个软件，然后通过互联网传递。是一种模式。这个就是用户能感知到的流量。

如果咱家的信息存在别的地方，比如云端存个照片啥的，咱们表面上也是通过互联网存信息。这个也是用户能感知到的流量。

左图：

数据中心内部需要流量的交互和转换，还需要定期的备份，用户的感知是15%，另外的85%是数据中心自己的。

1：6

这就产生一个流量的杠杆效应。

用户多用1点，数据中心内部就有6点。

当世界和平，春暖花开面朝大海时，用户们生活幸福，心情舒畅，吃饭先拍照，旅游多拍照，网上发个小视频，这都是流量。

平时，各大工厂订单一摞摞，工厂生产数据要传到云端，公司内频繁往来邮件要传到云端，设计人员加班熬夜掉的头发都转换成一幅幅云端的图纸，这些也是流量。

这是杠杆的正向效应，每个人都很开心，上升的速度快得很。

当行业下滑时，工厂的数据少了一点，设计的图纸也少了一点，内部的员工工资也少了一点，心情郁闷，面临失业，回家和媳妇吵两句，闷头就睡，照什么照片啊，流量又少了一点。

可用户只感知到少用一点时，数据中心内部就会收到 N 点暴击，下滑的速度也快得很。

我自己从不玩股票，但记得几年前，同事们在某个时期对股票的上升和下滑产生从急剧喜悦与瞬间恐惧的那么一些表情时，就看到杠杆所带来的收益和风险并存的巨大放大效果。

头几年，咱们都看到了数据中心的巨大增幅，比电信市场的增幅大。

现在看到跌幅也大，当然不稀奇。

尤其是，外部世界开始出现一些振荡时，下游厂家原来期望是增量，投产注资，结果迎来跌幅，这种带有滞后的传递性伤害，也不稀奇。

IDC/DCI 与光模块的关系

IDC：internet data center，互联网数据中心。

DCI：data center interconnection，数据中心互联。

IDC 就是传统的数据中心，云计算是新型的数据中心。

对用户来说，咱们租用一个服务器，如果是传统的 IDC，可以理解为你租用了一个实体服务器，而云数据中心，可以理解为你租了一个虚拟服务器。

IDC 这种传统的数据中心模式流量占比越来越少，低于 10%，云数据中心增长很快，大于 90%。

对咱们光模块来说，没啥太大区别，就是在年终总结里有条件的划分一下市场份额，没条件的就笼统为数据中心就好。

数据中心，为了避免突发事件引起的数据丢失，比如停电、地震、洪水、雷劈……就建一个备份的地方对数据进行实时备份。

这两个数据中心，一个叫主数据中心，一个叫备份中心，或者叫备灾中心，这两个数据中心之间互联，就叫 DCI。

对光模块来讲，就是长距离模块，10 km 的 LR4，40 km 的 ER4，80 km 的 ZR4……

交换机的收敛比

这源于一个问题，“数据中心长距光模块少，短距模块多，这个数量与交换机收敛比相关”，小伙伴问什么是收敛比？

在数据中心，说收敛比，一般指交换机收敛比，交换机下联流量与上联流量的比例。

数据中心的三层和二层结构：

传统的是三层架构，有核心交换机，汇聚交换机和接入交换机。

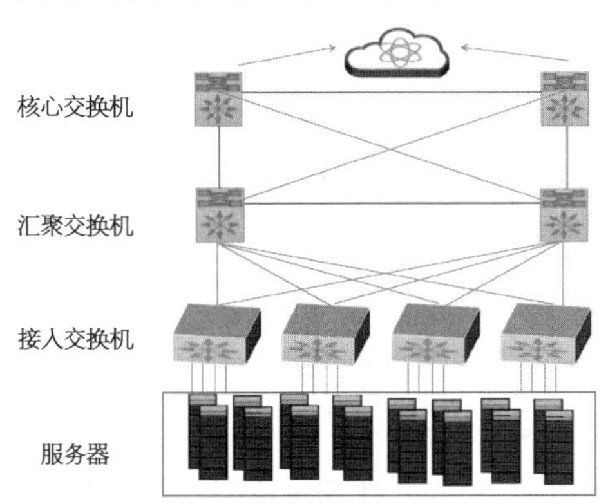

最新的二层交换结构,也就是叶脊式架构。

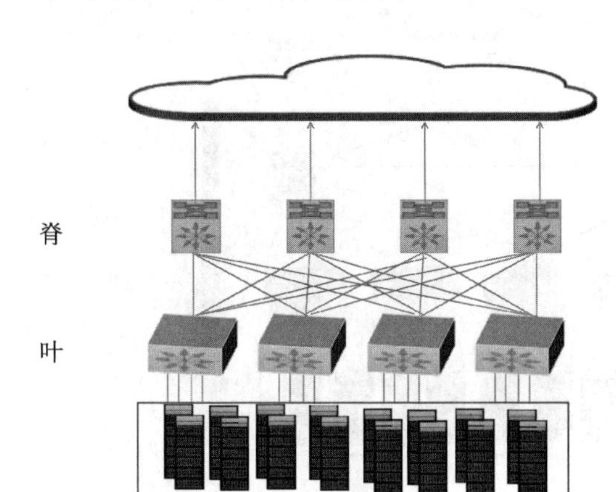

无论哪种结构,对其中一个交换机来说,信息传输有两个主要方向:向下联系和向上联系,这两者之间的流量比,就叫收敛比。

比如交换机的上联口有 8 个 100 G 10 km 光模块,下联口有 48 个 100 G 2 km 的光模块,那这个交换机的收敛比就是 6∶1。

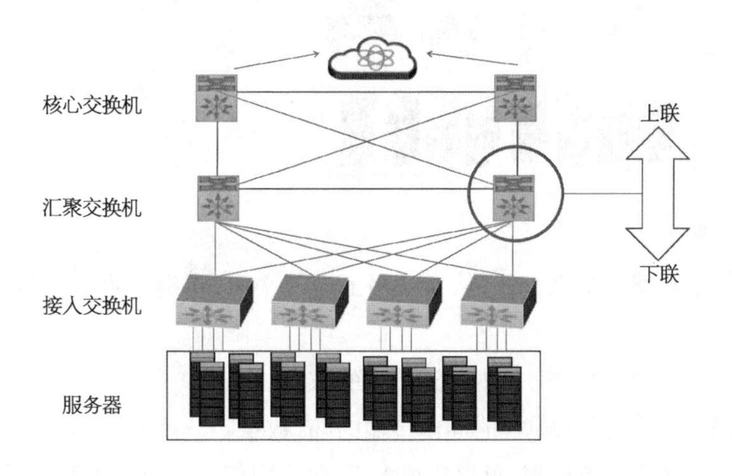

为什么会有收敛比?

内部流量与外部流量差异大,数据中心内部流量大,用户接口的外部流量小。

上联的作用,主要是数据中心与互联网连接,是南北向(见下页第 1 图)。

下联,除了支持南北向,还得支持东西向流量(见下页第 2 图)。

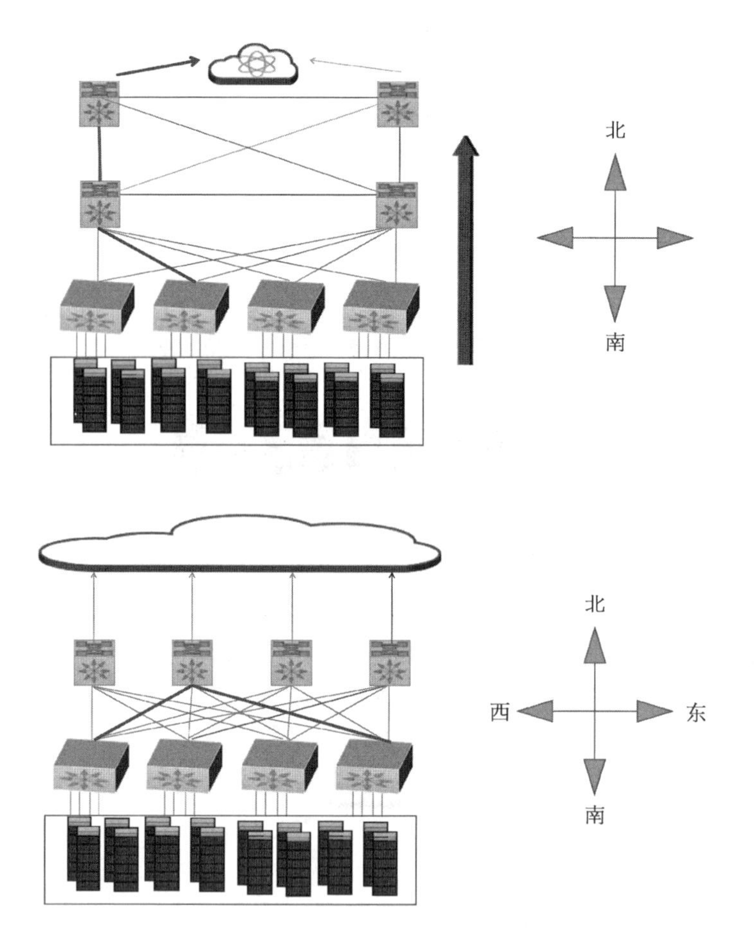

举个例子：

数据中心就是我家小区，从大马路上进入小区，再继续走内部道路，能回到家。

小区的流量：单位时间内走过的人的数量。

数据中心的流量：单位时间内传输的 bit 数量。

每栋楼就是一个机架，可以住很多家，每个家就是一个服务器。

每栋楼下，有一个门可以进出，这个门就是交换机，通到外面的路(光纤)。

只不过，我们小区的楼，是楼底交换机，而数据中心服务器机架是柜顶交换机。

在小区，统计流量总和，就看有多少人进出，一算，一天，小区内部有 3 万人进出。各条小道上的人走来走去，统计小区和外部公路的流量，发现一天只有 1 500 人进出,那这个总收敛比可以计算。

所谓南北向,就是大家要出小区办事情。

所谓东西向,就是小区内部,从 A 家去 B 家聊个天,D 家的人去 C 水果店买水果再回家,虽然都是内部的事情,可也得给人家铺路,给每一栋留门。

收敛比大,就是小区外出的路比较窄的话,平时,大家出门是有概率的,断断续续地走,这个能支持,但在压力大的时候就会堵塞,比如上班高峰和下班高峰,进出门就容易堵。

收敛比小,就要增加很多设备,都是钱。

这个需要的是总体规划和设计。

对光模块来讲,收敛比越大,短距离模块数量越多,长距离模块数量越少。

数据中心光模块/器件的可靠性标准,是否可放宽

1) 电信和数据中心的光模块工作环境区别

主要是 3 个不同:

(1) 工作温度不同。

电信应用是有昼夜温差的一个日常温度变化周期,还有四季交替的一个季节性温度变化周期,这些都需要光模块来适应。电信级的应用分室内环境和室外环境,室内 0~70 ℃,俗称商业级;室外一般要求的是-40~85 ℃,俗称工业级。

数据中心不一样,它里边的光模块只需要经历一个 10 ℃的温度循环,简直太稳定了。

那咱天天要求的高温高湿的寿命可靠性测试,能不能在数据中心里降低一些要求呢?

(2) 产品生命周期不同。

电信级的应用,铺下去,恨不得能用几十年,一般的可靠性寿命是按照 20 年进行设计和评估的。

数据中心的应用,差不多两三年就换一轮。

好么,我做一个50年不坏的东西,你用2年就扔了。那咱可以把使用寿命的要求降低一些么?

(3)冗余设计不同。

电信的应用,有线路的冗余设计,但它的冗余量并不大,在重要的线路里,会有备用通信切换。但也经常听到这种新闻,哪一个主设备挂了,影响了多少万用户打电话和上网。就是一句话,光模块不干活是个非常重要的事情。

数据中心的冗余就很宽,尤其是百分之九十以上都是云服务器,那无论哪一个光模块有问题,用户是几乎无感的,对供应商来说,即使有些随机失效的光模块,坏了换一个就行。

那对光模块的可靠性是否可以放宽?

从应用的角度来讲,放宽可靠性要求,对客户影响不大,接下来就是讨论放宽什么?怎么放宽?为什么要放宽?

2)光模块主要失效器件以及失效原因

Facebook放出来一个100 G光模块的失效统计中,97%是由激光器相关失效,这些激光器的失效大多数是发生在激光器开始工作之后的3个月内。

如果失效绝大部分是发生在3个月内,那是否需要调整早期失效的划分边界?在失效的激光器中,DFB的失效率远远大于EML失效率(几百倍)。

这就引出一个问题,Facebook曾博士认为,直接调制状态下的DFB,会比长发光的DFB更容易失效(就像一根儿铁丝不动它可以用很久,反复弯折,就容易折断)。

那么,涉及主要失效对象激光器,可靠性是否要增加激光器wafer级别的验证?如果与调制状态相关,长期寿命试验要不要加入调制状态下的验证?

3)如果要放宽可靠性要求,具体来说是降低测试条目、降低测试条件、压缩测试时间,还是减少测试样本数量

(1)降低测试条目?

其实可靠性测试的条目并不多,即使减掉一两条,减掉的也不是对于光模块器件厂家非常介意的高温高湿寿命试验,而是一些不太重要的条目,降低测试条目,有意义,但意义不是太重大。

(2) 降低测试条件?

这个倒是可以,但降低到多少,这是需要进行数据分析,找到那个合适的测试条件。

(3) 压缩测试时间?

不要 5 000 小时,不要 2 000 小时,也不要 1 000 小时,只要 500 小时行不行? 这样可靠性测试就不会造成产品上市时间的长周期。

Intel 给了一个很有意思的答复,按照 GR468 的加速因子来计算,6 个星期可以测试出 10 年的寿命,用的加速因子是 100 倍。

那咱们把可靠性的测试温度调高到 130 ℃,加速因子就成了 1 000 x,一个星期就能测试出 17 年的寿命了。

感觉这样,更能压缩时间哈?

可否用增加样本量来降低长寿寿命测试的时间,比如说 500 个样本 500 小时高温高湿?

(4) 减少可靠性的测试样本量?

Broadcom 有一个统计分析,是不同的样本数量对于寿命预估产生的偏差。得出结论“无论是什么技术,都不能指望着降低样本数量来达到降低可靠性要求这一目的”,太小的样本量,本身就存在偏差。

4) 如果要放宽可靠性要求,如何定义标准

20 年前的 GR468,在咱们广大的光通信人群中,是一个标杆性的存在,其实 2004 年就有过一个针对短生命周期的可靠性标准 GR3013。

可是,这个放宽了可靠性要求的新标准,很少人知道,起码曾经我听了一下午,各大厂家都还是拿着 GR468 来作分析。

那,放宽的可靠性标准,是新立一个标准系列? 那有这种类似 GR3013 的风险,业界花很长时间制定标准,然后,不为人知……

选择之二,把 GR3013 改一改用起来,进行推广。

选择之三,制定一个宽松版本的适用于数据中心的 GR468。

这是产业链里很具体的一个事情了,怎么落地。

5) 灵魂之问“放宽了可靠性标准,那可以降低成本吗?”

对数据中心运营商来说,我放宽可靠性要求,那能得到什么呢? 低成本是他们的核心诉求。

失效率最高的是激光器，可是，住友、博通这种有激光器的厂家，用文字公式图标，表达了一个意思，放宽可靠性要求并不能降低成本，如果针对激光器wafer的可靠性验证流程，那还会增加成本。

对激光器来说，可靠性依赖的是技术不断改进，放宽可靠性要求并不是降低成本的途径，博通的PPT有一句话："你们想想其他降成本的途径吧……"

小结一下：

数据中心的应用环境，具备降低光模块可靠性要求的条件。

对客户来说，我降低要求，你能降低价格吗？

对于封装厂家来说，是很希望降低要求，这能省去不少麻烦，应该也可以降低一些封装成本，可是并不是客户关注的，因为主要的失效对象是激光器。

可靠性　成本

激光器厂家，反而认为，降低可靠性要求并不能降低激光器的成本。

这就很尴尬！

操作层面，怎么写标准，怎么定规格，反而并不是最重要的。

阿里浸没式数据中心

浸没式液冷数据中心这个概念的提出，主要是为解决数据中心的能耗问题。

在数据中心中，PUE是一个很重要的参数，代表能效水平，把电都用在做事儿上最好，PUE越低越好，理论极限是1。

$$PUE=\frac{\text{总功耗(kW)}}{\text{IT 功耗(kW)}}$$

现在常规的数据中心，能量消耗比例如下页第1图所示。

IT设备的能耗约占53%，把总功耗100/IT功耗53，PUE=100/53=1.886，

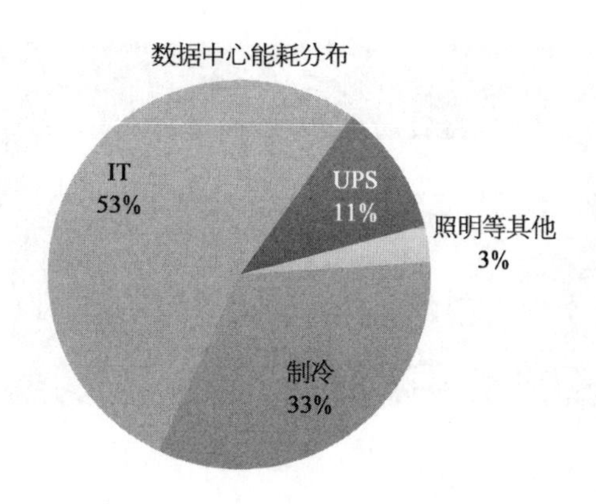

这就是目前的常规水平,PUE 在 1.8~1.9 之间,
额外的消耗,主要在制冷上。
就像咱们过夏天,开空调管用,可是费电。

当然,也可以开风扇,能省电,但也不咋管用。

风扇与空调之外,还有一种方式,管用且省电,
泡在水缸里。

这就是浸没液冷式的学习环境。

阿里的浸没式液冷数据中心,就是把机柜放入液体中。

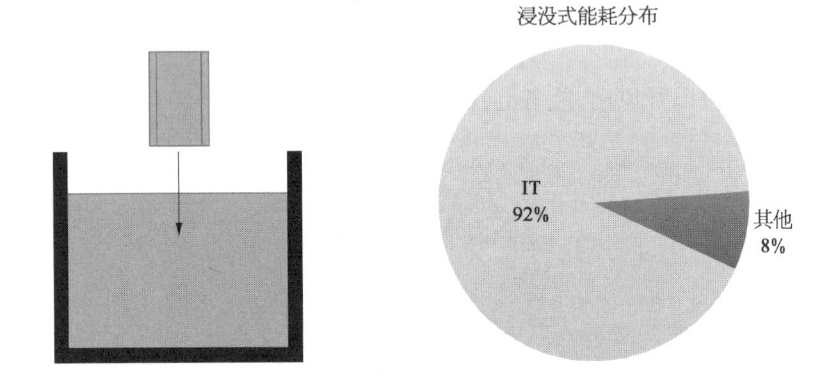

制冷所用的额外能耗,迅速降低,92%的能耗都花在正经事儿上,就是 IT 设备,算一下它的 PUE 值 = 100/92 = 1.09,快接近 1 这个极限值了,毕竟还得留点照明等其他非 IT 设备使用吧。

实物:

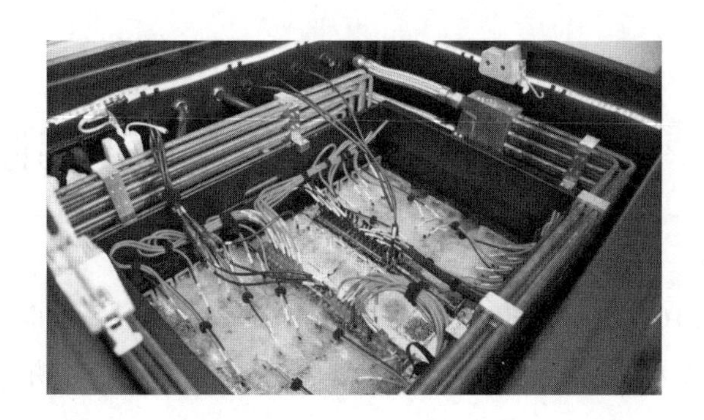

水是一种最常见的液体，它有两个特点：

一会导电，那把板卡浸入到水中，就短路了，啪啪一点火儿烧了。

二是有腐蚀性，把电路板扔水里头，隔段时间，发现 PCB 铜丝生锈，哎，本来好好的电路板。

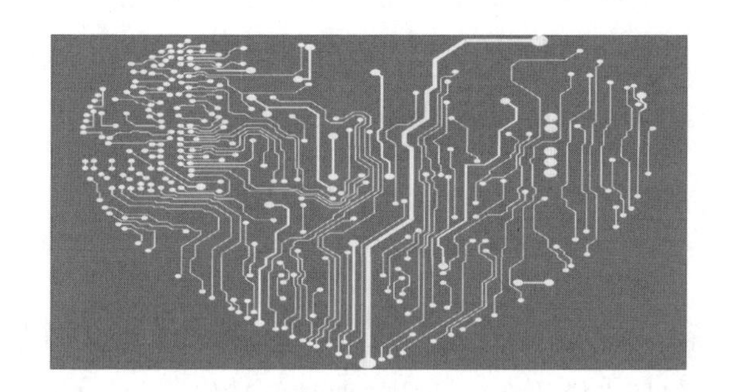

如果给人家浸入液体中，冷是冷了，可烧一片，锈一片，这就不能玩儿了。

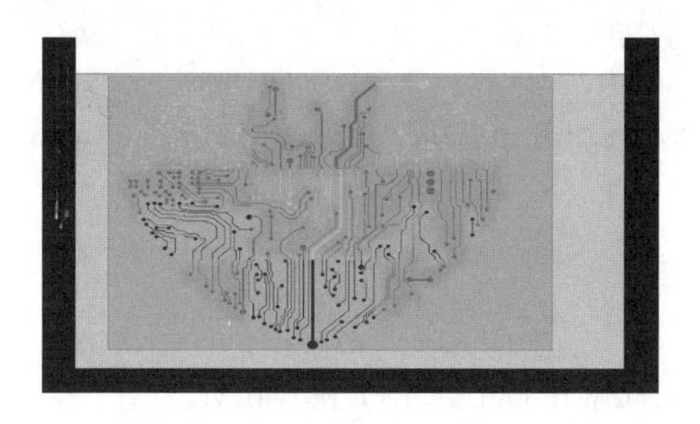

所以，阿里的浸没式液体，是一种绝缘液体，同时耐腐蚀。

但是对光模块来说，充满挑战，因为光在液体中的折射率和空气中不一样，那对光模块中器件密封性的要求就很高。

数据中心光模块的波长选择

单模有 1 310 nm,也有 1 550 nm,这两个波长是怎么选择的。

数据中心单模光模块的应用距离是≥500 m,咱们从这里开始聊。

先说,什么对数据中心最重要?

优先级最高的是成本,成本体现在两个方面:

一是买设备的成本,比如光模块的单价是多少,这个很重要,光模块本身要便宜。

二是后期维护的成本,维护中最花钱的就是电费,光模块要省电。数据中心到底多费电?费到很多数据中心要建在海里、建在各种凉快地方。

举个例子,一个 3 000 m^2 的数据中心,某公司一天用电

2.1万度

这些电费,第一大因素是设备本身用电量,第二大因素就是空调用电量,这两个因素要求包括光模块在内的功耗要越低越好。

	DML	EML	MZM
光功率	约10 mW	约2 mW	约4 mW
激光器电流	50 mA	100 mA	120 mA

功耗最低

从性能上看,MZM 比 EML 好,EML 比 DML 好。

从价格上看,DML 比 EML 便宜,EML 比 MZM 便宜。

从功耗上看,DML 比 EML 省电,EML 和 MZM 差不多。

综合一下:如果 DML 激光器指标凑合着能用,那它又便宜又省电,符合数

据中心成本要求。

凑合能用,DML 是最省电的一种单模选择,那功率与省电也有关联:

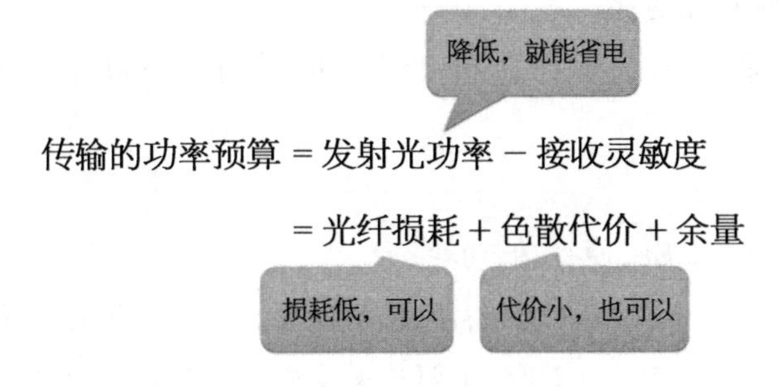

损耗和色散代价,降低哪个都行。那就选择吧。

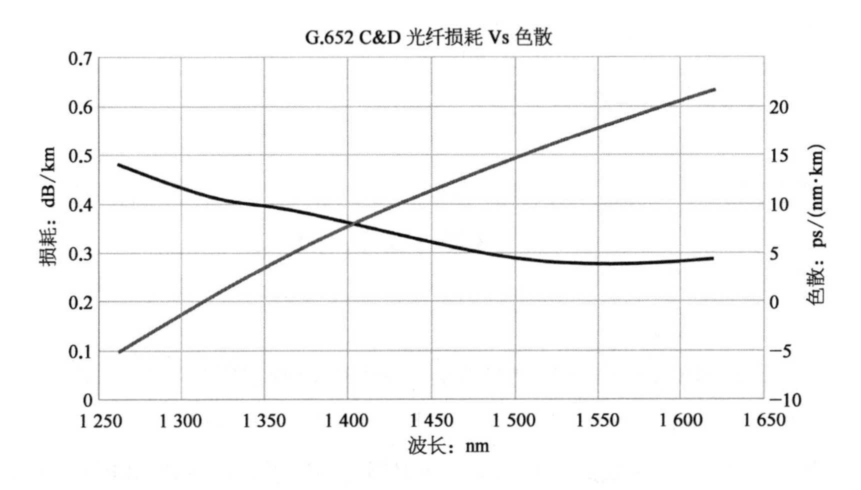

1 310 nm 波长,损耗大,但是色散小。

1 550 nm 波长,损耗小,但是色散大。

先看损耗和距离,短距离看,几个 dB 的损耗并不重要,而 DML 的色散很重要,选择 O 波段,主要是 1 310 nm。

	500 m	2 km	10 km	40 km	80 km
1 310 nm	0.21	0.84	4.2	16.8	33.6
1 550 nm	0.14	0.56	2.8	11.2	22.4

损耗不重要
重点考虑色散

损耗重要
需要权衡色散与损耗

那对 80 km 来说，损耗变得很重要，所以 1 550 nm 是最佳选择，那色散就要权衡，DML 是便宜，但是色散大，那就要选择 EML 的调制方式，获得的是损耗，牺牲的是成本和功耗。

对 40 km 来说，有选择 1 310 nm 波长，也有选择 1 550 nm 波长，这是个灰色地带。

小结一下：

<500 m，用 VCSEL，便宜、低功耗。

500 m ~ 10 km，1 310 nm DML，便宜、低功耗，低色散，损耗不重要。

40 km，1 310/1 550 nm 并存，主要与速率相关，权衡色散与损耗。

80 km，1 550 nm，损耗成为重要参数。

当然，放在一个大环境内，波长/功耗/损耗/单价/性能……都是总体成本权衡的某一项因素。

Co-packaging

光模块的 MSA，外形封装，咱们历经过 1×9，SFF，DFP，XFP，CFP/2/4/8，SFP+，SFP28，QSFP，QSFP+，QSFP28，OSFP，QSFP－DD，COBO……

100 G 光模块的主要封装形式是 QSFP28，次要封装是 CFP，CFP2……这个系列 400 G 光模块主要封装形式 OSFP，QSFP－DD。

400 G 光模块之后的封装，如何定义？800 G/1.6 T 也许可以用 COBO 解决，再之后的封装，超高密度，大热量，大带宽，各种限制使得原有的光模块封装形式必须要作出改变。

这是微软和 facebook 讨论 co-packaging optics 封装的前提，他们的组织名称叫 CPO，联合光学封装的首字母。

目标是 1U 的交换机可以实现 51.2 T 的交换容量（见下页第 1 图）。

51.2 T 的收发，每一组单元能实现 3.2 T 的收和发，一共 16 组，合起来就是 51.2 Tb/s（见下页第 2 图）。

这 3.2 T 的细分功能如下页第 3 图所示。

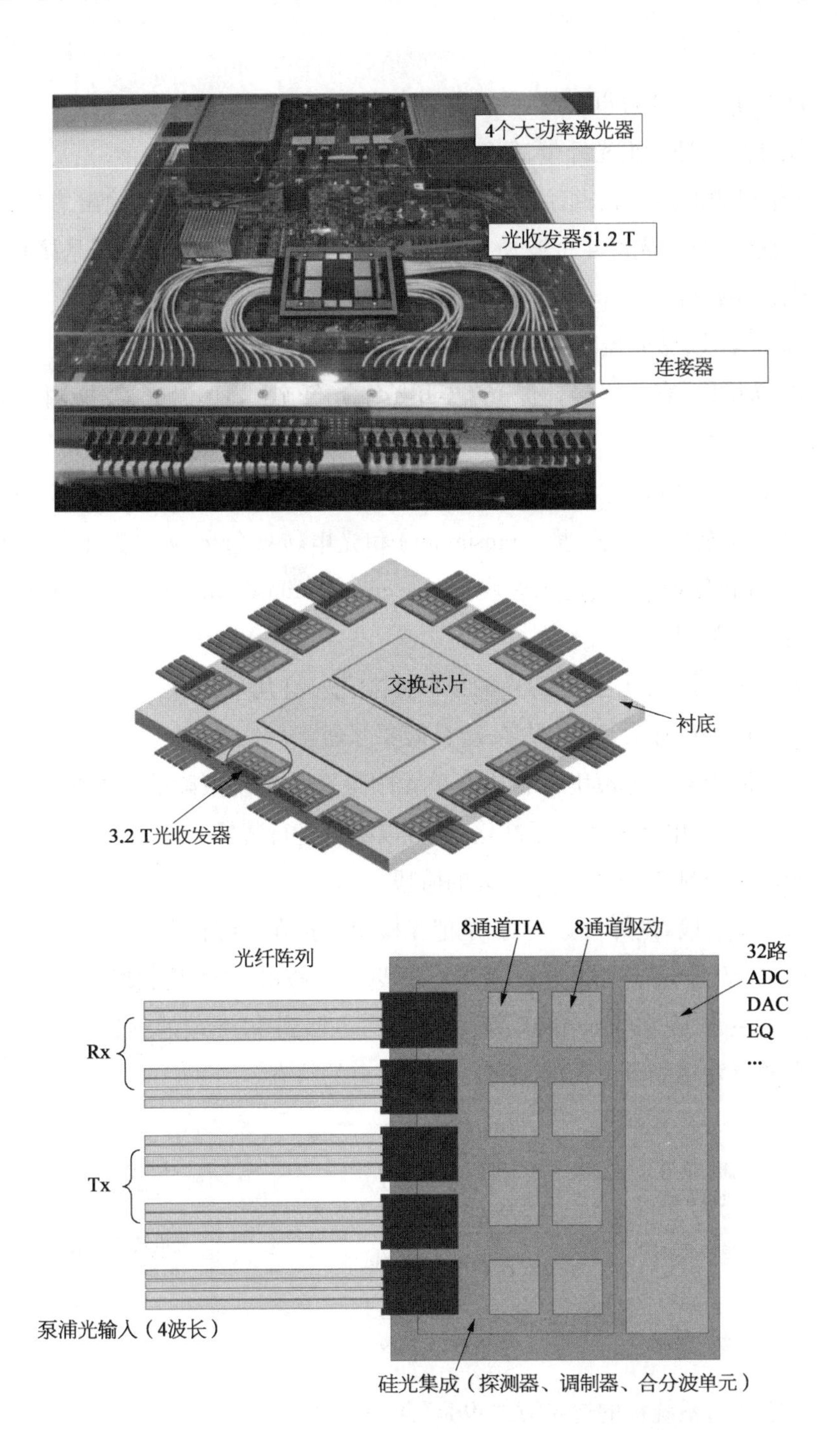

电芯片包括4个TIA的Die和4个Driver的Die，每颗Die有8通道，还有一个32通道的DSP芯片，来处理ADC，DAC和EQ等功能。

硅光集成芯片可以实现探测器、调制器和 WDM 功能。

光纤阵列是 5 组光纤带,每组 4 根光纤。

5 组里边的光纤,一组用来输入泵浦光源,另外 4 组输入和输出信号,8 根光纤做输入,每根光纤 4 个波长,一共 3.2 Tb/s 容量,另外 8 根光纤是接收。

光模块被称为一个产业,其实只有 30 年左右。

1960 年代,激光器刚刚诞生。

1970 年代,有了半导体激光器,开始了光纤+半导体激光器/探测器的光通信探索。

1970—1990 这些年,光电转换与电光转换的功能是集成在通信线卡上的。

1992 年至今,电光转换(transmitter)和光电转换(receiver)这个接口的功能,被标准化处理,也就是光模块(transceiver),transceiver 这个词是在咱们行业发明的新单词。

为什么要把光电/电光转换的接口标准化?有几个原因:

(1)市场量够大,厂家很多,产品需要互通。

(2)激光器是光模块所有功能单元中最容易出现故障的一个单元,需要方便维修,把光电转换接口标准化,就可以随时进行替换。

光模块的封装,历经了两个大的阶段:

第一个阶段,是焊板方式,就是把光模块焊接在系统板上。

第二个阶段,是热插拔方式,就是能在线插入/拔出,这样更方便后期的维护。

回到主题,现在的 co-packaging 封装,有点回到 30 年前的感觉。

光的收发功能单位,合久必分,分久必合的状态。

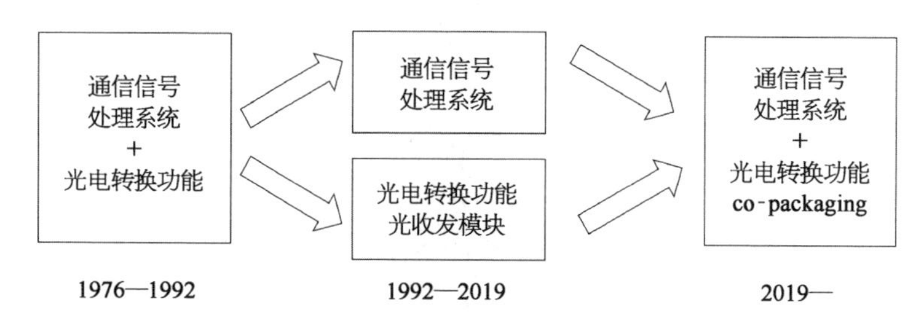

光模块与系统板的连接方式也是(见下页图)。

这到底发生了什么?

为什么热插拔?需要做金手指付出成本代价,需要降低连接的可靠性,获

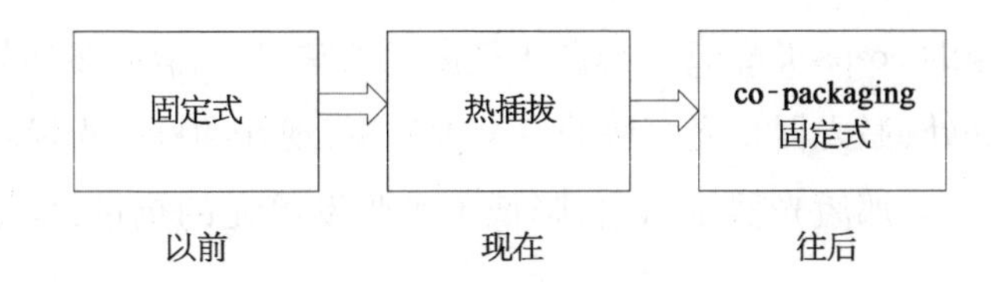

得的是方便维护。

为什么需要经常维护？那是整个系统中，人家的电源处理不容易坏，人家的系统芯片也不容易坏，就光模块容易出现故障，得时不时做后期维护和更换。就把它拿到外头做热插拔。坏了就得修或者换，所以热插拔更方便，不需要系统断电，不影响隔壁光模块工作状态。

继续分析，光模块中90%以上的故障和激光器相关。那现在把最容易出现故障的激光器，拿到光收发单元外面去，剩下的不就不容易出现故障了，就可以继续回到30年前光电单元和系统信号在一起(见P155第1图)。

那接下来的一个问题就是，那也可以把光模块中的激光器拿出来啊？为什么以前不这么做？

光模块，就一个功能，就是电信号和光信号的转换。以前为了降成本，能用直接调制的激光器，就用直接调制，激光器的调制速率从1 G到2.5 G，再到10 G，再到25 G，现在火热的用于5 G前传的25 G激光器，是大家茶余饭后的议题。

直接调制，意味着激光器不仅需要完成发光作用，还需要完成调制的作用，得和电信号挨近一些。也就是很难拿出去。而且一路信号就需要一个激光器。

现在调制器的技术越来越好，尤其是硅光调制器的技术趋于成熟，具备了激光器和调制器的分离，激光器回到原始功能，发光就好，调制器来实现信号。

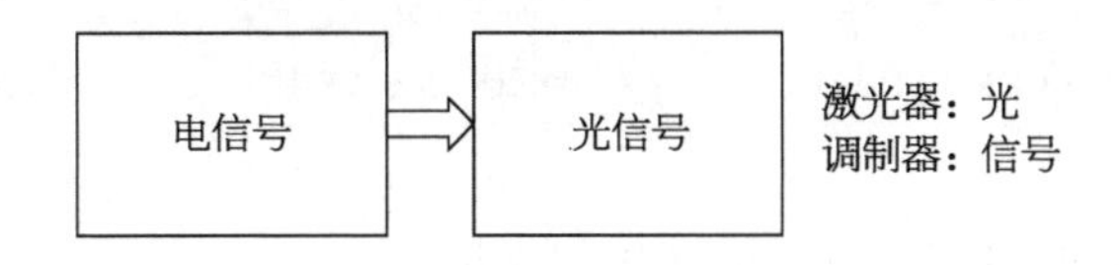

调制器是管信号的，一路信号需要一路调制器。

激光器不需要那么多了，一个激光器可以供5个、10个、20个调制器来用，只要功率足够。

那现如今的 co-packaging 的思路中把激光器拿出去,有好多好处。

第一个好处,激光器是光模块的一个大热源,现在 400 G 光模块很大瓶颈就在于如何散热,那激光器拿出去,降低了光收发单元的热量,也就等于延长了工作寿命。

第二个好处,再也不用费心提高激光器的调制速率了,一个发直流光的激光器,成本当然可以降低啊,激光器说,为了速率我太难了。

第三个好处,方便维修,现在不用热插拔模块了,能把激光器分离出来,那就换激光器啊。

Lumentum 观点: 用于 800 G/1.6 T 光模块的单波 200 G 激光器有望实现

写数据中心未来 800 G/1.6 T 传输端口的几种技术思路,谷歌有提出相干解决方案。因为非相干的单波 200 Gb/s 接口受限于光和电的最大调制频率,很难实现。

Lumentum 提出的观点是,单波 200 Gb/s 的激光器是在未来几年有希望实现的。

	400 GbE	800 GbE	1.6 TbE
电接口	8×50 G PAM4	8×100 G PAM4	16×100 G PAM4
光接口	4×100 G PAM4	4×200 G PAM4	8×200 G PAM4

数据中心物理层光口技术标准化节点是:

2010 年,10 Gb/s

2013 年,40 Gb/s

2014 年,100 Gb/s

2017/2018 年,400 Gb/s

预计接下来(本节写于 2019 年),

2020 年,800 Gb/s

2023 年,1.6 Tb/s

单波 200 Gb/s 是现如今技术研究的热点,在 3~5 年后才会有希望进入产业化时期。

Lumentum 的观点,在单波 200 Gb/s 时代,采用 PAM4 技术,100 GBd,50 Ghz 以上带宽。

直调激光器 DML 可支持 500 m 传输,电吸收激光器 EML 可支持 2 km 传输。

DM-DFB 激光器高速直调	速率/(Gb/s)	速率/GBd	-3 dB 带宽/GHz	有源腔长度/μm	发表日期
NTT	50	50	34	150	2012 ISLC
	56	28		80	2018OFC
Fujitsu	50	50	31	100	2012ECOC
Hitachi/Oclaro/Lumentum	56	56	30	120	2012OFC
	106	53	35	150	2018ECOC
Finisar	112	56	55	50	2016OFC

直调激光器带宽受限因素很多,现在的双光子激光器理论上可以支持更大的带宽,Finisar 的短腔 DR 激光器也支持大带宽。

2016 年 Finisar OFC 文章,DFB+DBR 结构,取名叫 DR 激光器,分布反射式激光器,带宽已到 55 GHz,理论上可以支持 100 Gb/s 的 NRZ,或者 200 Gb/s 的 PAM4 传输(见下页第 1 图)。

高速的电吸收 EA 调制器,NTT、贝尔/KTH/RISE 实验室已经有 200 Gb/s 的实验结果(见下页第 2 图)。

另外,高速电吸收激光器的产业化进程比直调激光器要快一些,这些个优点,都是为将来的应用铺路(见下页第 3 图)。

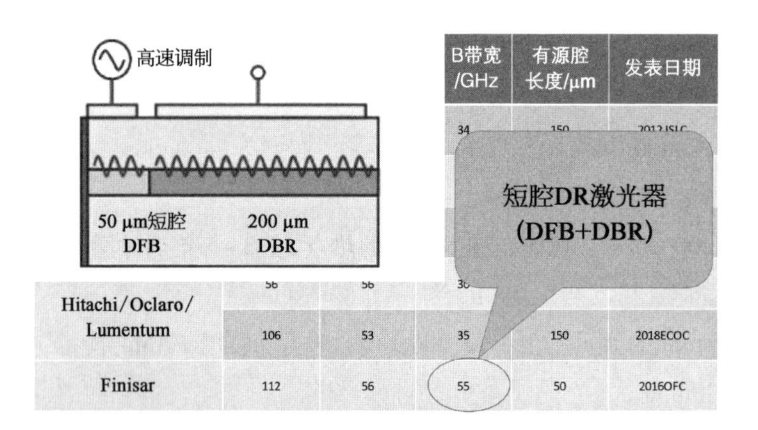

高速电吸收 EA-DFB	速率/(Gb/s)	速率/GBd	ER/dB	Vpp	温度	-3 dB带宽/GHz	波导结构	发表日期	备注
阿尔卡特	100	100				60	BH	2009OFC	
住友	56	56	9.1			35	BH	2012OFC	
三菱					55	38	RWG	2015IEICE	
Oclaro/Lumentum					53	43	BH	2016IEICE	
	106		5.7		20~85	42	BH	2018ECOC	非制冷
NTT	112		7.5	2.0	25	59	RWG	2016OFC	
	214	107	5	1.9			RWG	2016OFC	
KTH/RISE	116	116	4	2.0	25	100	RWG	2016ECOC	
Bell/KTH/RISE	204	204	4.5	2.0	25	100	RWG	2018OFC	

单波200 Gb/s传输

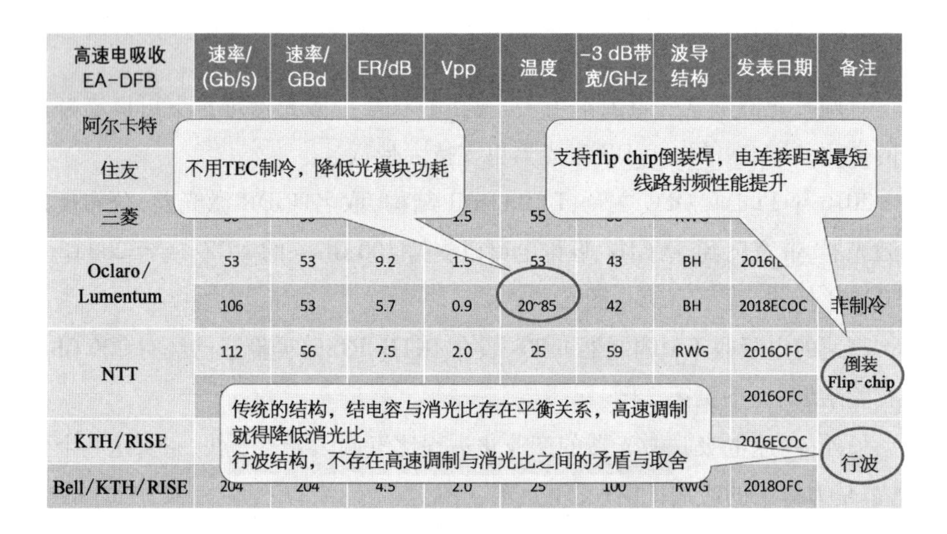

高速电吸收 EA-DFB	速率/(Gb/s)	速率/GBd	ER/dB	Vpp	温度	-3 dB带宽/GHz	波导结构	发表日期	备注
阿尔卡特									
住友									
三菱				1.5	55				
Oclaro/Lumentum	53	53	9.2	1.5	53	43	BH	2016I	
	106	53	5.7	0.9	20~85	42	BH	2018ECOC	非制冷
NTT	112	56	7.5	2.0	25	59	RWG	2016OFC	
								2016OFC	
KTH/RISE								2016ECOC	
Bell/KTH/RISE	204	204	4.5	2.0	25	100	RWG	2018OFC	

数据中心光模块能耗需求

光模块的成本,其实还不是数据中心选择技术路线的最大驱动力。

第一是能耗、第二是带宽密度,第三才是成本。

现在建数据中心,恨不得都想收购发电厂,都是这么表述数据中心的能耗:已经占到全球能耗的 xx%,这是个很恐怖的事情。

2018 年,已经有专门的组织推动降低数据中心能耗,交换机带宽是每三年翻一倍。

数据中心交换机的带宽,指数曲线上升,能耗就会越来越恐怖,降低能耗是个大趋势。

我把光模块与交换机能耗比作了换算。

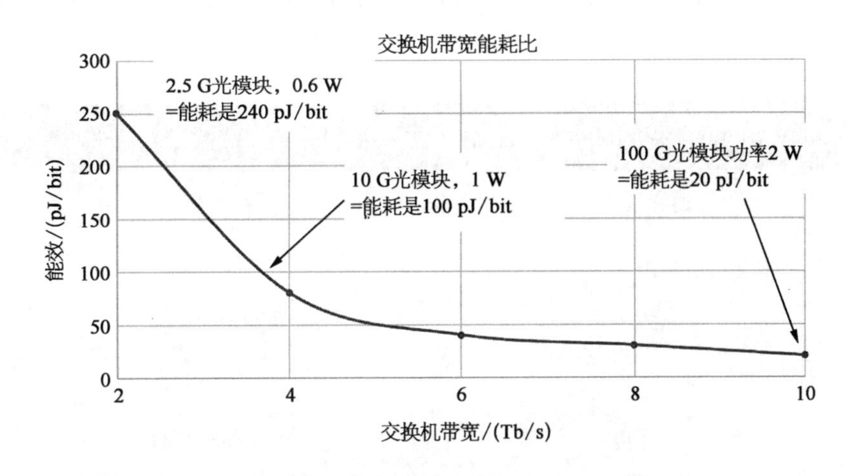

现在 12.8 T 交换机,用 400 G 光模块,能耗比最低在 8 pJ/bit。

咱们知道数据中心的期望目标在哪里吗(见下页第 1 图)?

能耗目标是 1 pJ/bit,成本目标是 0.1 \$/G,两个数字都是泪汪汪的。

还记得两年前的目标吗? 1 G,1 \$震惊了很多人,恍若隔世但已经实现啦,产业链对现在 100 G 的白菜价已然承受得这么艰难,未来 10 G,1 \$怎么过?

能耗目标 1 pJ/bit,也就是说 400 G 光电电光转换,只能消耗 0.4 W,站在光

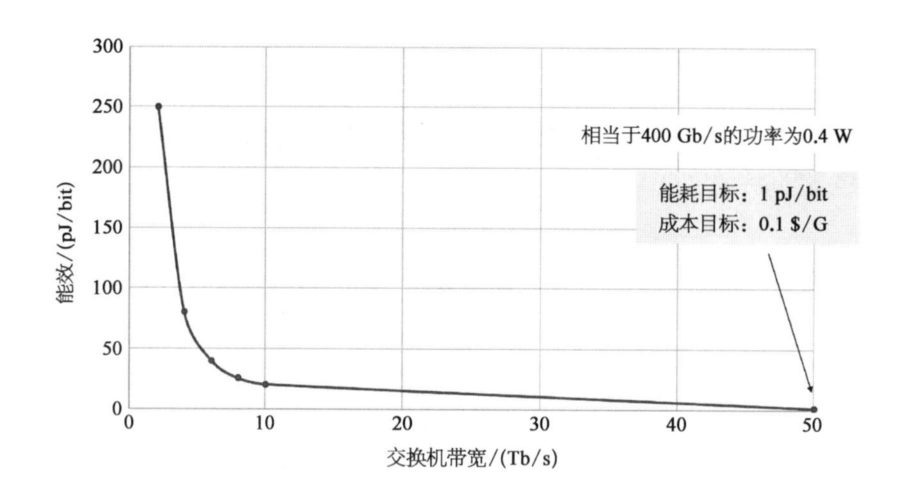

模块现有的角度来看,比成本的目标更难实现。

所以,就有了各种低功耗的激光器,所以就有了各种低功耗的电芯片。也有了各种低功耗的封装路径。

IBM 的光电合封交换机,能耗 4 pJ/bit,用的是 16 阵列 VCSEL 和 PD,每通道 56 Gb/s。

IBM	
通道数	16
速率	56 Gb/s
格式	NRZ
电接口	XSR
光学连接	30 m@ OM4
能耗	4 pJ/bit
尺寸	13 mm×13 mm×4 mm

当然,还有一个一直都想实现的终极想法,为什么一定要用电交换芯片呢?

交换的意思,无非是对任意两个 IO 口之间,给它们都能实现通道切换。

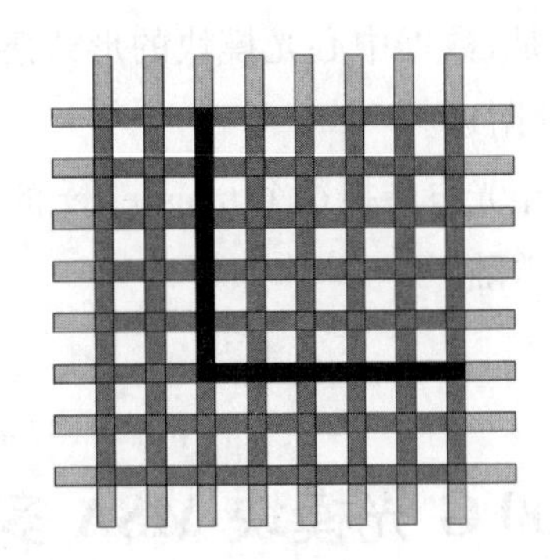

很早以前，信号传输线是电缆，交换也是电芯片里的开关门电路。

后来，电缆传输的带宽有限，距离也有限，换成光纤来传输，这就有了一个神奇的 IO 配件，Transceiver，光转成电，电转成光信号处理是电芯片，信号传输是光纤。

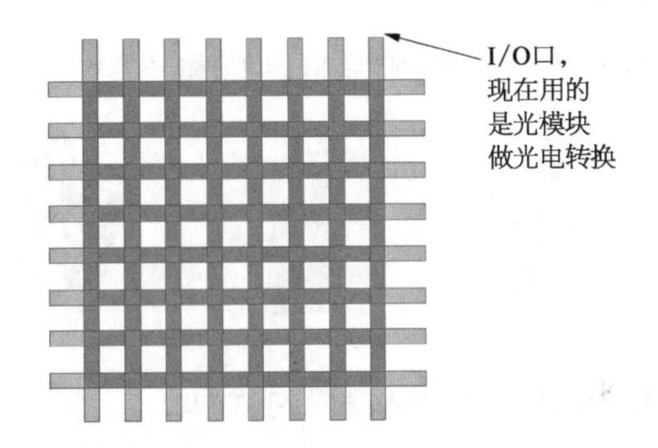

那干脆取消 transceiver 的光电转换这个门槛，用光交换多好。

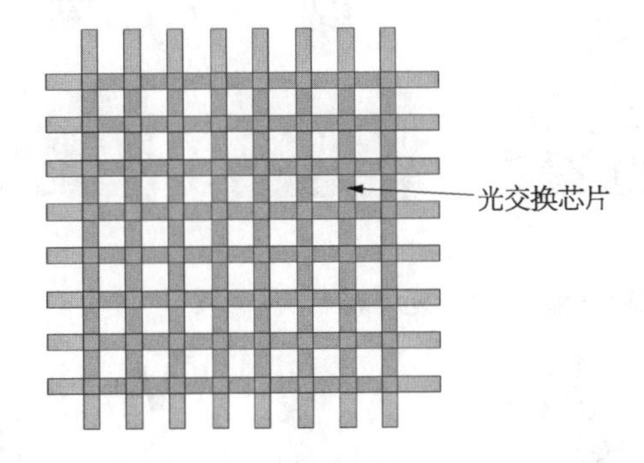

以前的光交换通道数少，损耗大，体积大，技术上完全替代电芯片难度超大；可现在集成光开关的通道数量越来越多，体积越来越小，对光的控制也越来越得心应手。

未来几年,能看到的是,数据中心光模块的形式感越来越弱,更多的是把功能集成封装在交换芯片附近。

也许不远的将来,甚至光电转换这个 transceiver 的功能都不需要了。

能耗和成本,直接硬着陆。

400 G 光模块 MSA 多源协议

400 G 光模块长什么样子。

最近,在琢磨数数。

2 500年前，勤劳善良的罗马人，只会掰着指头数数

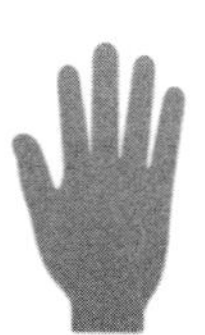

后来，全球最智慧的罗马人，把数字写在羊皮上

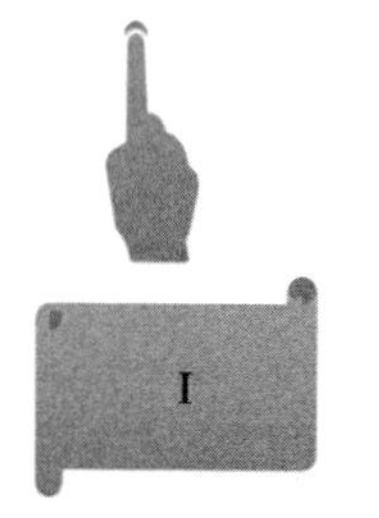

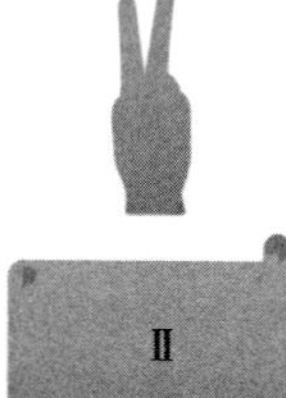

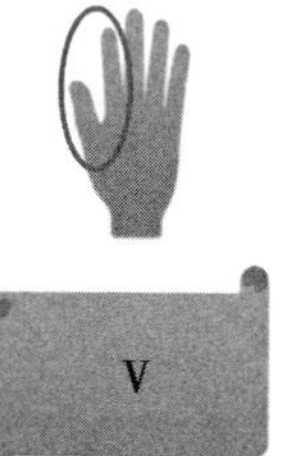

罗马人不能一辈子只数5个数

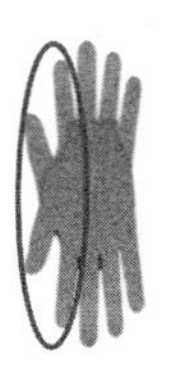
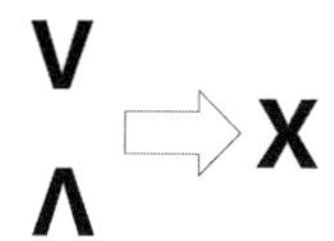

俩五一十

100怎么办，手不够用了

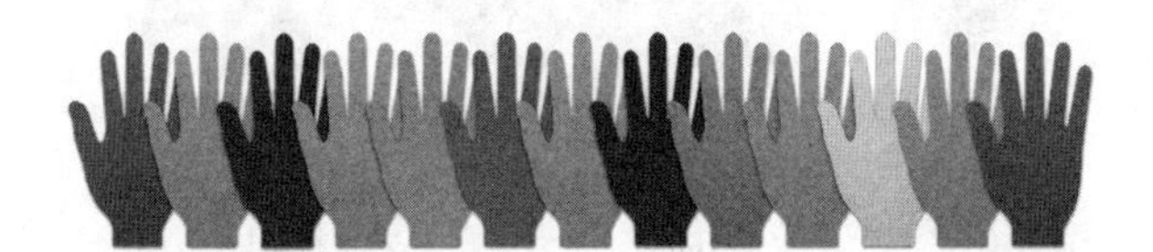

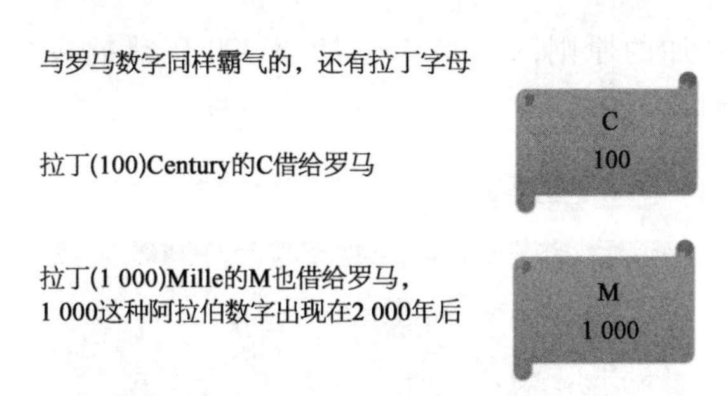

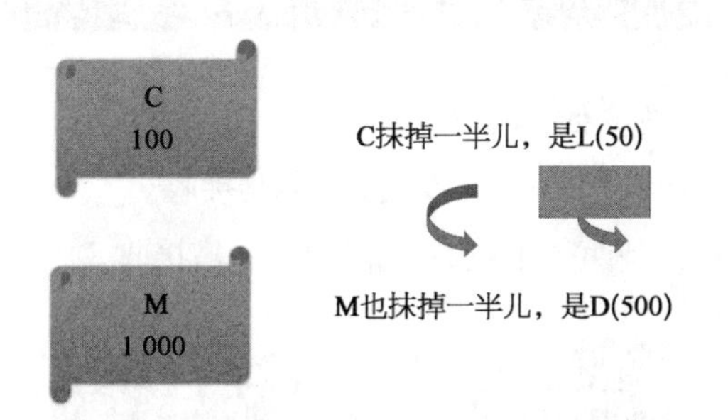

罗马数字的基础就这 7 个字母。

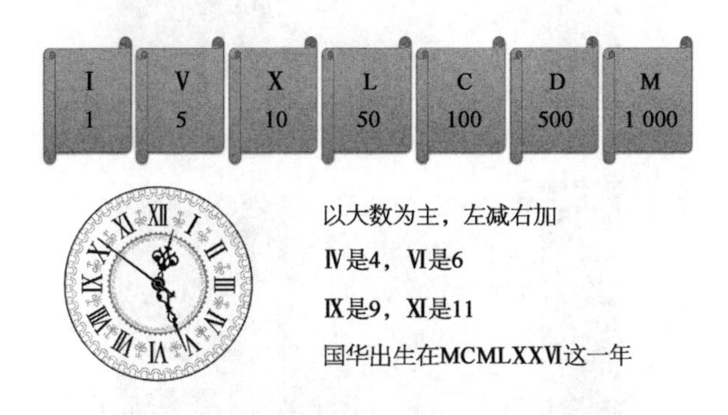

啊,这都绕到哪里去了,快回来聊 400 G。

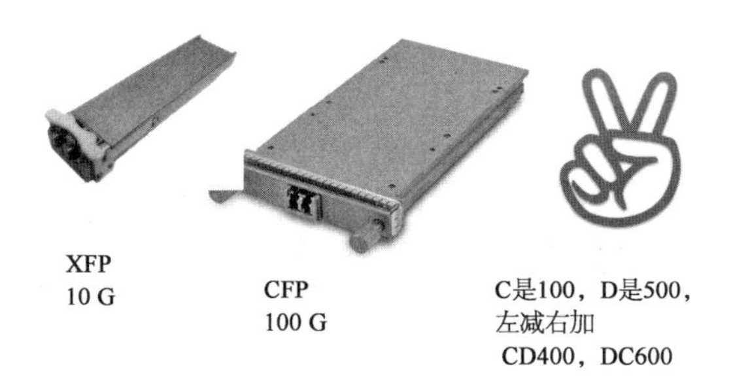

按照左减右加的原则，CD 是 400，所以 400 G 热插拔光模块叫 CDFP（1 000 G 光模块叫 MFP?）。

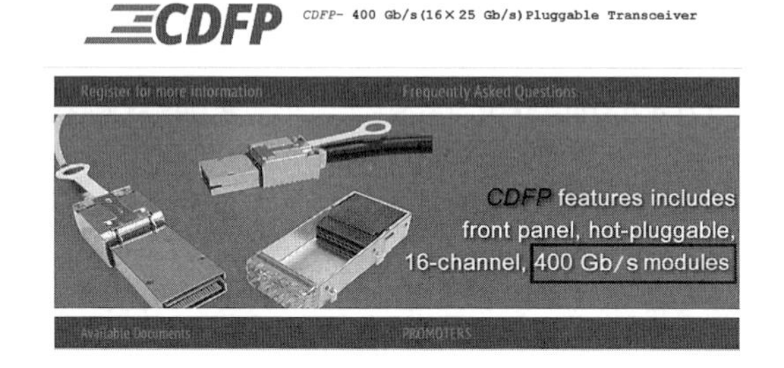

CDFP 的历史上有 3 代，style1，2，3。

style1/2，分两个卡槽，一半儿发射，一半儿接收。

后来的 style3，还是两个卡槽，一槽发射，一槽接收。

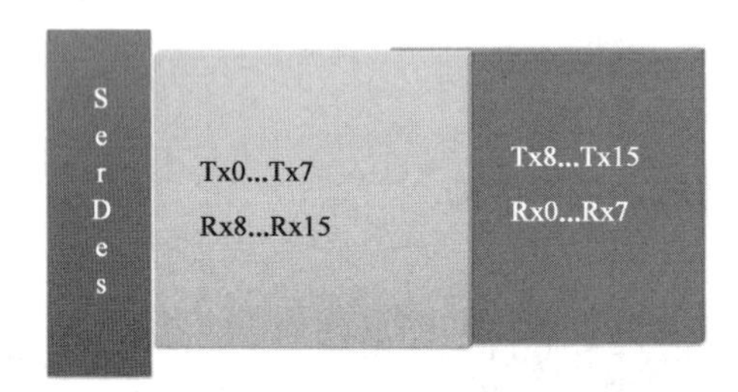

早期的400 G CDFP style1/2

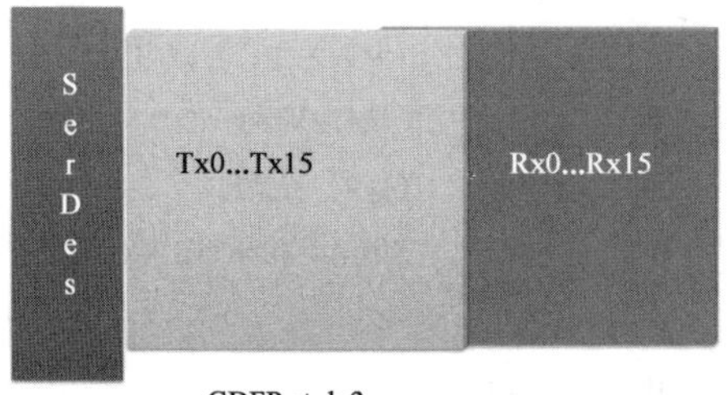

CDFP style3

长这个样子：

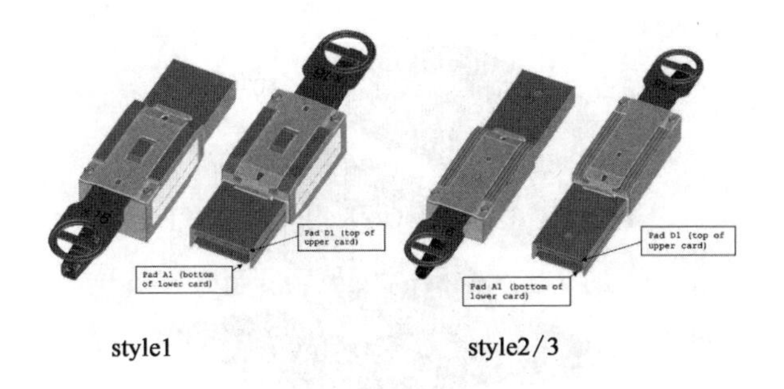

style1　　style2/3

style3 版本的尺寸：

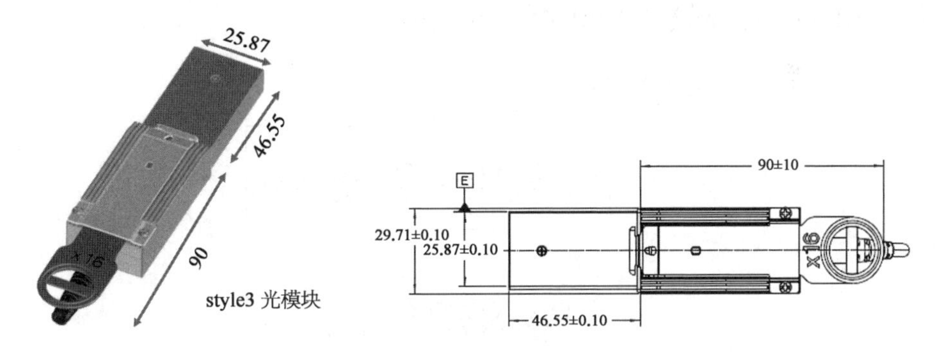

style3 光模块

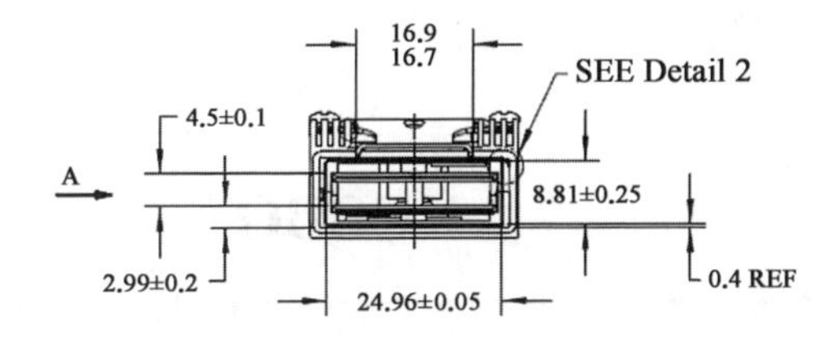

style3 版本的笼子：

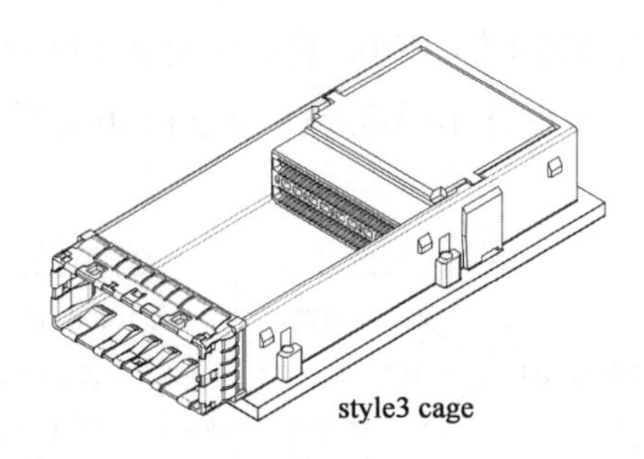

style3 cage

style3 版本的散热设计：

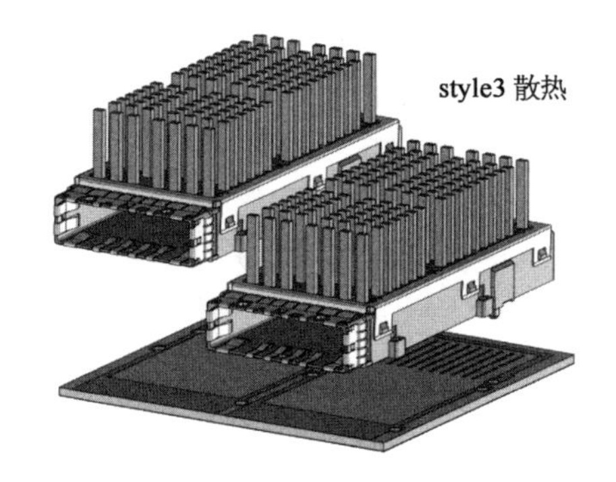

style3 版本的光接口，MPO MXC 16 通道：

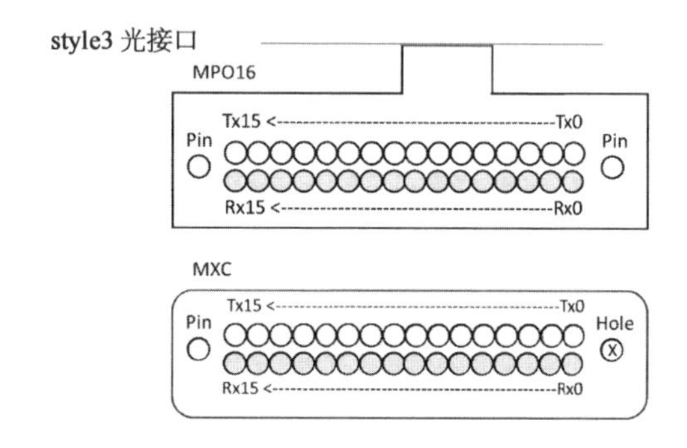

COBO

COBO：在板光器件，最主要的目标是打算 1 个 RU 能跑 12.8 Tb/s，如果是光模块在前面板插入，地方不够，COBO 就把收发单元放到里边来。

COBO 分两大类 6 个小类，两大类是 8 通道和 16 通道电连接器，分别支持 400 G 和 2×400 G。

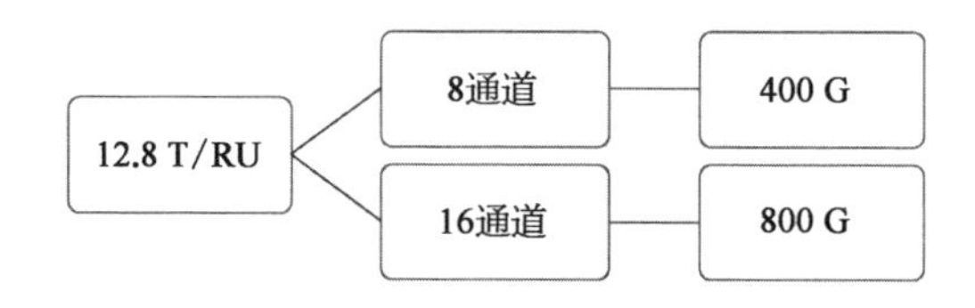

COBO 有两个好处,一个是电信号距离交换芯片近,这对高速信号完整性有好处。

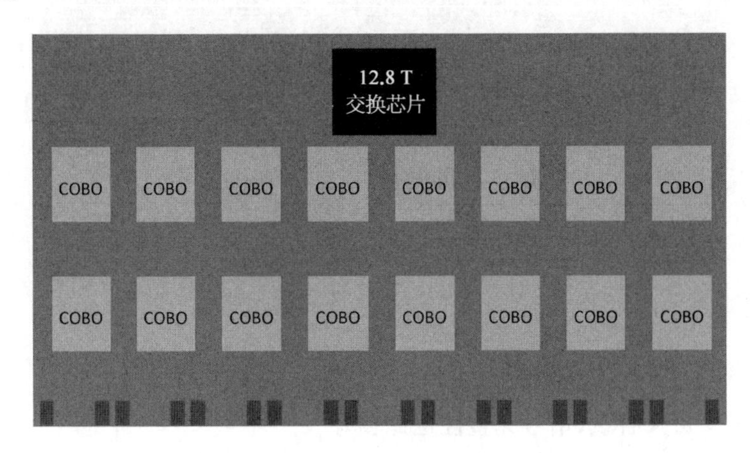

再一个就是,散热能力增强,因为有地方了呗,可劲儿地加散热片。

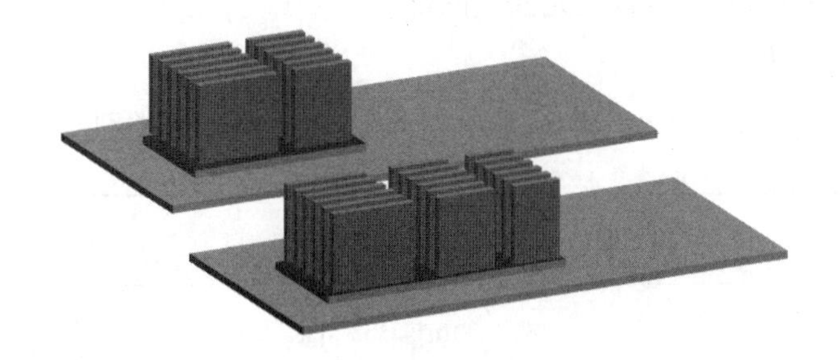

COBO 支持更换,方式也很简单,往下一压,往右一推,就好了。

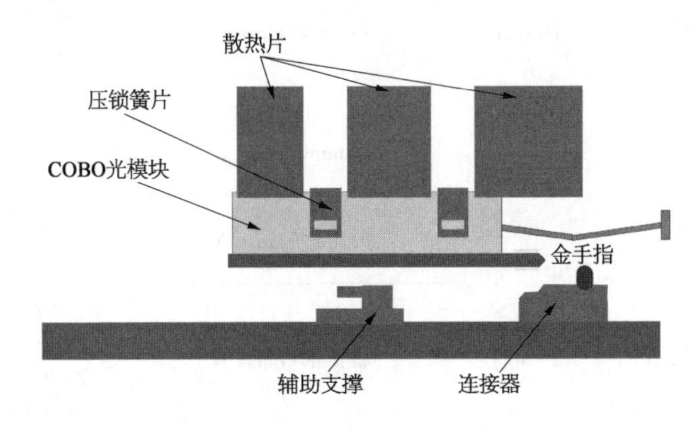

虽然 COBO 支持更换,但它也不像光模块在交换机面板门口那么方便插拔,这是 COBO 的硬伤。

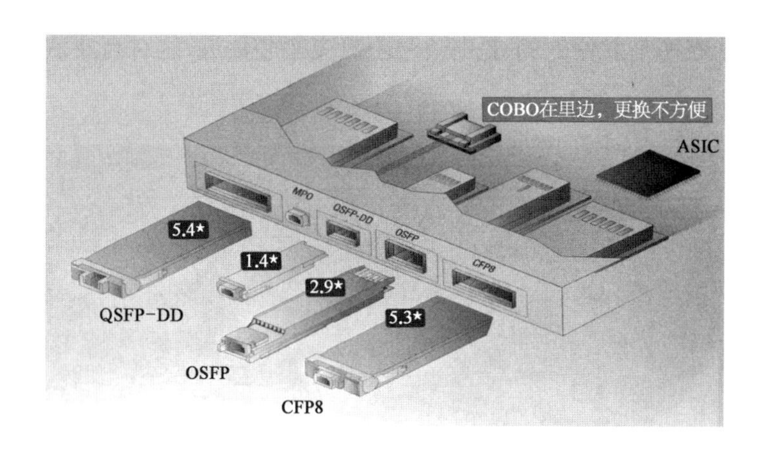

COBO 的两个优势，正好是 QSFP－DD 这些个模块的劣势。

未来支持大容量，信号完整性也比较好。

散热处理得好。

COBO 的劣势，当然就是光模块的优势。

不方便维修。

总结下适用范围，两大类，6 个小类，以及与以太网的类别对标。

类　别	宽度	长　　度	适用以太网类别
COBO－8 通道	20 mm	30 mm@ class A	400 G－SR8 400 G－DR4
		40 mm@ class B	400 G－DR4 400 G－FR4 400 G－FR8 400 G－LR8
		60 mm@ class C	400 G－ZR 400 G 相干
COBO－16 通道	36 mm	30 mm@ class A	2×400 G－SR8 2×400 G－DR4
		40 mm@ class B	2×400 G－DR4 2×400 G－FR4 2×400 G－FR8 2×400 G－LR8
		60 mm@ class C	2×400 G－ZR 600 G 相干

bidi

什么是 bidi?

bidi,这个词,有两种读法,一是“毕迪”,二是“百代”,都行。它是取单词 bidirectional 的头几个字母,意为单纤双向。

光模块有发送端 Tx 和接收端 Rx,这就是两个方向。

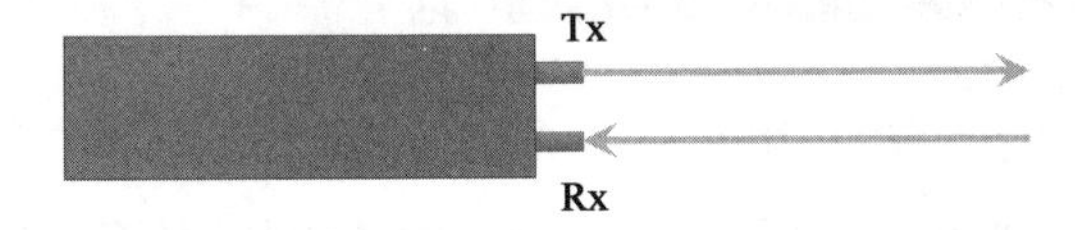

经常看到的光接口,发射端接一根光纤,接收端也接一根儿光纤:

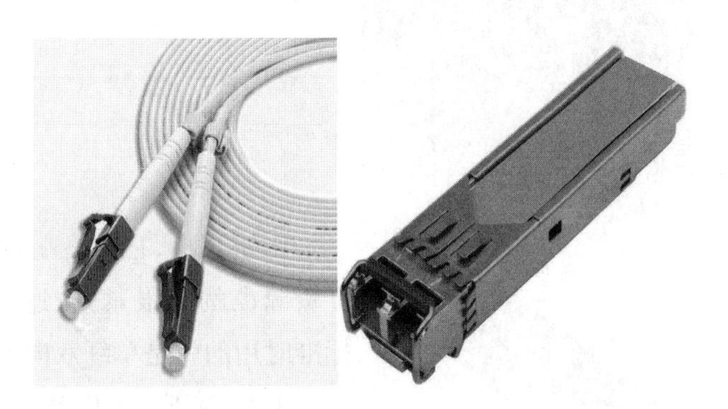

对多通道光模块,比如 4×10 G、4×25 G,这好几个 Tx,好几个 Rx:

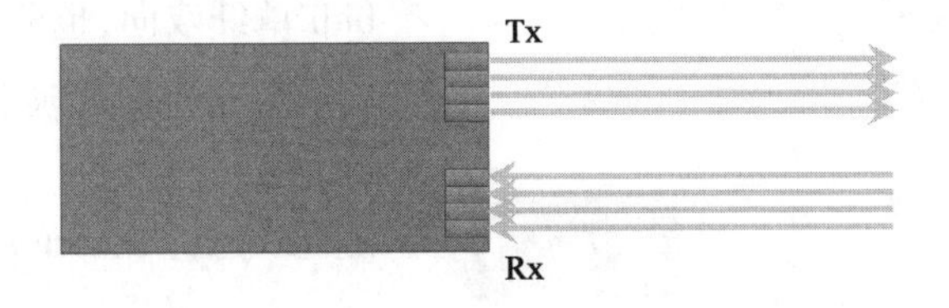

他们有用 MPO,也就是 multi-fiber pull on/off,是好多光纤(见下页第 1 图)。

多通道也有用双纤的,就是几个发送端合波,几个接收端分波,长距离用两根光纤比多芯光纤,要省(见下页第 2 图)。

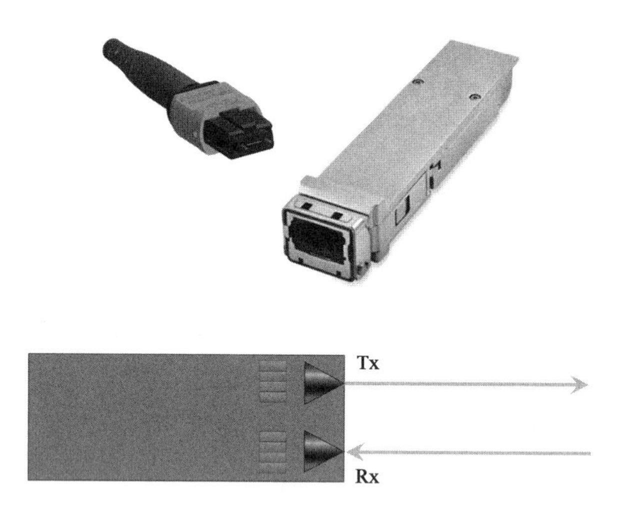

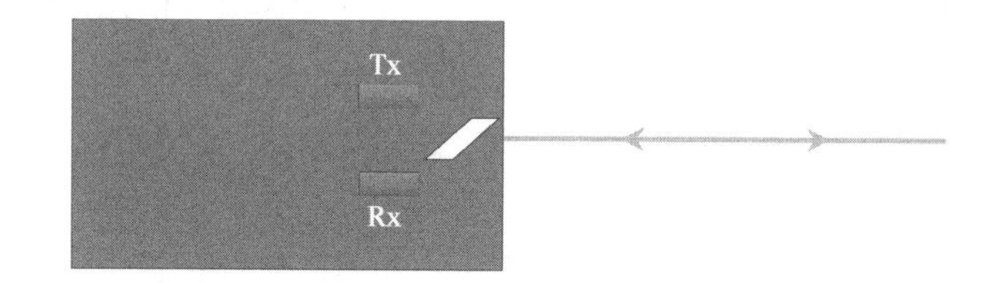

那还有更省的么，有啊，用一根儿光纤，把两个方向的信号合在一根儿光纤上，bidirectional，光是有方向性的，每个方向各传各的，不会互相影响。

比如PON，它的终端数量巨大，光纤资源也就会很紧张，这类模块在定标准时用的就是单纤双向的bidi。

汇总一下，光模块的光纤接口类别。

bidi单纤双向，也分两类。

（1）发送和接收波长不同。

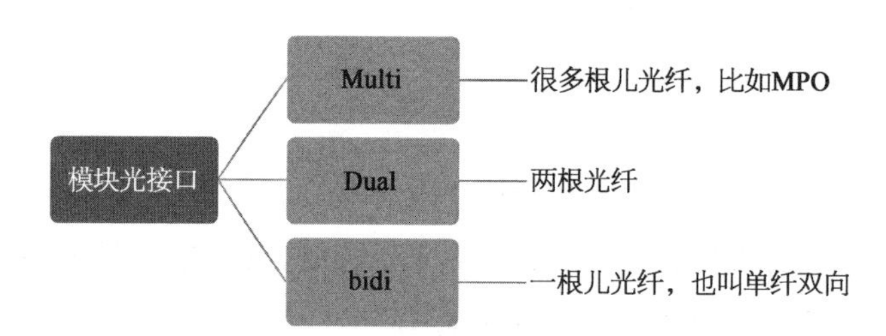

（2）发送和接收波长相同。

第一种方式是比较常用的，好处就是内部的合分波容易处理，缺点就是波长不同，色散等参数就不一样，最简单的就是看标准，色散代价不同/信道衰减不同，导致两端的光功率和灵敏度设置需要区分。

ONU 的光功率、TDP……和 OLT 的不一样，就是波长不同，即使在同一个光纤传输，性能也会有差异。

第二种方式，波长相同，信道参数就一致，但是同波长的发和收，要合在一起，需要环形器，这个方式的成本尺寸都比第一种难。

简单说 bidi 的特点是，节约光纤资源，增加光模块成本。

不同波长的 bidi 模块设计，光模块容易实现，信道参数不一致。

同波长的 bidi 模块设计，光模块实现难度更高，信道参数一致。

几个 400 G 光模块 MSA 的优缺点分析

头些年，400 G 关注的是技术成熟度，这段时间老有人问，为啥 400 G 光模块的封装要选这个，不选那个？哪个会成为市场主流？

说到底，就是看看市场关心什么呗，市场关心的无非就是这几个点了。

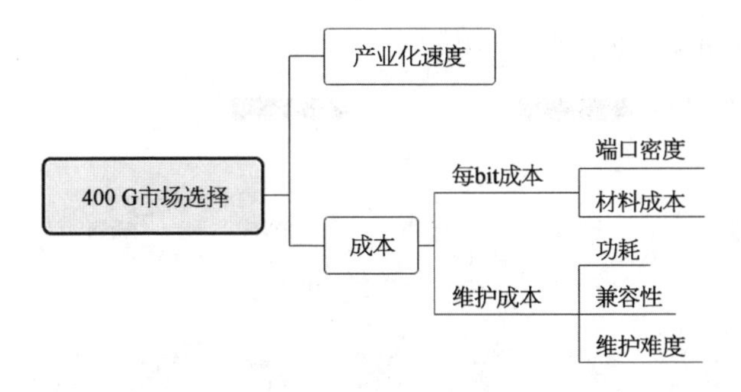

400 G 光模块封装，这些年筛选下来的也就剩 CFP8，OSFP，QSFP－DD，COBO……

从产业化速度来讲，CFP8 最快，其次是 OSFP，再者就是 QSFP－DD 和 COBO。

从模块本身的成本来讲,CFP8 的激光器用得最多,产业化之后的成本会比较大。其次是 COBO,OSFP,QSFP - DD。

从端口密度来讲,COBO 最优,其次是 QSFP - DD,再者 OSFP,CFP8。

从功耗和散热角度讲,COBO 最优,CFP8 次之,OSFP 再次之,QSFP - DD 最难。

从兼容性来讲,QSFP - DD 是可以延续 QSFPxx 系列的,其次是 CFP8,再次是 OSFP,最难是 COBO。

维护难度: COBO 不是热插拔,后期维护变得艰难。CFP8,OSFP,QSFP - DD 简单。

综合来看:

CFP8 成为主流的可能性不大。

OSFP 成为 400 G 这两年的市场过渡型选择。

QSFP - DD 技术层面比 OSFP 晚一些成熟,成为后边几年的主流封装。

COBO,高密度大速率端口的过渡选择,还有一个继续演进的过程。

单波 100 G MSA

数据中心很热,来看叶脊结构:

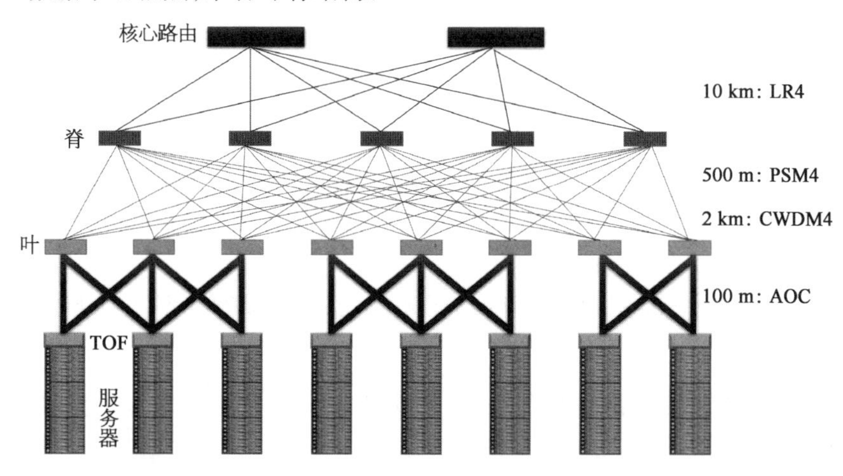

PSM4,CWDM4,LR4……4 成了 100 G 光模块的关键词,这意思就是信号还是 25 Gb/s,4 个一捆算 100 G。

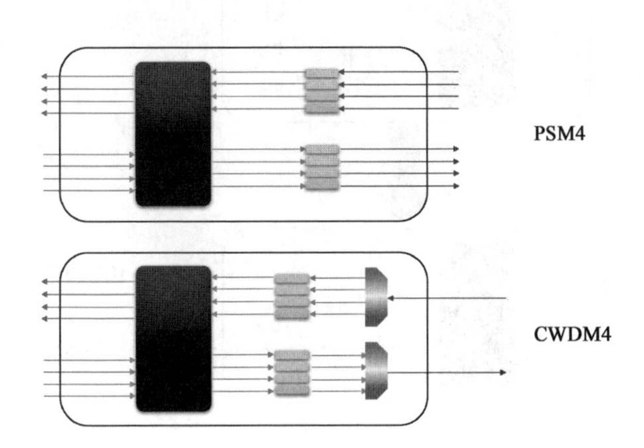

捆或者不捆,本质是没有区别的,激光器还得那么多,信号还得那么处理,看看 10 年前,那是个 2.5 G 秀肌肉的时代,10 G 技术是那么的遥远,光模块厂家做起来是那么的艰难。

可是,2008 年突破 10 G 技术之后,4 个一捆的所谓 10 G 就守着老客户不惊也不喜,还在原地蹲守,而单波长 10 G 则嗖嗖地增长。

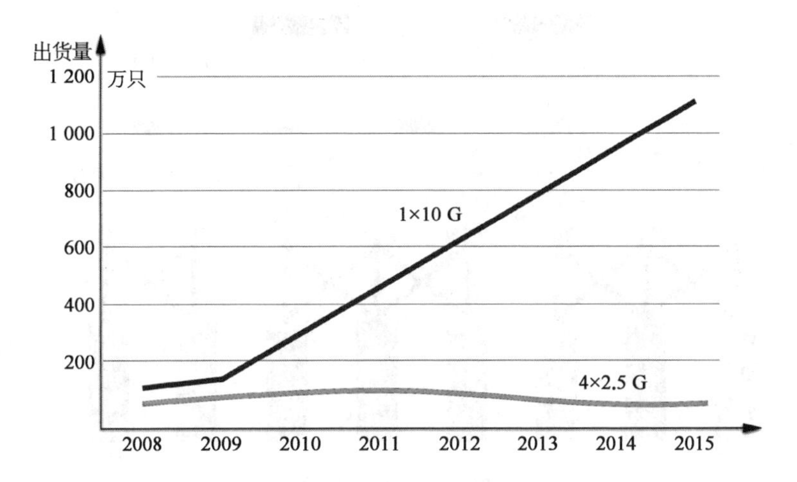

时代轮回,现在 25 G 正在秀肌肉,单波长 100 G 是那么的遥远,一群人在掐指盘算未来。

一旦,单波 100 G 能实现,4×25 也就……

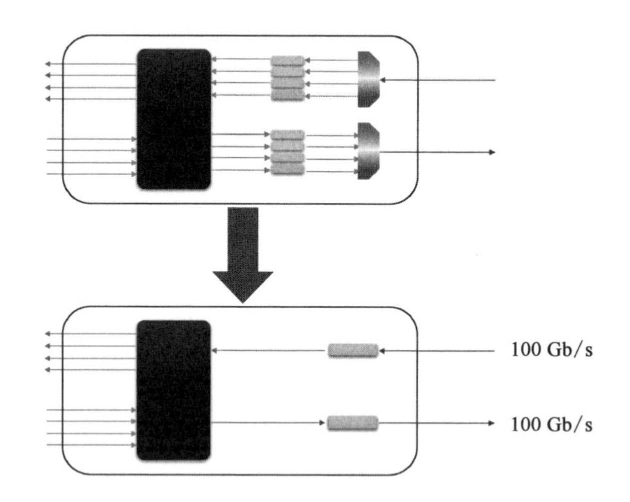

可以想象,很热的数据,4 就不再是关键词了。

100 G LR4 → 100 G LR。

100 G FR4 → 100 G FR。

100 G DR,IEEE 早已给它扔掉了 4。

100 G Lambda MSA,重点考虑 100 G LR 和 100 G FR。

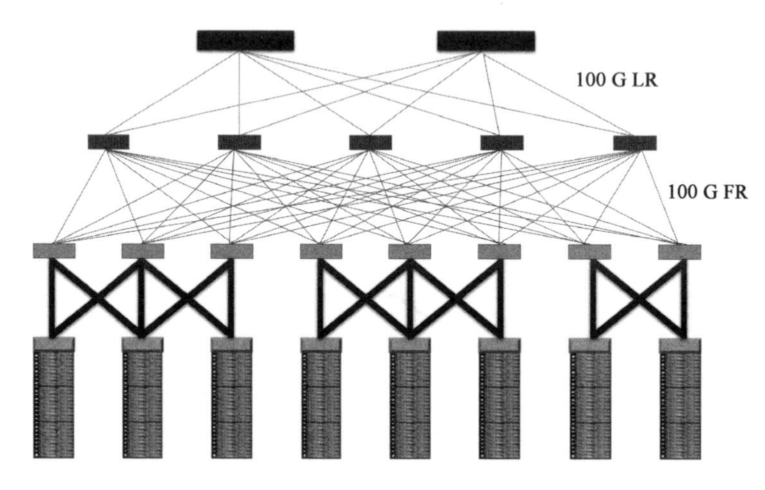

100 G Lambda MSA

当然,也可以捆,100 G Lambda 的 MSA,4 个一捆就是 400 G。

400 G MSA 新增 CWDM8

写 SFP－DD 的 MSA，这些包含的内容太多了。

什么叫 MSA？multi-source agreement，多源协议。

几个公司互相一约，喝喝茶聊聊天，欧啦，这事儿咱们就这么办，这就叫 MSA。

仨或者仨以上，就叫“多”，商量一致就叫“协议”，是非强制性的。国华的理解就是，IEEE，ITU－T……这些呢是标准，也就是官方组织盖章，需要从业者强制执行的，比如咱们的 GBxxxx，GB 就是中国国家标准的意思，咱们就必须得执行。

那 MSA，就是民间协会，帝皇大厦成立广场舞 MSA，指定小苹果为本 MSA 通用伴舞曲，然后英伦别墅成立广场舞 3 MSA，指定双节棍为本 MSA 首席伴舞曲。

帝皇 MSA 和英伦 MSA，可以互相承认，也可以不认，无所谓，爱谁谁，我跳我的小苹果，你舞你的双节棍儿。

现如今光通信的江湖，400 G 战场硝烟滚滚，MSA 层出不穷。

CWDM8 的 8 是指一个模块 8 个通道，现在的光和电，基本是 25 GHz 略高一点，加上 PAM4 高阶调制，单通道速率 50 Gb/s 是业界主流态，8×50＝400，所以 400 G MSA 有了各种 8。

CWDM8 MSA Group Forms to Support Deployment of 400 G 2 km and 10 km Optical Links in Data Centers

Industry consortium defining and promoting cost-effective, extended reach 400 G optical specifications addressing intra- and inter-data center applications

Gothenburg, Sweden – September 17, 2017 – The CWDM8 MSA (8-wavelength Coarse Wavelength Division Multiplexing Multi-Source Agreement) Group today announced its formation as an industry consortium dedicated to defining optical specifications and promoting adoption of interoperable 2 km and 10 km 400 Gb/s interfaces over duplex single-mode fiber.

QSFP－DD,也是8通道,Q是quarter,表示4;D是double,表示两个4。

QSFP-DD MSA

QSFP-DD Hardware Specification

for

QSFP DOUBLE DENSITY 8X PLUGGABLE TRANSCEIVER

Rev 3.0 September 19, 2017

Abstract: This specification defines: the electrical and optical connectors, electrical signals and power supplies, mechanical and thermal requirements of the pluggable QSFP Double Density (QSFP-DD) module, connector and cage system. This document provides a common specification for systems manufacturers, system integrators, and suppliers of modules.

OSFP也是8通道,O是octal八进制的8。

This specification is available from www.osfpmsa.org

OSFP MSA

Specification for

OSFP OCTAL SMALL FORM FACTOR PLUGGABLE MODULE

Rev 1.12

August 1st, 2017

COBO有8和16通道两类,属于板载器件的接口定义。

The Consortium for On-Board Optics (COBO) is a member-driven standards-setting organization developing specifications for interchangeable and interoperable optical modules that can be mounted onto printed circuit boards.

Founding Members

CFP8 的 8 不是 8 个通道,而是从 CFP,CFP2,CFP4 延续到 CFP8,一个光模块可以有 4/8/16 通道。

CFP8 Hardware Specification

Revision 1.0

17-March, 2017

还有,已是昨日黄花儿的 CDFP,CD 是希腊文 400 的意思,表示 400 G 光模块。

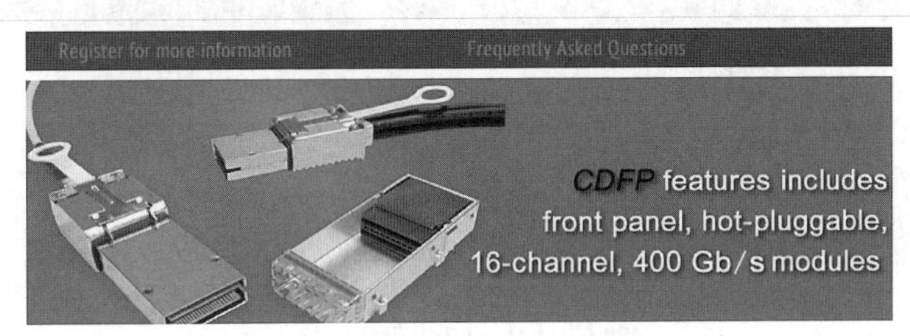

8×50 G 多模 400 G BiDi 技术规格

电通道: 8×50 G PAM4,8 发 8 收。

光通道: 8 路收发合一,有两组波长,850 nm 和 910 nm,用两个颜色来区分。

多模的 400 G 光模块,可以用 OM3,OM4,或 OM5 来实现,不同的多模光纤类型,传输距离 70~150 m 不等。

400 G 多模 BiDi 框图

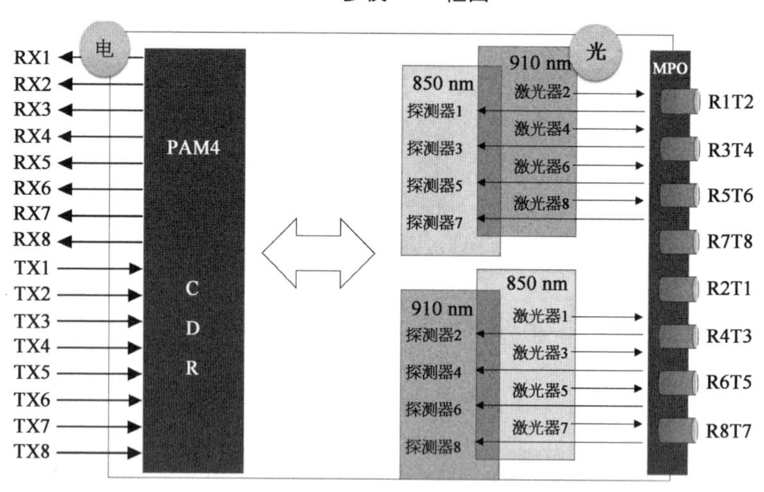

400 G－BD－4.2 传输距离

多模光纤类型	400 G－BD4.2 距离
OM3	0.5～70 m
OM4	0.5～100 m
OM5	0.5～150 m

400 G－BD－4.2 发射端指标 1

参　数	指　标	单　位
速率	25.562 5	GBd
波长 1(T1,3,5,7)	844～863	nm
波长 2(T2,4,6,8)	900～918	nm
调制格式	PAM4	
RMS 光谱宽度	0.6	nm
平均光功率(每通道)	−0.65～4	dBm
OMA 光调制幅度	−4.5～3	dBm

400 G－BD－4.2 发射端指标 2

参　　数	指　　标	单　　位
OMA－TDECQ（每通道）	−5.9	dBm
发射端眼闭代价	4.5	dB
TDECQ－10log（C）	4.5	dB
消光比	3	dB
发射端过渡时间	<34	ps
$RIN_{12}OMA$	−128	dB/Hz
回损容限	12	dB

400 G－BD－4.2 接收端指标

参　　数	指　　标	单　　位
速率	25.562 5	GBd
波长 1（R1,3,5,7）	844～863	nm
波长 2（R2,4,6,8）	900～918	nm
调制格式	PAM4	
破坏阈值（最大功率）	5	dBm
灵敏度（平均功率）	−8.5	dBm
灵敏度（OMA）	−6.6	dBm
压力灵敏度（OMA）	−3.5	dBm

压力灵敏度的压力条件，是在 3 dBm 的 OMA 调制幅度，4.5 dB 的 SECQ 也就是压力眼闭度的条件下测试。

简单来说：

两组波长，其中一组收发的波长不同，一组 850 nm，另一组 910 nm，用其中 MPO 中的一根儿光纤来实现，以节约一半光纤资源。

对光模块来说，增加难度，需要在光模块内部实现合分波。

光模块的外型，可以用 QSFP－DD，也可以用 OSFP。

短距传输从单波 25 G 向单波 50 G 技术演进

以太网短距传输：

	MMF	Parallel SMF	2 km SMF	10 km SMF	40 km SMF
25 G BASE -	SR			LR	ER
40 G BASE -	SR4		FR	LR4	ER4
50 G BASE -	SR		FR	LR	
100 G BASE -	SR10 SR4 SR2	PSM4 DR2	CWDM4 CLR4 FR2	LR4	ER4
200 G BASE -	SR4	DR4	FR4	LR4	
400 G BASE -	SR16	DR4	FR8	LR8	

关于技术路线演进，最早的 100 G 短距传输从 10×10 向 4×25 G 演进，单通道都是 25 G NRZ，以此作为技术基础。

摘取其中一个通道，就是单波 25 G 传输。

4 通道继续复用到 16 通道，就是 16×25＝400 G 传输。

单波 25 G NRZ，也就是下图的灰色点，是头两年行业琢磨的热点，接下来短距传输则聚焦于黑色点，也就是单波 50 G PMA4 的技术。

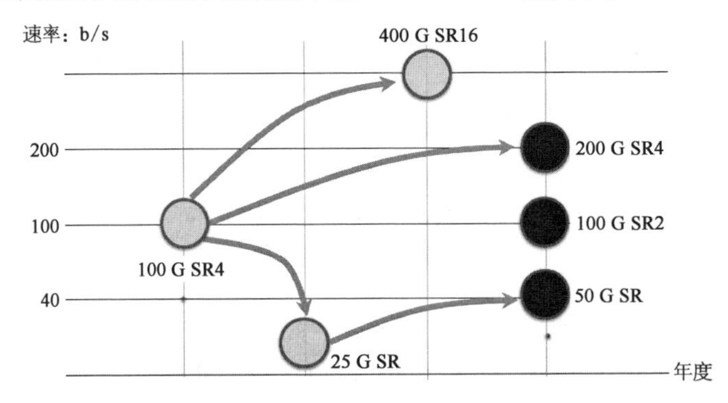

下图虚线框框内是单波 50 G PAM4 的各种组合。

	MMF	Parallel SMF	2 km SMF	10 km SMF	40 km SMF
50 G BASE-	SR		FR	LR	
100 G BASE-	SR2	DR2	FR2		
200 G BASE-	SR4	DR4	FR4	LR4	
400 G BASE-		DR4	FR8	LR8	

虚线框是接下来两年要发酵成熟,再下一步则是实线框内的单波 100 G PAM4 技术了。

PAM4 与 NRZ 到底是几倍的关系?2 倍、3 倍还是 4 倍

问题:

看 PAM4 的眼图有 3 个眼睛,一直觉得是 NRZ 的 3 倍。以同一时间理解的话,那 NRZ 应该是 00 01 10 11 中的某一态,PAM4 应该是 0000 - 1111 中的某一态,不知对不对?

我解释 PAM4 的这个 4,等于 2 的 2 次方,是 2 bit,也就是两位。

先解释几个名词:

进制,二进制、八进制、十六进制、十进制……

位,bit 位,与 symbol 位以及 Bd 波特率的几个区别。

咱们挣钱与花钱,用的是十进制。

四位数,最大是 9 999。

五位数，最大 99 999，加上 0 也是一种状态，五位数总共有 10 万个不同的状态，数学上用 10^5 表示，10，就是进制，5 就是位数。

计算机的世界里，通常用的是二进制，那它的一位就可用 2^1 表示，一位就只有两个状态。

在二进制的世界里，用信号幅度表示，是非常霸气的，主要是最简单的。

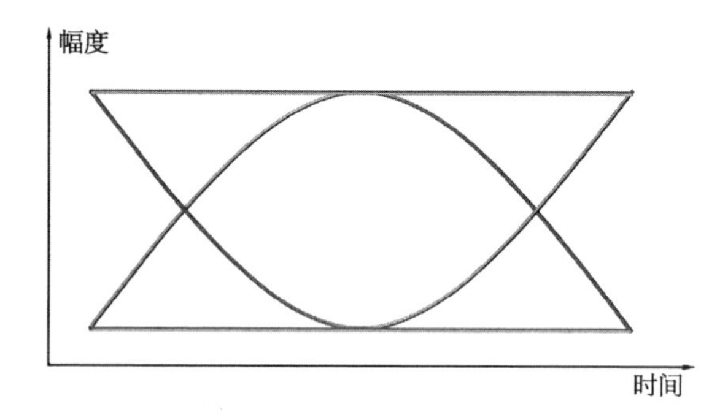

横轴是时间，信号传递叫脉冲 pulse。

纵轴是幅度，信号幅度叫作 amplitude。

这种信号调制的方法，叫作 pulse amplitude modulation（PAM，脉冲幅度调制）。

计算机用的是二进制，幅度只有两个状态，要么是高，要么是低，这就是二进制，所以咱们就表示为 PAM2，这个 PAM2 的 2 是二进制。

一位，就是一个单位时间内的幅度，有 0 和 1 两种状态。

NRZ，Non-Return to Zero，非归零码，这种码型属于 PAM2 的一种特殊形式。今天的重点不是讨论非归零，记住 NRZ 属于 PAM2。

看图，00 是两位，01 也是两位，10 或者 11 都是两位。

二进制的两位数，有 4 个状态。下图就是二进制一位数和两位数的区别。

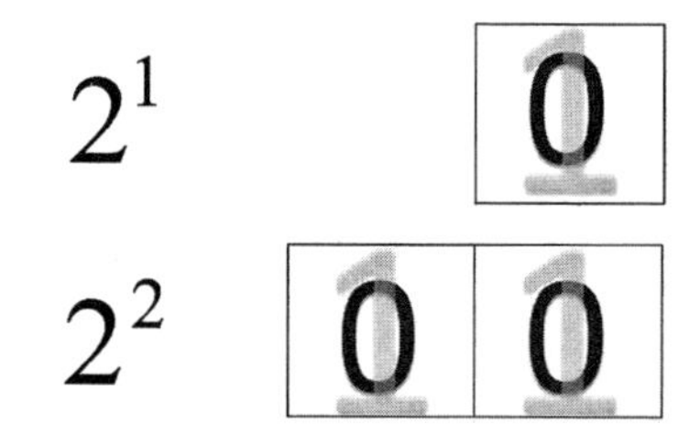

四进制就是一个位有 4 个状态,从 0,1,2,数到 3,就要进位了。

咱们用幅度来调制这 4 个状态,就是 PAM4,这是四进制,有 4 个幅度。

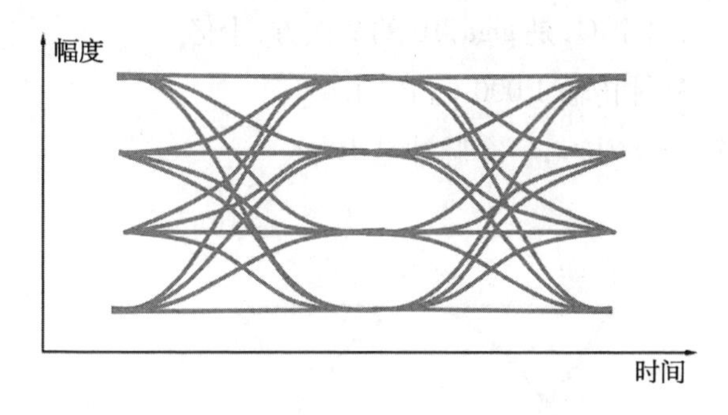

而下图,小伙伴的这个表达,是二进制的 4 位数,这个 4,不是 PAM4 的 4。

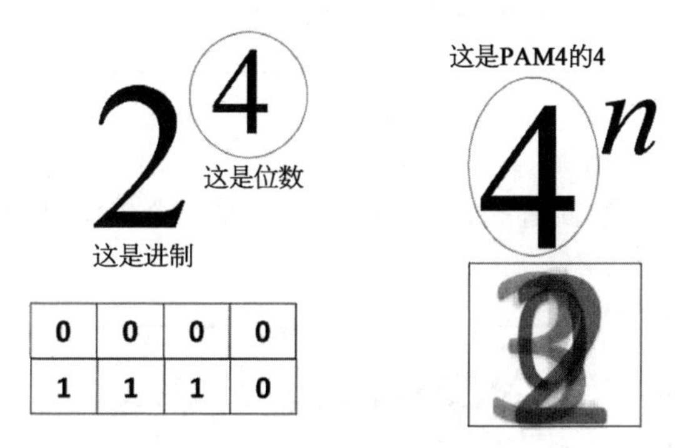

二进制与四进制的换算:

咱们计算机都用二进制,那传输的信号是四进制的,需要换算,所以在 PAM4 的传输系统中,都有一个编码和解码的过程。

编码: 就是把二进制 NRZ 码,换算成 PAM4 的四进制码。

解码: 就是把 PAM4 恢复成 NRZ。

一个四进制的位,可以换算成两个二进制的位。

$$4^1 = [2^2]^1$$

位,symbol,符号位。

对传输来说,不考虑进制,只看一个单位时间,这个位通常表示成符号位,symbol,一秒钟传输多少个符号位,就叫作波特率,Baud,简写成 Bd。

二进制的符号位，也是计算机常用的位，就叫 bit，是小写 b，一秒钟传了多少 bit，叫 bit per second，可写成 bps，或者 bit/second，b/s。100 Gb/s，就是一秒钟传输 100 G bit，这个 G，是 giga，10 的 9 次方，十亿。

100 Gb/s 一秒钟传输 1 000 亿个 bit。

二进制传输 100 Gb/s，一个脉冲是 10 ps。

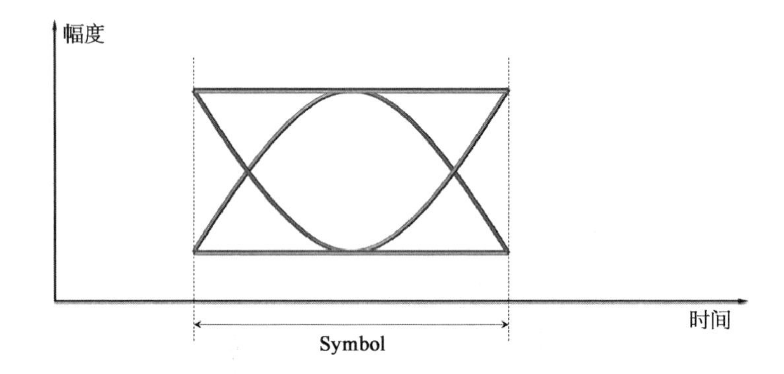

那对 PAM4 来说，四进制，它的符号位，也是一个单位时间，叫波特率。

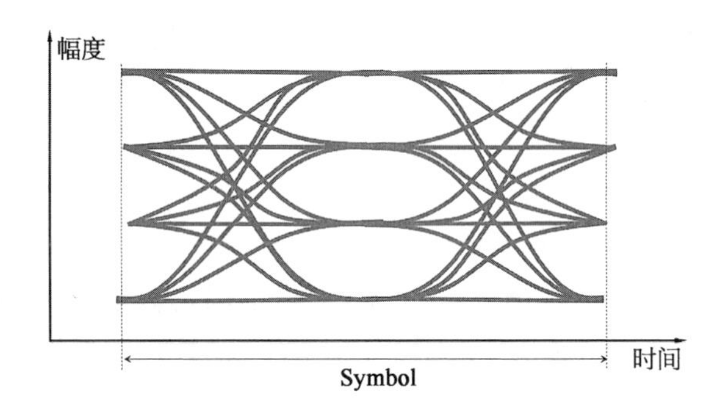

好嘞，我们还是 10 ps 走一个符号位，就是 100 G Bd @ PAM4，一秒钟传 1 000 亿个 PAM4 的符号，换算成二进制就是 2 000 亿个 PAM2。也就是 100 G Bd @ PAM4 = 200 Gb/s。

总结：

NRZ 是一种 PAM2，是二进制。

PAM4，是四进制。

两者采用计算机界的通用语言 bit 进行换算的话，一个 PAM4 的 bit 量是一个 NRZ 的两倍。

充话费,送题,

这叫啥?一个符号位,顶几个二进制的 bit 位。

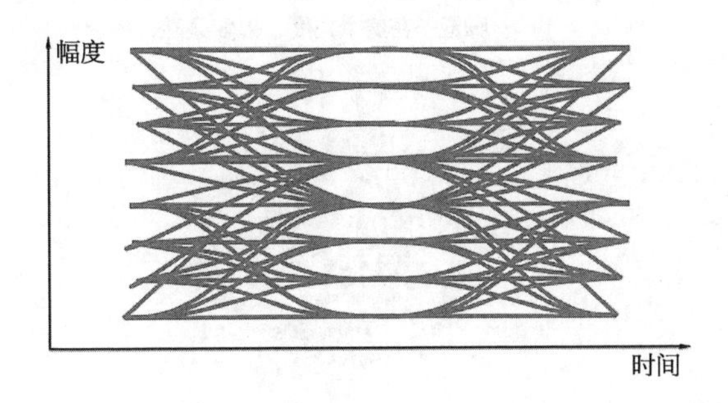

华为虚拟单边带载波 PAM4 实现 100 G Bd, 200 Gb/s 传输

本节聊聊什么是单边带,这里头提到频率。

下图 f 就是频率,大小和蹬自行车快慢相关。

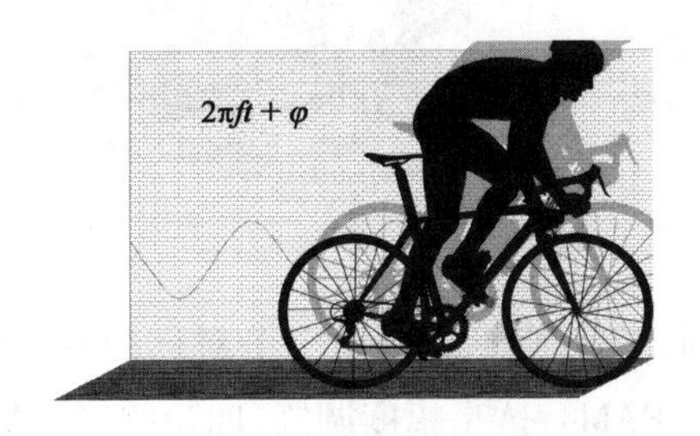

幅度调制和频率的关系,我们只要一个幅度高的点和一个幅度低的点,分别做 1 和 0,其他的不管。

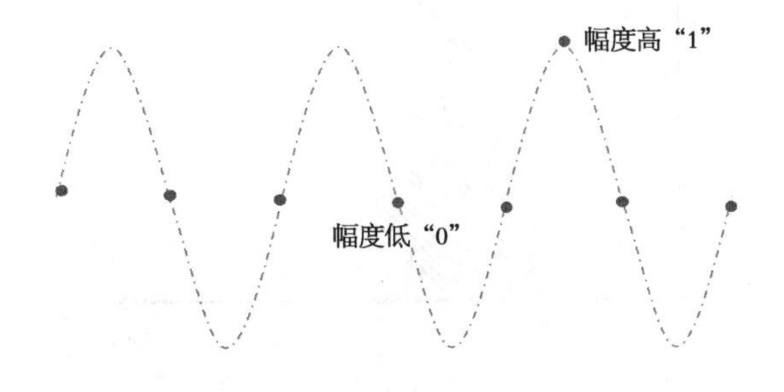

把自行车的脚镫子放大看,这样子属于幅度高。

这样子属于幅度低,怎么实现低的幅度?

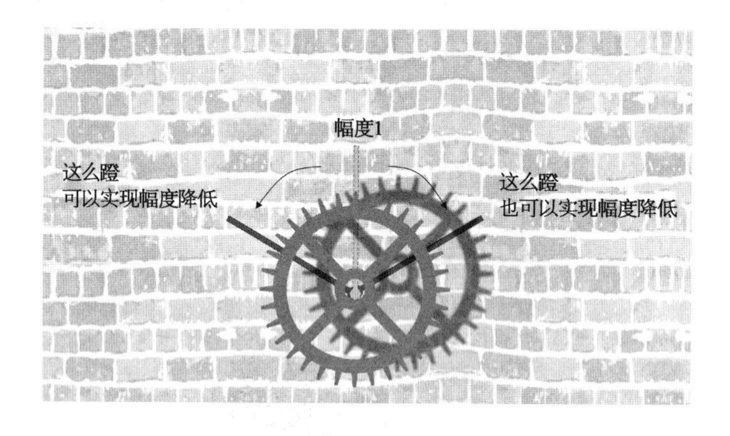

传统的幅度调制,对应到频带上,是一个对称的双边结构。叫作双边带调制。数据中心用的是 PAM4,这是幅度调制,四阶幅度调制。

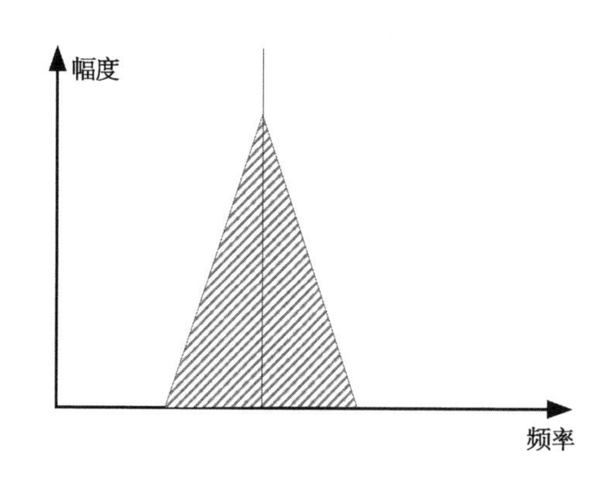

既然信号的频率是对称的,而对称的两边都可以提取出来幅度信息。那为了节约频带,就用一些处理方式,把载波信号的频带切边,滤掉一边。

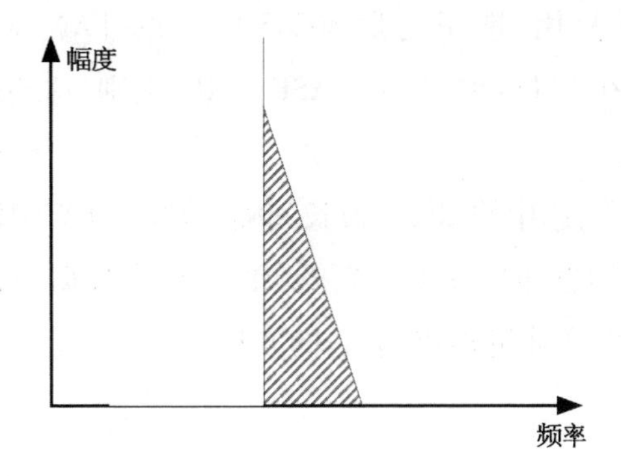

这样频带窄了,但是幅度都还在。

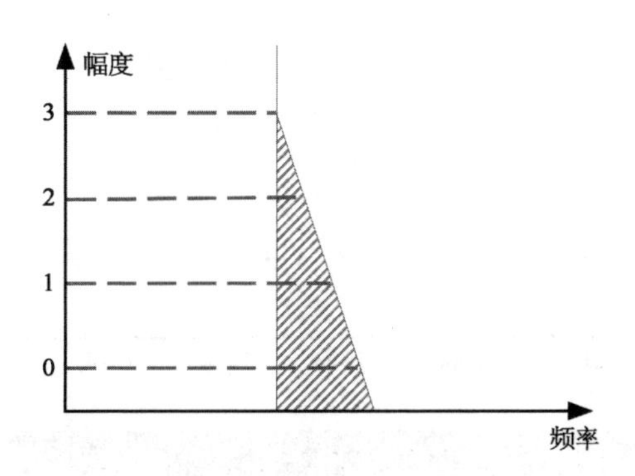

那剩下的一侧频带,也可以用起来,做 IQ 调制。这样就等于扩展了一倍传输容量。

现在用双边带 PAM4,可以实现 56 G Bd,>100 Gb/s 的传输容量。采用单边带并 IQ 调制后,传输容量扩展一倍,也就是能实现 112 G Bd 传输容量,这可以为将来单波 200 Gb/s,四通道/八通道分别实现 800 G,1.6 T 的传输提供一个选择方案。

当然,码型的调制与解调,会相当困难。

100 G 光模块的 LWDM 和 CWDM

什么是 LDWDM 和 CWDM?

这是特指100 G光模块(4×25 G)的类别,主要区别是100 G四波长波分复用时的波长选择,业界有两种常用的波长类别。

一是密集波分复用,选用的是802.3定义的LAN WDM波长,简写为LWDM。主要应用在10 km的100 G BASE－LR4类别,这些标准原本是给电信客户侧做定义的。

二是粗波分复用,选用的20 nm波长间隔,简写为CWDM,主要应用在2 km的数据中心中。我们也知道,100 G光模块的应用在数据中心比电信应用不相上下,所以CWDM的产业链很成熟,它的波长选择就成为一种主流方案。

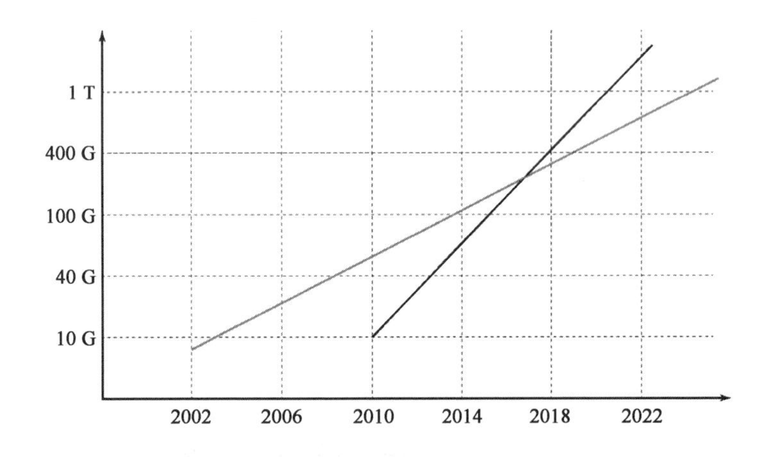

LWDM	CWDM
1 295.56 nm 1 300.05 nm 1 304.58 nm 1 309.14 nm	1 271 nm 1 291 nm 1 311 nm 1 331 nm
10 km	2 km 10 km

100 G的LAN WDM,按照以前的距离分类,没有2 km这一档,因为局域网城域网很少用到这种距离,只有SR短距、LR长距……但是看上图,数据中心的蓬勃快速发展,现在802.3的距离在SR4,LR4(10 km)之外增加了DR4和FR4两种500 m和2 km的细分距离。

数据中心的部署,有100 m,500 m,2 km,这些细分距离,MSA组织虽然不是标准组织,但是市场巨大,他们制定了 CWDM4,2 km 的应用,之后又补增了 10 km 的指标。

总之,两者开始逐渐在距离上融合,但波长还是需要作区分。

CWDM4 - OCP 光模块规格

CWDM4 - OCP 的光模块规格到底是啥? Facebook 的 OCP 项目作了模块定义。

用于 OCP 开放计算项目的 100 G CWDM4 模块,与 MSA 定义的 CWDM4 模块指标如下。

	标准 CWDM4	CWDM4 - OCP	备　注
速率	4×25 Gb/s	4×25 Gb/s	不变
封装	QSFP28	QSFP28	
传输距离	2 km	500 m	降低
Tx OMA 发射光功率	-4 dBm	-5 dBm	发射放宽 1 dB
Rx 灵敏度	-10 dBm	-9.5 dBm	接收放宽 0.5 dB
通道插损	5 dB	3.5 dB	总计放宽 1.5 dB
工作温度 (模块外壳温度)	0~70 ℃	15~55 ℃	放宽

总的来说,就是放宽了几个点:

(1) 放宽了工作温度范围,从原来的商业级温度,放宽到 15~55 ℃。

(2) 传输距离,从 2 km 降低到 500 m,光纤通道功率预算可以节约 1.5 dB (原来是 5 dB 预算),这 1.5 dB 可以放宽光模块的发射接收指标要求。

Facebook 是这么分配的: 发射端的输出功率,放宽 1 dB;接收端灵敏度,放宽 0.5 dB。其他光模块指标与 CWDM4 保持一致,依然是 QSFP28 封装,也依然是四通道,每个通道 25 Gb/s 速率。

Facebook 选择这种光模块,有几个原因:

(1) 数据中心的光纤布线距离,绝大部分是小于 500 m 的。

(2) 以前低速率的时候,有多模和单模光纤,这需要分开部署。但现实是光模块速率越来越高,导致多模光纤的传输距离越来越短,所以,干脆推动整体单模光纤布线,既方便未来的距离扩展和速率扩展,也不用单模多模的分类管理那么累。

(3) 以前的 500 m 传输,用的是并行光纤,现在用 CWDM4 模块,只需要 1/4 的光纤数量即可。多好啊! 光模块技术能力足够支持内部波分复用,价钱也降低到可以承受的范围内了。

100 G 短波(850~940 nm)波分复用多源协议

本节主要看 100 G 光模块 MSA。

光模块框图,4×25 G:

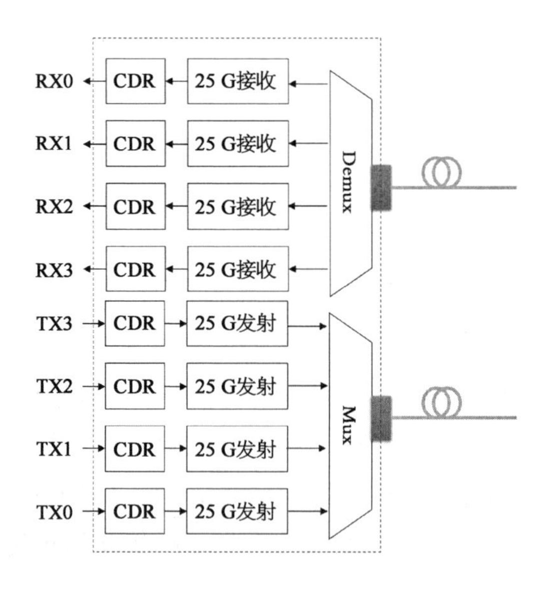

传输距离：

多模光纤类型	传 输 距 离
OM3	75 m
OM4	100 m
OM5	150 m

波长定义：

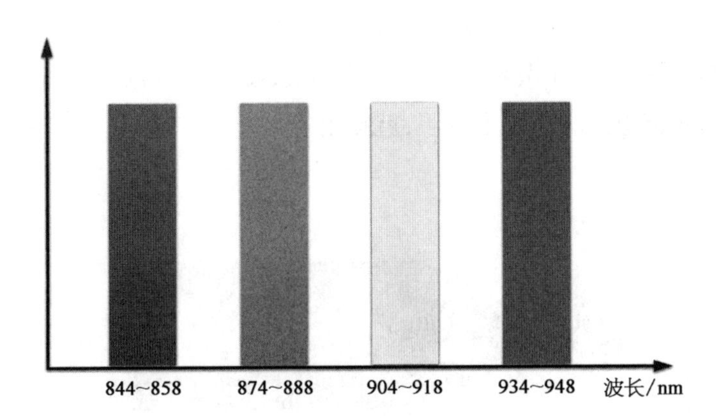

发射接收光路指标：

主 要 参 数	要 求
平均发射功率	−7.5~2 dBm
平均 OMA 功率	−5.5~3 dBm
消光比	2 dB
接收灵敏度(平均功率)	−9.5 dBm
接收灵敏度(OMA 带压力)	TBD

链路指标：

主 要 参 数	OM3	OM4	OM5	单 位
传输距离	75	100	150	m
插入损耗	1.8	1.9	2.9	dB
有效模式带宽@ 850 nm	看下页			MHz · km
通道代价	L0：1.8 L1：1.8 L2：1.8 L3：1.7	L0：1.9 L1：1.9 L2：1.8 L3：1.8	L0：2.0 L1：1.9 L2：1.9 L3：1.9	dB

何为有效模式带宽？

早期多模光纤，设计时想考虑用 LED 做光源，LED 发散角比光纤纤芯大，光斑老大老大啦，所以叫作满注入带宽。

后来，发现用 vcsel 做光源更方便，也不贵，vcsel 的发散角比 LED 要小，比纤芯小，就不能老用满注入带宽了，就提出有效模式带宽，是个带宽与距离的乘积。

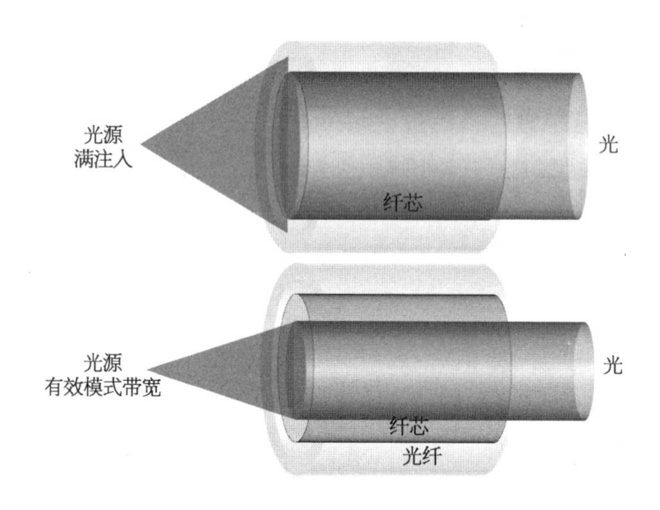

信号带宽低，传得远。

信号带宽高，传得短。

比如 25 Gb/s 的 940 nm 信号，假如是 16 GHz 带宽的器件（25 Gb/s NRZ 理论极限 12.5 GHz），那 OM5 有效模式带宽为 2 500 MHz · km，就可以传输（2 500/16 000）= 156 m。

OM4 有效模式带宽 1 859 MHz · km,就可以传输(1 859/16 000)= 116 m。

这份 MSA OM4 传输距离 100 m,OM5 传输距离 150 m。

MSA 中有效模式带宽指标:

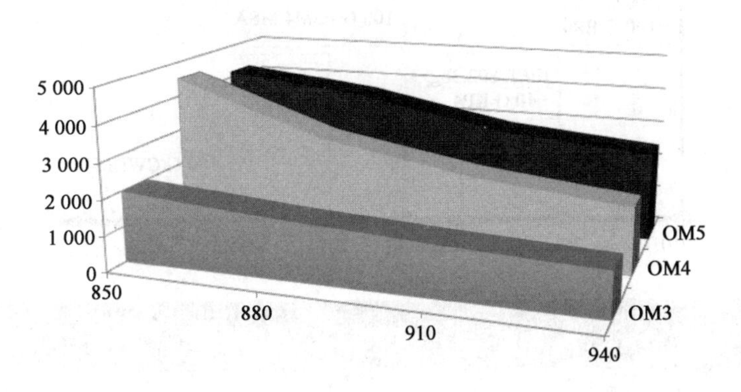

波长/nm	有效模式带宽/MHz · km		
	OM3	OM4	OM5
850	2 000	4 520	4 190
880	1 667	3 076	3 700
910	1 426	2 329	2 880
940	1 243	1 859	2 500

100 G 短波长波分复用小结:

VCSEL 光源

4×25 G

多模光纤:OM3/OM4/OM5

传输距离:75/100/150 m

支持 100 G 以太网传输

40 km 以下 100 G 光模块标准发展

汇总 40 km 以下 100 G 光模块标准:

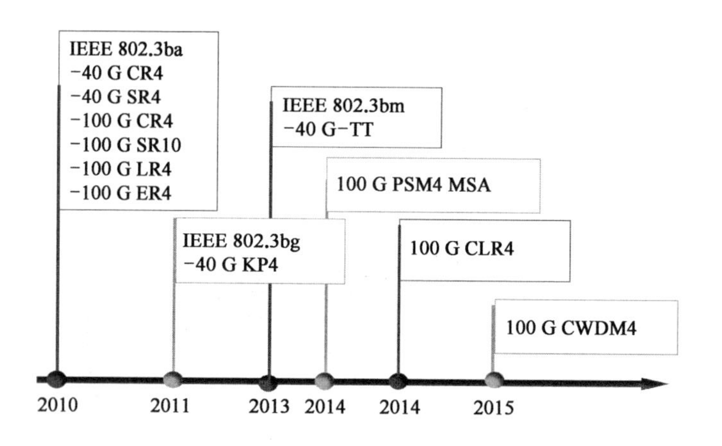

标　准	速率	距离	光纤类型	波长	光接口
802.3bm 100 G SR4	4×25	70～100 m	多模	850	MPO－12
802.3ba 100 G SR10	10×10	100～150 m	多模	850	MPO－12/24
10×10 MSA	10×10	2 km	单模	1 310	双工
10×10 MSA	10×10	10 km	单模	1 310	双工
802.3ba 100 G LR4	4×25	10 km	单模	1 310	双工
10×10 MSA	10×10	40 km	单模	1 310	双工
802.3ba 100 G ER4	4×25	40 km	单模	1 310	双工
PSM4	4×25	0.5 km	单模	1 310	双工
CLR4	4×25	2 km	单模	1 310 1 550	TBD
CWDM4	4×25	2 km	单模	1 310	双工

100 G 光模块的标准主要是 2010 年 IEEE 的 802.3ba 和 2015 年 3 月发布的 802.3bm。

IEEE 802.3ba：

2010 年，IEEE 发布了 802.3ba，定义了两个速率：40 G 和 100 G。

这是全球第一份关于 40 Gb/s 和 100 Gb/s 网络的标准，名称《IEEE 信息技术标准—系统间电讯和信息交换—本地和成渝网—技术规范要求，第三部分：CSMA/CD 接入方法和物理层技术参数，修正案 4：4 G 和 100 G 运行的媒体访问控制参数,物理层和管理参数》。

也是 IEEE 历史上第一次定义两个速率的网络,涉及不同介质:

多模光纤、单模光纤

双轴铜缆

PCB 信号

IEEE 802.3bg:

2011 年 3 月,IEEE 正式发布 802.3bg 标准,对 802.3ba 做了一些补充,定义了 2 km 以内的 40 G - FR 单模光纤传输。

IEEE 802.3bj:

2011 年 9 月,IEEE 成立 P 802.3bj 组,定义 PCB 和同轴电缆的 100 G 信号参数。

可选项:

40 G BASE - KP4,PCB

40 G BASE - CR4 7 米同轴

100 G BASE - CR10 双轴铜缆

IEEE 802.3bm:

2013 年 5 月,IEEE 成立 P 802.3bm,40/100 G 光传输。

增补 4 通道 100 G 多模、单模物理层指标,指定 40 G BASE - LR4 和 100 G BASE - LR4 作为节能光下以太网(EEE)的选项,另外定义了大于 10 km 的 40 Gb/s单模光纤传输指标。

IEEE 802.3bq:

2013 年 5 月,IEEE 成立 P 802.3bq,40 G BASE - T;30 m 以内平衡双绞线 40 G 参数。

100 G 光模块其他标准:

行业各大企业组成不同的联盟,也在积极制定和推动(主要是布局自己的技术思路,别跟丢了游戏规则)不同的 40 Gb/s 和 100 Gb/s 相关标准,比如:100 G PSM4 MSA,100 G CLR4,CWDM - MSA,Open Optics MSA 等(这个等字很重要,越来越多的公司来分享和做大 100 G 蛋糕)。

100 G PSM4 MSA:

100 G PSM4 MSA 是一个业界多厂商多技术的新标准,2014 年 3 月 5 日发布了《100 G　PSM4 规范　并行单模四通道传输》。

采用单模光纤并行传输、四收四发、每通道 25 G，500 m 之内的低成本 100 G 网络。

兼容多种光模块小型封装：QSFP、嵌入式光引擎等。

100 G CLR4：

100 G CLR4 又是一个由业界各大公司组成的联盟。

2014 年 4 月，该联盟（官方说话就是好听）表示在大型数据中心中采用单模光纤 4 个波段（1 310 附近）传输、四收四发、每通道 25 G，来支持 500 m~2 km之内的 100 G 网络。

另外还有 CWDM4 - MSA 和 Open Optics MSA 都是和 CLR4 抢饭碗的，2 km、4×25 G、单模、1 310 nm……

咱看看 OVUM 给的短距离 单模 100 G 光模块的产业链，后头咱们自己也补充（肯定很多公司表示不服气~~~~）。

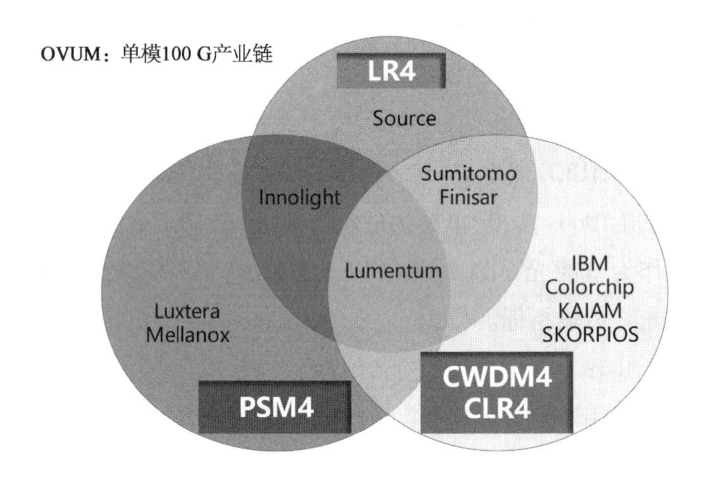

为何 100 G 光模块发射光功率估算是单通道+6

测试 100 G 光模块，为啥功率估算值是单通道功率值+6。

这个 100 G 光模块，是 4 通道，4×25 G = 100 G 的那种，每个通道的发射光功率差不多。所以总的光功率值是单通道功率值的 4 倍。

光通率的单位是“dBm”，通常大家习惯用 dBm 作功率单位。

假如单通道光功率是 a mW，那换算成 dBm 就是 $10\lg(a)$ dBm，4 倍光功率的 dBm = $10\lg(4a) \approx$【$10\lg(a)$】+6。

也就是单通道光功率+6 dB。

光功率	用 mW 作单位	换算成 dBm
单通道	a	$10\lg(a)$
4 通道	4xa	$10\lg(4\text{x}a) = 10\lg(a)+6$

举个例子：

通　道	光功率/mW	光功率/dBm
λ_1	2	3
λ_2	2	3
λ_3	2	3
λ_4	2	3
$\lambda_1+\lambda_2+\lambda_3+\lambda_4$	2×4 = 8	3+6 = 9

两倍关系，就是+3 dB；一半儿，就是−3 dB。

两个两倍，就是乘 4，就是+3+3 = +6(dB)，一半儿的一半儿，就是−3−3 = −6(dB)，有意思吧。

这个 3 dB,在咱们行业用得很多。

比如 3 dB 带宽,就是指信号降低一半(-3 dB)时的通道频率宽度。

比如 3 dB 谱宽,就是指信号幅度降低到一半时的光谱宽度,也就是全波半宽的意思。

40 G/100 G 的 Skew

802.3 的 40 G,100 G 有个 Skew 的指标:

Table 80 - 6—Summary of Skew constraints

Skew points	Maximum Skew/ns	Maximum Skew for 40 G BASE - R PCS lane/UI	Maximum Skew for 100 G BASE - R PCS lane/UI	Notes
SP0	29	N/A	≈150	See 83.5.3.1 or 135.5.3
SP1	29	≈299	≈150	See 83.5.3.2 or 135.5.3
SP2	43	≈443	≈222	See 83.5.3.4, 84.5, 85.5, 86.3.2, 87.3.2, 88.3.2, 89.3.2, 92.5, 93.5, 94.3.4, 95.3.2, 135.5.3, 135.5.3, 136.6, 137.6, 138.3, or 140.4
SP3	54	≈557	≈278	See 84.5, 85.5, 86.3.2, 87.3.2, 88.3.2, 89.3.2, 92.5, 93.5, 94.3.4, 95.3.2, 135.5.3, 136.6, 137.6, 138.3, or 140.4

严格意义上,这个指标属于物理层,但不属于光模块,它在 PCS 子层,光模块在 PMD 子层:

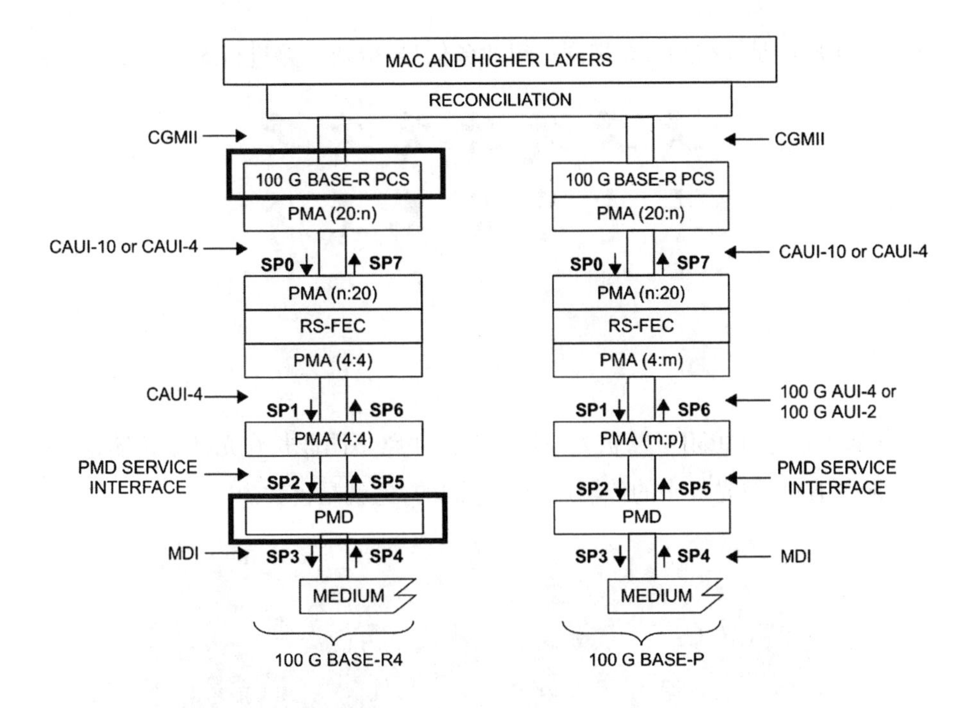

PCS 和 PMD 都属于物理层。

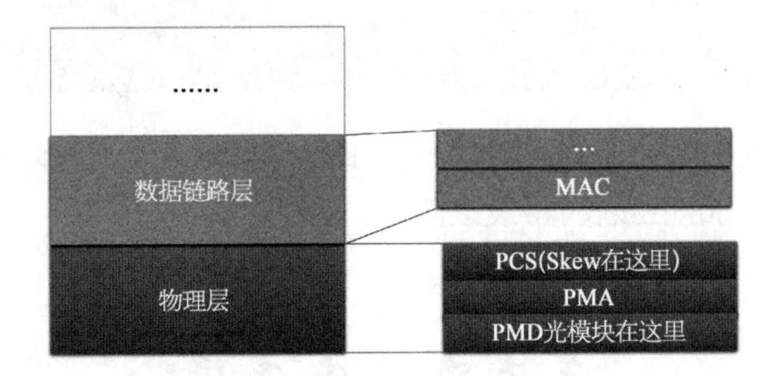

PCS，physical coding sublayer；

PMA，physical medium attachment sublayer；

PMD，physical medium dependant sublayer。

PMA，负责的是格式转换，比如十进制的码型转成二进制啥的。PMD 就是光模块这一层，只负责光转成电，电转成光，你就好好地把 1 转成 1，0 转成 0，是不允许自由发挥的。

PCS 子层负责编码，咱们以太网里的 8 B/10 B 啊，64 B/66 B 啊，这些个事儿，40 G/100 G 为啥有了 skew 这个指标，是因为它开始并行编码，40 G 是

4×10 G,100 G 是 4×25 G,要把同一组业务信号,分成 4 路进行编码。

4 通道信号在 PMD 层,被光模块分配到 4 路不同波长在光纤中传输,不同波长频率不同,在光纤中的传输速度是不同的,这就是色散。

那 PCS 层呢,隔一段时间就要把这 4 路信号对齐一下子,以防 4 路并行信号越跑越远没办法在接收端恢复成同一组业务。

举个例子,如果我家客户在菲魅平台采购 10 只光模块,我就只发 * * 快递,告诉客户,3 天后请收快递啊,我就是 PCS 层,快递小哥就是 PMD 层。

如果客户要我们每天发 10 万只模块,我会选择每天安排 4 家快递,如顺丰、申通、韵达、圆通,每家送 2.5 万只,大哥这个接收端每天就蹲在客户门口,等着这 4 家快递公司都把货送到后,他整理整理重新打包成 10 万只,一起给客户。

菲魅人员的心情每天都是这样的:

所以,我每天是同一个时间段让 4 家快递公司开始发货,这就是对齐,编码,发送,菲魅人员每次在两天后一起把货给客户,那对 4 家快递公司来说,分别送快递给大哥手上,时间误差要控制在两个小时内,这就是 skew 范围。

测试时,需要有 PCS 层的仪表来测试光通信设备,而不只是光模块。

PON 光模块

ONU ONT 区别

在接入网,用户侧有两个名词,ONU 和 ONT,这两个词儿到底怎么区别?通常咱们会看下图接入网 FTTx 的各种姿势:

fiber to the home

fiber to the office

fiber to the building

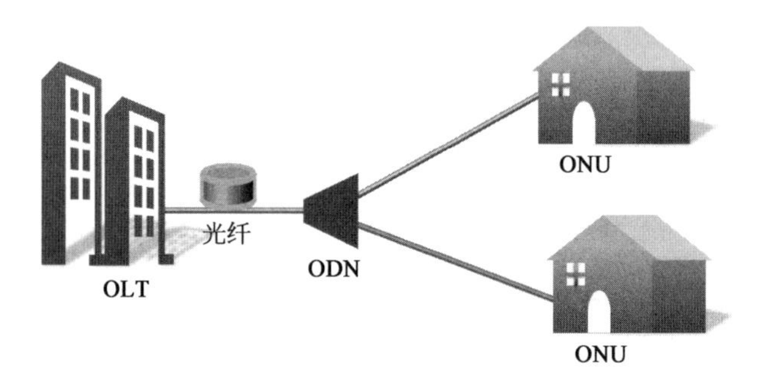

FTTx 的三要素:OLT,ODN,ONU/ONT。

OLT,optical line terminal,光线路终端,俗称局端。

ODN,optical distribution network,光配线网,用的光分路器。

ONU,optical network unit,光网络单元。

还有个 ONT,optical network terminal,光网络终端。

经常这么标注 ONU/ONT,我们这些非专业人士忽忽悠悠的就晕了。

继续细分 FTTx,一般咱们都不住独栋别墅,还是有个上下楼邻居啥的(见下页第 1 图)。

ONU:指的是与 ODN 的分支光纤连接的光网络设备。

ONT:指的是与终端用户(就是咱们家)连接的光网络设备(见下页第 2、第 3 图)。

光纤到家,咱家有个光猫的“东东”,那这个光猫是和 ODN 的分支光纤连接,也和终端用户连接,既可以叫 ONU,也可以叫 ONT。

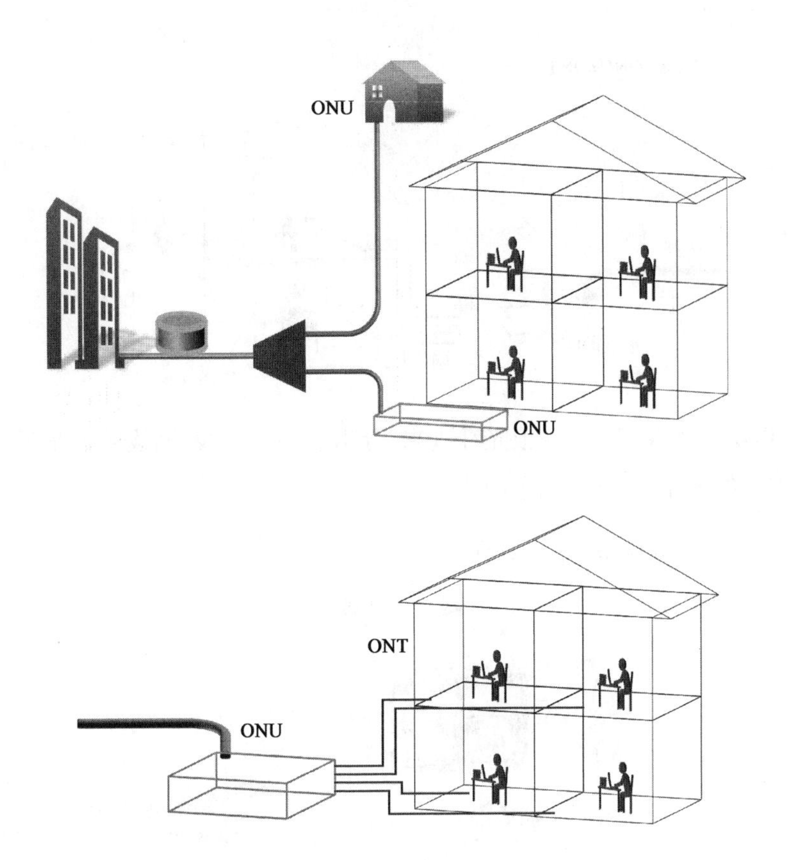

还有其他场景呢：

比如 FTTB，光纤到楼，这个 ONU 盒子就放在咱家楼道口，像每个楼道的总电表一样。

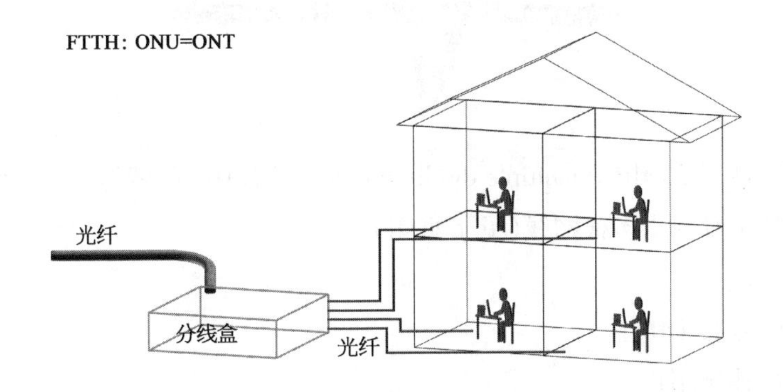

这时候连接 ODN 光纤的小设备，可就没在咱终端用户家里，咱们用户可是上帝呢，不能随便就把 ONT 这个高大上的词儿等同于 ONU。

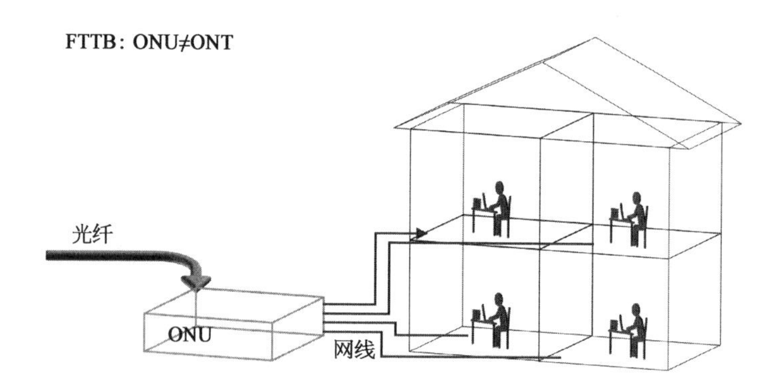

FTTB 的 ONU 盒子,一根光纤进来,分出去多个网线,网线咱们都见过吧,那些漂亮的水晶头,五颜六色的线。

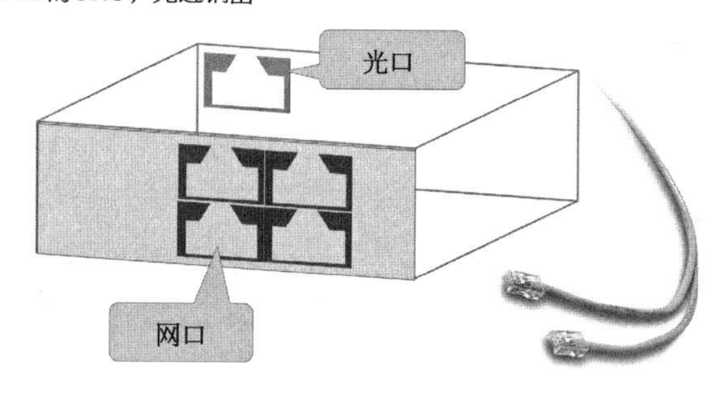

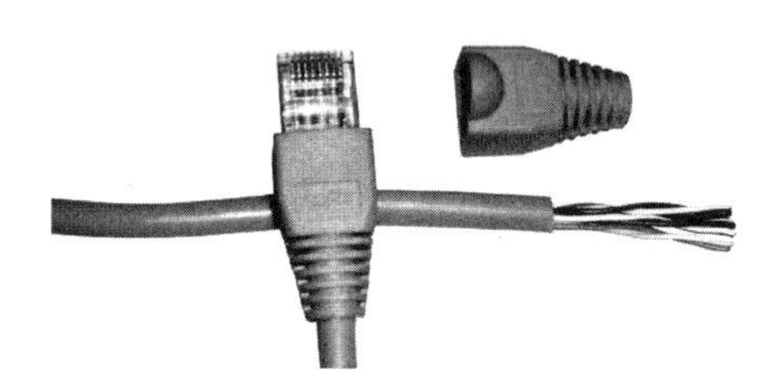

在 FTTB 中的 MDU(multiple dwelling unit)多用户单元,就是其中一种 ONU。

MDU 可以引出多根网线(见下页图)。

简单说:

ONU,连接 ODN。

ONT,连接用户。

重叠的情况,ODN 的光纤直接到户,那 ONU=ONT。

不重叠的情况,ONU 就是 ONU,也只能是 ONU。

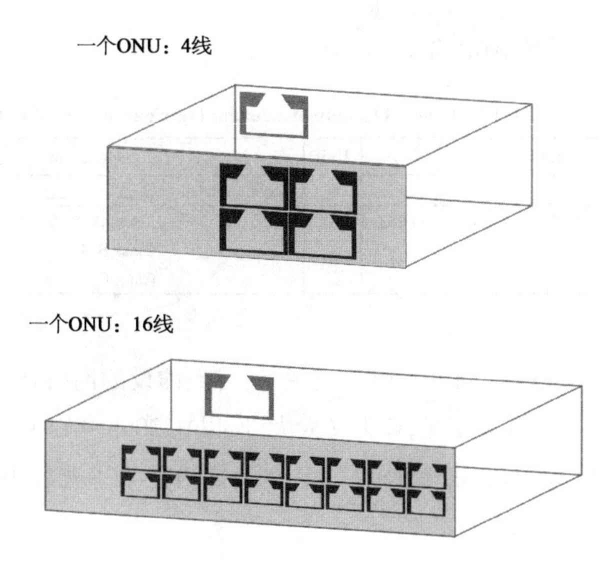

OLT C++

啥是 OLT C++?

2006 B+2011 中国行标 2003　A,B,C2008 C+2016　C++,

我把小伙伴的问题理一理,已知前提是知道 GPON 的 OLT 与 ONU 的区别。问:

C++是啥意思?

为什么 C++只有 OLT,没有 ONU?

PON 的架构提出来,功率预算就是个很重要的参考依据,功率预算大,代表一个 OLT 可以同时接入更多的 ONU 用户。

功率预算大,对光模块来讲就是发射端功率要大,接收端灵敏度更好。

最早定功率预算时,是按照 3 类来划分的,A,B,C,这很容易理解,咱就是划成 A,B,C,D,E,F,G 也行啊,为啥有了 B+,C+之类的。

咱看历史,GPON 的标准,最早是在 ITU - T 讨论的,前两天写 5G 前传模块的标准也是刚刚在 ITU - T 立项。

ITU - T 叫国际电信联盟-标准化。

第一个版本是按 ABC 分类:

G.984.2 – Physical medium dependant layer parameters of ODN

Items	Unit	Specification
Fibre type (NOTE 1)	–	Recommendation G.652
Attenuation range (Recommendation G.982)	dB	Class A: 5-20 Class B: 10-25 Class C: 15-30

后来发现,GPON 要向下兼容啊,有些运营商铺设的网络是直接从 BPON 升级的,B 类的功率预算不足,C 类又太大,所以在 2006 年对 G.984.2 做一次增补,在 B 类和 C 类之间,增补了一个 B+,目的是为了兼容 BPON 的平滑升级。

In comparison, the B-PON class B+ budgets recommended in ITU-T Rec. G.983.3/Amd.2 are shown in Table III.3. ~~The G-PON~~ budget is similar to the Video Overlay system in that it supports a 13-dB minimum loss, and it is similar to the digital-only budget in that it is symmetric and it supports a 28-dB maximum loss. It is theoretically possible that a PON that complies with the B-PON B+ budgets might not comply with the G-PON budget; however, such cases should be very rare in the actual deployed base of PONs. Therefore, the G-PON budget should be compatible with practically all deployed PONs.

G.984.2 – Loss budgets for the B-PON G.983.3/Amd.2 systems

Items	Unit	Single fibre
Video Overlay system (OLT1-ONT)		
Minimum optical loss at 1490 nm	dB	9

后来说,不行啊,我们还要继续增加分支比,一个 OLT 可以接更多的 ONU,就在 2008 年再一次增补,增加 C+。

Appendix V

Industry best practice for single-sided extended 2.488 Gbit/s downstream, 1.244 Gbit/s upstream G-PON (class C+)

(This appendix does not form an integral part of this Recommendation)

V.1 Introduction

The single-sided extended 2.488/1.244 Gbit/s G-PON is achieved by using a more capable OLT interface. This interface would have all the characteristics of the existing S/R interface, with the exception of certain OLT optical parameters, as listed in Table V.1. Note that the ONU specifications should be achievable with ONU optics that are substantially similar to those described in Appendix III, except for the difference in upstream wavelength (described in [b-ITU-T G.984.5]) and operation with FEC (described in [b-ITU-T G.984.3]).

2011 年,中国通信行业协会,要制定自己的标准,就考虑与国际接轨,按照 5 类来分 GPON:

1244.16 Mb/s上行方向（OLT）接收端光接口特性

参数名称	单 位	规范值				
接收波长光反射	dB	<-20				
比特差错率	—	$<10^{-10}$				
ODN 类别	—	A 类	B 类	B+类	C 类	C+类
接收灵敏度 [a]	dBm	≤−24	≤−28	≤−28	≤−29	≤−32
过载光功率 [a]	dBm	≥−3	≥−7	≥−8	≥-8	≥−12
连续相同数字（CID）抗扰度	bit	>72				
[a] 过载光功率和接收灵敏度的测试条件见附录 A						

中国通信行业标准,每 5 年可以修订一次,是因为市场和技术都在变化, 2016 年发布新版本的 GPON 光模块行标,在这个修订版本中,增加 C++等几个类别:

GPON 光模块按功率预算分为 8 类。

功 率 预 算

类 别		B	B+	B++	C	C+	C++	D	D+
功率预算/dB	最小值	10	13	14	15	17	17	20	21
	最大值	25	28	30	30	32	34	35	36

按传输方向和速率分为:

下行: 1 244.16 Mb/s,2 488.32 Mb/s;

上行: 1 244.16 Mb/s。

2 488.32 Mb/s 下行方向(OLT)发射端光接口特性

参 数 名 称	单位	规 范 值
标称比特率	Mbit/s	2 488.32
工作波长	nm	1 480~1 500
线路码型	—	扰码 NRZ

续　表

参数名称	单位	规范值							
发射眼图模板	—	见图1,表2							
ODN类别	—	B类	B+类	B++类	C类	C+类	C++类	D类	D+类
最小平均发射光功率	dBm	+5	+1.5	+2.5	+3	+3	+5	+6	+6
最大平均发射光功率	dBm	+9	+5	+6	+7	+7	+8	+9	+9
消光比	dB	≥8.2							

1 244.16 Mb/s上行方向(OLT)接收端光接口特性

参数名称	单位	规范值							
抖动产生(4 kHz~10 MHz)	UI_{P-P}	0.33							
接收波长光反射	dB	<-20							
比特差错率	—	$<10^{-10}$				$<10^{-4}$			
ODN类别	—	B类	B+类	B++类	C类	C+类	C++类	D类	D+类
接收灵敏度[a]	dBm	≤-28	≤-28	≤-30	≤-29	≤-32	≤-34	≤-35	≤-35
过载光功率[a]	dBm	≥-7	≥-8	≥-9	≥-8	≥-12	≥-12	≥-15	≥-15
连续相同数字(CID)抗扰度	bit	>72							

[a] 过载光功率和接收灵敏度的测试条件见附录A。

C++,是在C+基础上的增强版本,主要考虑两因素。

一方面技术发展,可以支持到更高的光功率和灵敏度,那对运营商来说,一个OLT就可以支持更多的ONU终端用户,多好啊。

另一方面,就是ONU指标别动,在不打扰已有客户的前提下,让OLT优化光功率和灵敏度,整体网络就能完成功率预算升级。

2 488.32 Mb/s 下行方向(ONU)接收端光接口特性

参数名称	单位	规范值							
接收波长光反射	dB	<-20							
比特差错率	—	$<10^{-10}$				$<10^{-4}$			
ODN 类别	—	B 类	B+类	B++类	C 类	C+类	C++类	D 类	D+类
接收灵敏度[a]	dBm	≤-21	≤-27	≤-28	≤-28	≤-30	≤-30	≤-30	≤-31
过载光功率[a]	dBm	≥-1	≥-8	≥-8	≥-8	≥-8	≥-8	≥-8	≥-8

1 244.16 Mb/s 上行方向(ONU)发射端光接口特性

参数名称		单位	规范值							
标称比特率		Mb/s	1 244.16							
工作波长	SLM 类	nm	1 290~1 330							
	MLM 类	nm	1 260~1 360							
线路码型		—	扰码 NRZ							
发射眼图模板		—	见图 2、表 3							
发射波长光反射		dB	<-6							
ODN 类别		—	B 类	B+类	B++类	C 类	C+类	C++类	D 类	D+类
最小平均发射光功率		dBm	-2	+0.5	+0.5	+2	+0.5	+0.5	+0.5	+1.5
最大平均发射光功率		dBm	+3	+5	+5	+7	+5	+5	+5	+5.0
突发关断时的发射光功率		dBm	<-38	<-38	<-38	<-39	<-42	<-42	<-42	<-42

看上图,ONU 的 C+与 C++是一样的指标,所以提到 C++时,就只提 OLT 的了。

总结一下:

2003 年,GPON 的类别是 A,B,C。

2006 年,在 B 和 C 之间增补了一档功率预算,取名叫 B+。

2008 年,第二次增补,取名叫 C+。

2011 年,中国通信行业协会制定中国 GPON 标准,与国际标准协同,分五类 A,B,B+,C,C+。

2016 年,中国标准增加 B++,C++等类别。

C++的 ONU 指标与 C+相同,所以行业只提到 OLT C++这种光模块(另:华为等企业是先做 C++,标准后制定的)。

Combo PON 中 D1，D2 的来龙去脉

问题:

在有些文档中看到 D1,D2 应用场景,这个 D1,D2 就是对应的 N1,N2 指标么?

GPON 与 XG－PON 共存,也就是俗称的 Combo PON,我有幸听专家们聊过这个事情,聊下 D1,D2 的来源。

本部分由中国通信标准化协会提出并归口。

本部分起草单位:中国电信集团公司、中国联合网络通信集团有限公司、中兴通讯股份有限公司、烽火科技集团有限公司、深圳新飞通光电子技术有限公司、华为技术有限公司、海信集团有限公司。

本部分主要起草人:蒋铭、张德智、匡国华、朱虎、张强、邵岩、郑建宇、徐永国、陈悦、陈序光、赵其圣。

这个事情的前提:

> GPON 用户升级
> 升级后的局端网络叫个 Combo PON
> 既支持原有的 GPON 用户,也支持 XG-PON 用户
> 在标准中的表述叫“GPON 和 XG-PON 共存”

X,是罗马数字 10,也就是从 GPON 往 10 G PON 演进中遇到问题,什么问题,各自把 GPON 的标准,与 XG－PON 的标准拿来就好啊,最早的 Combo PON 演示模块还真就是这么拼起来的,GPON 部署量最大的是 B+和 C+,那 Combo PON 就分类成 B+/N1,和 C+/N2。后来发现,遇到问题了,遇到的第一个问题就是功率预算不一致,如下图灰色部分所示。

GPON　　功率预算

类别		B	B+	B++	C	C+	C++	D	D+
功率预算/dB	最小值	10	13	14	15	17	17	20	21
	最大值	25	28	30	30	32	33	35	36

XG-PON　　光功率预算及分配网络要求

名　称	单　位	特　性
光源类型	—	SLM激光器
光功率预算衰减范围	dB	N1类：14~29 N2类：16~31 E1类：18~33 E2类：20~35

遇到问题,解决问题,解决的思路不是考虑技术难度,而是要看当初为什么做这个事情。

前期：GPON 的老用户要向 10 G PON 演进,所以,功率预算问题的解决方式,就是优先保证 GPON 的用户。

那好嘞,10 G PON 的 N2 预算最大只有 31,GPON 的 C+是 32,以 GPON 为准,有一段时间,大家的称呼是这样的：

C+&N2+1。

真拗口啊!

就重新起名吧,叫 D1,D2。

名称	单位	Combo PON的D2
光源类型	—	SLM激光器
光功率预算衰减范围	dB	D1类：14~28 D2类：16~32
最大传输距离（从S/R到R/S）	km	20
最小传输距离（从S/R到R/S）	km	0

光功率预算及分配网络要求　　XGPON的N2

名　称	单　位	特　性
光源类型	—	SLM激光器
光功率预算衰减范围	dB	N1类：14~29 N2类：16~31 E1类：18~33 E2类：20~35

起名很容易,做就很难,也是很多模块厂家脑仁疼的原因。

先是灵敏度指标更高。

下行光接口要求

参数	单位	GPON发射单元			XG-PON发射单元	
工作波长	nm	1 480~1 500			1 575~1 580	
码型		NRZ			NRZ	
ODN分类		D1a	D1b	D2	D1	D2
最小平均发射光功率	dBm	+1.5	+2	+3	+1	+5
最大平均发射光功率	dBm	+5	+5.5	+7	+6	+8

ODN分类		N1	N2
		—	N2a
最小平均输出光功率	dBm	2.0	+4.0
最大平均输出光功率	dBm	6.0	+8.0

再是发射光功率要提高,这个更难。

10 G 1 577 nm 的发射光功率增加正 5 dBm。

ODN分类		D1	D2	D1	D2
最差接收机灵敏度	dBm	-28	-32	-26.5	-30.5
最小过载光功率	dBm	-8	-12	-7	-9

ODN类别	—	N1	N2
最小灵敏度	dBm	−27.5	−29.5
最大过载光功率	dBm	−7.0	−9.0

以前 XG－PON 的 4 dBm 就已经很难了,是不是?

现在 Combo PON 中加入 WDM 合波器件,本身模块里头增加了损耗呢,Combo PON 做到 4 dBm 比 XG－PON 的 4 dBm 是更难的事儿。做到 5,那是难上加难。

早期就有厂家问，能不能降低指标啊？

降低，那就失去了这个事情的大前提，是吧。

这就是 D1，D2 的来源。

Google fiber 的下一代光接入架构

讨论 Google fiber 的 NGPON 架构，叫 Go - Long，说有多么多么霸气，国华并不看好这件事，两原因：一个是技术，另一个是管理。

本节仅仅从技术上聊聊这个事儿。

技术优势：

支持 50 km 传输。

传统的光纤接入层，通常是 20 km 的距离。

在 NGPON2 的标准里，扩展出一类 40 km，DD20 是 20 km；DD40 是 40 km。

国华看起来，Google fiber 的 50 km，是个宣传的口号，算是优点。

但是，如果想传输这么远，预算就会不足，那么就得加 EDFA 放大。

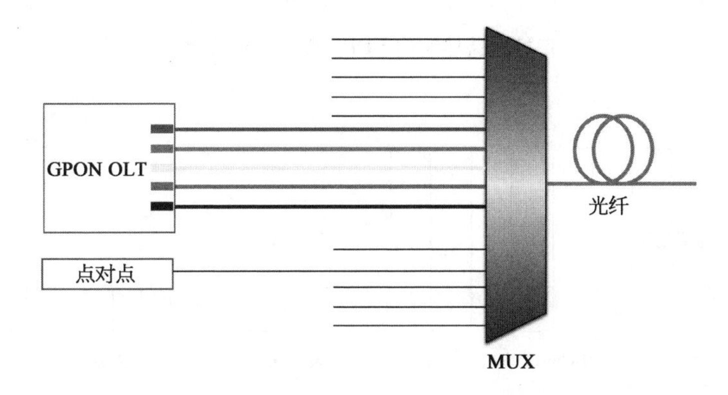

Google fiber 在 MUX"DWDM AWG"加 EDFA

加 EDFA，这个一拍脑袋想想，也简单，技术很成熟了。其实不然，这个词儿"Gain Clamped"。

EDFA 就是放大么，通常会是自动增益控制，也就是输入的光小，咱们就多放大一点儿;如果输入的光已经很大了,咱的 EDFA 的增益就小点儿,太大不行的,会让接收端进入饱和区域。

为什么需要增益固定,这就是接入网的难题,OLT 的接收是突发的。

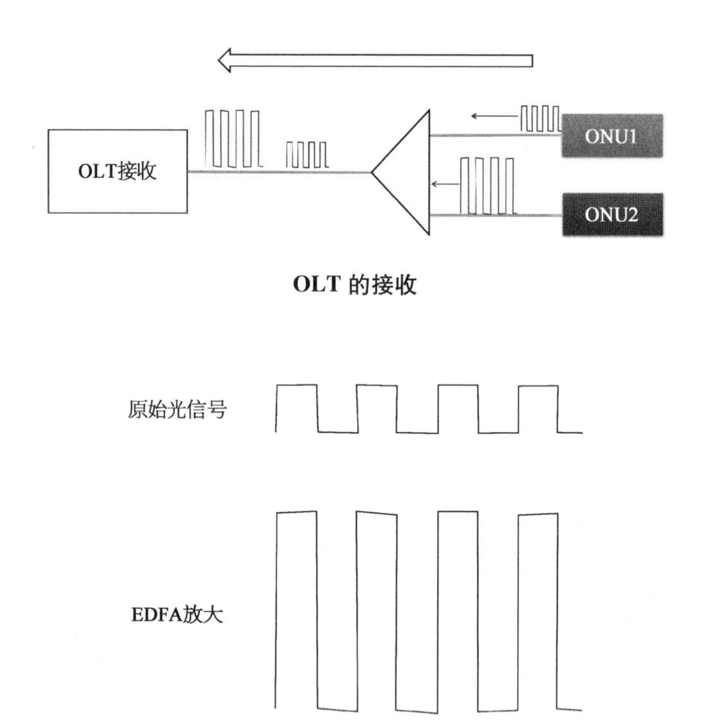

OLT 的接收

自控增益控制的 EDFA 在点对点应用

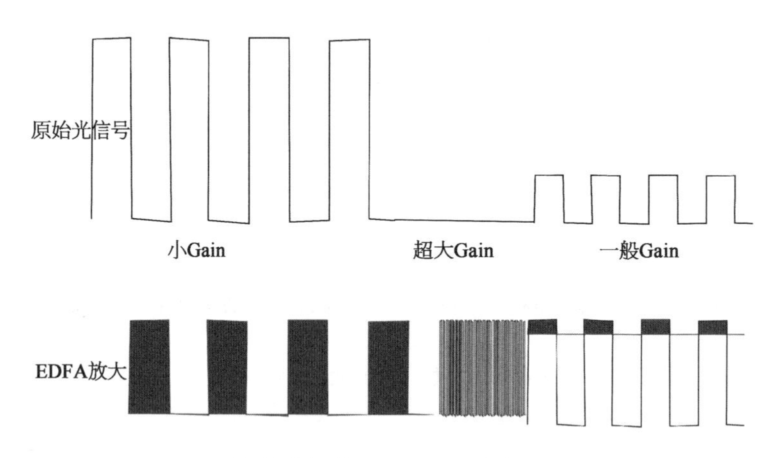

自控增益的 EDFA 在突发应用

增益可调的 EDFA，如果用在突发信号的放大上，两个 ONU 之间的空白时隙，EDFA 增益控制是个傻子，他的目标很明确，一定要输出多少功率，所以就不断地加大增益，结果就是把噪声放大了。

那有信号来，这个增益就没办法快速降低，输出的信号其实就进入饱和。为什么点对点传输没这个问题，就是人家那安装好之后，十天半个月，一年半载都不需要有增益的大动作。

可突发应用不行，一天切换几万回，酷嚓酷嚓地来回切换，增益就疯了。

所以 google fiber 就固定增益的放大。这样子其实对小信号还是起不到大作用的。

另一个他们把点对点通信，在 MUX DeMUX 预留了通道，算是个优势。

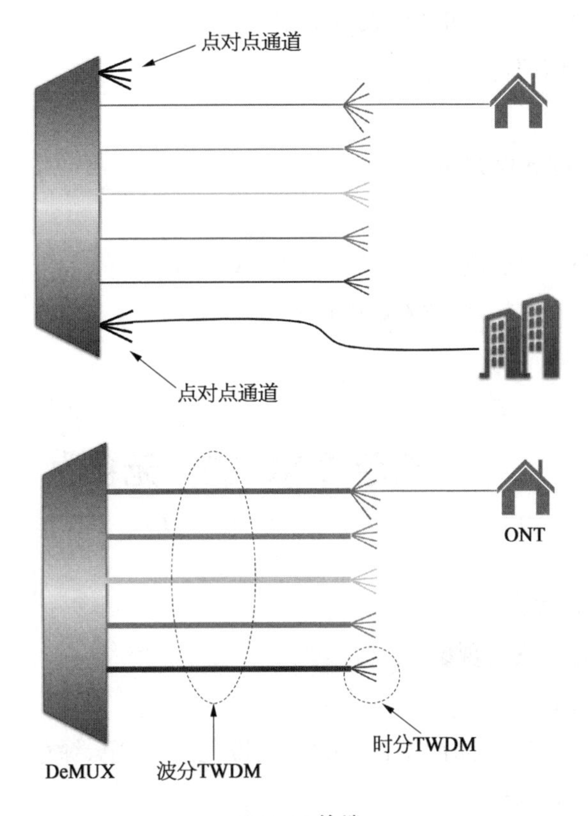

TWDM 终端

Google fiber 号称 TWDM 终端，这个事儿怎么理解，基本上 G.989 对 TWDM 的标准，在业界私下认为是作废了的。

主要就是终端成本问题。

一个 GPON ONU 激光器芯片,一个多美元,最初大家认为可调谐激光器芯片两三美元了不起了。

可调谐激光器,还要突发可调谐激光器,这怎么说呢,别说两三美元了,二三十美元人家还不一定卖。

这就导致了,“想得挺好,没人接盘”的窘境。

也许,Google fiber 可以解决可调谐激光器成本的问题,同时还要 DWDM 突发可调谐波长稳定的技术问题,因为突发激光器载流子变化会导致波长漂移,而 DWDM 密集波分复用,又不许波长变化。

GPON ONU 的激光器波长范围:40 nm“1 290~1 330 nm”。

TWDM GPON 无色 ONT 波长范围:0.8 nm。

总结一下国华不看好这事儿的观点:

优势:

距离加长,部署更方便。

劣势:

需要 EDFA,且增益固定,技术难度大,成本高。

无色 ONT,成本超高,技术难度超大。

无色 ONU 的“无色”

问:什么是“色”?

色:光的各种视觉现象。

无色:黑、白。

彩色:意指丰富美丽的颜色,如红色、橙色、桃红色、绿色、蓝色,紫色、黄色等(见下页第 1 图)。

光不同的颜色,是由不同波长导致的(见下页第 2 图)。

牛顿那个著名的三棱镜,那个伴随着我们童年的白色光转为一道彩虹的实验:

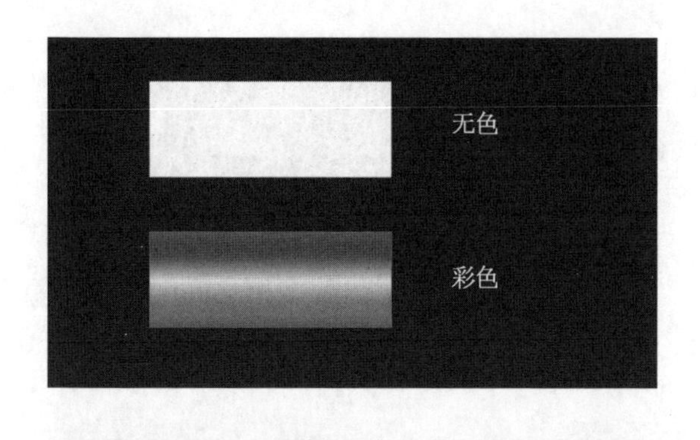

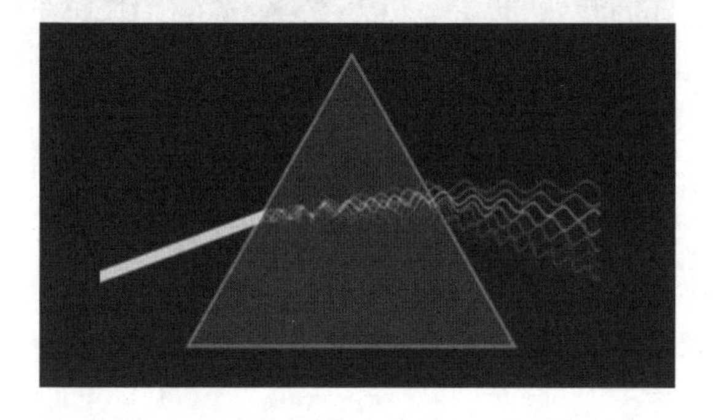

紫光	400~435 nm
蓝光	450~480 nm
青光	480~490 nm
蓝绿光	490~500 nm
绿光	500~560 nm
黄绿光	560~580 nm
黄光	580~595 nm
橙光	595~605 nm
红光	605~700 nm

彩色光模块,就是特指有不同通信波长的一组模块,比如 DWDM 模块。

回到 ONU。普通 OLT 和普通 ONU,上行一个波长,下行一个波长,每个 OLT 都一样,每个 ONU 也都一样(见下页第 1 图)。

彩色 OLT 和彩色 ONU:

下行有好几个波长,上行也有好几个波长,比如 WDM - PON,比如 TWDM - PON,100 G PON 等(见下页第 2 图)。

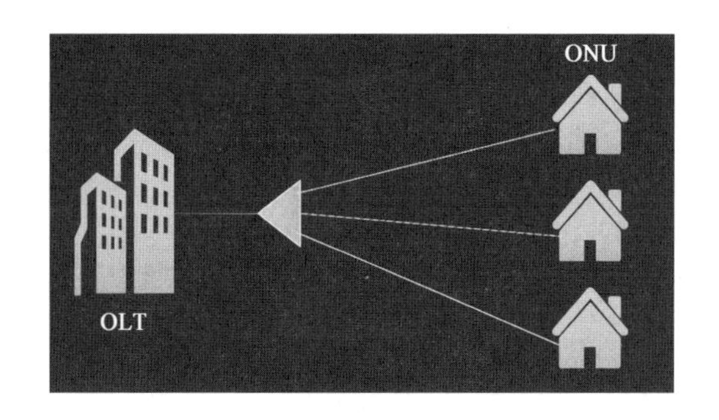

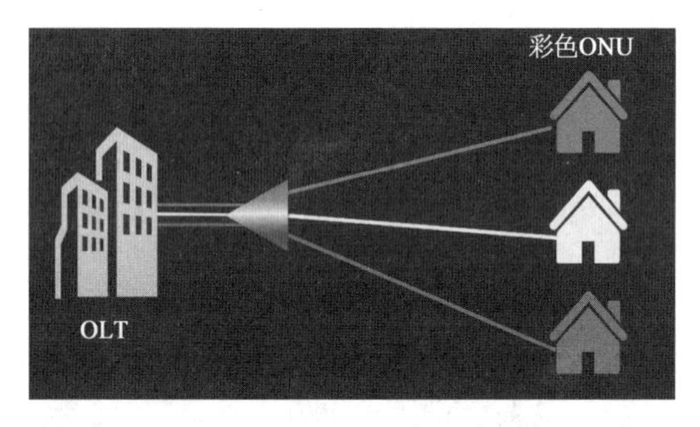

色：就是不同波长；接下来"无色"，黑或白。

黑，可以吸收任何颜色。

白：各种彩色的大集合，阳光的白色是红橙黄绿蓝靛紫的集合。

无色 ONU：

可以接收任何波长，意味着接收波长可调谐。

可以发射任何波长，意味着激光器的发射波长可调谐。

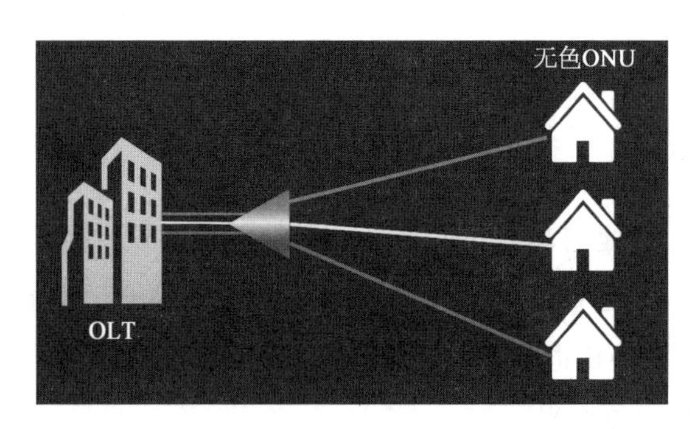

无色 ONU，对于用户来说，无需考虑具体波长，系统分配什么波长都可以通信，可以上网。

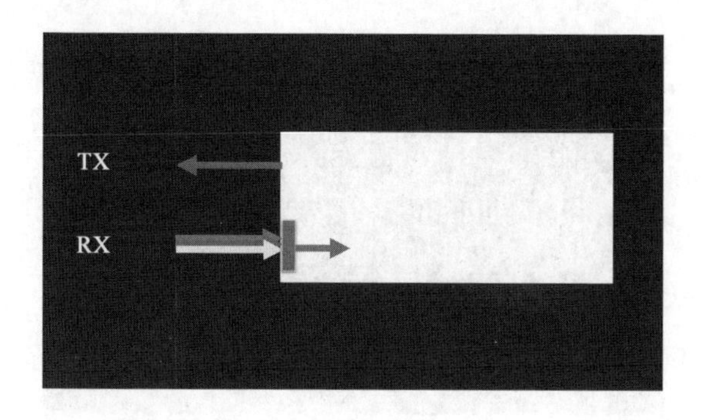

这就像公司组织架构：

可以各司其职，有研发工程师、生产操作员、销售工程师、物料采购员……

对公司来讲，管理成本增加，人员成本降低。

有些公司也可以这样：人人都是多面手，懂研发，懂生产，懂采购，懂销售，管理成本降低，人员成本增加。

什么是光猫

什么是光猫？

光猫属于猫的一种，那什么是猫？

英语 modem，听起来像中文的“猫”，它是两个词儿的简写：modulator 和 demodulator。

先有的电话，后有的电脑，这是个大前提。

1875 年，有了电话。

1946 年，才有电脑。

有电话，这就意味着，各个地方有了电话线，可以用手呼啦啦摇几圈儿（见下页第 1 图）。

“我是动幺，我是动幺，请接幺动，请接幺动”，人工话务员就给你们俩把电话线直接接上（见下页第 2 图）。

再后来，1891 年有了拨盘电话，有了电话号码，也能自动接线了，这时候还是没有电脑。

等到1946年,有电脑了,这种方便的事儿,拨电话号码可以用电子设备了。

有了电脑十几年后,有了电子按键,用这个给电话拨号,再把这个电子按键的信号翻译成人家原来电话线知道的信号,这就是调制器,modulator,把数字信号转成电话线上的模拟信号。

如下图所示,那两个大橡皮圈儿,就是声音耦合器。

解调器，就是把电话线的模拟信号转成计算机能懂的数字信号。

调制解调器，就叫 modem，“猫”。

这个事儿的本质就是，有了电话，也就有了广覆盖的电话线。

后来有了电脑，先是帮电话的忙，帮电话拨号，连接电脑与电话线的是猫。

再后来，电脑给电话帮忙越帮越带劲，自动摘机、重播、挂机……

再再后来，电脑也借人家的电话线传一下数据，上个网啥的。

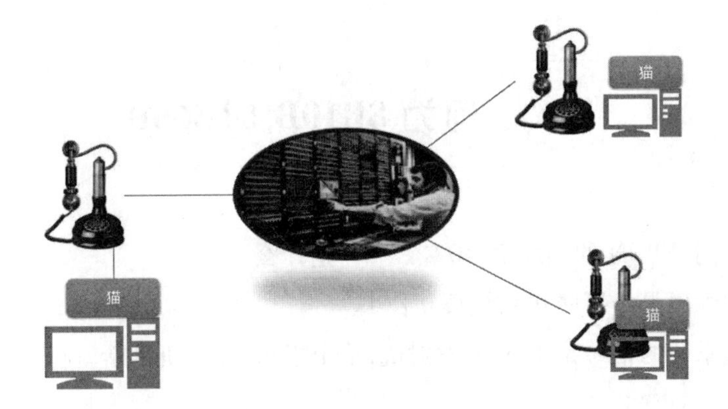

当数据量越来越大，信号传输的频率就越来越高，从以前第一台调制解调器的 300 b/s，到现如今咱们聊的 100 Gb/s（100 000 000 000 b/s）电线明显不够用了，咋办，换光纤（见下页第 1 图）。

换了光纤传输的网络，叫光网络，这个调制解调器，就叫光猫（见下页第 2 图）。

通常的光猫，有接电话（固定电话，座机）的地方，这是必需的，也有接宽带网络的地方，逐渐地发展，上网成了猫的主要功能。

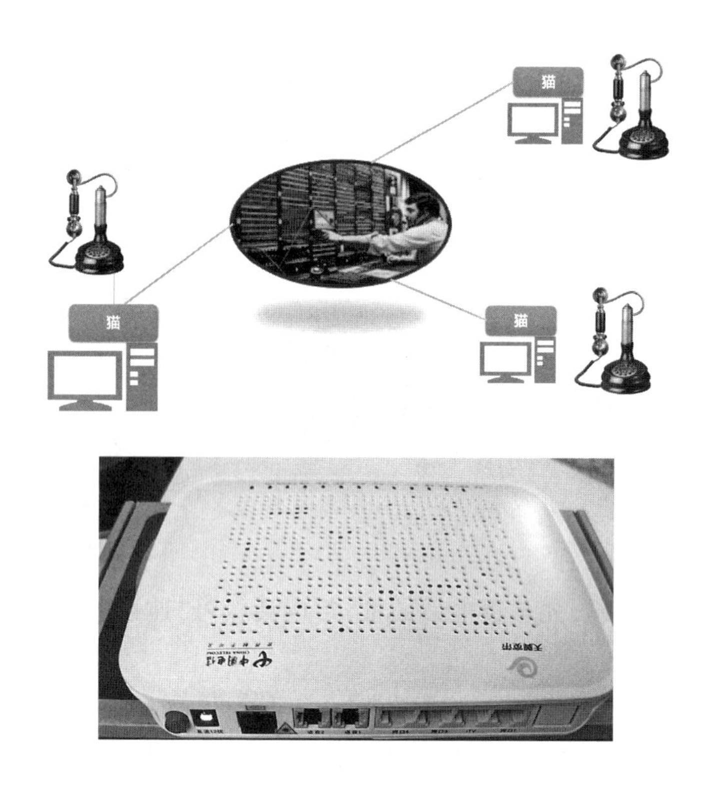

何为 8B10B 64B66B

有人问,EPON 的 8B10B,10 G EPON 是什么?

这种编码是为了防止系统长 0 长 1。

普通系统的信号是 1 或 0,发射机,给个指示,接收机判断就行。

但是偶尔也有这样：

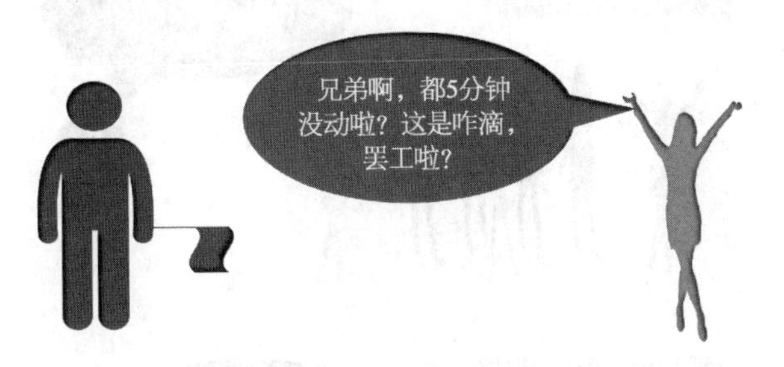

我们发射机很憋屈，

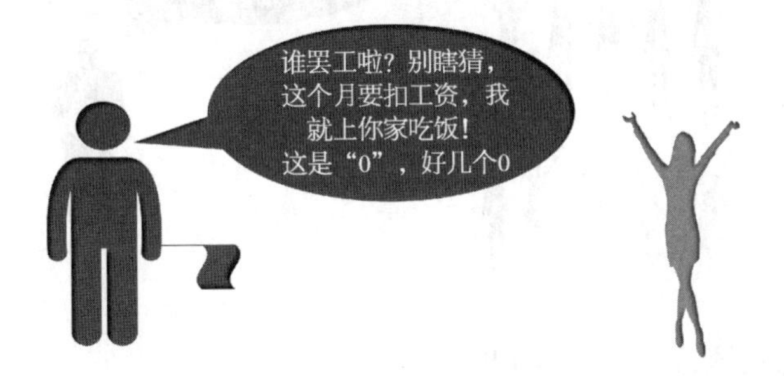

遇到长 0 长 1，接收机就凌乱了，不知道怎么办，事情是小事，系统给几个方法来选择。

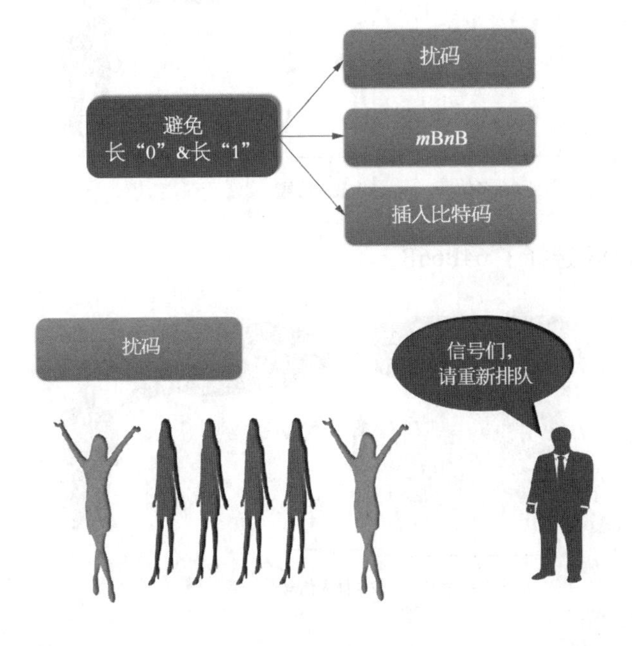

EPON 的系统,选择了 8B10B。

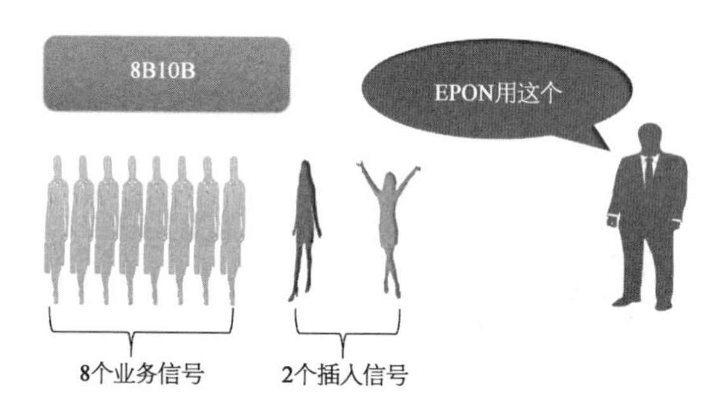

10 G EPON 选择了 64B66B。

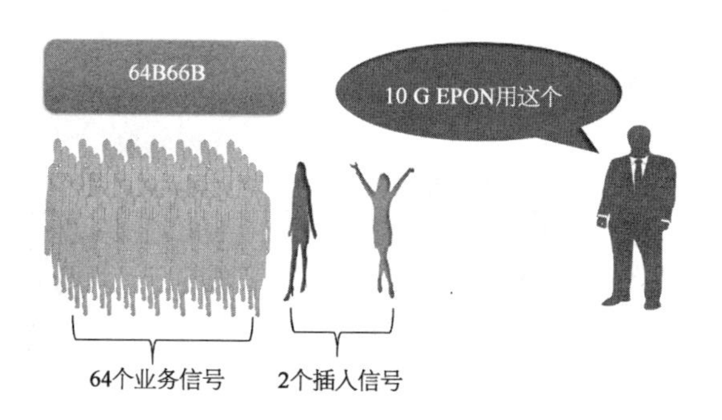

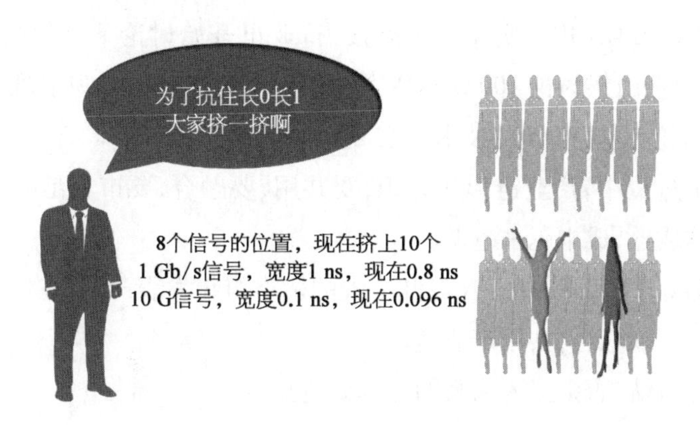

这就是为啥千兆以太网的光模块信号速率 1.25 Gb/s 啦，8 个正常业务信号 2 个配合信号，很简单的 1 G 除 8 乘 10 等于 1.25。

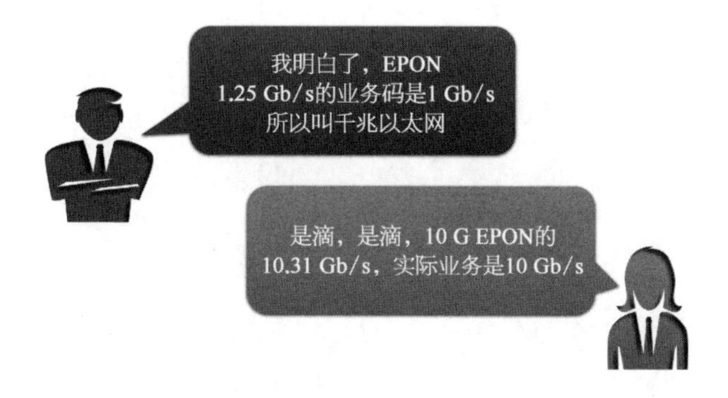

下一代 PON 融合

早些年，EPON 是 IEEE 提出的，GPON 是 ITU－T 提出来的，这两标准从速率、波长、功率到光器件类型都不一样，导致产业链做得很辛苦，做到这些产品的人，泪就没停过。

后来，在 10 G PON 的时代，有一部分开始融合，比如速率一致，下行波长一致……在一定程度上，激光器和电芯片能同时用在 10 G EPON 和 10 G GPON 上，比如 1577 EML 激光器，成本最大的一块，可以共用。

比如 ONU 的驱动 IC，可以共用，这省了多少开模费呢。

现在 10 G PON 进入实质部署阶段,行业也开始讨论下一代接入网 PON 技术标准,早些时候讨论 100 G PON 指标,隔了一段时间,发现很难实现,就砍掉 100 G,讨论 50 G PON 的技术规格。

在这个过程中,产业链形成共识,要共用,要融合,要市场足够大,才能让技术越来越成熟,成本越来越低。

现在 ITU - T,IEEE,FSAN 等几个大的标准组织发表声明,在后 10 G PON 的标准上尽可能融合,共用产业链。

这是好事情,否则接入网真的是越做越痛苦。

光学透镜

硅微透镜（一）

硅微透镜，是短距离 4×25 G，或者高速多通道光模块 chip on board 工艺里常用的一个器件，它可以做到和激光器阵列、探测器阵列同样间距，比如常用的 250 μm。

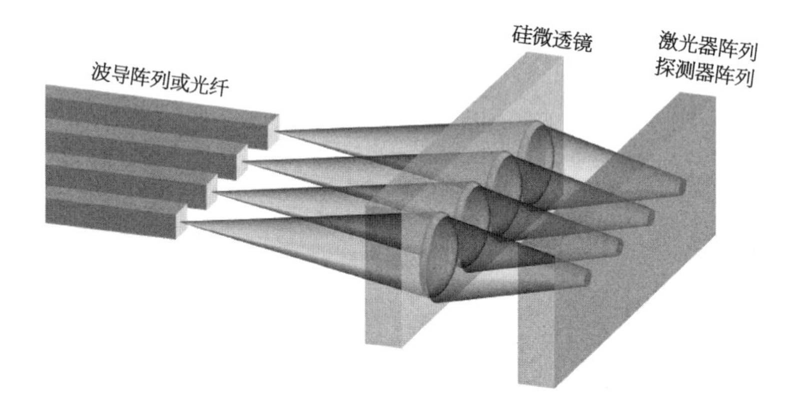

硅微透镜的材料是硅，比常规的玻璃，也就是氧化硅，折射率更高。

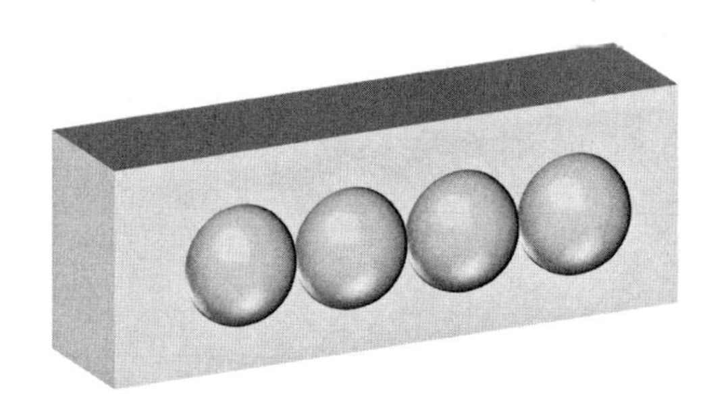

玻璃的折射率是 1.46，硅的折射率是 3.4。折射率大，数值孔径就大。

数值孔径大，也就支持更大发散角的激光器，有更好的耦合效率，比如 COB 工艺常用于数据中心短距离，VCSEL 的发散角就比 DFB 要大，中距离的 RWG 结构的 DFB 发散角就比 BH 的大。通常看到，发散角大的激光器还老能使用，关键是便宜。

硅微透镜的焦距设计，与曲率半径相关。

$$f = R / (n-1)$$

焦距　曲率半径　折射率

把透镜曲率半径用虚线表示：

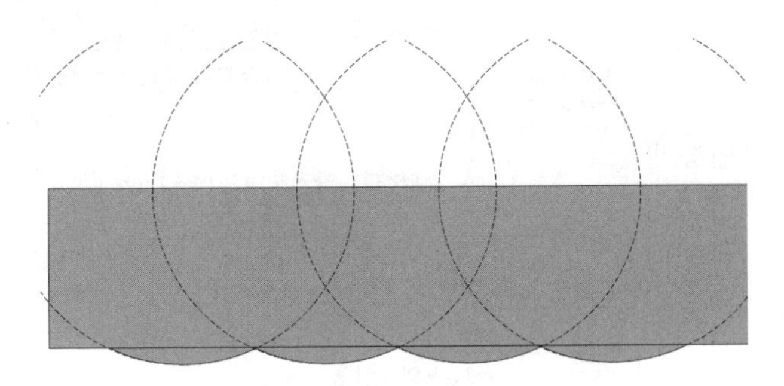

透镜的制作，用的是半导体工艺，大约几个步骤：

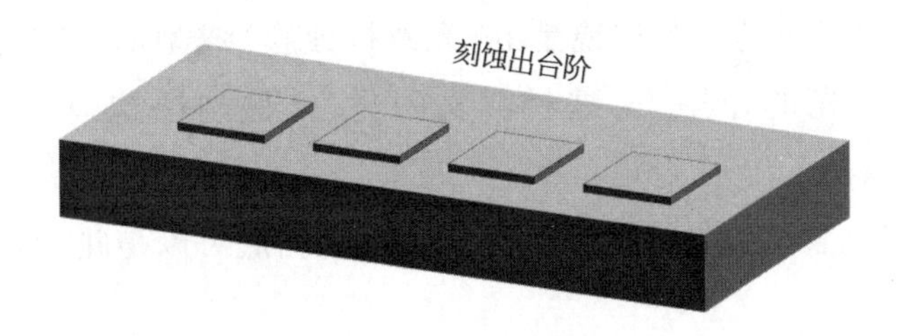

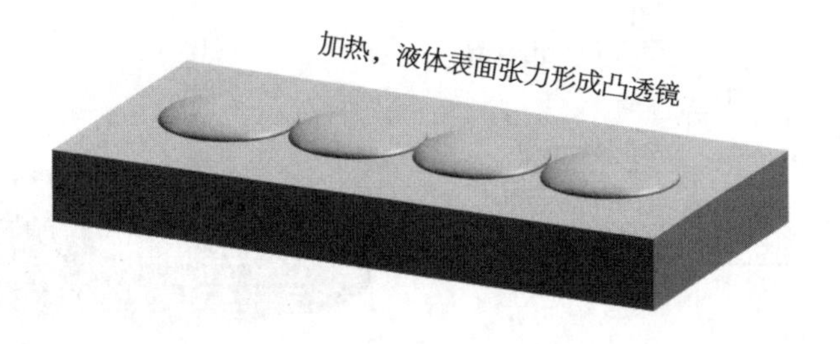

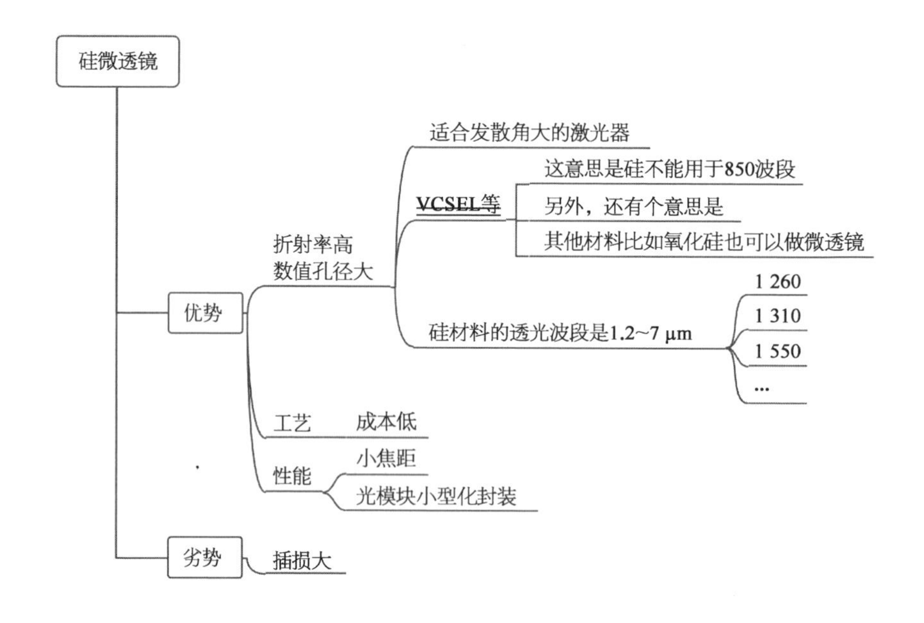

硅微透镜（二）

在硅微透镜里的这个透镜是由“光致抗蚀膜”成型的，新学到一个词，“光致抗蚀”，光的作用下，这材料就固化，抗住刻蚀这道工序，俗称光刻胶。

所谓“光刻胶”，首先是在衬底上涂的是胶，衬底可以是硅，也可以是其他材料。

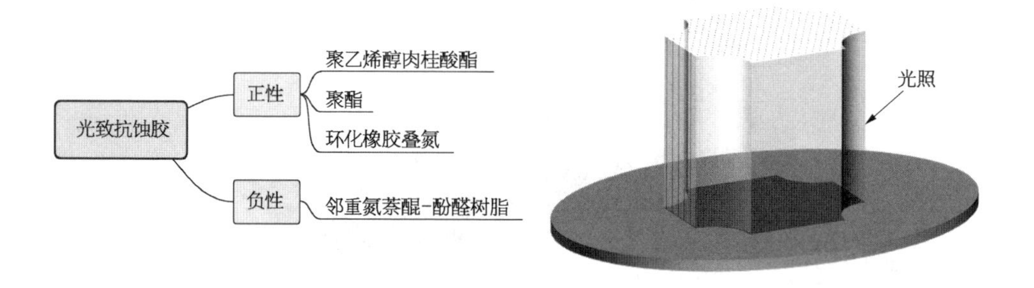

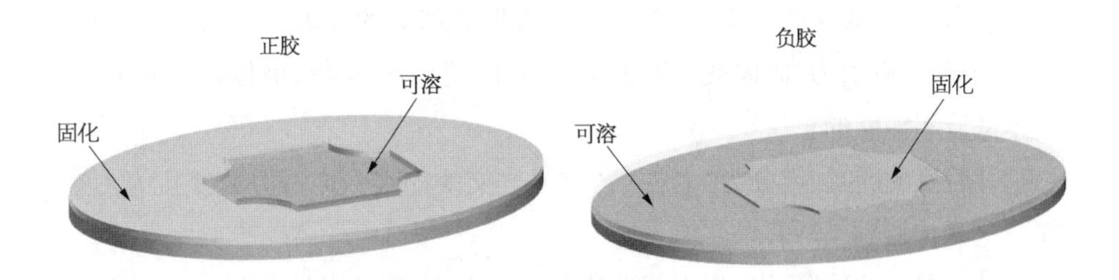

回到硅微透镜的制作，涂胶，按形状给光。

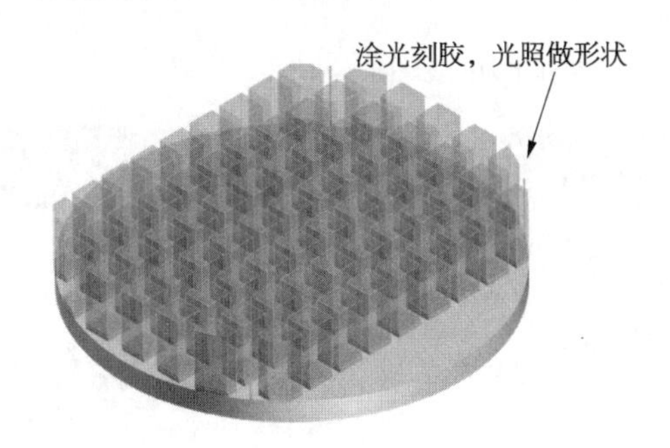

光照之后，一部分形成固化，一部分变成可溶物，洗掉可溶物之后，留下咱们需要的形状。

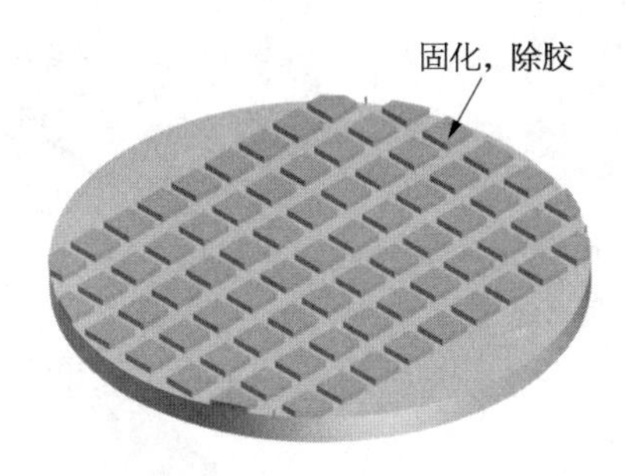

这层光刻胶固化后的膜，加热成液态。

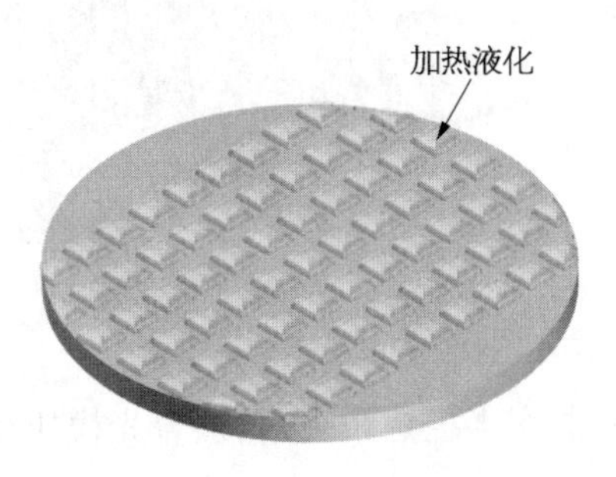

液态，因为表面张力成球面，表面张力形成球面的原因，首先是万物均有引力，俗称万有引力，固体就是因为他们的分子引力很牢靠，液体是一般牢靠，气体是最不牢靠的。

以后我的朋友，就分为“老铁”、“君子之交淡如水”和“视办公室仇人为空气”，这3个层别。

最表层的液体分子受到内部液体分子的引力，而外层是空气，引力略等于无，综合各个力的方向，综合就是向内有牵引力，这就是表面张力。

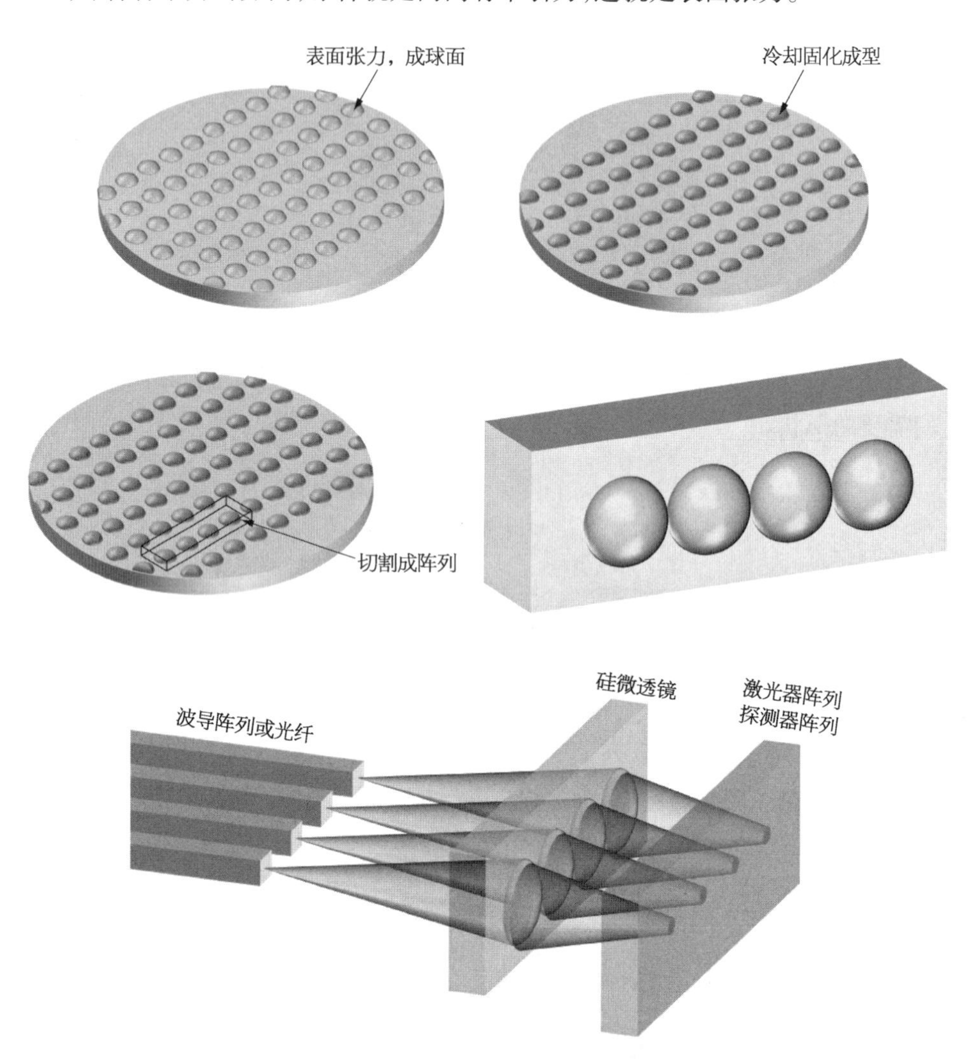

硅，折射率大，同样曲率半径焦距更短，适合光模块小型化封装。

硅微透镜（三）

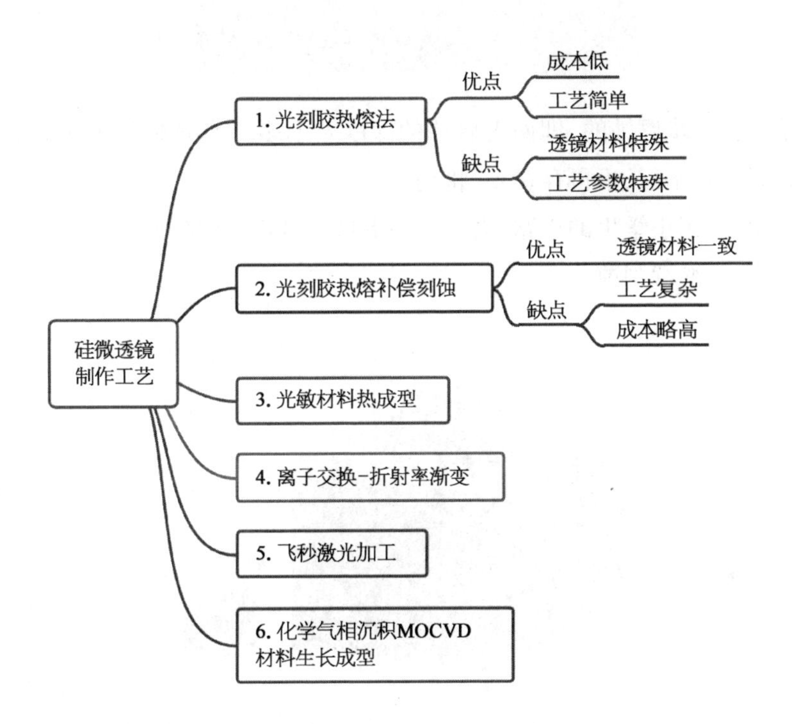

第一种：光刻胶热熔法。

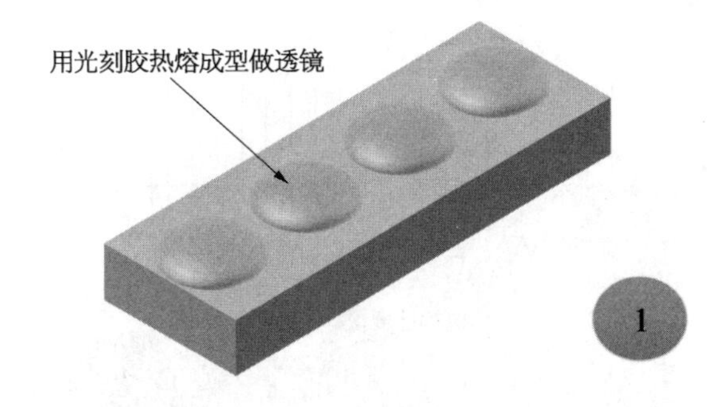

第二种：光刻胶热熔补偿刻蚀。光刻胶加热成型形成球形后还有一次腐蚀的，此次腐蚀将光刻胶连同下面的基材一同腐蚀，并且此次腐蚀时光刻胶和

基材基本是同步腐蚀的，即两者腐蚀的深度差不多。将光刻胶腐蚀完毕后剩余的材料全是基材，不再存在光刻胶了。

尽量，我用小学生的思路，去理解一下这个过程，在光刻胶液化，表面张力成球面之后，继续刻蚀。

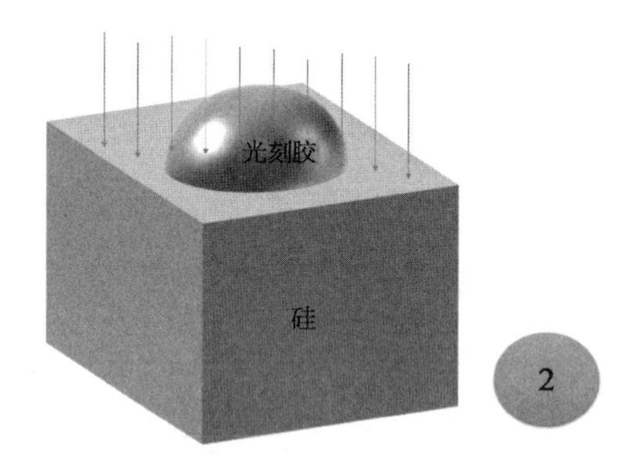

刻蚀，在硅材料上，刻蚀的速度快。光刻胶比较难刻蚀，光刻胶的厚度越大，刻蚀的速度越慢。

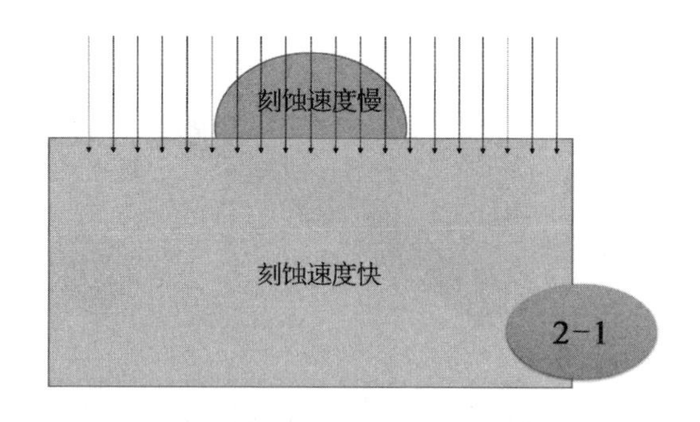

最后，同样的时间，不同的刻蚀速度，最后就形成以硅为材料的透镜形状。

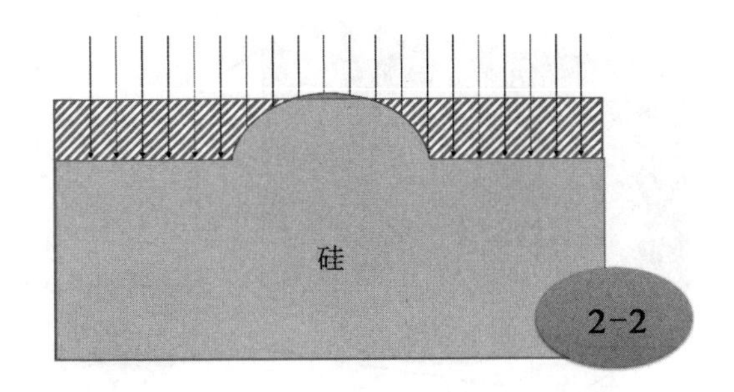

第三种：光敏材料热成型。如果衬底，是一种光敏材料，光刻胶（复用前头 V1.0 的节奏）成形状。

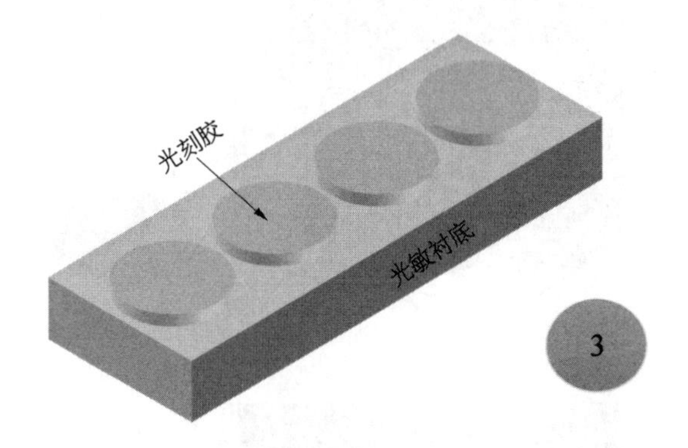

有光刻胶的位置，材料不变形，还是原来的可以透光的材料。

其他区域，就变性，不透光了。

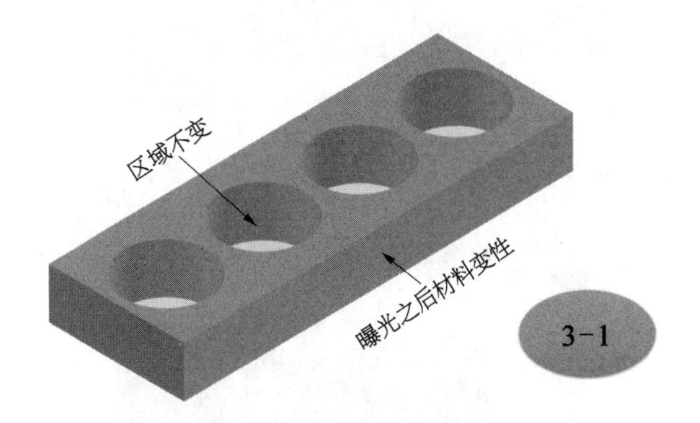

咱，放大一个，拆开一半来看（见下页图 3－2）。

加热，透光区域的材料软化膨胀（见下页图 3－3）。

中间要膨胀，周围不膨胀，这就形成挤压力（见下页图 3－4）。

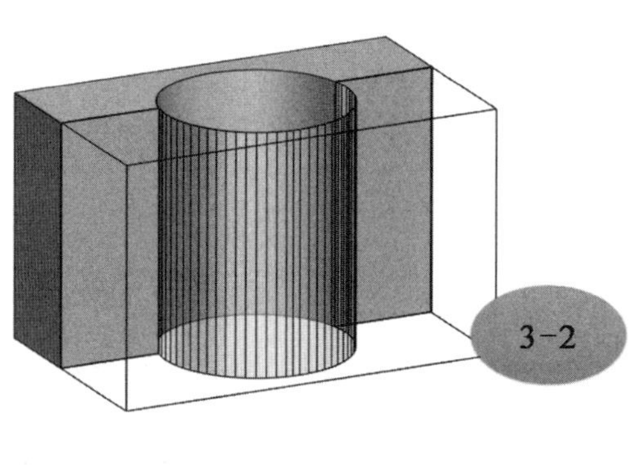

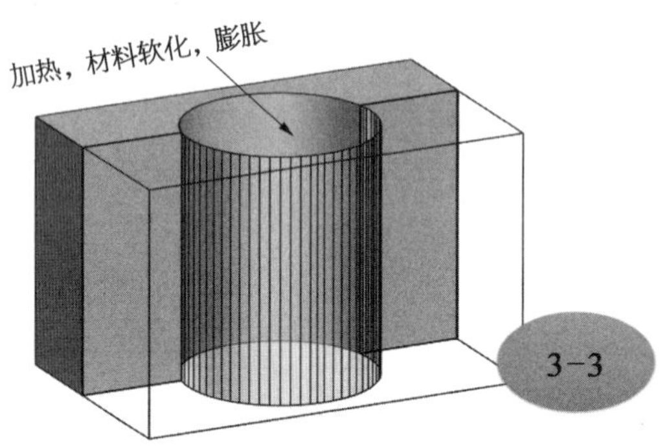

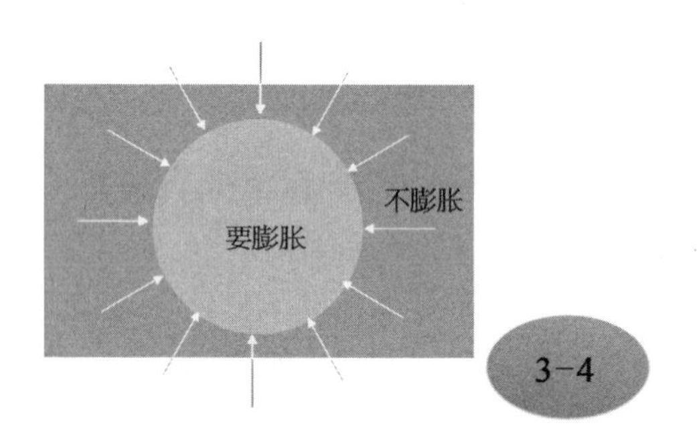

挤压成一个表面球体透镜。

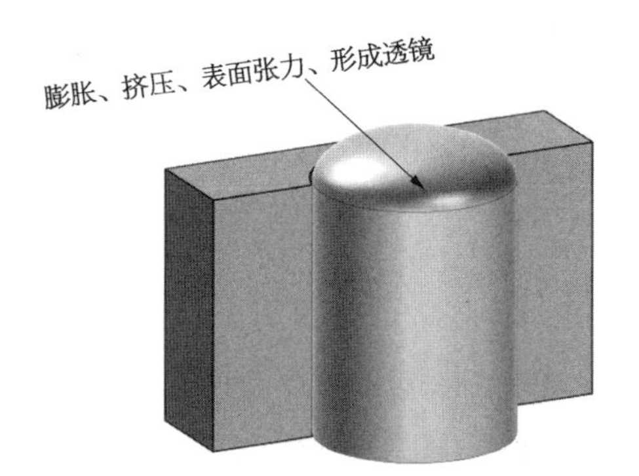

第四种：离子交换-折射率渐变。外形看，没有球体，灰色还是光刻胶的形状，剖开一半，离子交换工艺。

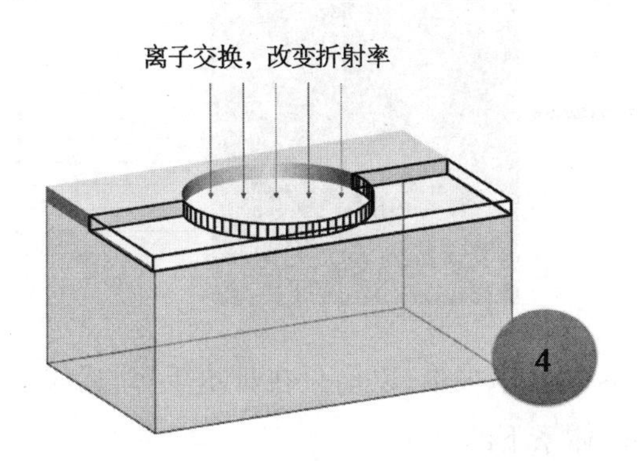

在衬底材料，无光刻胶的地方，存在掺杂离子，折射率成梯度变化，形成功能上的球透镜。

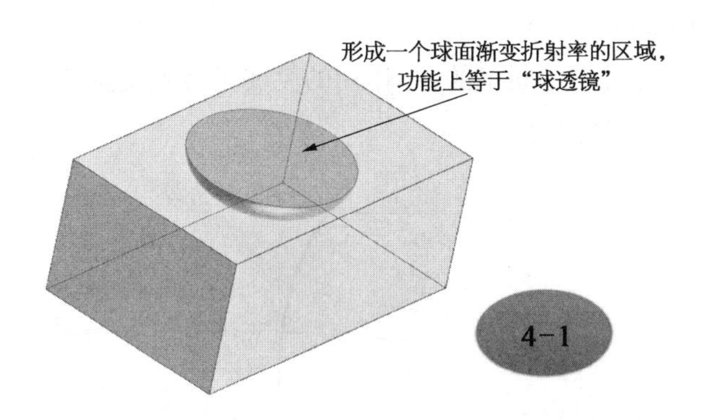

第五种：飞秒激光加工。算机械成型，一半做凹面微透镜。

第六种：MOCVD。用它做点激光器探测器芯片就很好啦，用来做微透镜，有点杀鸡用牛刀的感觉，省略。

C－lens 与 G－lens

自聚焦透镜，是阶梯折射率透镜，也就是 graded index lens，简称 GRIN lens，咱们也叫 G－lens。

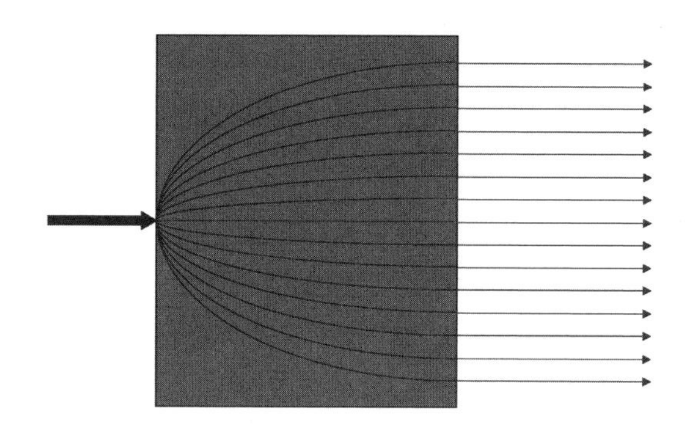

一个是 G - lens 的技术很难，以前只在日本手里，后来国内有两家做得也不错的，都是中科院体系下的公司。

一方面 G - lens 难做，二是成本比较高。后来一个中国专家罗勇做出一种替代品，球面透镜，叫 C - lens，这个产品命名的 C，代表他供职的公司 Casix，同时也代表 china 的 C。

C - lens 的折射率是固定的，起作用的主要是球面的曲率部分，柱型的部分并不会对光起聚焦作用。

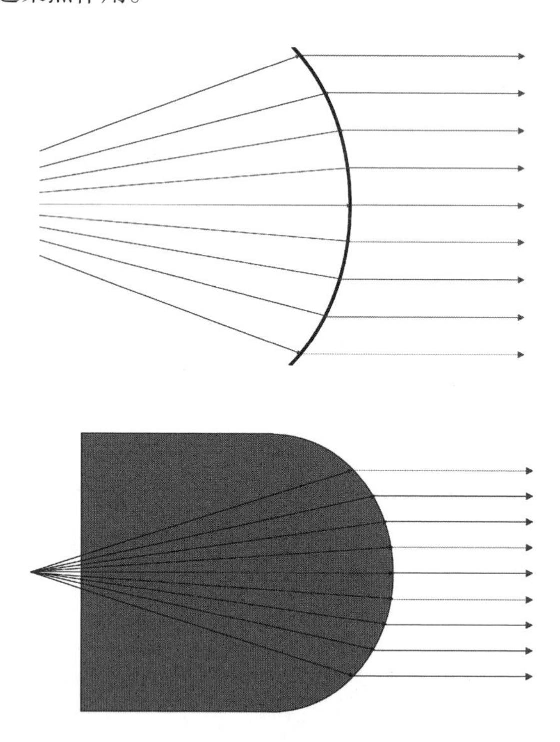

所以产品安装时,光纤出射端,到 C-lens 的柱型面的距离非常重要,会影响这个光路的性能。

另外,看到 C-lens 或者 G-lens 的前端做成 8°斜面,这是为了降低回波损耗。

当然,出射的是平行光,也就是准直的,实际上的光是一个近似平行光的高斯光束。

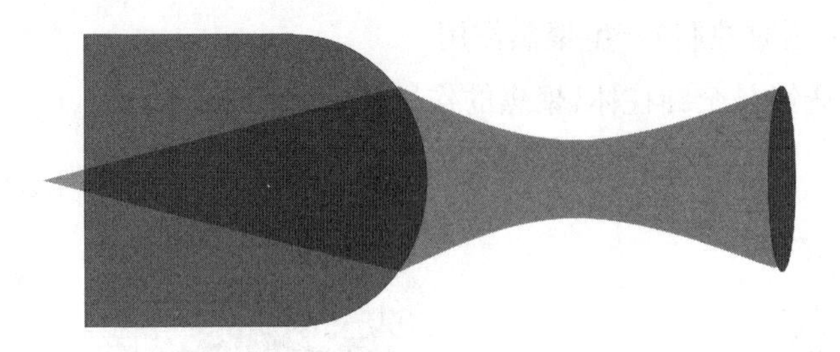

高斯光束在正负瑞利长度内,可以约为平行光,而这个长度就是 C-lens 的工作范围。换句说话,在这个距离内,C-lens 才能保证它的准直效果。出了这个范围就不行了。

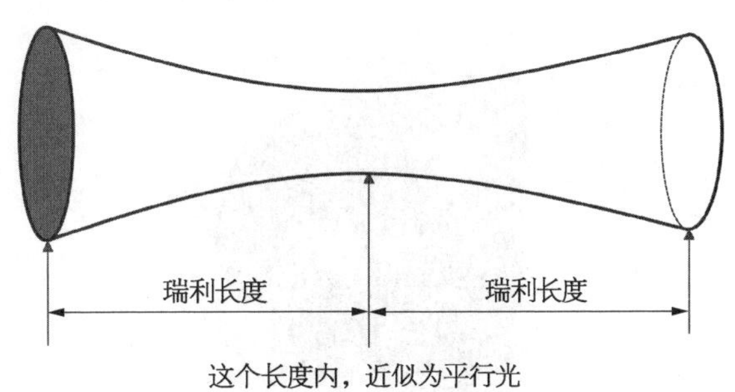

瑞利长度的计算,是看腰直径距离的$\sqrt{2}$倍,就是截面积是腰两倍的地方。

小结:

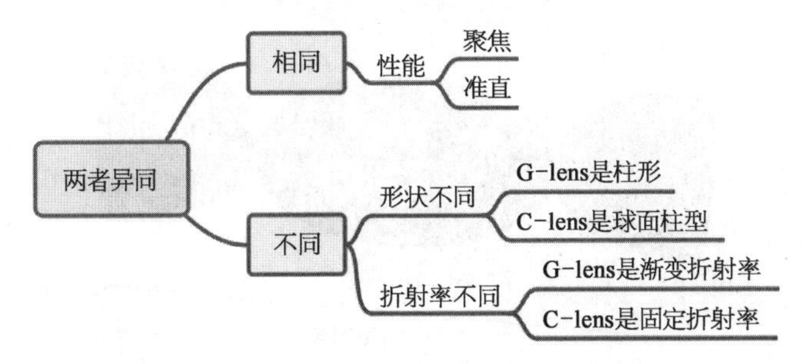

自聚焦透镜

自聚焦透镜和平面透镜的聚焦，要闷着头想的话，基本思路是一致的。都是折射率（光延时控制）产生聚焦作用。

自聚焦透镜是个圆柱体，聚焦的作用在透镜内部。

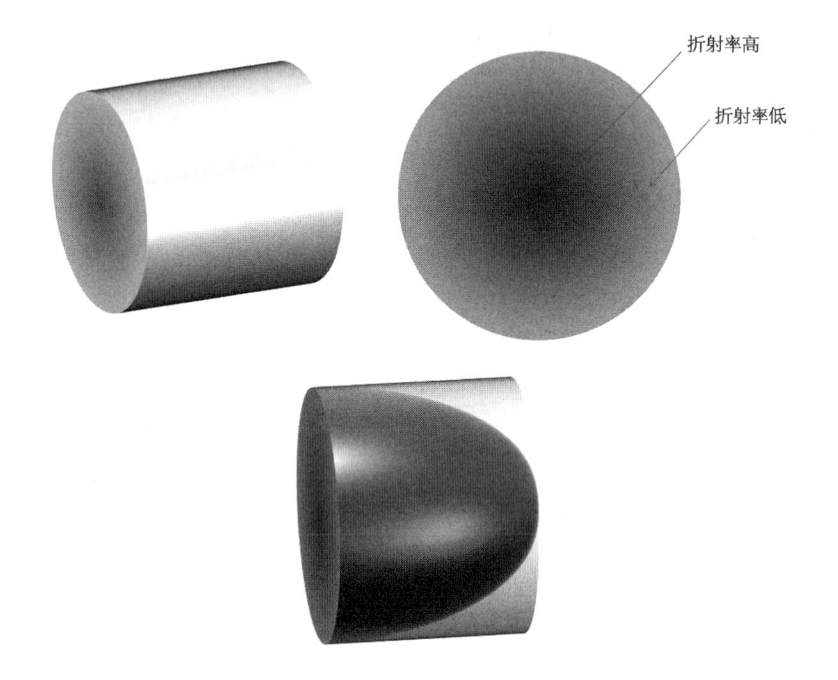

因为聚焦作用在透镜内部，它的长度就需要计算，才能从表面正确位置耦合出来，有节距的概念，一个完整的正弦波，算 1 节距，与波长和折射率分布相关。

在光学里，自聚焦透镜经常用作聚焦：

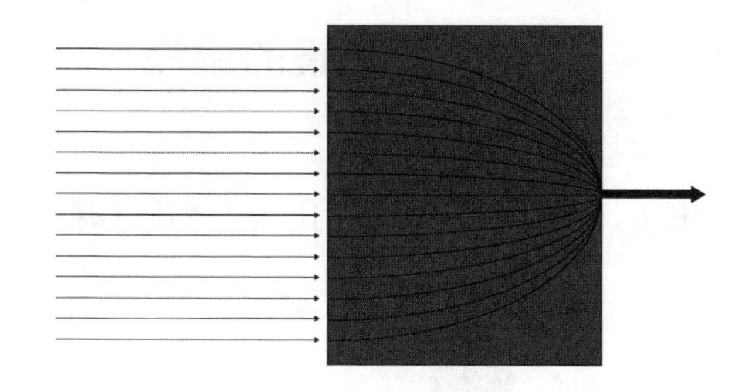

准直：

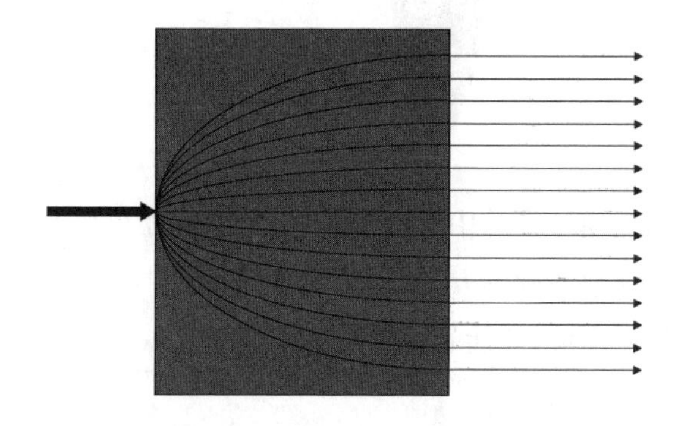

耦合对焦：

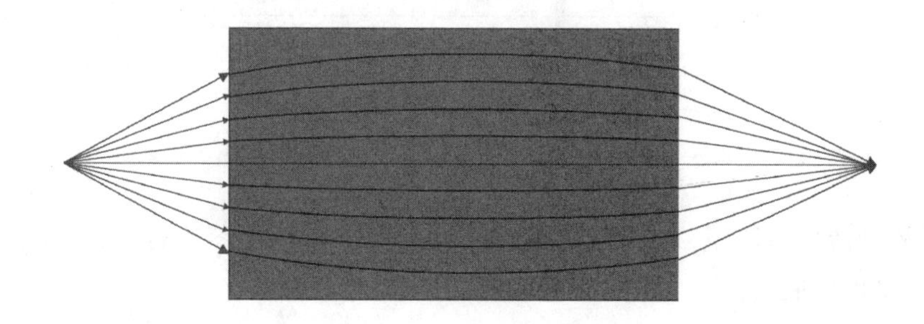

自聚焦透镜，用着很方便，各种波分、隔离、分束……光学器件中应用相当地广泛，它的折射率从圆柱体的轴心逐渐往外侧降低，使得光经过平滑折射后汇聚于一点。

平面透镜的聚焦

我们熟悉的透镜,有各种曲率半径的设计,有球透镜、非球透镜等。

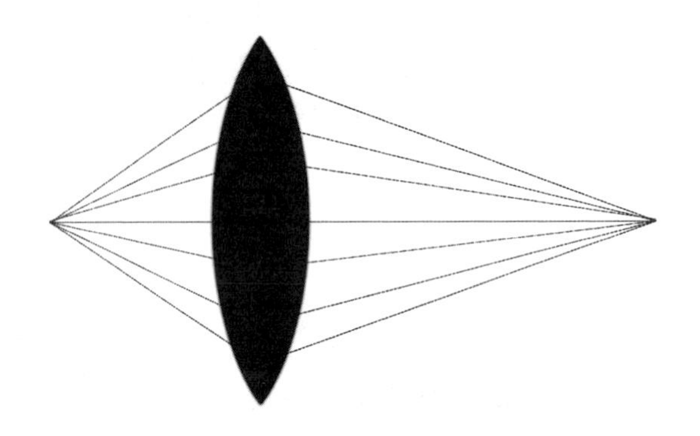

透镜,在咱们光模块设计中也好,在手机里的照相机也好,眼镜也好,因为它的非平面特点,导致各种不方便。

现在,有一种平面镜,还能起到聚焦作用,很神奇。

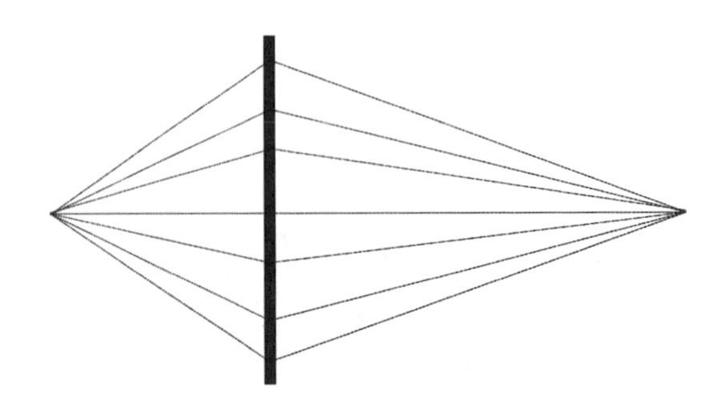

先聊清楚凸透镜,才能解释平面透镜。凸透镜与两参数有关,一是折射率,二是透镜形状。

折射,与光的传播速度有关系,光是波,这么传,波动原理(见下页第1图)。

垂直入射,不会有折射现象,有角度的入射,才会有折射(见下页第2图)。

那是因为,不垂直的光,入射到另一个介质面时,波前不一样了,进入截止后的光速度产生变化,重新干涉后,看起来的光线产生折变(见下页第3图)。

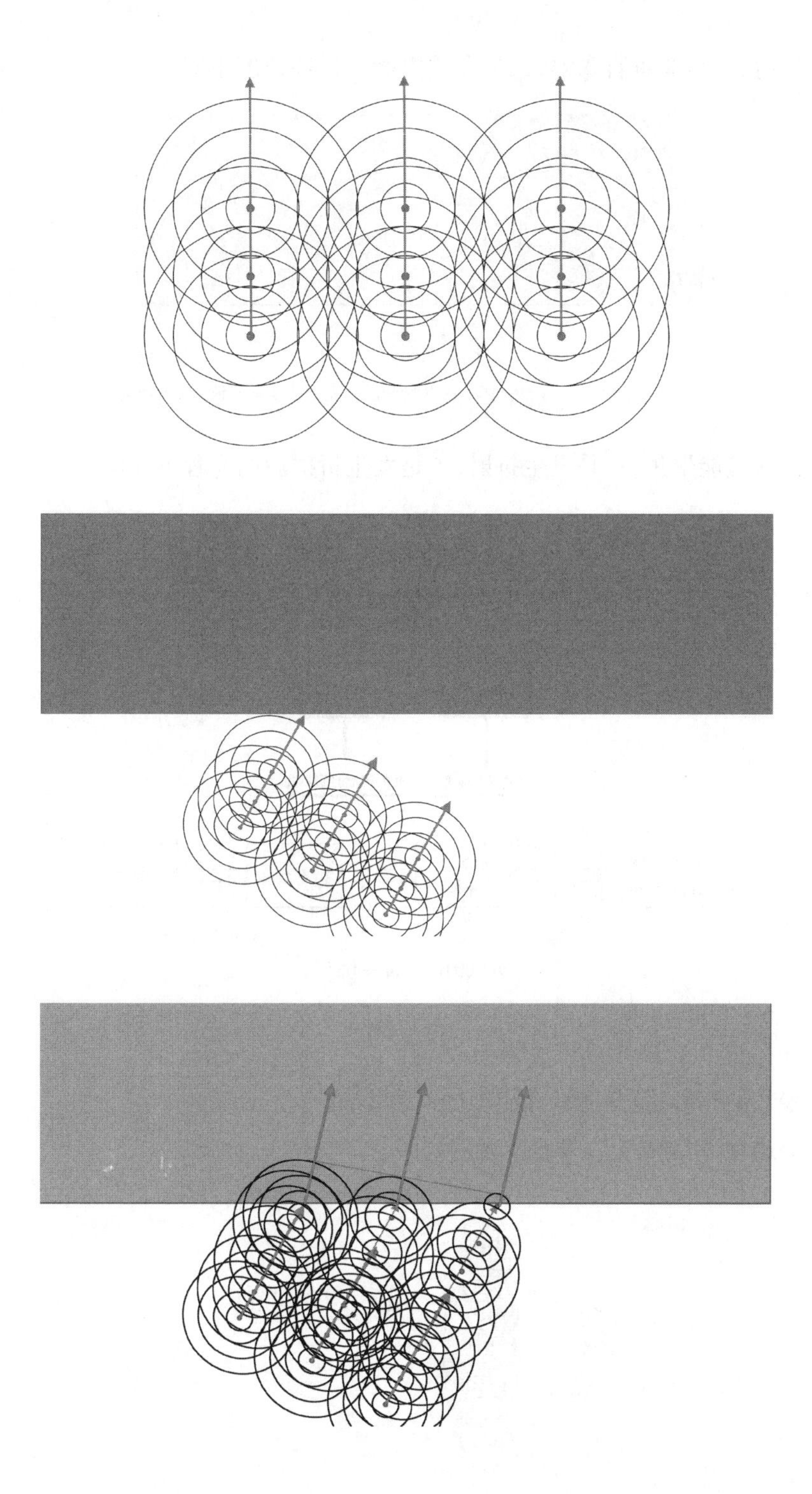

折射,一是非垂直入射,二是介质内的光传播速度不同。

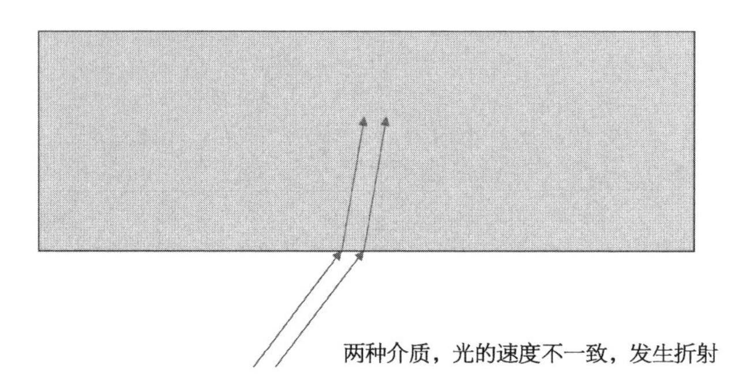

凸透镜能聚焦,一是发生折射,二是发生折射后的光程不一样。

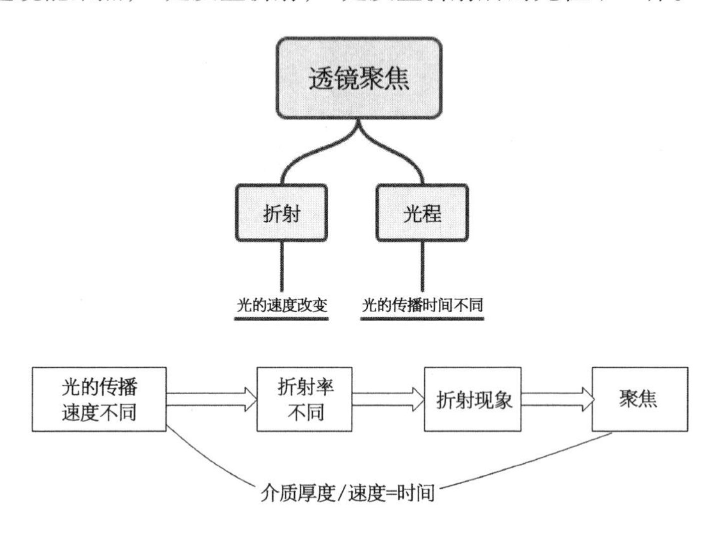

$$L = v \cdot t$$

聚焦的核心,就是光在介质中的延时不同。

凸透镜,用厚度(L)来改变光的延时。

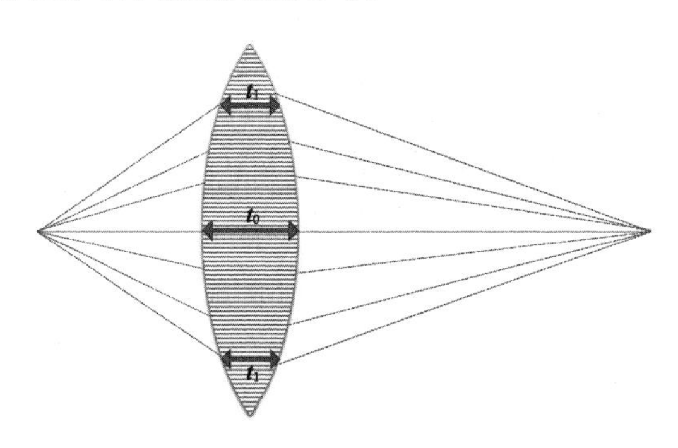

而平面透镜,通过折射率(速度),来改变光的延时。

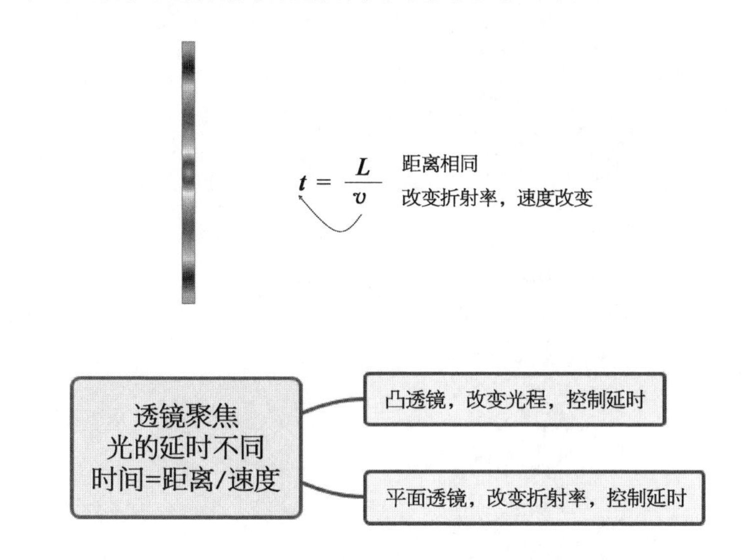

在同一个平面上,设计不同的超晶格结构,实现渐变折射率,达到聚焦效果。

合分波 MUX/DeMUX

基于 MZ 结构的波分复用器

AWG 阵列波导光栅可以做波分复用(WDM),MZ 结构也可以做波分复用器,都是基于光的干涉(见左图)。

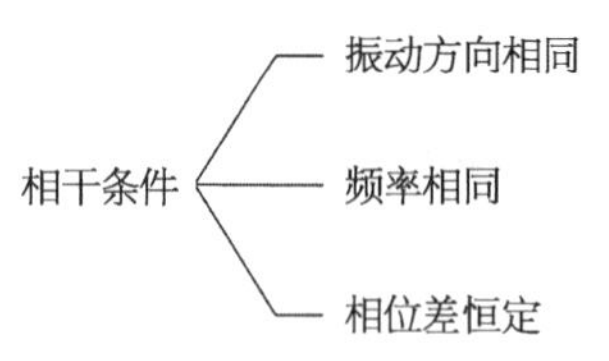

同一束光,决定了两个条件,振动方向和频率相同,把这束光分成不同的路径,产生相位差,就满足了光的干涉条件,比如 FP(Fabry Perot)干涉,FP 腔激光器,是在这个干涉原理上发展而来的。

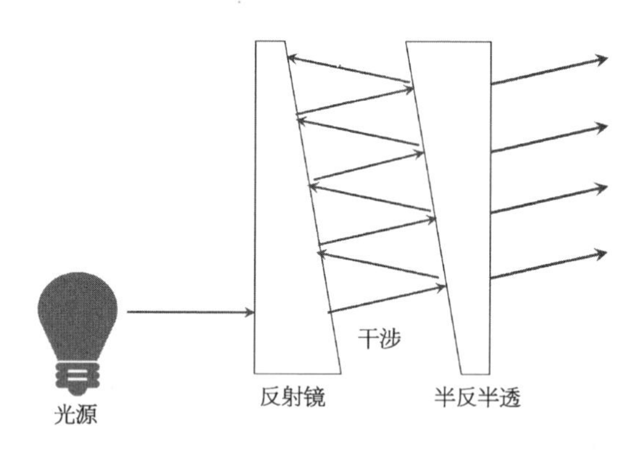

还有 Michelson 迈克耳孙干涉结构。

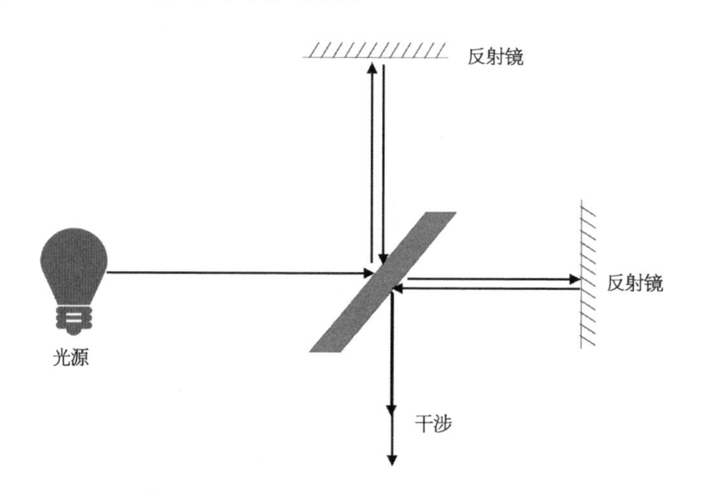

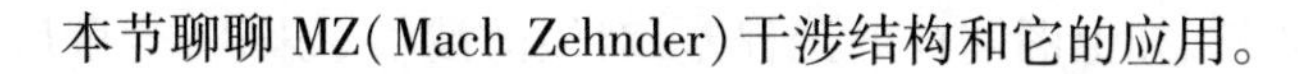
本节聊聊 MZ(Mach Zehnder)干涉结构和它的应用。

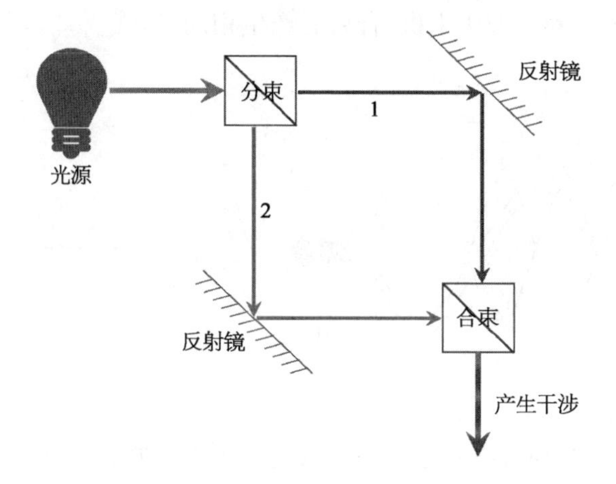

这两束光的光程路径不同,有光程差 ΔL,则进入合束器的光产生相位差 $\Delta\varphi$。

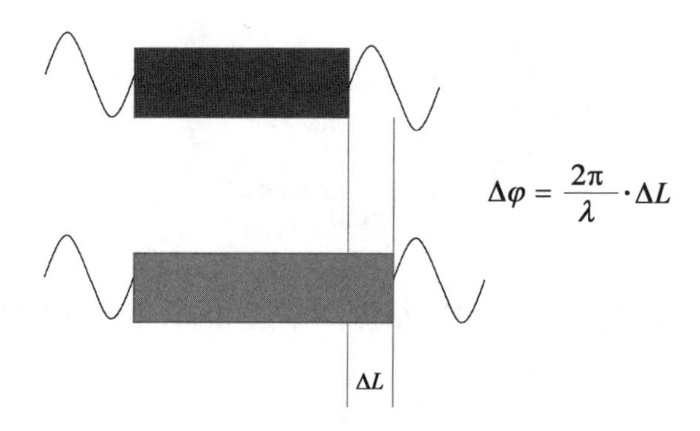

同样的结构,光程差相同,不同波长的光走这条路径,产生的相位差不同。

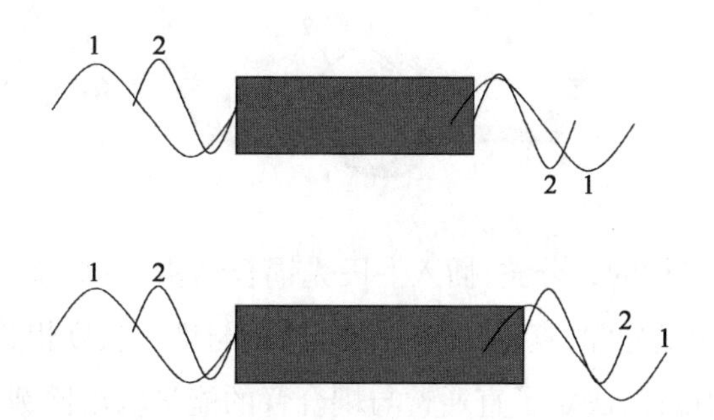

也就是不同的波长，如上图同样的光程差，对短的波长 2 来讲，合束后产生相消，没有啦。对长波 1 来讲，合束后产生相加，增强。

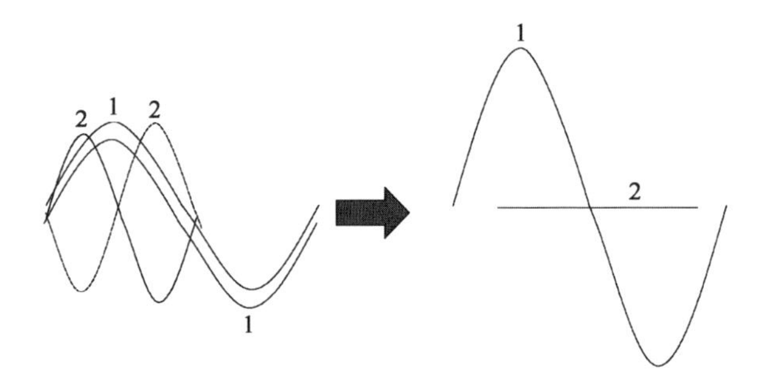

光波，可以在空间传输，也可以在波导中传输，咱们看到的典型基于平面光波导的 MZ 结构是这样的：

不同波长的光进入同一个 MZ 结构，光程差相同，相位差不同。

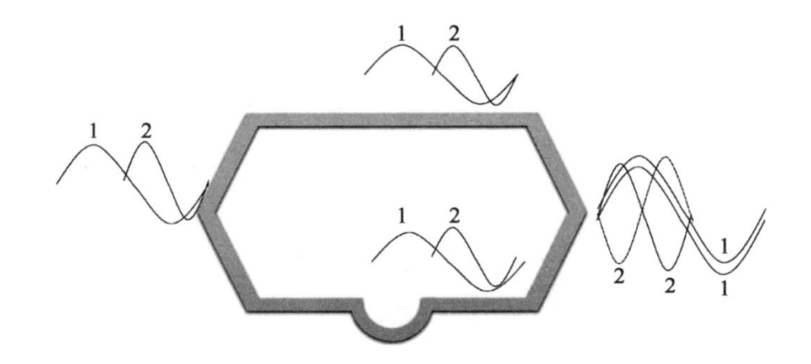

聊基于 MZ 结构的合分波，插入一段光耦合结构，下页前 3 图是 2×2 光波导耦合，输出端能量分配，直通臂与耦合臂比例与耦合长度相关。

耦合长度的设计，决定了直通臂与耦合臂的能量输出比例(见下页下图)。

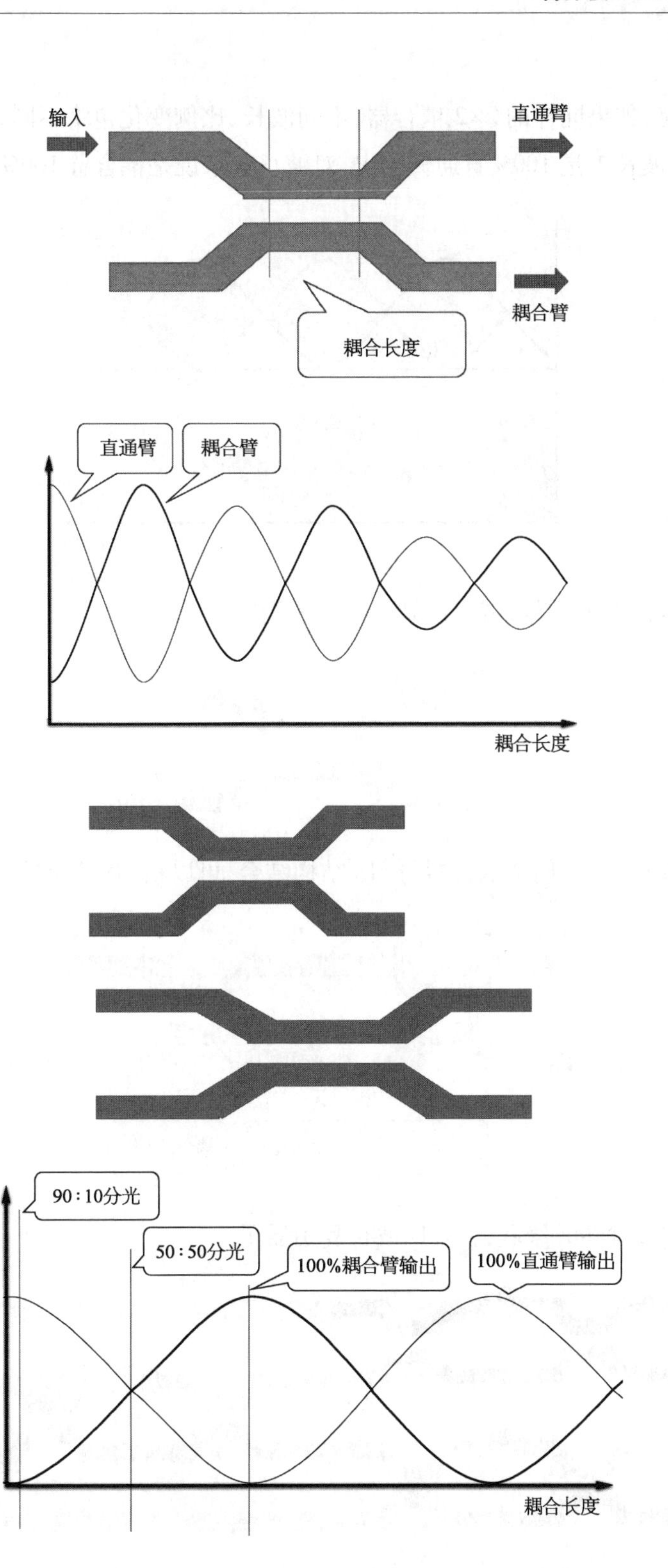
输入
直通臂
耦合臂
耦合长度
直通臂
耦合臂
耦合长度
90 : 10分光
50 : 50分光
100%耦合臂输出
100%直通臂输出
耦合长度

可是，如果同样的2×2耦合器，不同波长，比例变化包络不同，相同的耦合长度，对波长1是100%直通臂输出，对波长2来说是耦合臂100%。

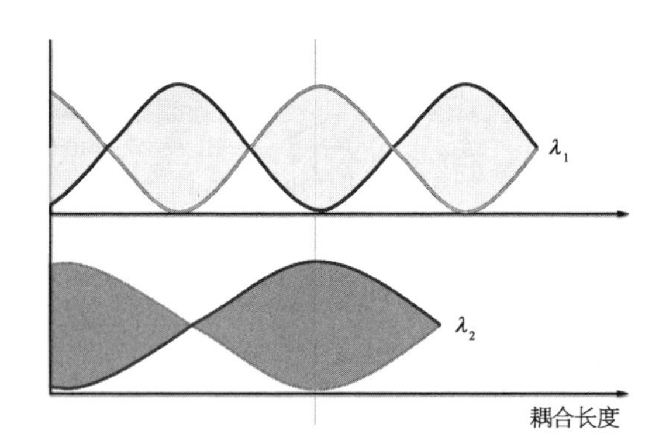

这样式儿的结构，就可以做粗波分复用。

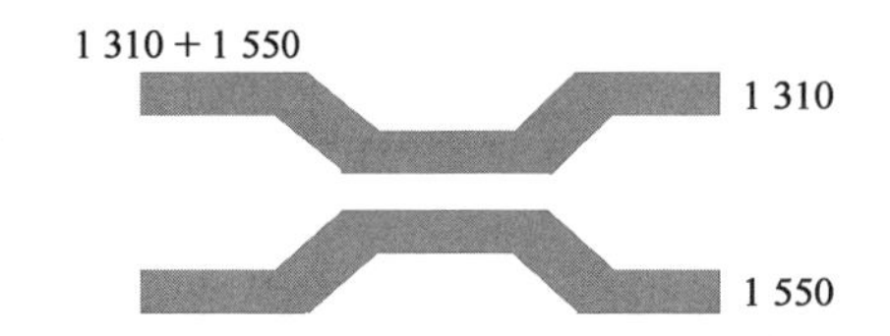

插播回来，咱们把耦合器与MZ结构结合，可以精细设计波长分割。

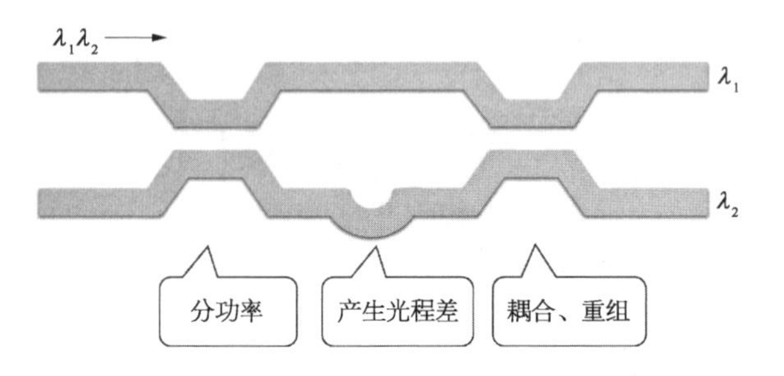

下图3个MZ级联，就是四波长复用器了。

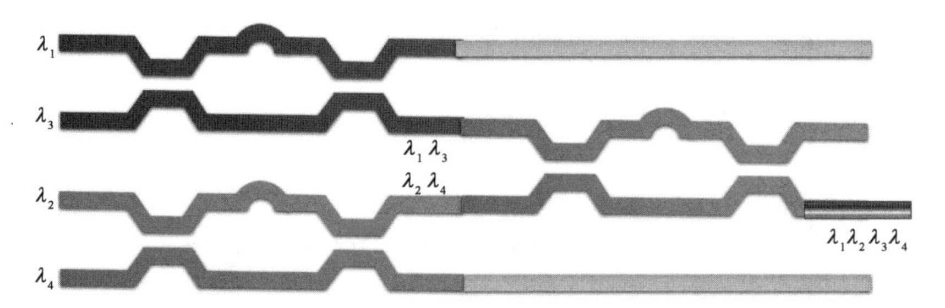

那个 4×25 G＝100 G 的光模块，合分波也是可以选择这种结构的。

用 PBS 做 CWDM4 的合分波

CWDM4 光模块，4 个波长，1 270/1 290/1 310/1 330，4 个波长的波分复用器，有的用介质膜做反射，合波。

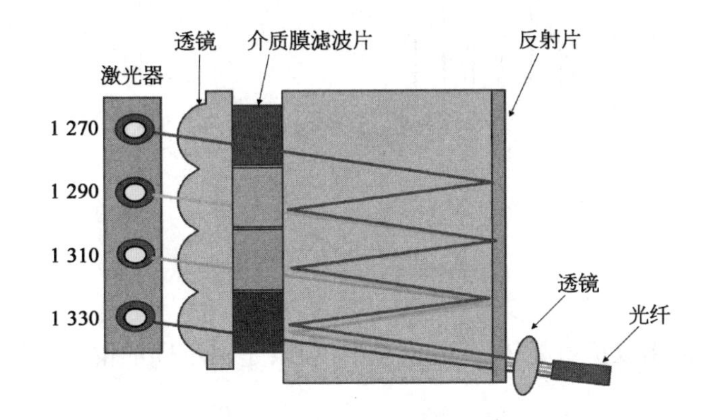

也有用 AWG 做。

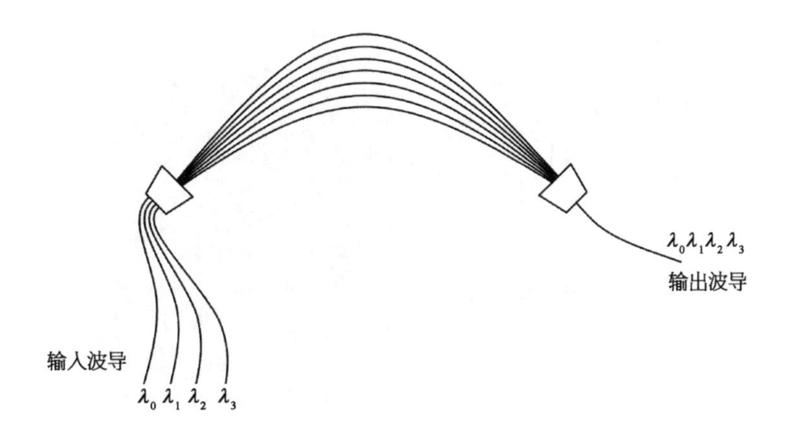

有用 PBS 偏振分束器来做的吗？

咦，还真有，finisar 的专利（见下页第 1 图）。

光有偏振态（见下页第 2 图）。

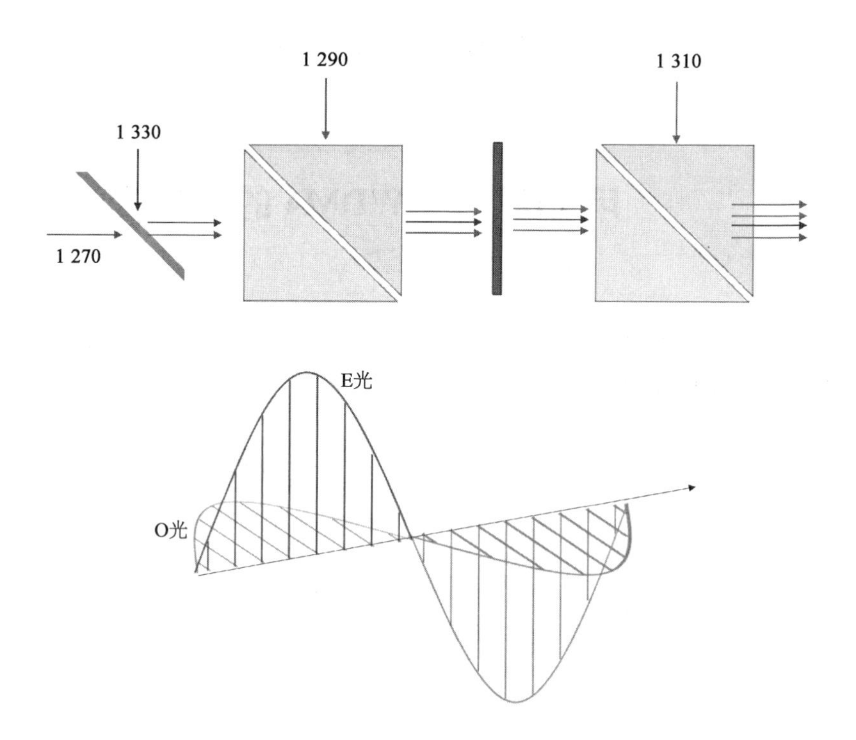

PBS 可以用双折射晶体来做,双折射的双,是对不同的偏振态体现出不同的折射率。

E 光,一个偏振态的光。它在非光轴的入射角度下,有折射现象:

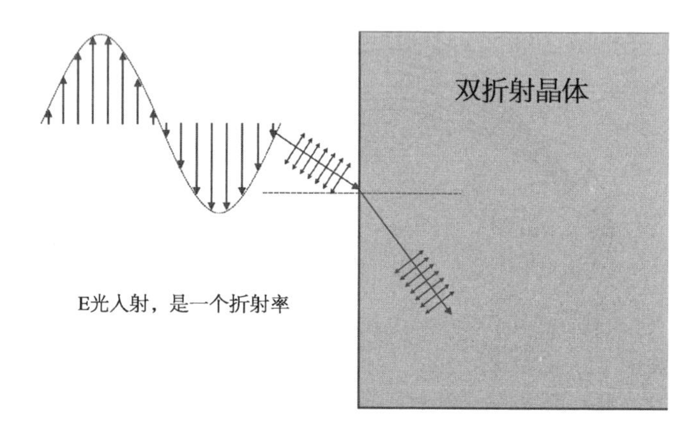

O 光,另一个偏振态的光,它在双折射晶体中,非光轴方向的入射,也会产生折射(见下页第 1 图)。

由于对两种偏振态,体现了两种折射率,所以叫“双”折射晶体。

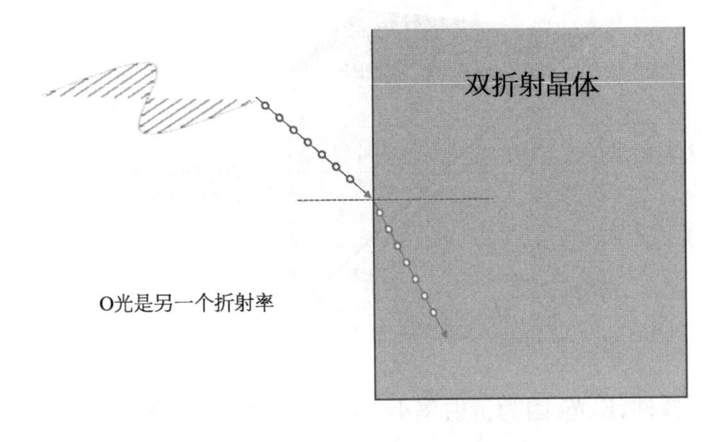

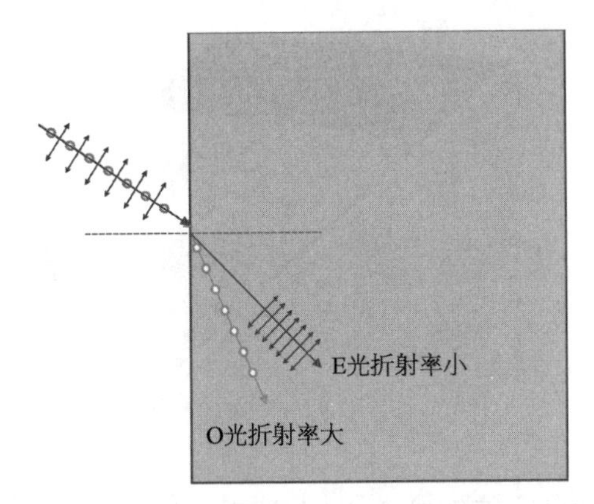

PBS 棱镜，就是利用这两种折射率的效果。

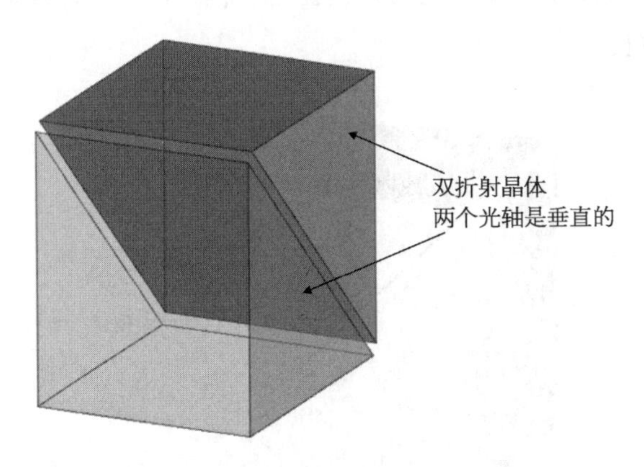

下图，对 O 光来说，折射率大，光密到光疏，可以产生全反射，45°的斜面就能产生一个 90°的光路转折。

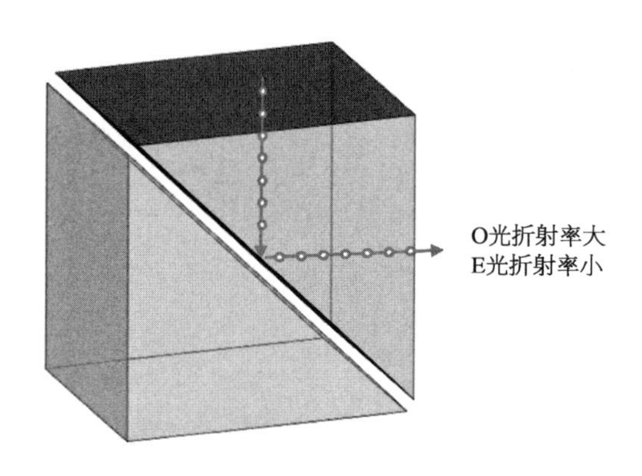

同一个器件,E 光,因为折射率小,从光疏到光密,是透射。

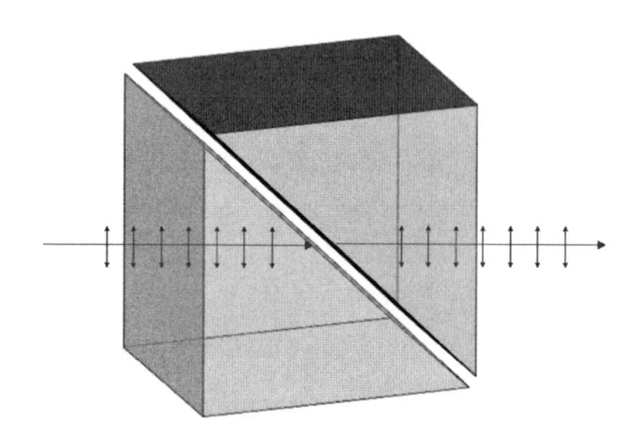

如果是同一个波长,下图就可以叫偏振合束器,光路反向就叫偏振分束器。如果两个波长,分别设计成两种偏振态,那输出就是合波器,因为 PBS 只管偏振,不管波长。

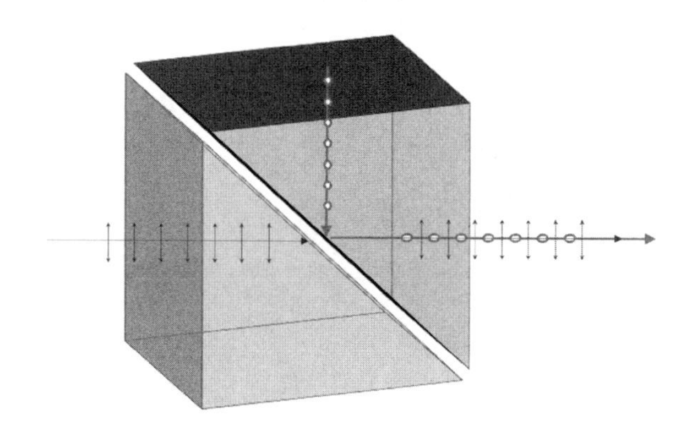

finisar 的 CWDM4 的合波设计,分成几个步骤,第一个,是用 45°波片,先把

最远的两个波长合在一起。因为角度的问题,45°片子只能区分大于 40 nm 的波长。

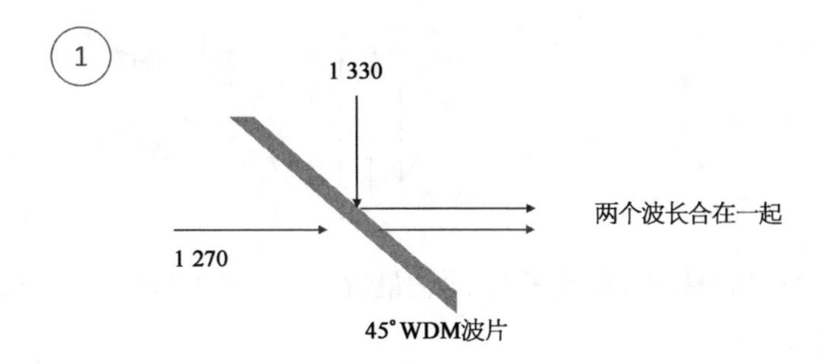

第二步,是 1 270/1 330,用一个偏振态,1 290 设计成另一个偏振态,用 PBS 合在一起。

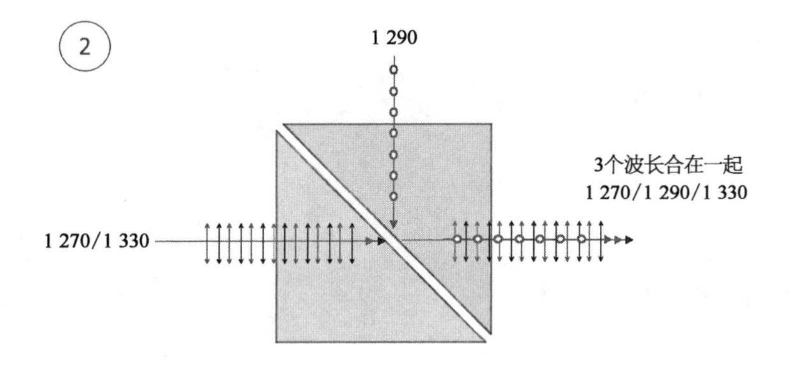

第三步,是旋转 45°,偏振方向旋转。

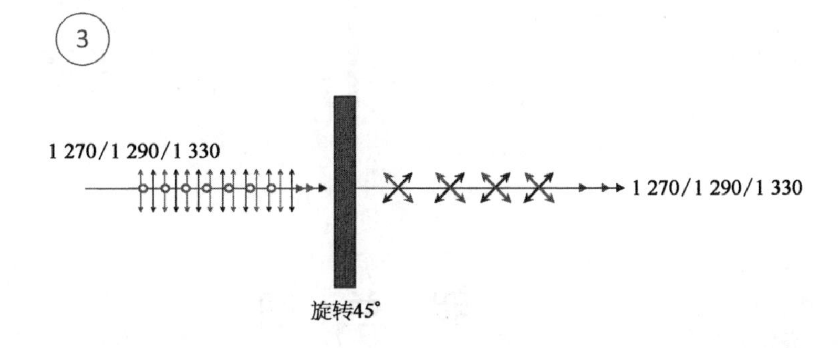

就是本来一个垂直于我们的偏振态,一个水平于咱们视角的偏振态,通通旋转 45°。

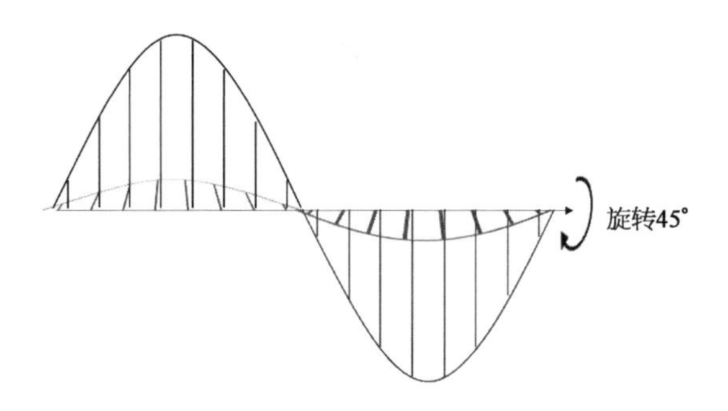

旋转之后的偏振态,就是透射,再把最后一个波长 1 310 设置成水平偏振,1 310 就成反射。

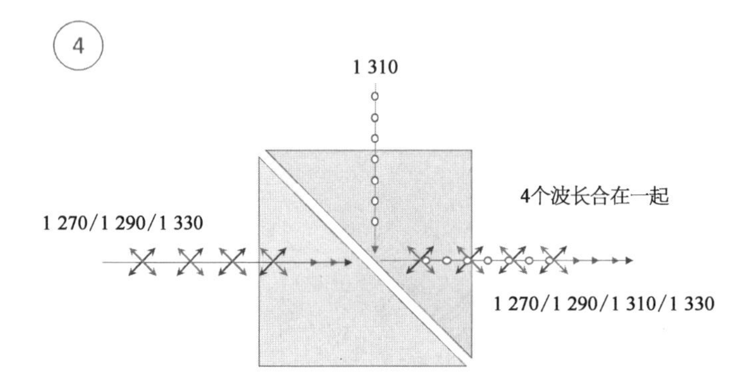

最后再看一眼,全家福。

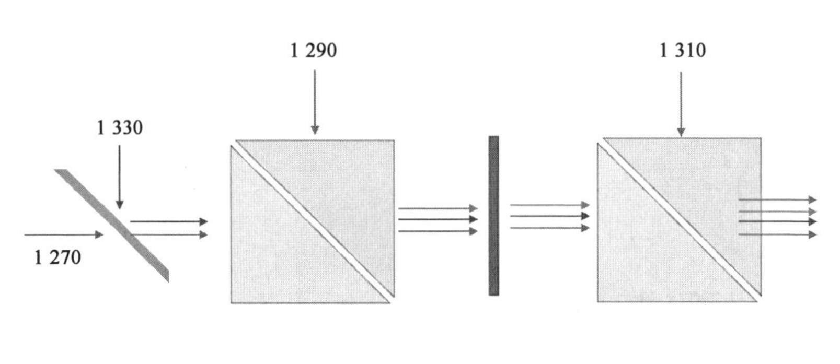

罗 兰 圆

什么是罗兰圆?

罗兰是一个人,Rowland,如果能活到今天,得有 170 岁了。这个叫罗兰的物理学家在 138 年前发现了一个现象。

一个凹面光栅:

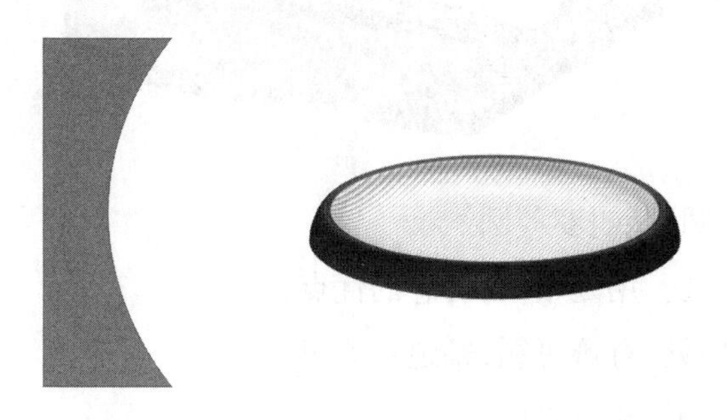

光栅的栅,就是一条条等间距的栅栏条纹,它有色散的作用。凹,是去掉一个球的一部分,黑色的球,就是凹面光栅相同曲率半径的虚拟的球。

一个直径等于这个黑色球一半的灰色球,如果这个灰色球与凹面光栅中点相切,会发生一些有趣的现象。

在这个灰色球面上,光从任何一点入射,色散之后的光,仍汇聚在这个球面上。同时这个过程可逆。

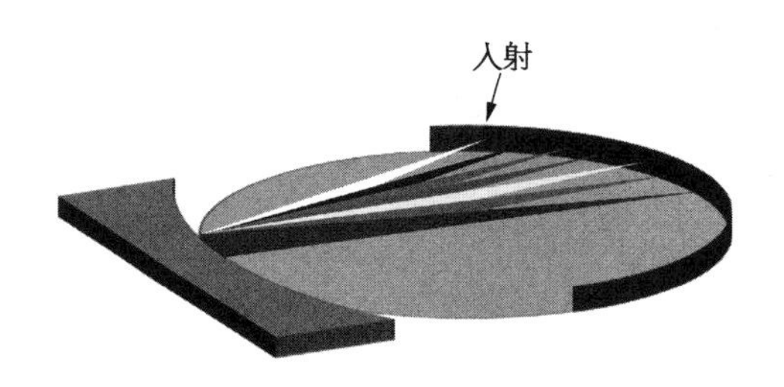

这个灰色的圆，就叫罗兰圆。

这有什么用处？用处很大，看它的优点。

第一，光的出处，有迹可循，知道在哪里。

第二，光的入射，相对自由。

第三，光路可逆。

再看它的用处：

光学上的 MUX/DeMUX 经常会选 AWG 形式，这里就用了一组两个罗兰圆。

还有化学成分检测，一份儿青菜，用光一打，通过凹面光栅散射后的光学谱线的浓度，也就是每个点的功率不同，能分析出，有没有农药。

一份儿化妆品，用光一打，在罗兰圆各处一看，有没有加“铅”这些个重金属，都知道啦。

钢铁厂，用得也很多，炼完一炉钢，用咱的罗兰圆一分析成分，就知道碳含量多少，这都是钢铁般的质量。

……

闪耀光栅

咱们系统链路里，需要对光进行解复用，也就是色散。

不同频率的光，也就是不同的颜色。

把不同频率的光散开，就叫色散。

比如 WSS 各种路径，都会用到光栅，光栅的作用就是色散，把光频率分开。

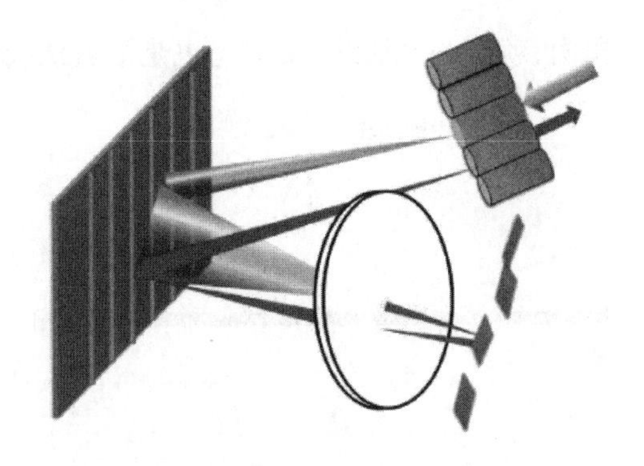

普通光栅的色散,0 级光的强度最大,可是颜色分不开。

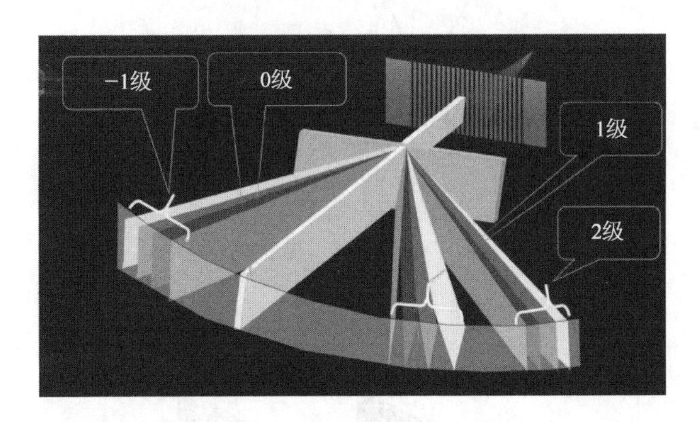

我们把 1 级、2 级和-1 级的光栅衍射后的波分离,且散开后依然可有更大的光强度,是最好的选择。

普通光栅这样:

入射光线和光栅面，就有一个法线，反射光也是沿着法线透射或折射的。

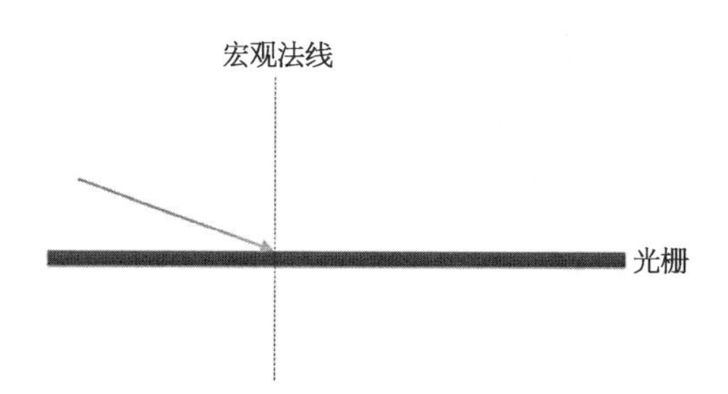

如果把光栅设计成锯齿状，那么对光栅的宏观入射角度和微观角度就不一样了。

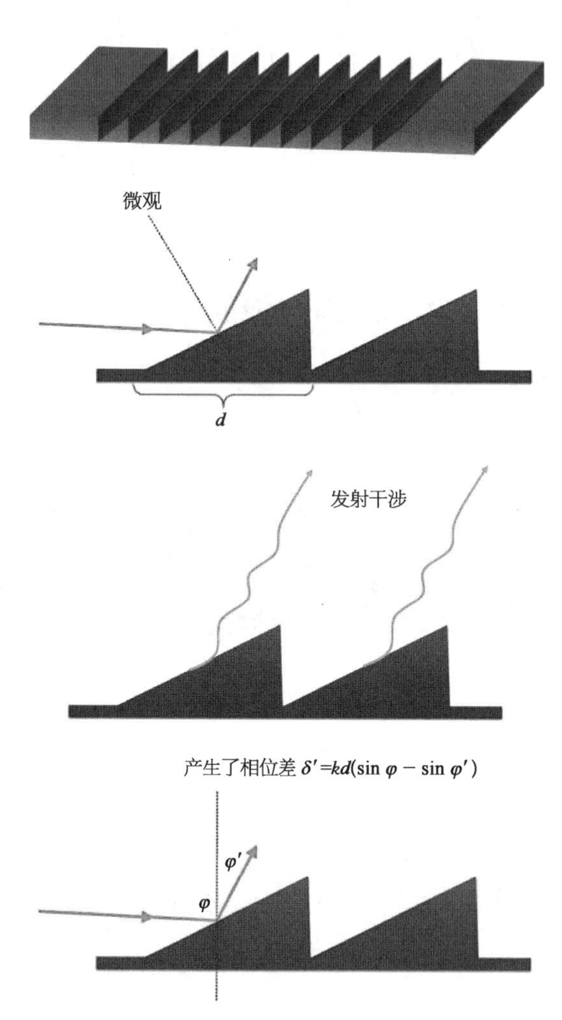

不写公式的推导过程，α，β 与相位差相关，光强的分布会有偏移。

$$I = I_0 \frac{\sin^2\alpha}{\alpha^2} \cdot \frac{\sin^2 N\beta}{\beta^2}$$

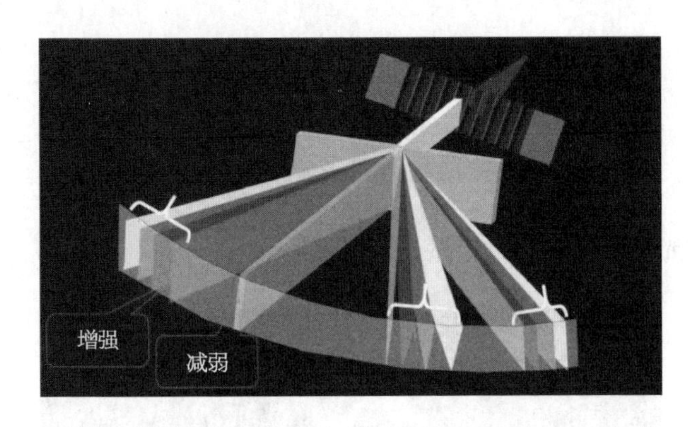

通过设计这个锯齿状的角度，光强可以偏移到需要的地方。

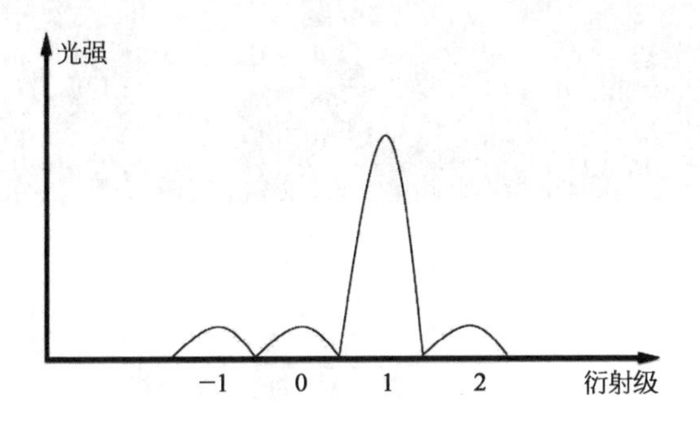

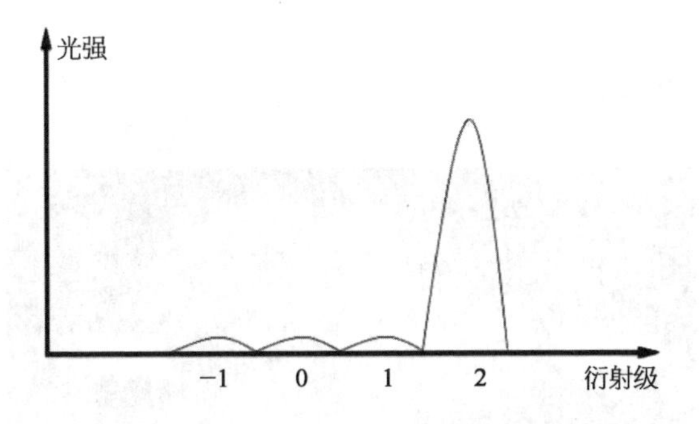

咱们拿个什么卡片，从某个方向入射，光闪得不要不要的，就是强度很大，这个就叫闪耀。

那这种锯齿状的光栅，可以设定光强的分布，就叫闪耀光栅。

强度分布在哪里，与宏观与微观角度差异相关，这个关键参数就叫闪耀角。

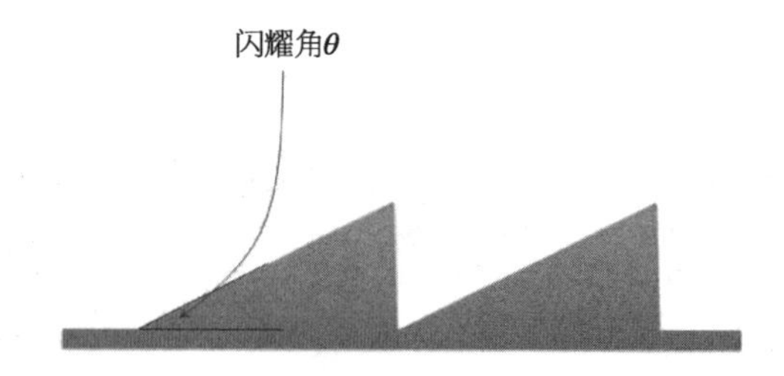

这样的光栅，可以透射，当然也可以反射。

布拉格光栅

普通光纤的传输：

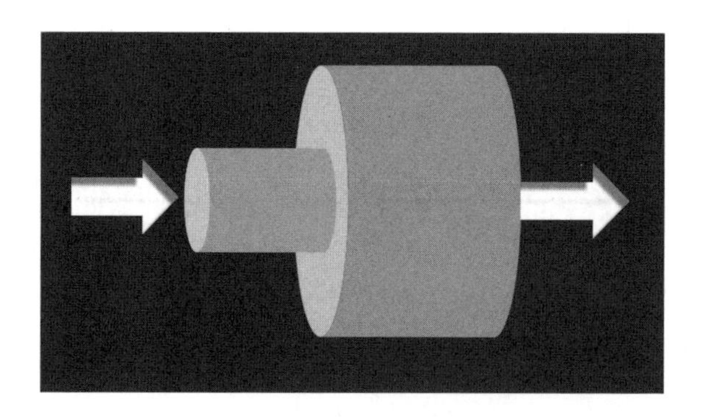

在光纤纤芯内,想办法做成高低高低折射率变化。

光栅的特点:折射率周期性变化。

在光纤内的折射率周期变化,就是光纤光栅,布拉格指的是均匀变化。

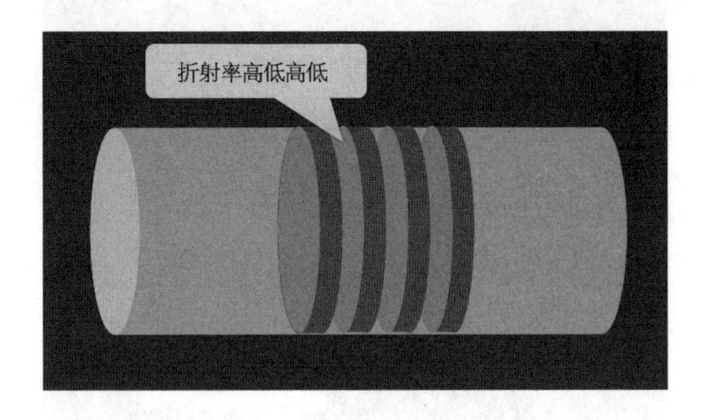

折射率变化,是为了找到从高折射率到低折射率的这个台阶。

有这个台阶,一些波长是可以全反射的。

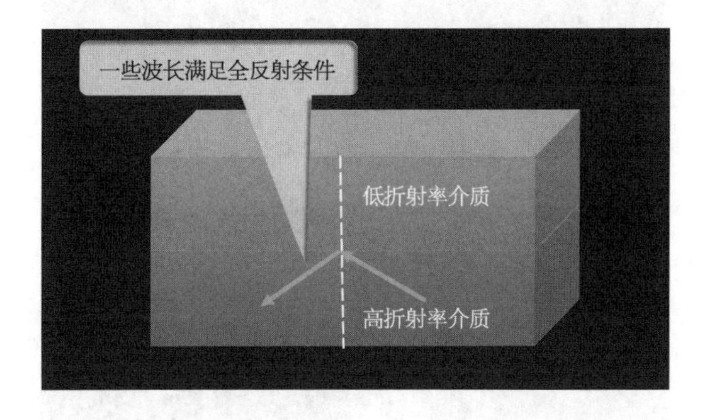

一些波长就折射。

为找到这个高低折射率台阶,滤波片、介质膜也这样:

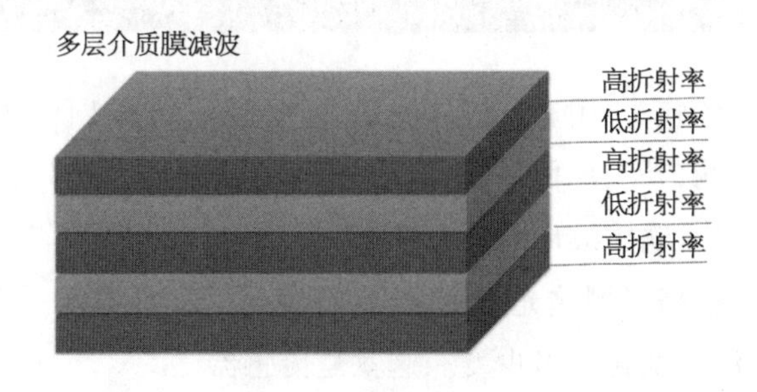

滤波，滤波，和过筛子一样，一部分过去，另一部分留着。

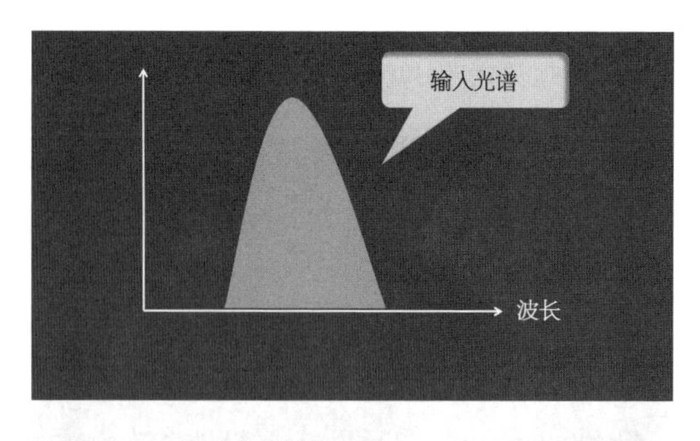

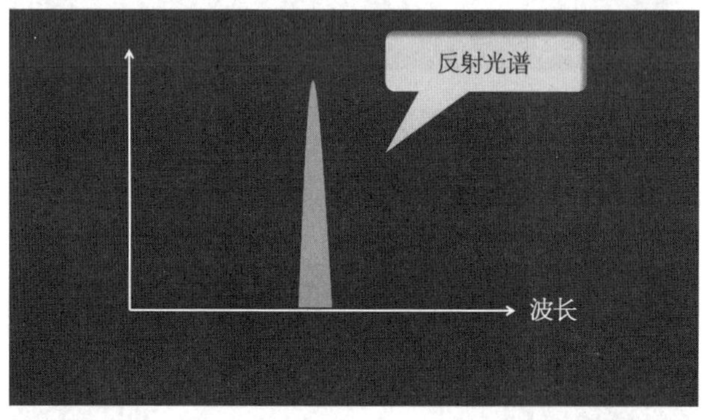

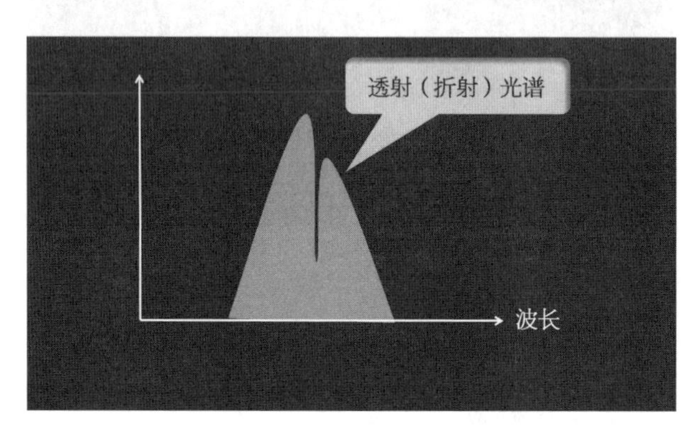

那为啥光纤传感上，用这个技术的很多呢（见下页第 1 图）？

咱们这光纤啊，外头环境一变化（如压力、高低温变化等），光纤的折射率就变了。变了之后，输出波形就不一样。

基于光纤布拉格光栅这光谱变化，有经验的工程师掐指一算，知道光纤受到多大的压力，温度变化了多少度。这就是传感器。

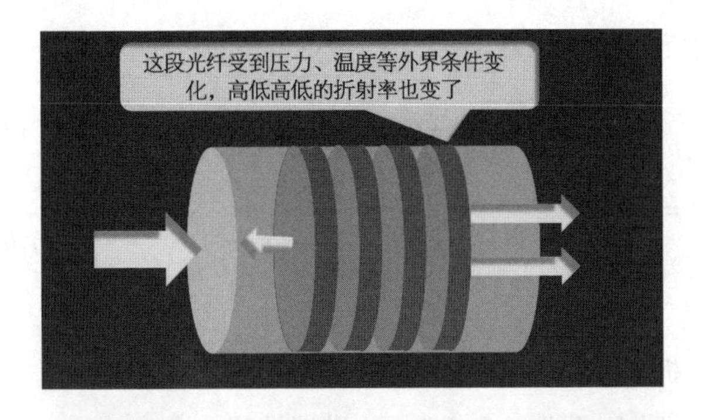

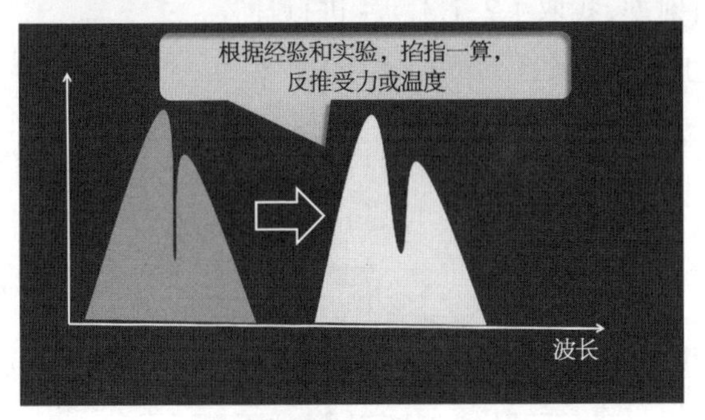

镀膜厚度与反射率

正入射时,镀膜厚度与反射率的关系为

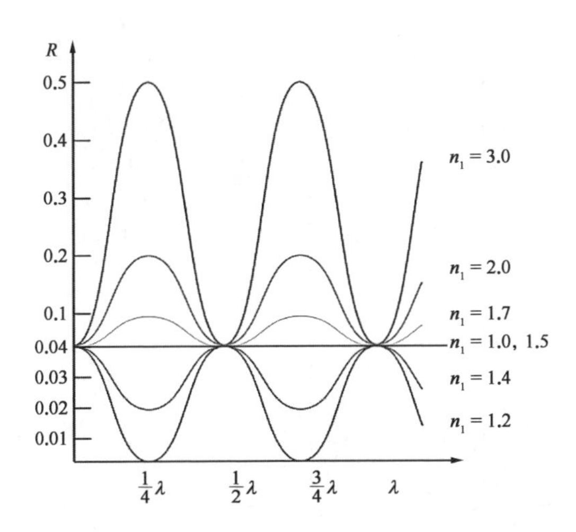

正入射的反射率公式为

$$R=\frac{(n_0-n_2)^2\cos^2\frac{2\pi n_1 h}{\lambda}+\left(\frac{n_0n_2}{n_1}-n_1\right)^2\sin^2\frac{2\pi n_1 h}{\lambda}}{(n_0+n_2)^2\cos^2\frac{2\pi n_1 h}{\lambda}+\left(\frac{n_0n_2}{n_1}+n_1\right)^2\sin^2\frac{2\pi n_1 h}{\lambda}}$$

n_0: 玻璃,折射率为1.5,

n_1: 镀膜折射率,我取1.2,1.3,1.4进行计算,

n_2: 空气,折射率为1,

h: 镀膜厚度,

λ: 入射波长。

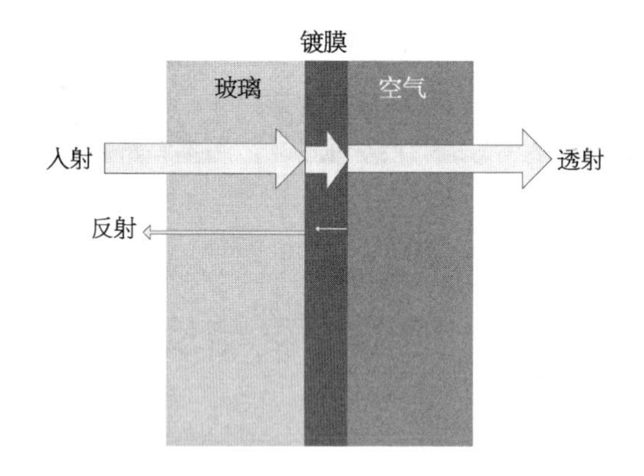

n_0	n_1	n_2	$n_1\times h/\lambda$	正入射反射率
1.5	1.3	1	0	0.04
1.5	1.3	1	0.25	0.003 547 528
1.5	1.3	1	0.5	0.04
1.5	1.3	1	0.75	0.003 547 528
1.5	1.3	1	1	0.04
1.5	1.2	1	0	0.04
1.5	1.2	1	0.25	0.000 416 493
1.5	1.2	1	0.5	0.04
1.5	1.2	1	0.75	0.000 416 493
1.5	1.2	1	1	0.04
1.5	1.4	1	0	0.04
1.5	1.4	1	0.25	0.017 675 165

续 表

n_0	n_1	n_2	$n_1 \times h/\lambda$	正入射反射率
1.5	1.4	1	0.5	0.04
1.5	1.4	1	0.75	0.017 675 165
1.5	1.4	1	1	0.04

画个图,如果镀膜的折射率是 1,或者 1.5,镀与没镀是一样的,反射率都是 4%。

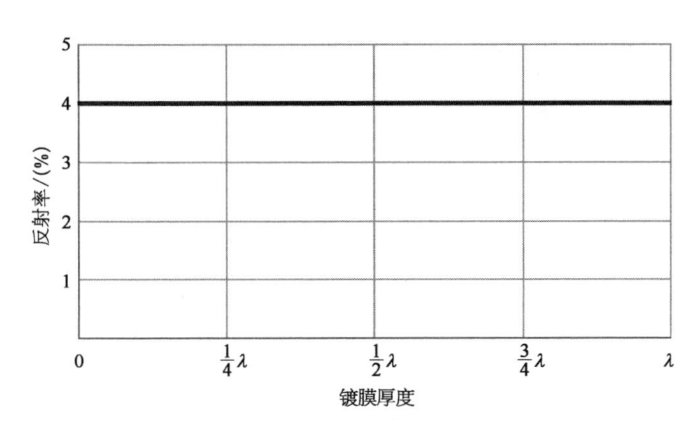

那镀膜在 1.2,1.3,1.4 时,控制好厚度,就可以降低反射率。

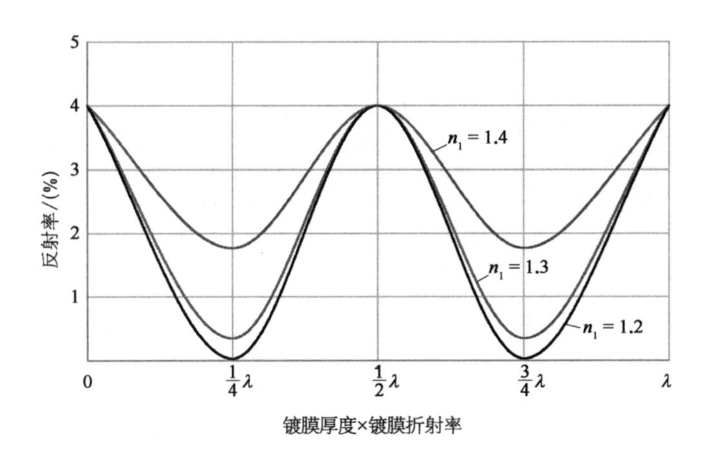

当镀膜厚度等于$\frac{1}{4}$(入射波长/折射率)时,反射率最低。

前提条件是,镀膜折射率在光纤纤芯折射率与空气折射率之间。

隔离器

法拉第旋光片

环形器和隔离器中都用到法拉第,这在各种教科书中都有提及,原理也是用的磁光效应,核心的材料是法拉第片。

环形器与隔离器的原理

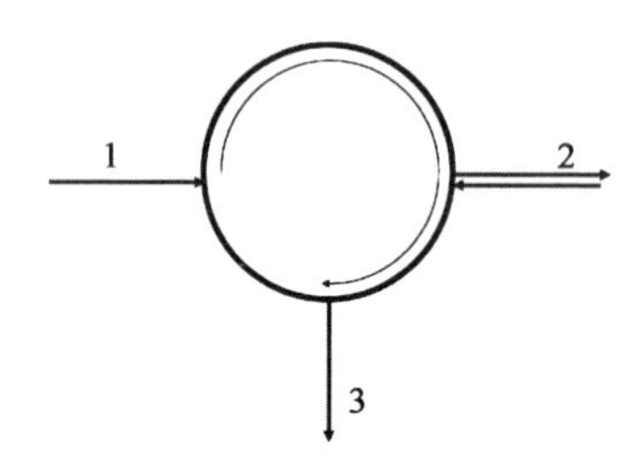

环形器,无论是3端口还是4端口,基础原理是相通的,也就是光可以从1到2传输,不能从2到1。

2只能到3。

这有什么好处?

以前数据中心大量铺设的是这种类型模块,数据的双向传输,发送和接收,需要两条光纤。

现如今,数据中心越建越多,光纤也得花钱,就想是不是可以省一半光纤?就有了这种BiDi光模块的概念,bi-directional,双向传输。

双向一般有两种方案,一是发射和接收用两个波长,光模块内部用WDM把波长进行隔离,另外一种是发射与接收用同一个波长,光模块内置环形器。

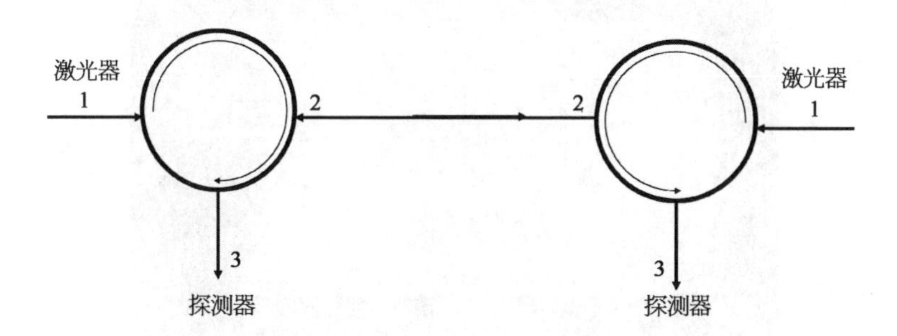

发射与接收的两条路径如下，两个 2 端口连在一根光纤上，光路一黑一灰代表一发一收，一点不乱。

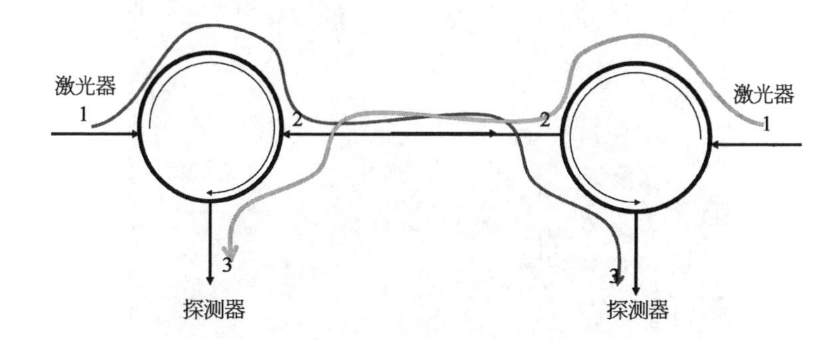

我对环形器的理解就是，这用两个隔离器来拼接而成，1→2 正向传输反向隔离，这就是隔离器，2→3 同样原理。

隔离器

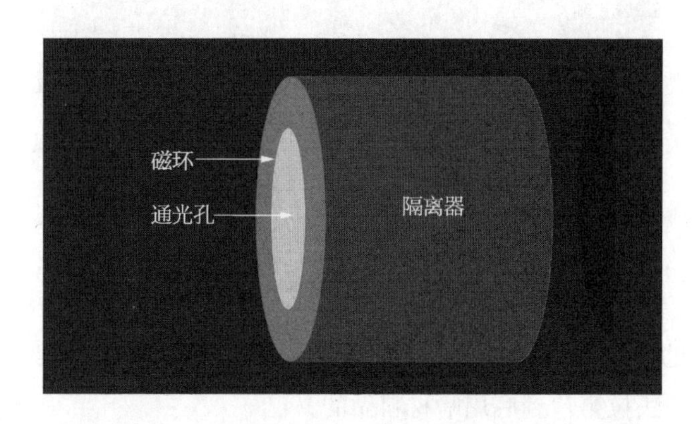

咱们看到的隔离器，通常都是这样，打开后会看到里边有法拉第，当然可以用 n 个法拉第做更高隔离度的器件，简单画个原理：

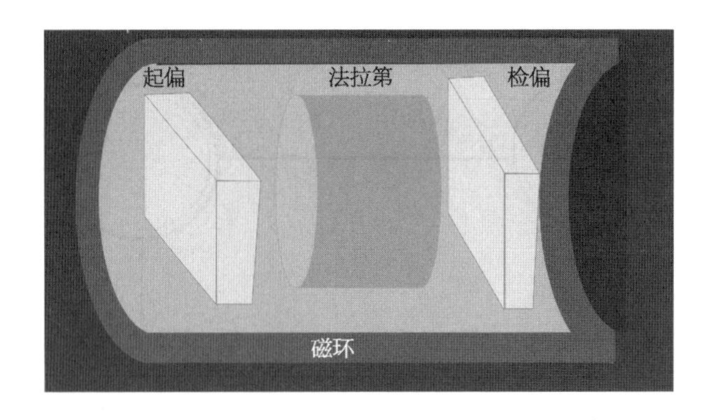

法拉第片,最核心的作用是对光的旋转。

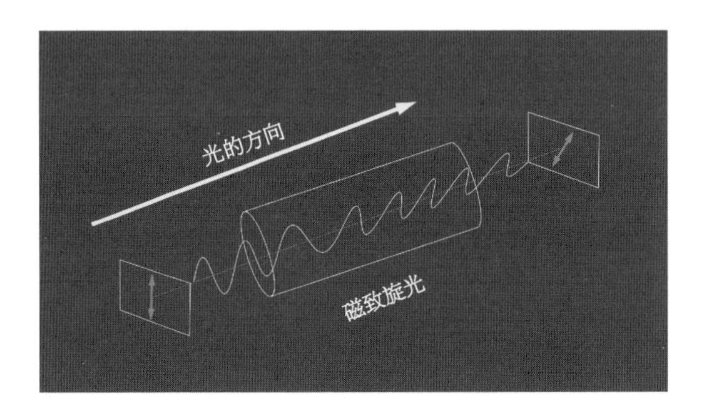

光是波,它有振动面,法拉第旋转了它的振动面。

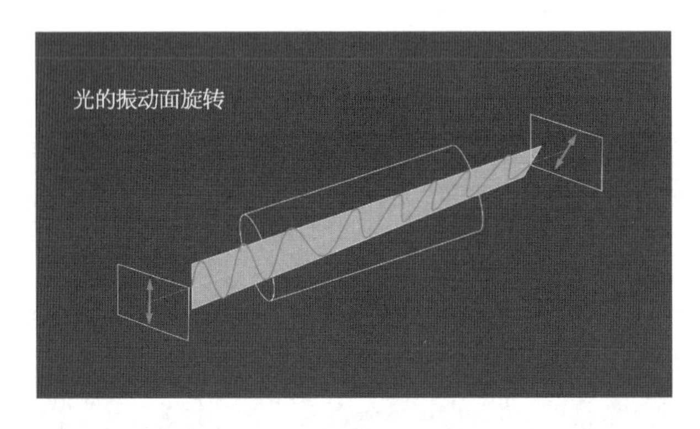

教科书的原理,都是这样的(见下页第1图)。

疑惑一:法拉第片到底用啥材料做的?

法拉第片,是一种晶体材料,石榴石单晶体结构,女同胞经常喜欢戴个首饰,对石榴石不陌生,它的这种结构,不同原子会呈现不同的颜色。

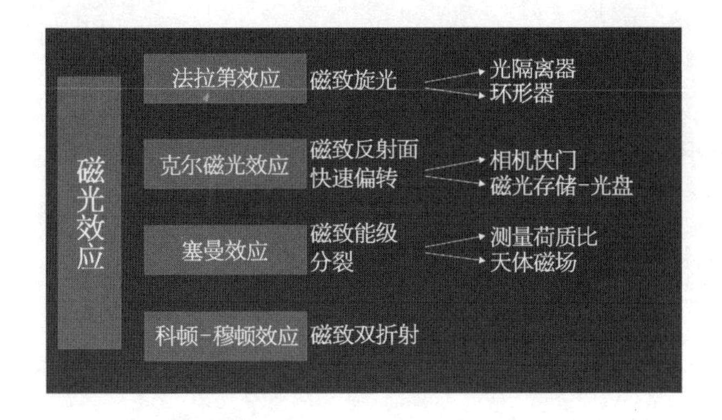

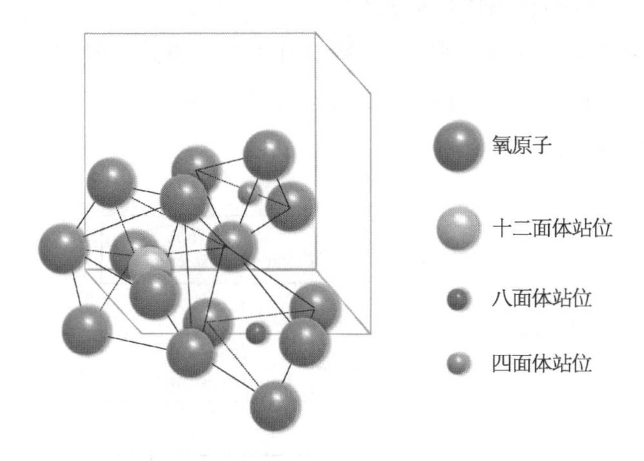

法拉第片既然是晶体，那就得有一个生长过程，通常的晶体都是选择一个衬底，然后做材料外延生长。

法拉第选用的是钆镓石榴石衬底。

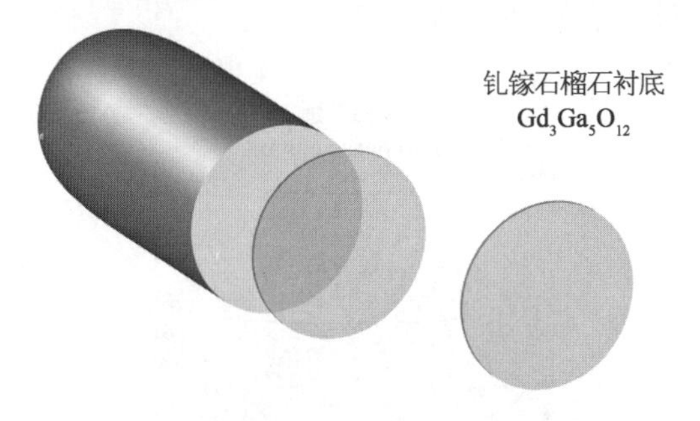

在上面长 YIG 钇铁石榴石晶体材料，这种材料有很多磁特性（里边有铁）。

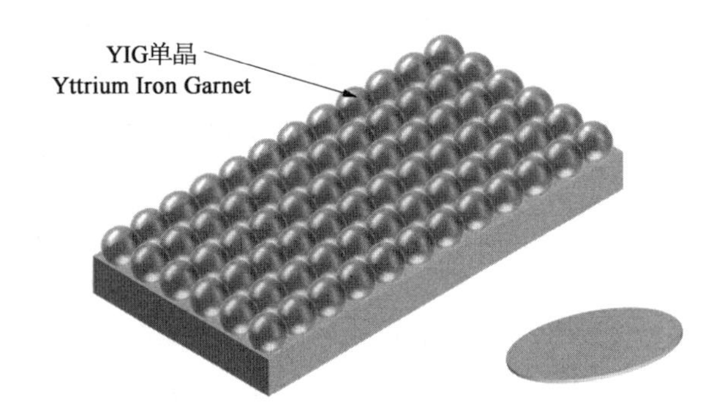

疑惑二：法拉第片用什么工艺？

在衬底上外延一层 YIG 晶体，一般有几种外扬方式。气相外延，就是咱激光器常用的很贵的一个设备叫 MOCVD，就是气相外延。

而法拉第片用的是液相外延。

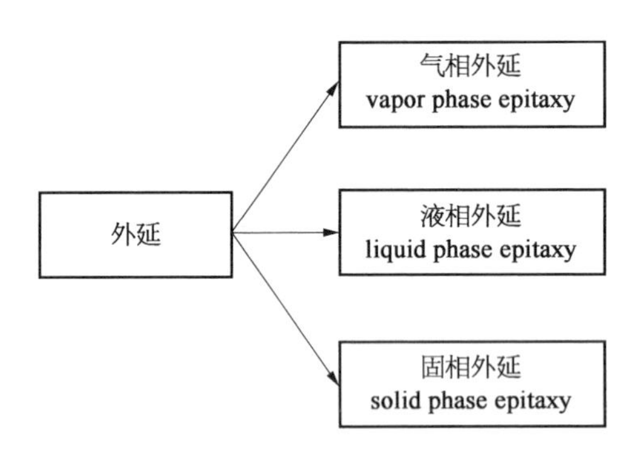

在液体中，让晶体慢慢地以一种原子相对固定的方式结晶到衬底上，能让 YIG 长好，需要一种助溶剂，总之很复杂。

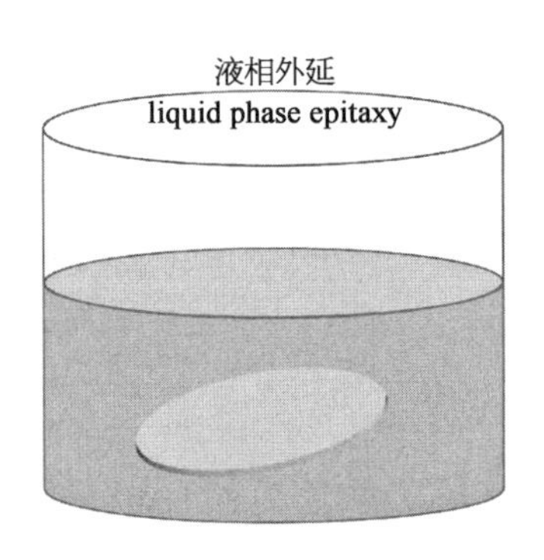

而掌握这种液相外延工艺的厂家可没多少,主要就是美国的 IPI,2017 年被Ⅱ Ⅵ收购,他家约占 30%的市场,最大的那一家叫 Granopt,是三菱和住友合资办的一个公司。

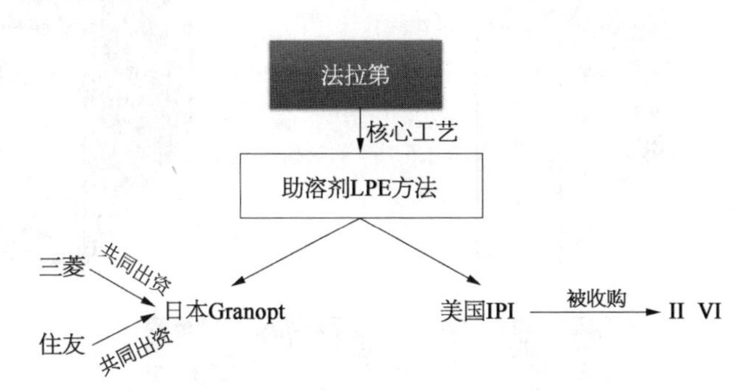

疑惑三:法拉第与波长有什么关系?

YIG 这种材料,对不同波长的旋转系数不一样。

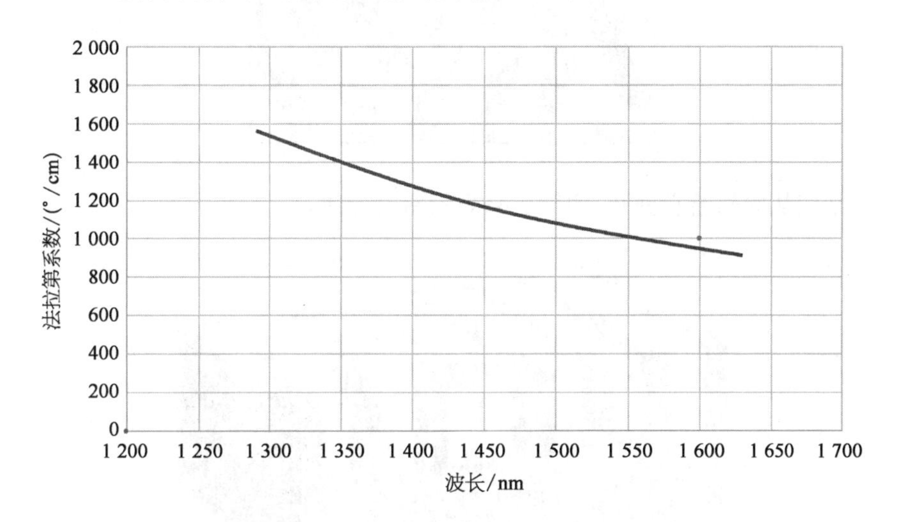

另外,知道工作波长和需要旋转的角度,就可以推算出需要多厚的 YIG 晶体。

疑惑四:为什么需要磁环?

光从左边入射到法拉第片,如果磁的方向不一样,光的振动面旋转的方向也不一样(见下页第 1 图)。

如果没有外界磁场,法拉第片表面看起来会呈现这么一种迷宫形状,有白色和黑色两种区域(见下页第 2 图)。

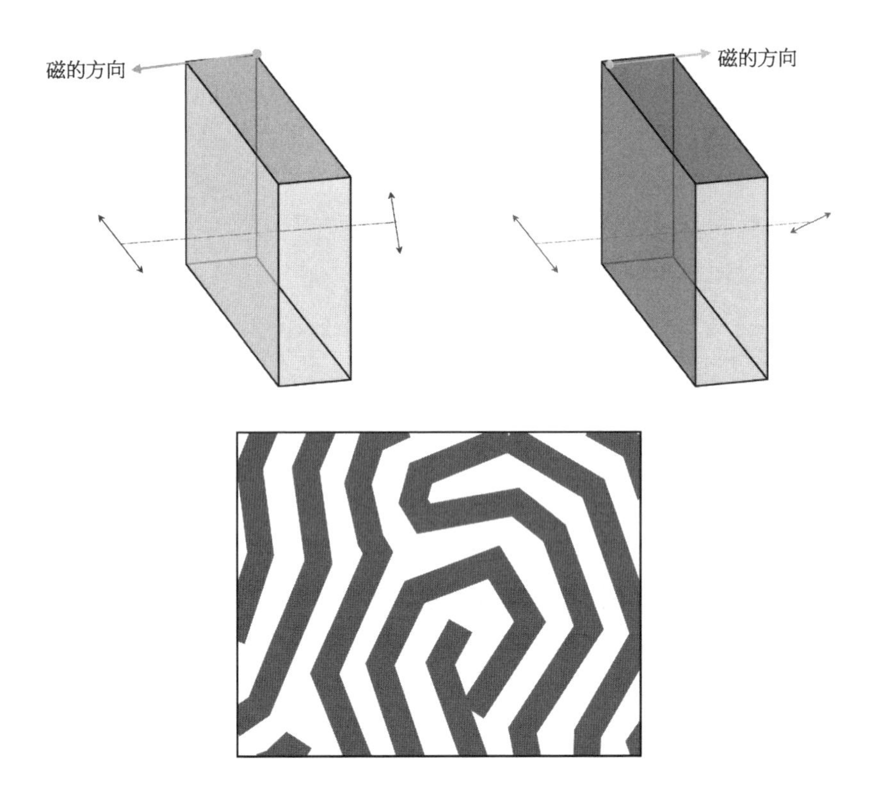

咱们从中间给它劈开,用箭头来表示磁的方向。

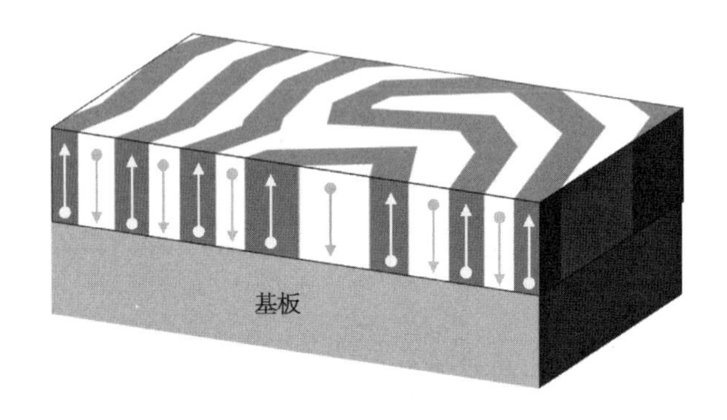

磁的方向,有上有下,这就意味着光在入射法拉第片时,一会儿左旋,一会儿右旋,那就不管用了呗。

所以,外加磁环是让法拉第片保持一致的磁方向。

最后一个疑惑:不加磁环可以不?

我记得几年前做过一个调研,希望把 TOSA 的尺寸做小,其中一个思路就是把隔离器的磁环去掉,可以不?

可以。

Granopt 有一款晶体,加了一种人家不让说的原子,提前在饱和磁场中对晶体进行磁化,然后脱离外界磁场后,它可以保持原来的磁场方向,就可以不用磁环而起到隔离效果。

但也有风险。

风险在哪里?它的磁场对高温敏感,对外界强磁敏感。

咱们光模块在80°这样的环境中用,没问题,可是万一小伙伴儿用烙铁去给TOSA焊个软板啊,或者用胶水贴个电容啊,拿去高温箱固化胶水……

这些都是风险,也可控,需要出厂时再给它充一遍磁。

另一种,就不好说了,外界强磁场,我闺女高兴,拿块大磁铁逗一逗我的光模块,咦,模块瞎啦。

所以业界对这种方案很纠结,光模块越来越多的通道,越来越多的元器件,大家要小型化,另一方面风险如何控制也是难题,控制自己容易,控制客户很难。

磁光效应、法拉第磁光效应、光隔离器

聊聊磁光效应,就是在磁化状态下的物质与光的各种作用引起的光学现象。

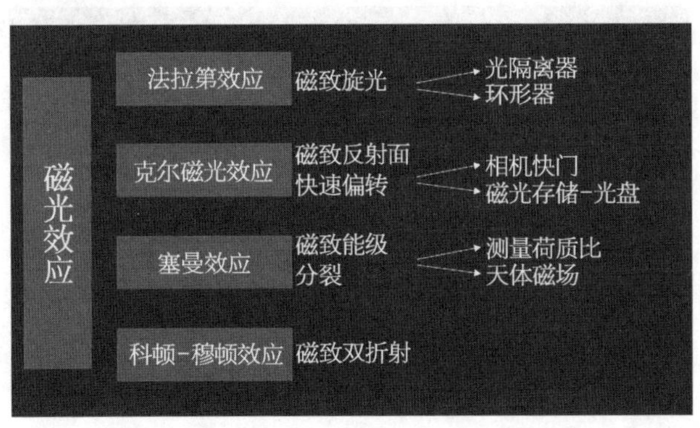

光通信中，应用法拉第效应比较多，就是线偏振光在通过磁化介质时发生偏转。

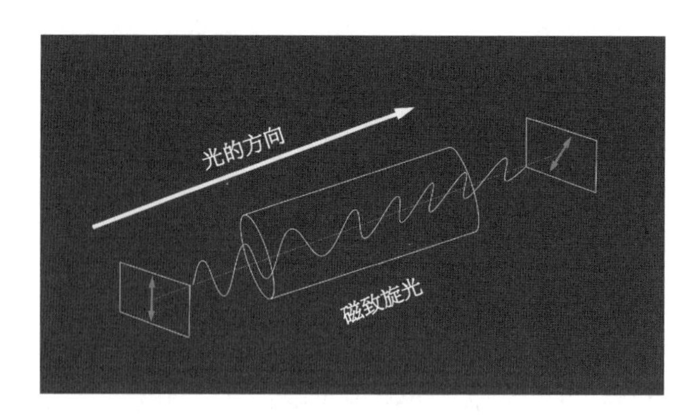

其实就是光的振动面旋转了。

偏转角度涉及 3 个物理量。

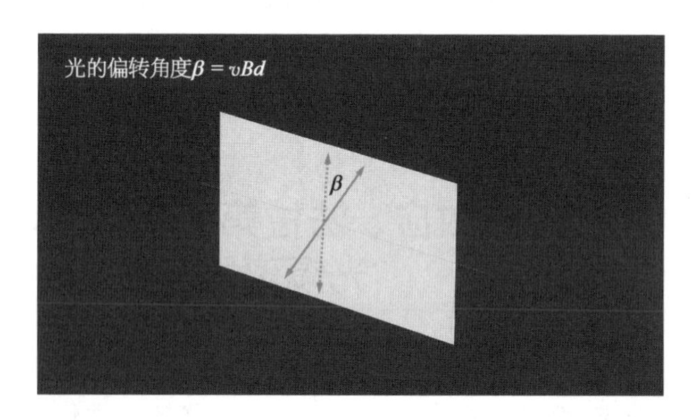

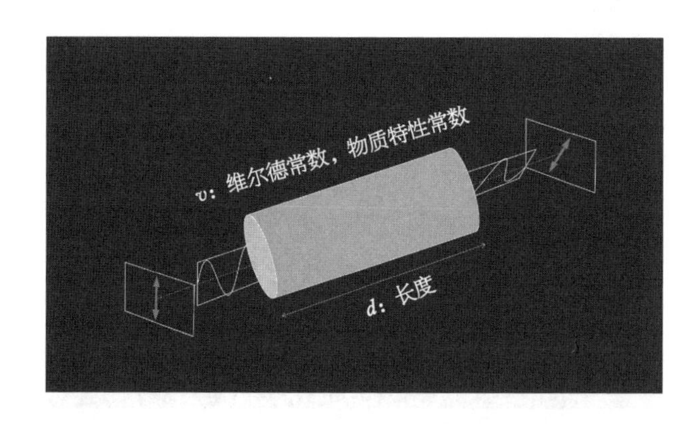

v：磁光介质的材料特性，按表对应一查就行，是个常数。

d：磁光介质的长度。

B：磁通量（磁光介质外头包了一层磁环）。

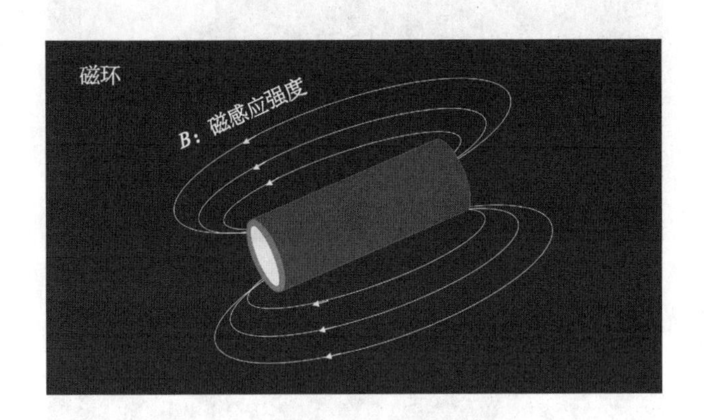

那咱看看光隔离器，三要素：起偏+旋光+检偏。

起偏：把入射光变成线偏振光。

旋光：旋转光，目的是能通过的光，就让它旋在正确角度，检偏片像门一样，就让光过去。

其他不在咱们掐指一算的范围内，给它旋晕了，就算隔离。

检偏：与起偏是一样的，只是旋转好角度，与咱隔离器提前算好的那个光的偏振旋光角度一致，这就和密码一样，让能对得上角度的过去，对不上角度的光就歇了吧。

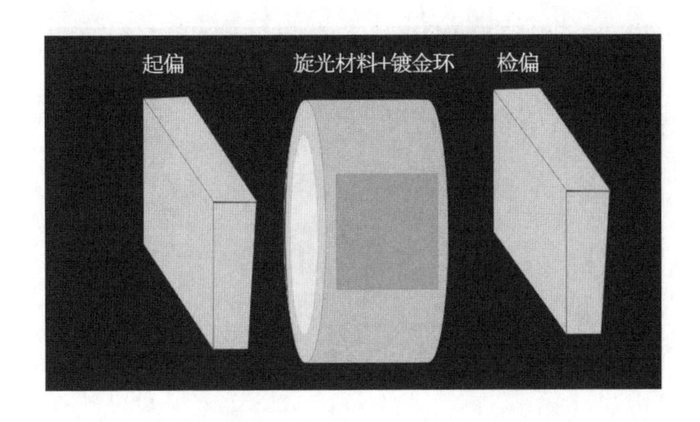

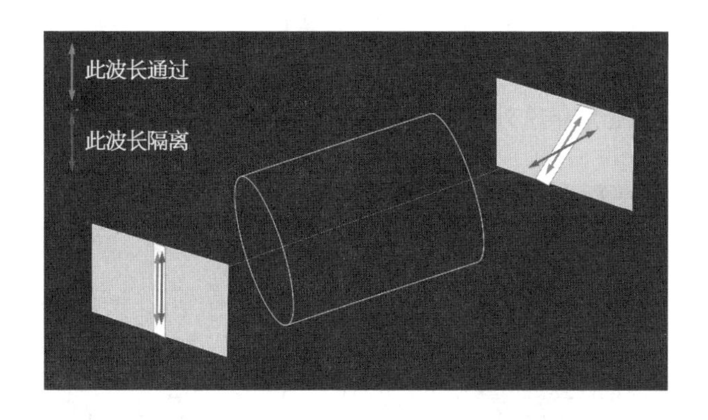

磁致旋光，肯定得有磁。

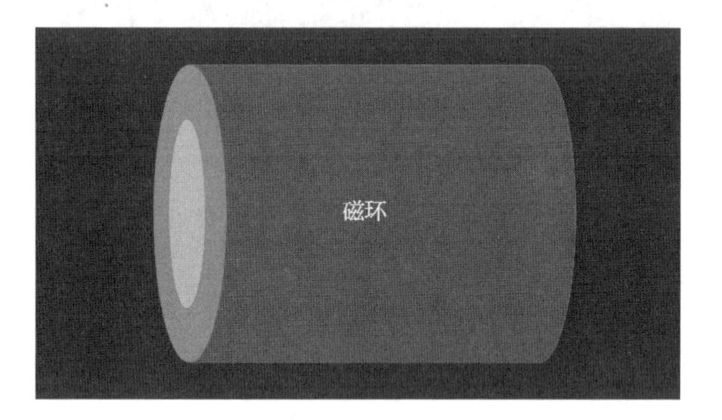

把磁环剖个面。

磁环里，包上磁致旋光三要素，就是光隔离器。

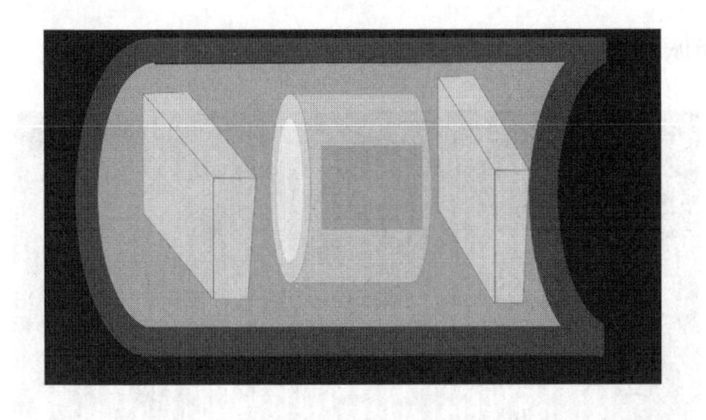

偏 振 片

偏振片,或者叫偏振玻璃,用在咱们行业里很多,比如磁光效应、法拉第磁光效应、光隔离器中用到起偏、检偏。

教科书都说有反射型、散射型、双折射型、二向色型,其中二向色型也常被咱们叫作人造偏振片,本节学习这个。

光是波,可以分解到电场和磁场两个。

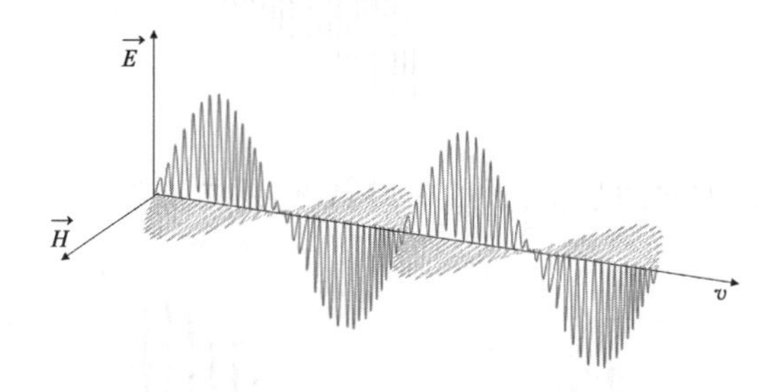

如果在光路中加一个偏振片,只能通过某个方向的光。

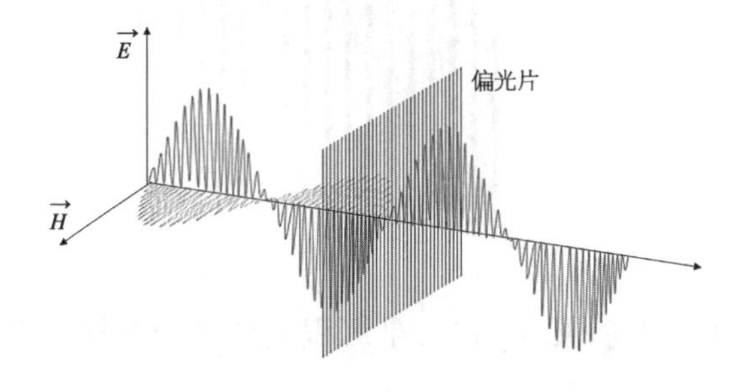

仔细瞅偏振片,看到一条一条的,是金属离子。

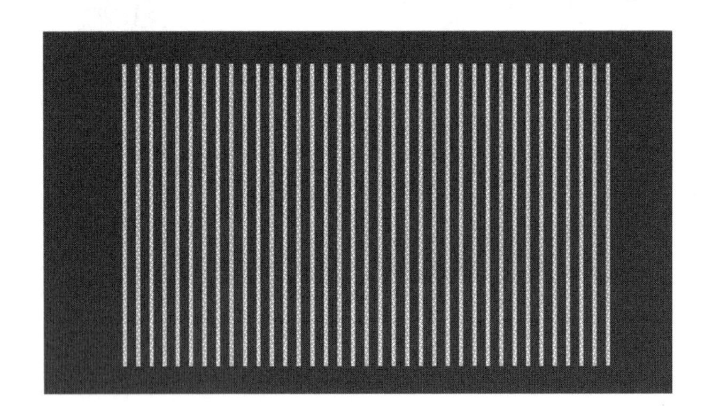

垂直于一条条离子的光,在照射到偏振片时,产生共振吸收。

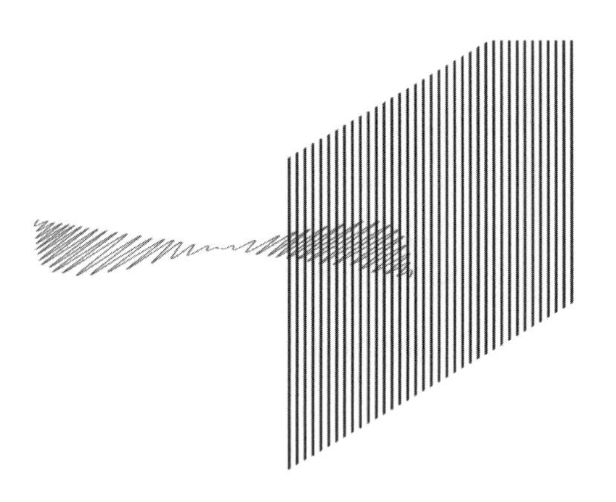

与金属条平行方向的状态,从缝儿里钻出来,碰不着,也就不吸收。

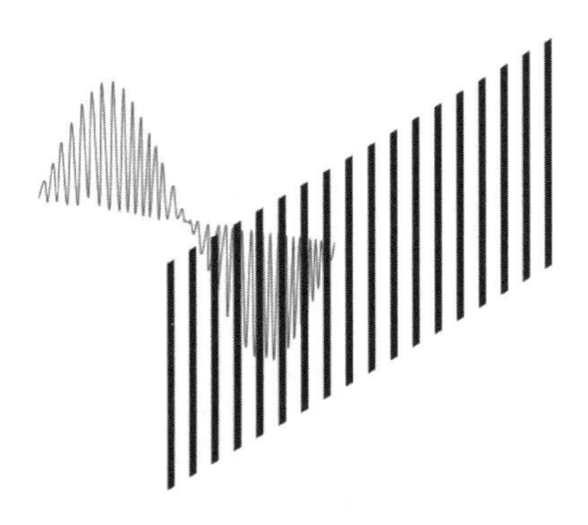

这种金属薄膜,很薄,几个微米,是沉积或者离子交换在玻璃内部的。现

在工艺可以把玻璃减薄到 0.2 mm。

如果金属薄膜沉积在玻璃表面，或者浅表面，就会导致回损增加。

另外，金属离子与光的插入损耗有关，银小，铜略大。

激光器前端为什么要加隔离器

为什么要在发射端加隔离器？

不是“怎么加隔离器？”也不是“隔离器的原理是什么？”而是为什么？

咱们光通信，用激光器，最起码是要把光给弄到光纤里去的，当然理想状态是所有的光，都能妥妥当当地进到光纤里，俗称耦合效率 100%。

人生总是需要一些理想的，即使理想与现实有那么大的差距。

激光器的光，不会都进入光纤，那么没进入的那一部分，会对激光器产生什么影响？

激光器要上一堆公式很容易，边发射类型的，比方说 FP，DFB，简单地想，步骤就这 4 个：

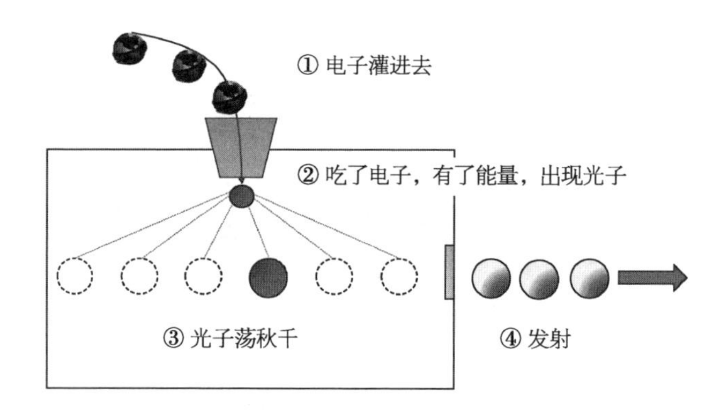

(1) 电子,是提供激光器迸发宇宙小能量的粮食。

(2) 吃了电子之后,产生的能量就是光子。

(3) 光子震荡,放大,就像荡秋千之后,增量增强。

(4) 发射关键是,源源不断的光子们等着荡秋千,而且希望准确跳到光纤纤芯里,如果某一个光子没跳准,撞壁了,那些没有跳到纤芯的光子们,撞壁之后会有反射。

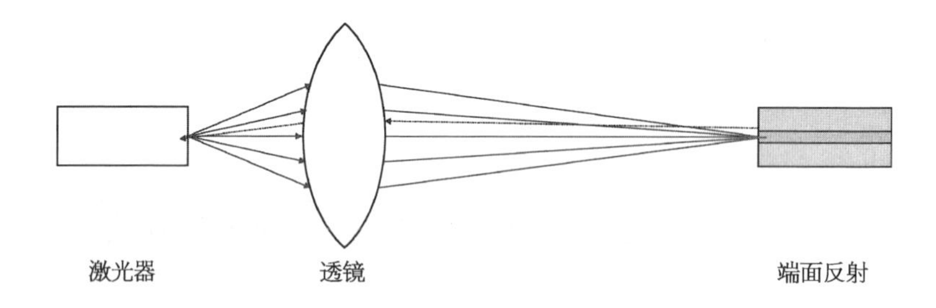

发射的光子,会影响以前排队的光子们的原有震荡节奏,从光的眼图(调制后的信号)看,就会出现噪声。

所以，必须要控制反射回来的光子，这些光子们，本身已经没用处了，是一种损耗，还产生破坏力，所以必须清除。

官方语言叫作“降低回波损耗”，降低回损最简单的一个思路，光纤端面做斜面，让这些反射回来的光子们不要沿原路返回到激光器的谐振腔内，没用就算了，少破坏那些未来的生产力们。

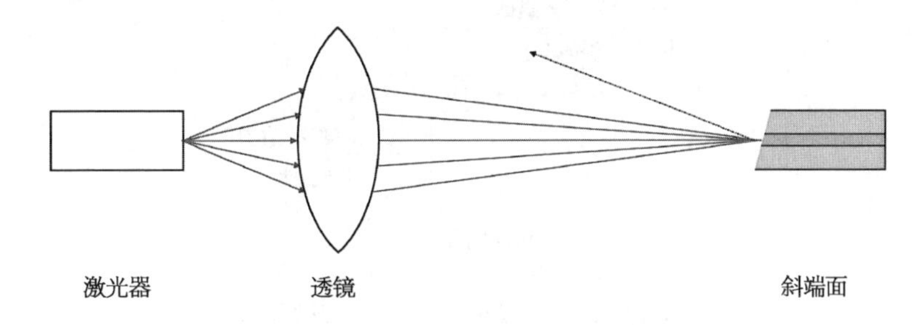

如果斜面还不行，那些个废光子们满世界游荡，漫反射也有一部分进入光腔里的，就得考虑加点隔离措施。

隔离，是为了保护业务光路不受影响，能起到隔离作用的，$\frac{1}{4}\lambda$ 的波片啊、双折射晶体啊、法拉第旋光片啊……很多。

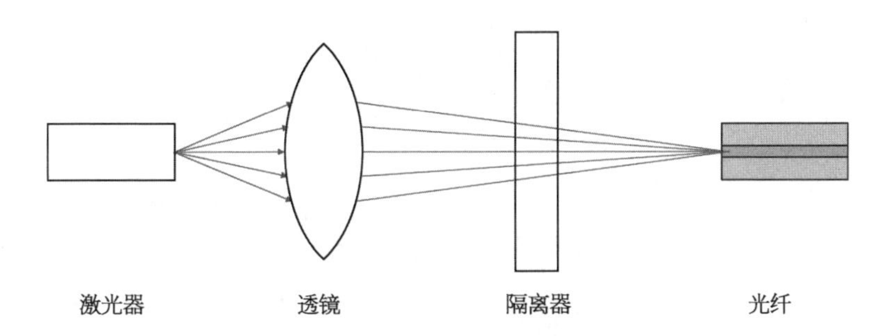

隔离效果最好的，是法拉第旋光片为主要材料做的光隔离器，当然效果好，需要付出一些代价，它们比较贵（见下页图）。

知道为什么要加隔离器，也就知道什么情况下可以选择不用这么贵的东西，是吧。

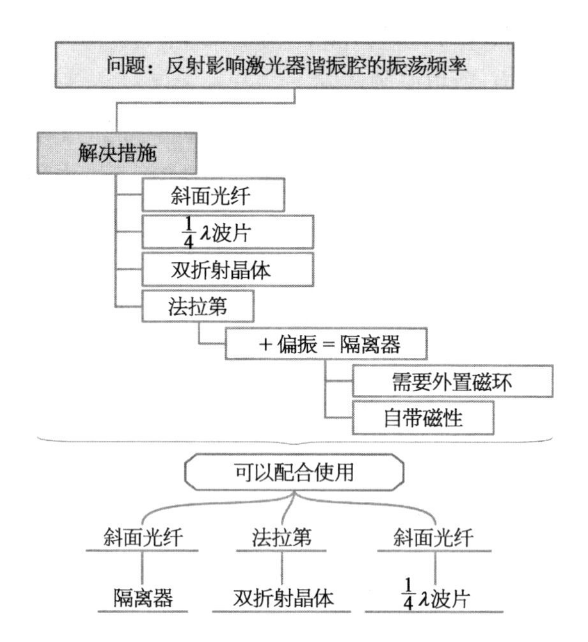
问题：反射影响激光器谐振腔的振荡频率
解决措施
斜面光纤
$\frac{1}{4}\lambda$波片
双折射晶体
法拉第
+偏振=隔离器
需要外置磁环
自带磁性
可以配合使用
斜面光纤
隔离器
法拉第
双折射晶体
斜面光纤
$\frac{1}{4}\lambda$波片

TEC 热电制冷器

TEC与热电偶

先不说TEC,拿两根儿金属丝,不同材料的。黑色是一种,灰色是另一种,加电压,电流方向如下图虚线。

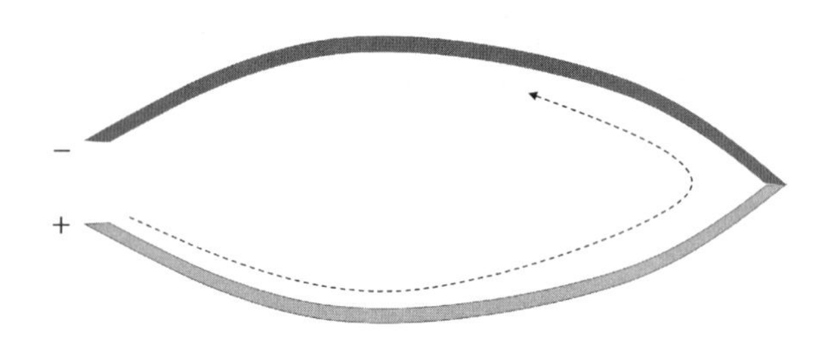

电子是负电荷,电子方向与标称的电流方向相反。

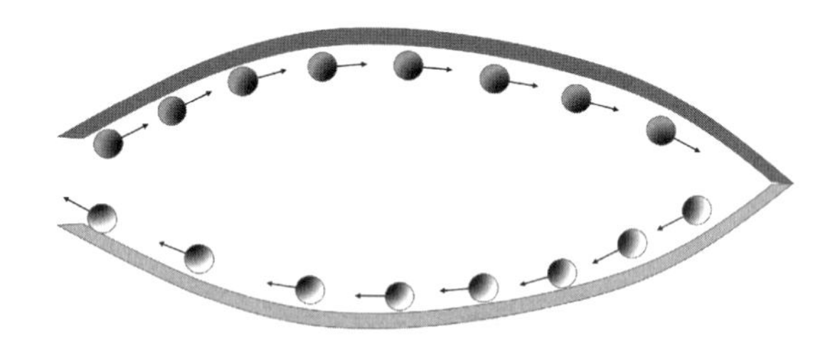

在这个电流通道里,电子在上方的金属丝是高能级,下方是低能级。通俗一点理解就是,让我闺女出门打酱油,去的时候走的灌木丛,回来走的柏油路。

走灌木丛那条路,需要高能级,她带个纸箱板一路上挡着灰尘,等走柏油路时,她不需要破纸板儿,顺手就扔垃圾箱了。

对自由电子也一样,在流经环路里,从高能级材料切换到低能级材料时,就把多余的热量在这个切换点释放掉,释放的是热能。

高能量-低能量=释放的热能量(见下页第1图)。

导电的材料千万种,半导体材料,掺杂成N和P,自由电子通过时也是不同的能级,从高能级材料往低能级材料切换时,切换点就释放能量。

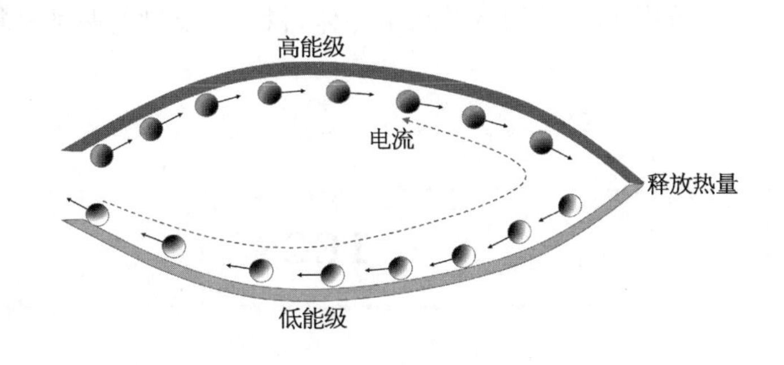

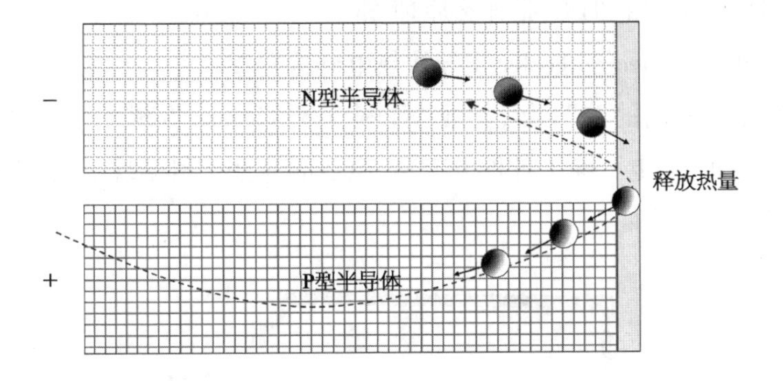

给它做一串儿 NPNP 的半导体掺杂,从高能量往低能量走,释放热量;从低能级材料往高能级材料走,吸收热量来补充。

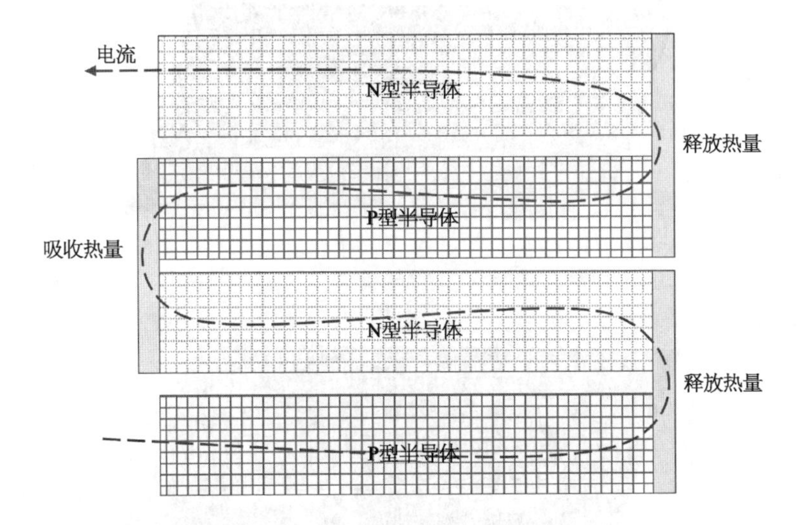

同一个道理,电流反相,制冷和制热点,也就反向了。

电流大,也就是电子们更多,那释放/吸收的能量也大。

这就是 TEC 的原理。不用 NPNP 半导体材料,弄点别的两种材料也一样可以的。

TEC

光器件中常用的 TEC,是什么原理?

TEC,thermo electric cooler 半导体热电制冷器。

很久很久以前的 1821 年,德国一个科学家 Thomas 发现了一个现象,给两种不同的金属,加电。除了各种电流啊、电压啊这些个科学现象之外,还发现,金属两端的温度不同。

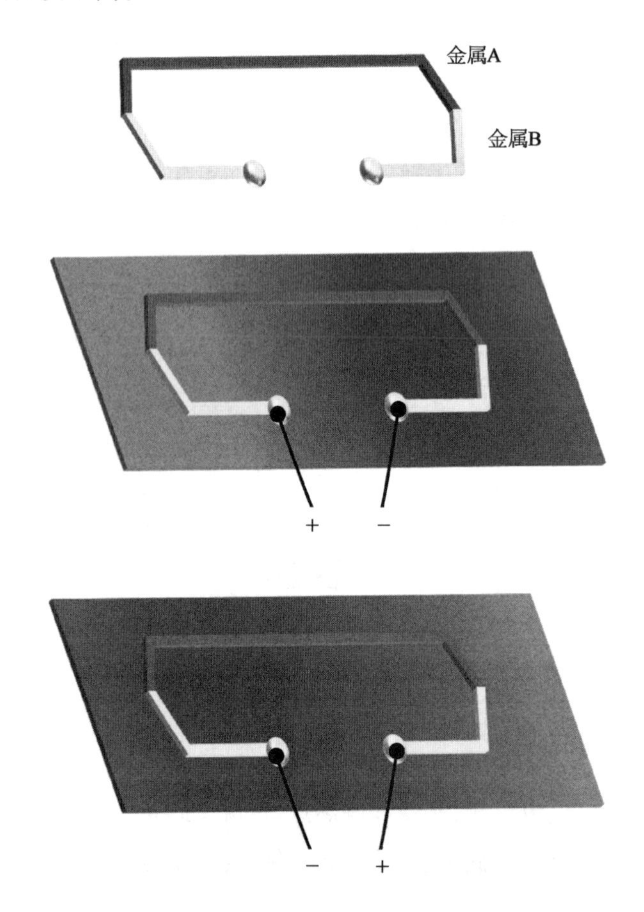

但是呢,这个科学家也不知道啥原因,就给它放下了。十几年后的 1834 年,一个法国工匠发现,这个现象有用呢,可以做制冷器,那是一个人们刚刚知道电是个什么,但还没有空调、没有冰箱的时代,能做制冷器非常有市场需求。

这种制冷器,不是半导体制冷器。

同时,法国一个物理学家开始研究这个现象,得出它的物理规律,这个科学家叫 Peltier,咱们就把这个现象叫作 Peltier 效应。

一个世纪后,人类发明了晶体管,为了制造晶体管,科学家们又发明了半导体,这个半字很有意思,它可以具有导体的特性,但是怎么具有这种特性,就看咱们用哪一半。

这一半儿,你就有导体特性;那一半儿,你就没有。

半导体晶体管最基础的就是 PN 结,正着用是导体,反着用就不是导体。

有了半导体,用 N 型、P 型半导体,分别替代那两金属,发现一样的啊,可以控制热量的传递方向。

然后世界上,就诞生了半导体热电制冷器。

给它加电,控制电流的方向和大小,就能控制左右的温度差。

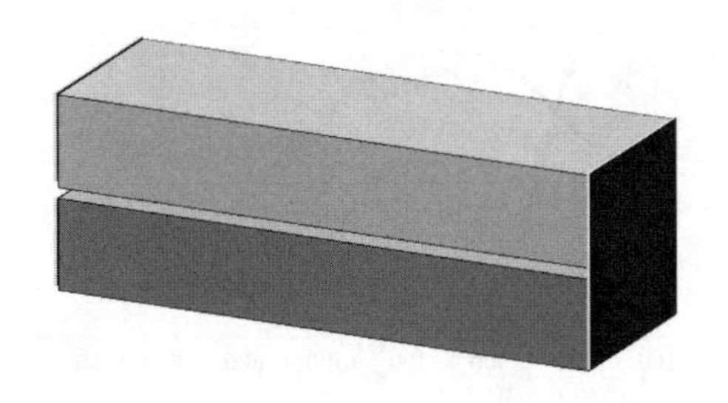

半导体工艺,就是可以做很多很多,串联起来,效果更佳。

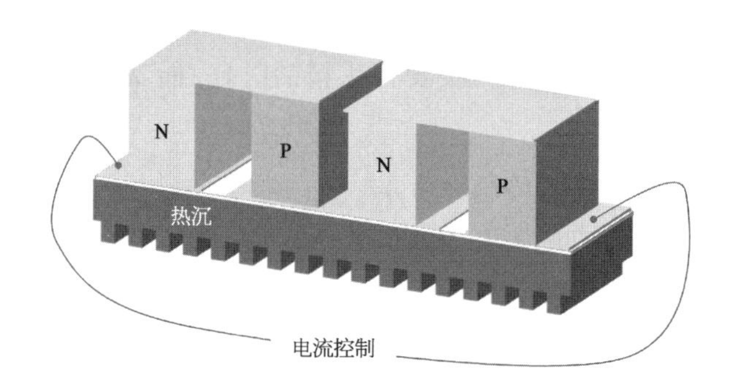

把咱们需要制冷的,或者需要温度控制的物体,通过一个陶瓷基板,放到TEC上,妥妥的。

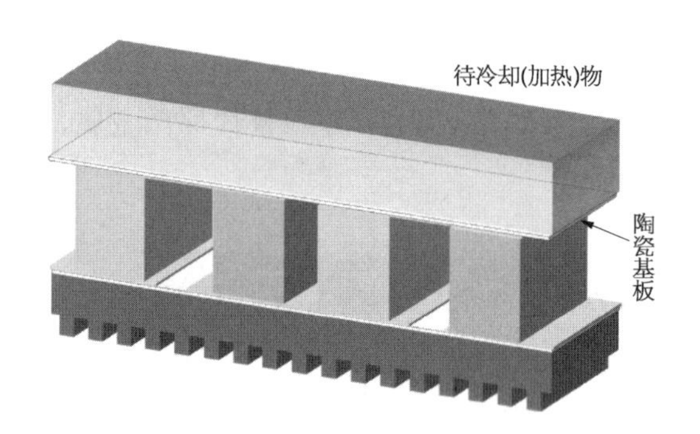

那TEC用什么材料最好,也就是热电效率怎么样最高?科学家们反复研究发现,Bi_2Te_3 碲化铋在二三百摄氏度内,效果最好,800 ℃内用碲化铅不错,大于1 000 ℃要想做温度控制,就只能选择硅锗合金。

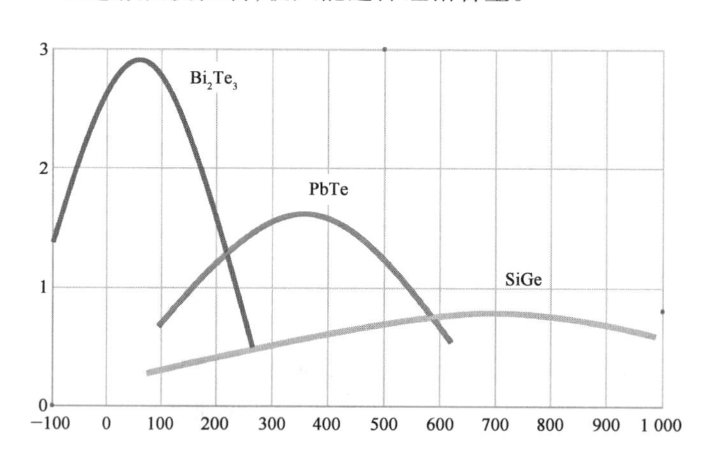

咱们光器件又不去炼钢炉，所以通常选择碲化铋材料做 TEC，碲化铋晶体是一种三角晶系。

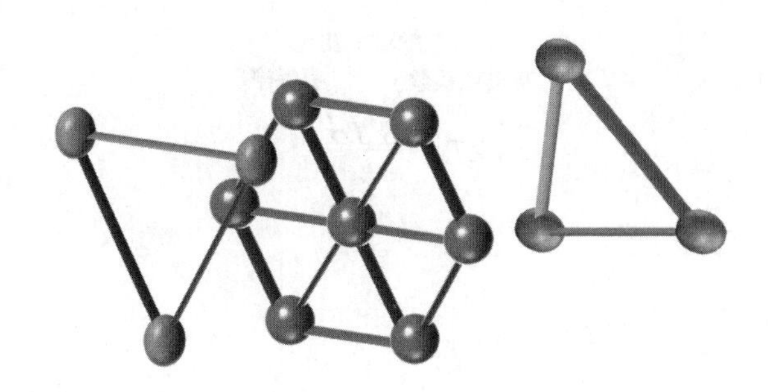

在 C 轴的热导率最高。

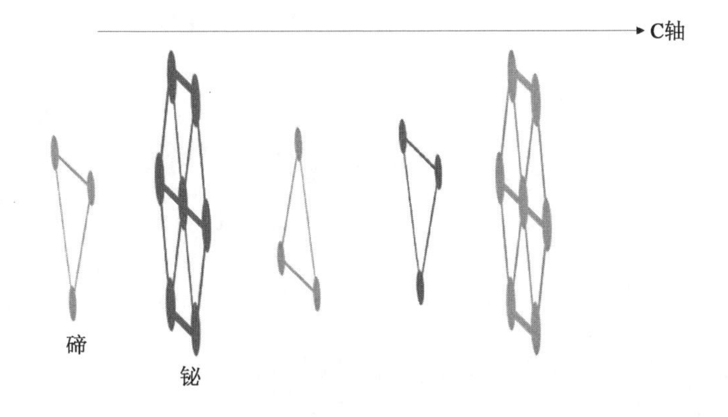

同时，碲化铋材料像石墨一样是分层的，层和层之间非常容易解理。

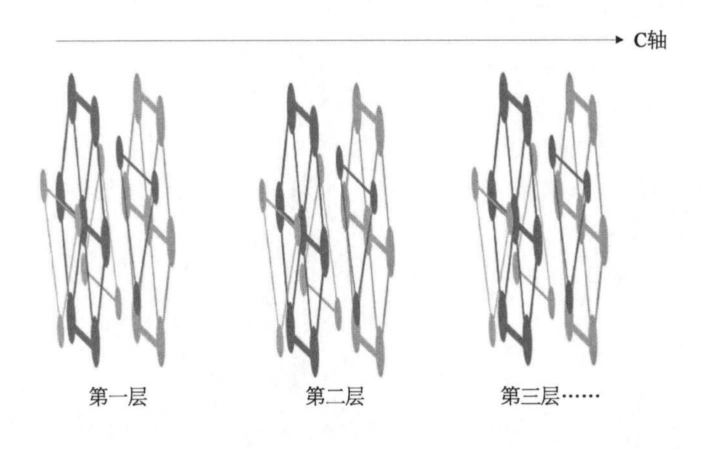

半导体最后考验的就是材料制作工艺，谁家做得好，谁家的热电效率就

高，谁家就能挣大钱。材料的效率通常用热电优值 ZT 考量，公式如下，供参考。

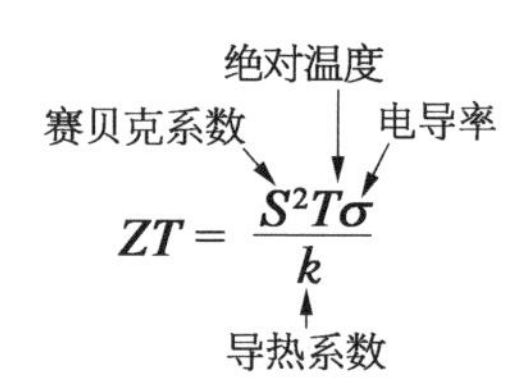

$$ZT=\frac{S^2T\sigma}{k}$$

波长选择开关（WSS）

LCOS WSS

LCOS,liquid crystal on silicon,硅基液晶技术。

WSS,wavelength-selective switch,波长选择开关。

先聊聊为什么会用到 WSS。

传统波分是这样的,用 MUX/DeMUX 实现一根光纤传输很多路波长,提高传输容量。

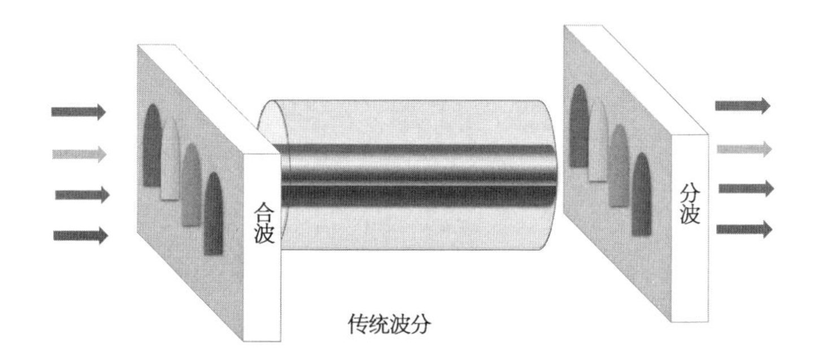

传统波分

后来,传送网上骨干网,容量和波长都要重构,提高传输效率。

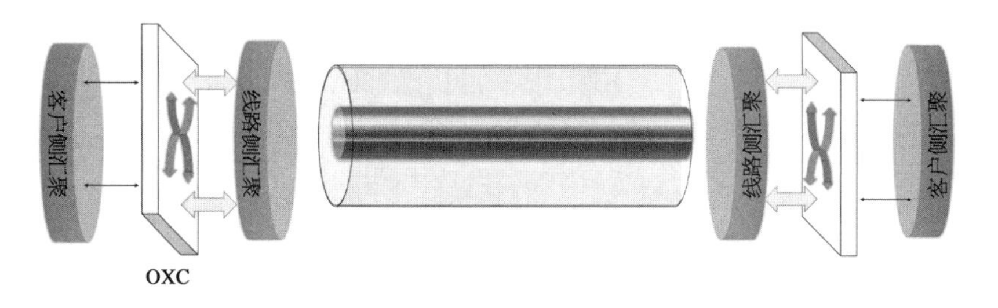

那希望在客户侧与线路侧有光交叉连接,如下页第 1 图所示。

就需要具备两个功能:

端口可重构,也就是光开关的作用;

波长可重构,也就是波长选择。

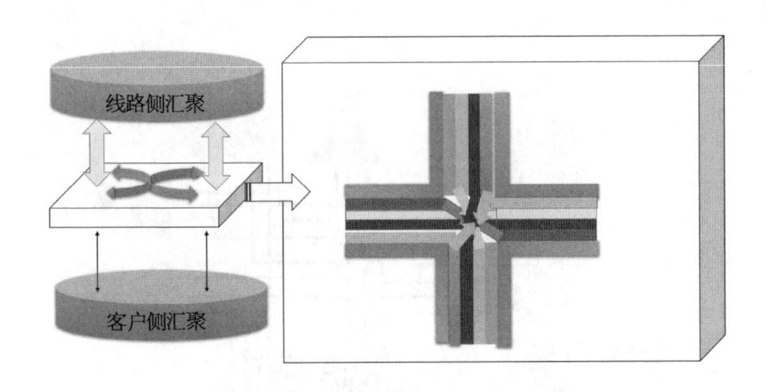

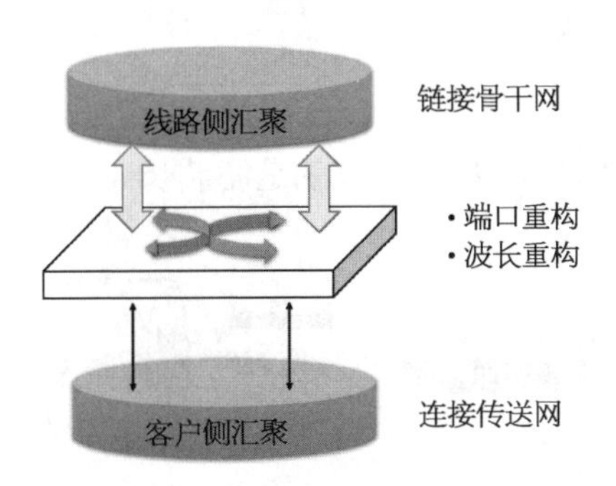

这些功能,如果通过电光电转换,也可以实现,但是费劲些,如果全光还能弹性选择,这就是有点万能的意思,方便。

ROADM,reconfigurable optical add-drop multiplexer,可重构光分插复用器,比如其中一种技术路线,既可选路径:

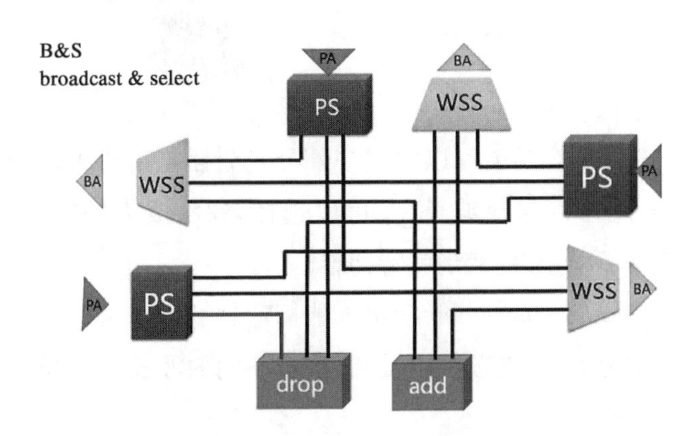

又可选波长：

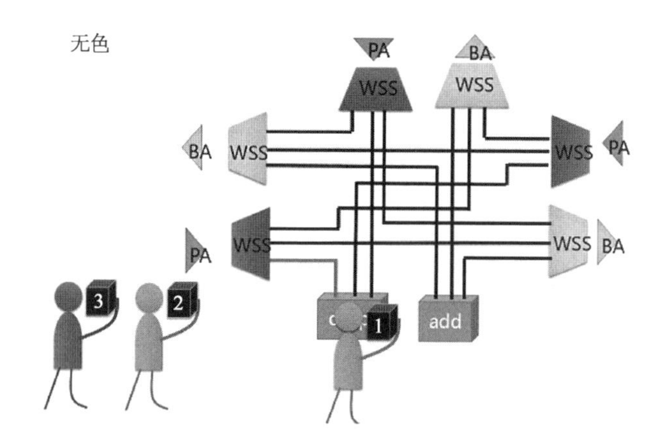

早期选波长，是用波长阻断器，也就是滤波长。

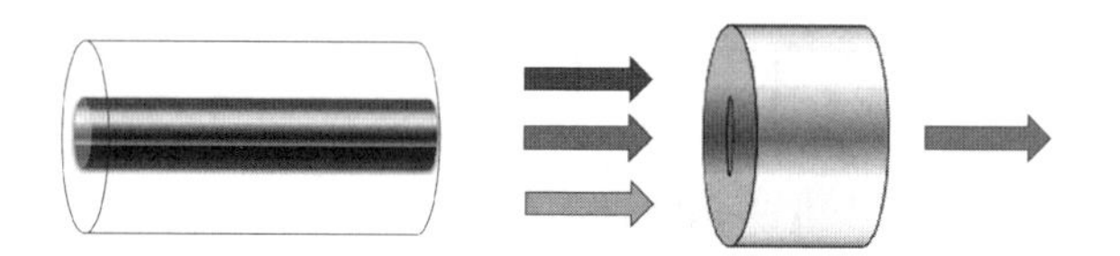

光开关是选择路径。

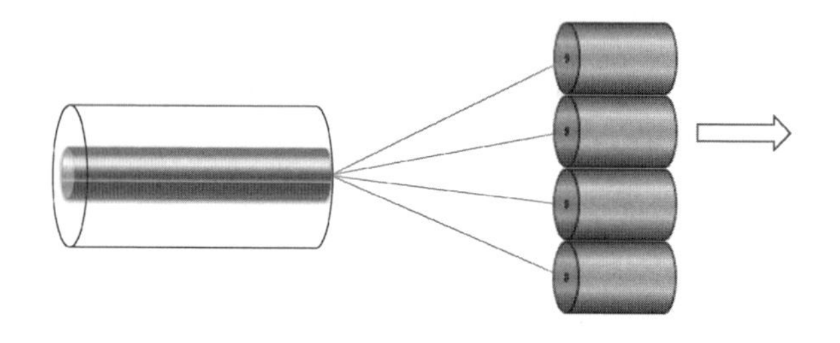

用波长阻断器配合开关可以实现一部分光分插复用功能，但不能动态选波长。而 WSS，既可以选择波长，又可以选择路径，成为最新的 RODAM 或 OXC 的技术选择，不过它的实现就特别难。

目前也就 Finisar，Lumentum，Coadna 能搞定。

WSS 首先得分波长，光栅可以做到色散，不同的波长分散开来，每一个波长都可以单独处理了。

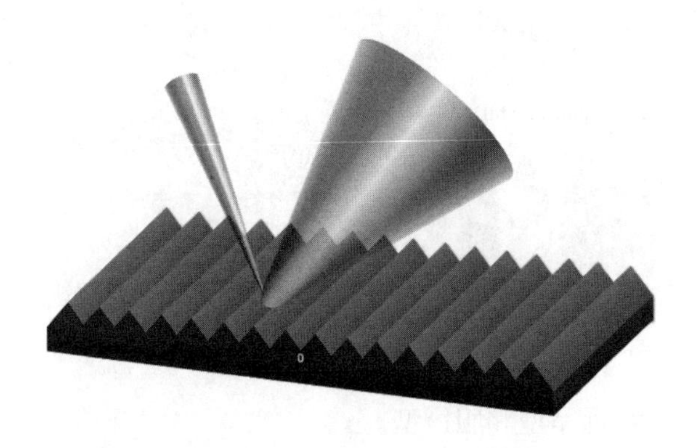

第二步需要选择路径,也就是光开关。

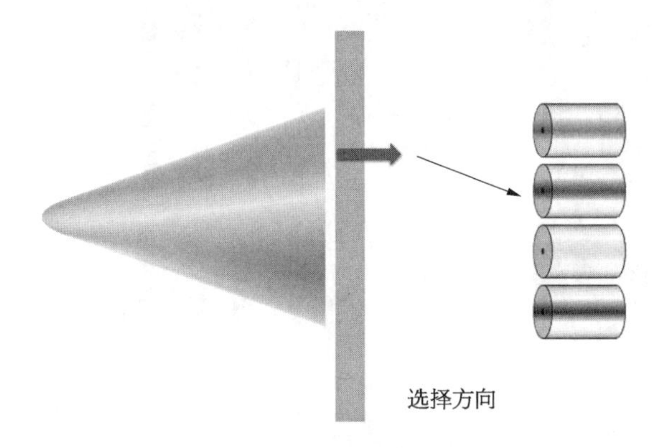

MEMS 可以选择光的方向,液晶可以调整相位,间接实现选择光的方向。

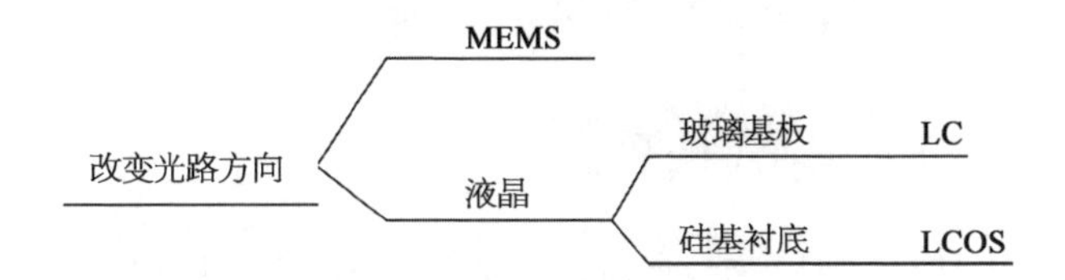

Lumentum 是 MEMS 技术。

光栅分光,选择波长。

一个 MEMS 对应一个波长。

调整 MEMS 角度,选择输出端口。

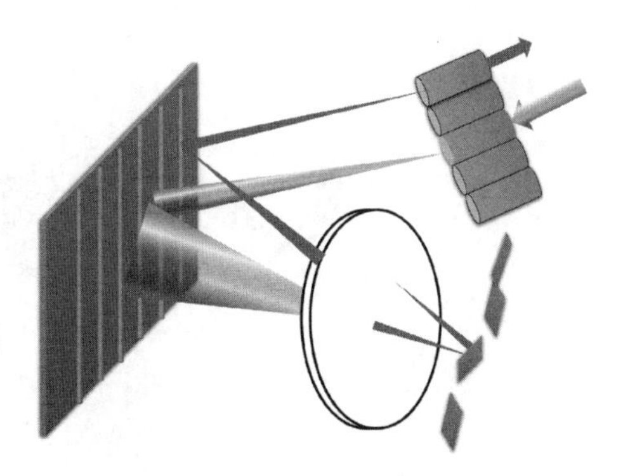

Coadna 和 Finisar 是液晶技术,Coadna 是普通液晶,Finisar 是硅基液晶。

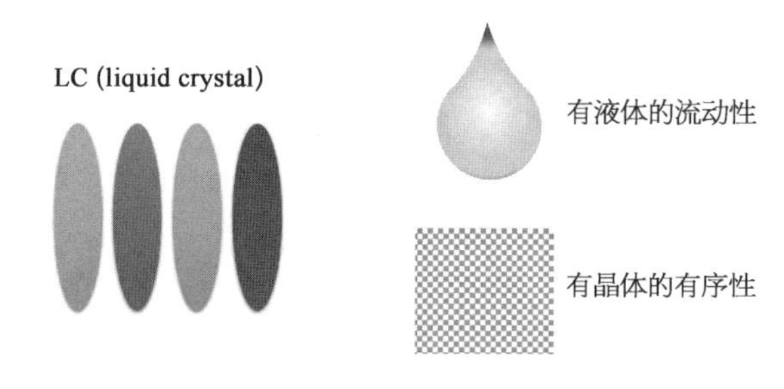

液晶有向列型、近晶型和胆甾型。

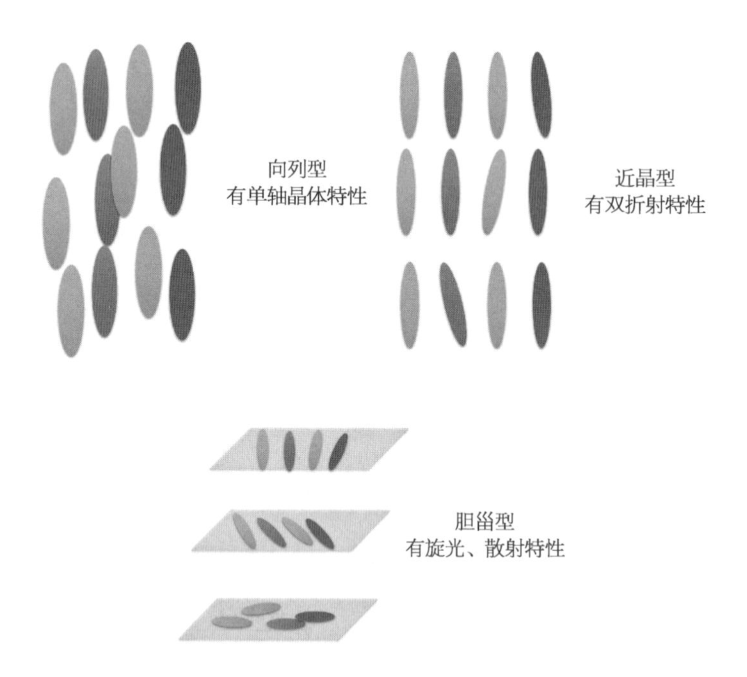

无论哪种形式的液晶排列,加电流之后,能调整液晶排列方向。

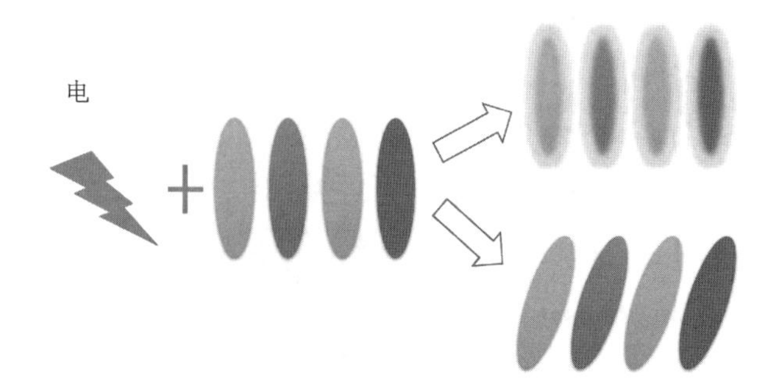

改变液晶的排列方向,就等于改变光的反射角度。

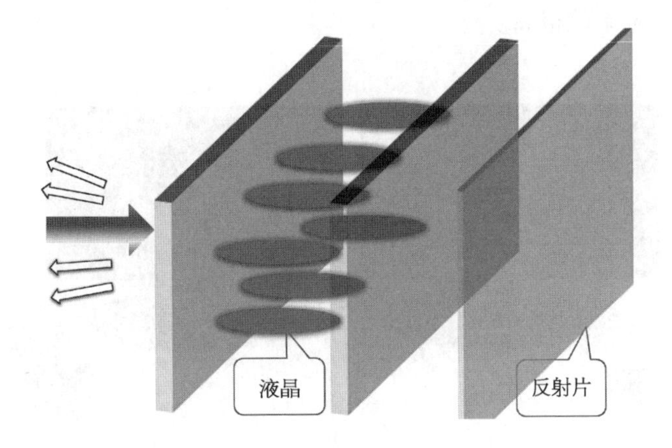

液晶的封装方式,有不同。封装在玻璃中,简单,就叫 LC。

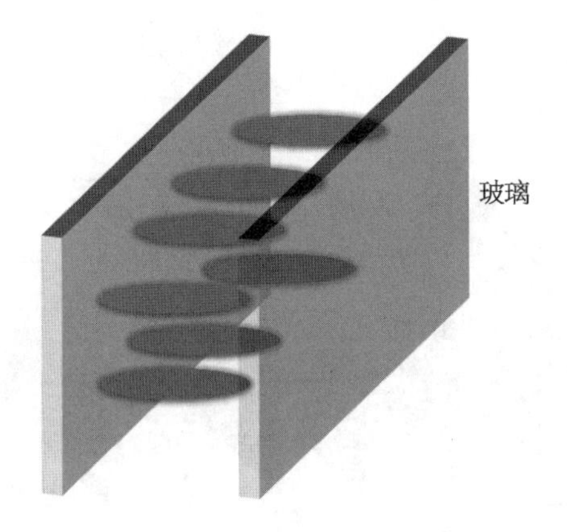

也可以用半导体电路方式进行,用 CMOS 的硅衬底实现,做得很小,叫 LCOS。

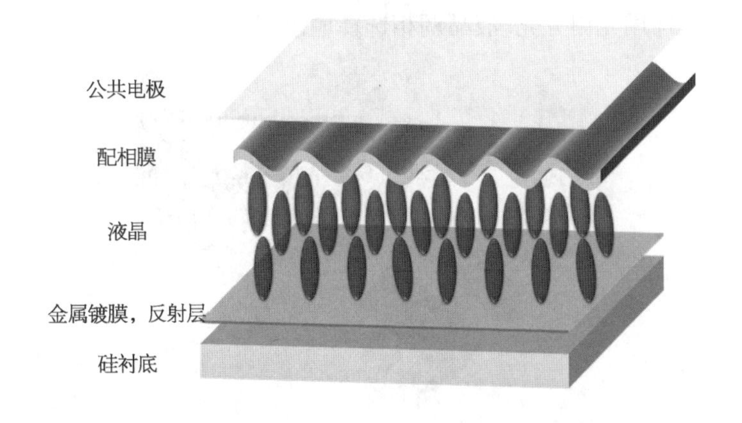

这些技术最早是用在电视机上的，咱看电视那画面不断切换，LCOS 可以做得很小，分辨率就很高。

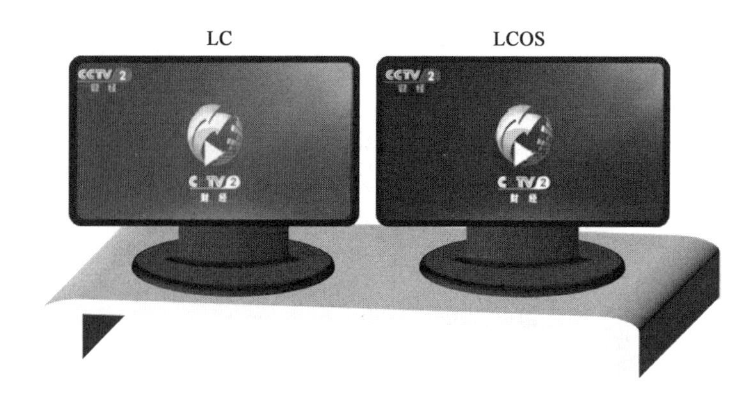

液晶技术可以用在 WSS 上，比如楔角片是有色散效果的，加上液晶，可以实现选波长与选通道。

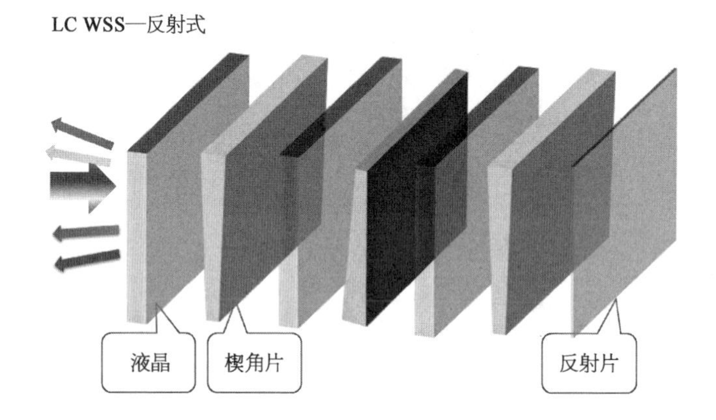

或者，这样用光栅分光，液晶调相选择输出端口。

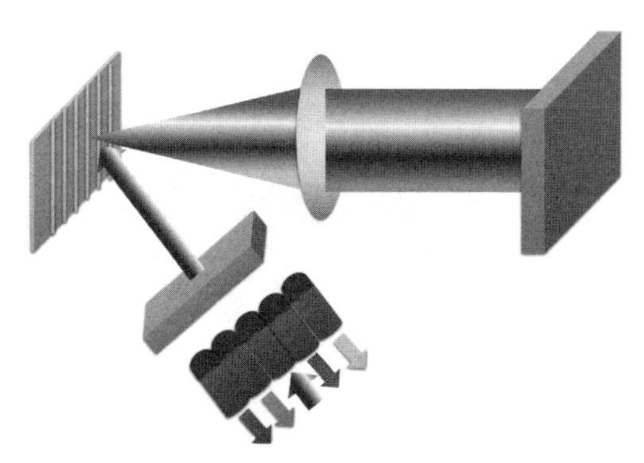

把上图的 LC 屏,换成 LCOS 屏,原理相同。

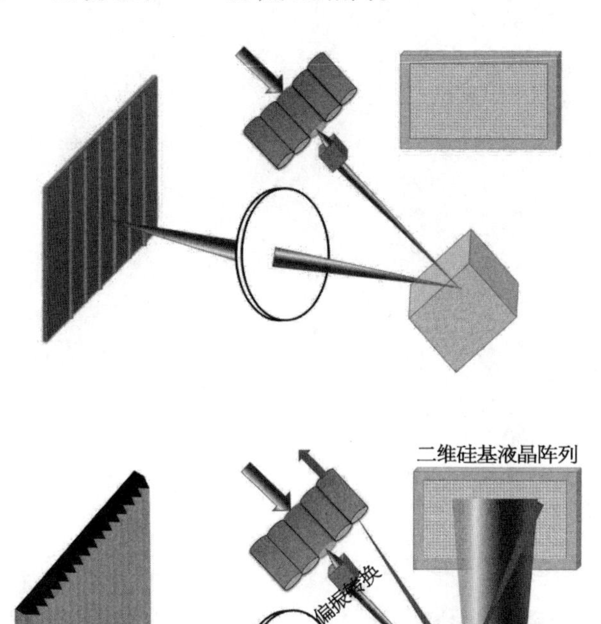

功　　能	MEMS	LCOS	LC	PLC+MEMS
DWDM 50 GHz 间隔	能√	能√	能√	能√
端口数	多√	多√	多√	多√
动态谱宽		宽√		宽√
损耗	小√			小√
精度		高√	高√	高√

电 接 口

SERDES

何为 SERDES?

SERDES,串行解串器,是一种主流的时分多路复用(TDM)、点对点(P2P)的串行通信技术。

SER:SERializer 串行器,DES:DESerializer 解串器。

串行,对应的是并行,比如小学生并列排队,去动物园参观。那就得有好几个检票叔叔,还得有好几个检票窗口。

并行数据,接口多,但对检票叔叔的速度要求不高,不会引起队伍滞留。

当然咱们检票叔叔的速度可以练得很高,一个人可以覆盖很多队伍,那需要一个串行器,节约地方,节约两个叔叔,还不影响入园速度。

解串器,就是串行器的反方向。小朋友们出门回家。

TDM，time division multiplexing，时分复用，把时间切割，假定切成 3 份儿，第一份儿时间判断信号 1，第二份判断信号 2，第三份判断信号 3。

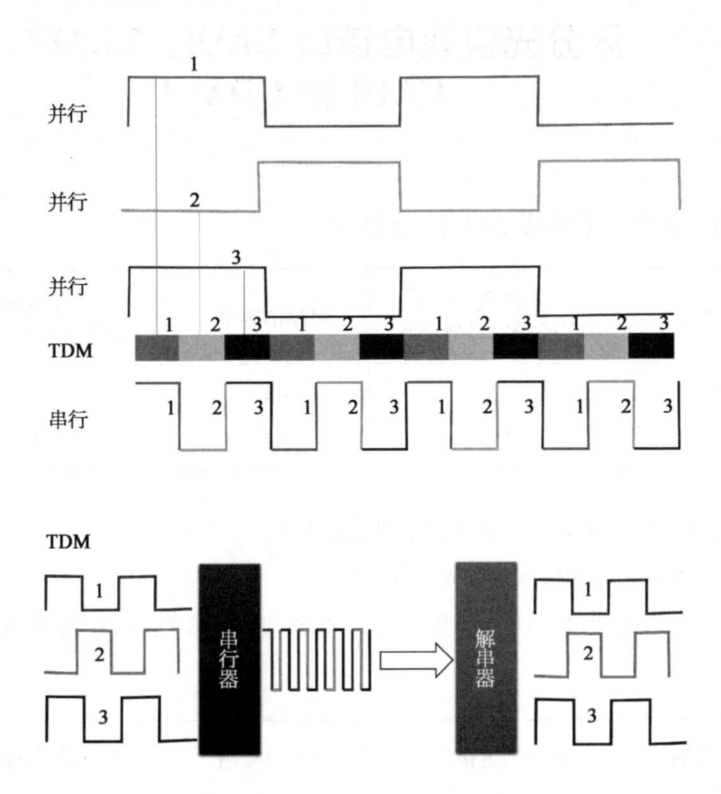

何为 P2P，point to point，点对点，入园的是这些信号，出来的也是这些信号。

虽然咱们没有用 3 条数据线传输，从虚线上看，还是点对点发射与接收。

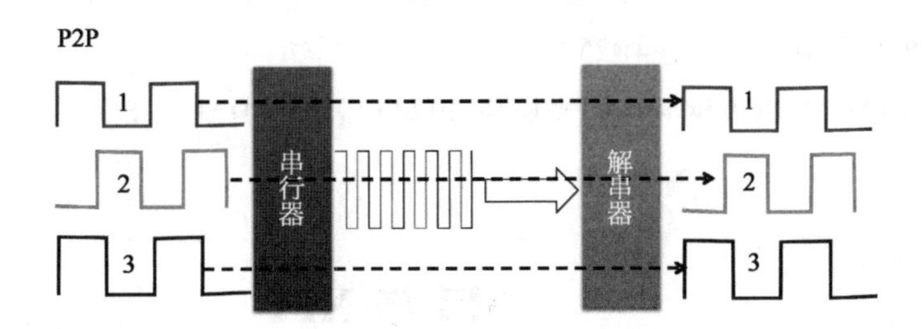

区分光模块电接口 XAUI，XLAUI，CAUI 和 CDAUI

阿拉伯数字与希腊数字的对应表述为

阿拉伯数字	希腊数字（起源于罗马数字）	阿拉伯数字	希腊数字（起源于罗马数字）
10	X	100	C
40	XL	400	CD

以太网 802.3 标准对 CAUI 的定义是这样的：

CAUI 100 Gb/s attachment unit interface。

这个 C 是希腊数字 100 的意思，那按这种延续性逻辑推论，表述 CDAUI 等。

光模块类别	以太网电接口	光模块类别	以太网电接口
100 Gp/s	XAUI	100 Gp/s	CAUI
40 Gp/s	XLAUI	400 Gp/s	CDAUI

CAUI－10，CAUI－4，分别指的是 10 通道 100 G 模块，也就是 10×10 G；和 4 通道 100 G 模块，也就是 4×25 G。

那 8×50 G 的以太网 400 G 光模块，电接口就是 CDAUI－8。

SFI 与 XFI

通常光模块 datasheet 中，会有一个电接口的标注。

比如这样的:“光模块电接口为 SFI 接口”。

很多工程师写规格书,Ctr+C & Ctr+V 是宇宙无敌制胜法宝,导致很多有意思的事儿。

今天举个例子,工程师在 XFP 封装光模块规格书写支持 SFI 接口,或者 SFP+封装的光模块写支持 XFI 接口,很多时候,能用,也就有人认为可以啦,正确。

其实,SFI 全称叫 SFP+ high speed serial electrical interface,用于 SFP+光模块封装的高速串行电接口 Interface。

XFI 全称: the high speed serial electrical interface for XFP modules with a nominal baudrate of 9.95 - 11.1 Gb/s,XFP 光模块的高速电接口。

SFP+封装是 SFP 的增强版,速率从 2.5 G 提升到 10 G。

XFP 的 X,是罗马字母 10。

这俩都是 10 G 光模块封装,区别在于,XFP 很大,大家想做更小封装,就把光模块内的 CDR 取消了,叫 SFP+。

SFP+没有 CDR,就要求在系统主板增加电信号的预加重和均衡处理。

这是 XFI 和 SFI 最主要的区别。

因为 XFI 和 SFI 的电信号是为 10 Gb/s 速率准备的,到了单通道速率 25~28 Gb/s 时代,电信号也就到 25 GAUI C2M 或 CEI - 28G - VSR 电接口标准。

光模块中的 gearbox

现在 400 G 光模块里,会用到一个叫 gearbox 的东西,把两路 50 Gb/s 的信号转换为一路 100 Gb/s 的信号。

什么是 gearbox? 信号速率的变速。

这不是个新鲜事,比如咱们以前听到的 SERDES,信号的串并转换,就是个 gearbox。

比如 transponder 光模块里的电 MUX/DEMUX,也是 gearbox。

它们的功能理论很简单,把几个低速率的信号合成一路高速率信号,这叫复用,也叫串行器。

把一路高速率的信号分解为几路低速率信号,这叫解复用,也叫解串器。

咱们刚进入光模块设计这一行的人,一般以为是系统板给什么电信号,咱们就忠实地转为光信号输出。不惹事不添乱。

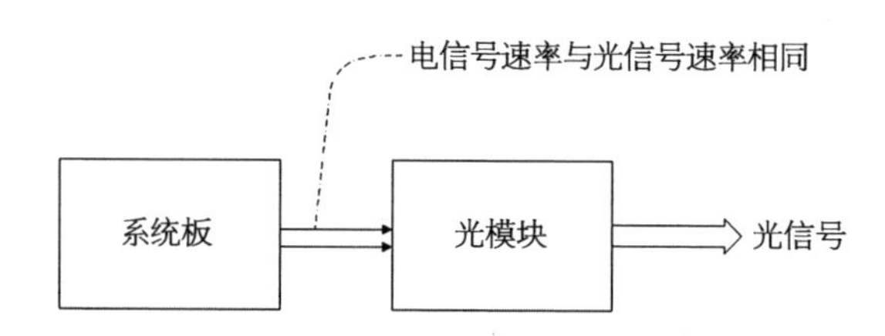

可是时代的发展是需要阶段的,比如光信号的速率能达到 100 Gb/s 了,可咱们电信号要传 100 Gb/s,不是不可以,只是距离得非常的短。

根本经不起什么金手指和连接器等节点对高频信号的蹂躏,那就把光模块对系统板的速率降低。

2019 年,400 Gb/s 的电信号是 8×50 Gb/s(25 GBd PAM4),光信号是 4×100 Gb/s。

这就需要一个叫"gearbox"的功能出现在光模块里。

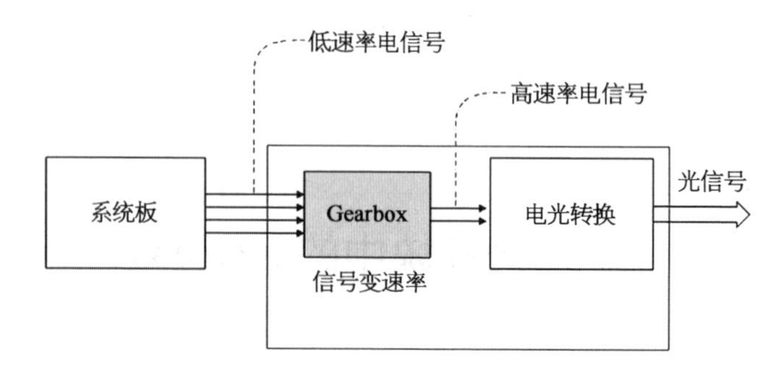

想当年,光信号速率可以达到 2 Gb/s,3 Gb/s,4 Gb/s……大家也是像今天一样地奔走相告,可是电信号的速率只能勉强支撑到 Mb/s。

当年的业内,也出现了一个 MUX/DEMUX 的神奇功能,四路 622 Mb/s 的信号合成一路 2.488 Gb/s。

又想当年,光信号速率可达 25 Gb/s 的时候,电信号的速率只能勉强支撑到 10 Gb/s,当年的业内也是出现了一个神奇的东西,速率变换。

2019 年,只是历史又一次的轮回而已。

两路电信号进行时钟间隔对准。

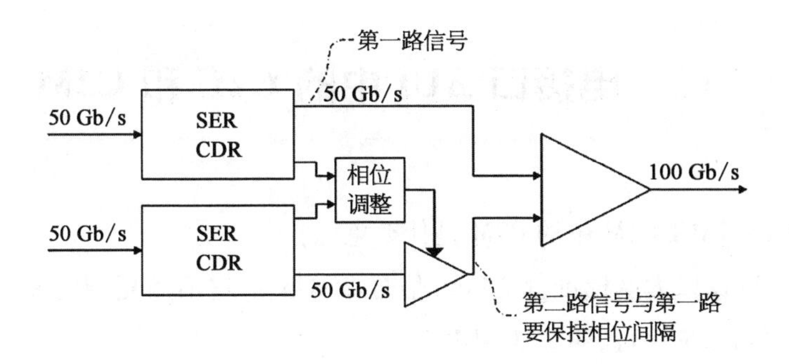

每一路的信号,在 1 bit 宽度内,幅度状态都是努力保持不变的,除非下一个 bit 来了,才进行切换。采集数据的过程就由时钟来控制。

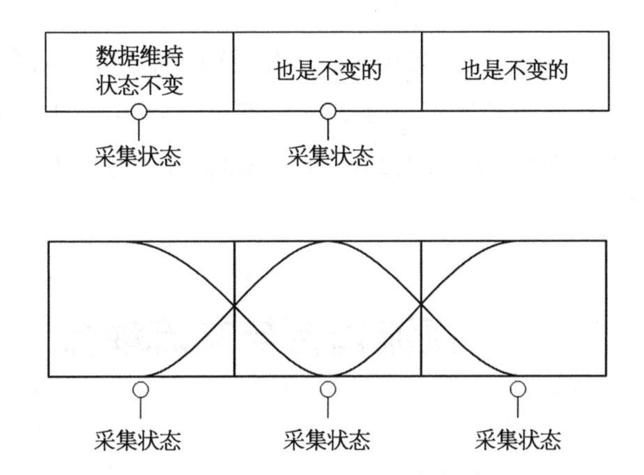

第一路信号和第二路信号,1∶2 复用后就是下图,将来拆分事也很容易区别。按顺序来就是了。

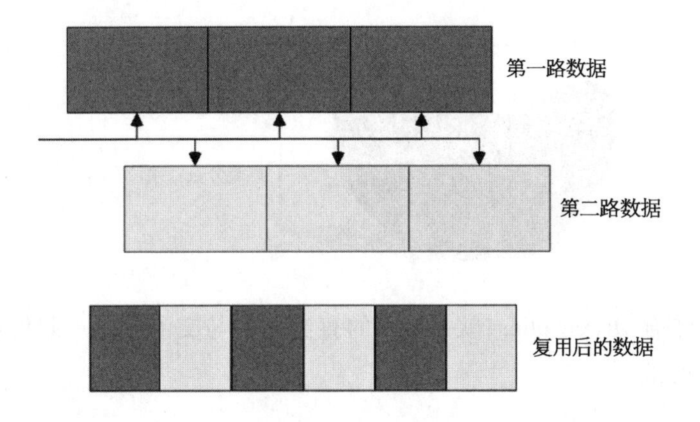

电接口 AUI 中的 C2C 和 C2M

AUI 25 GAUI C2M 中的 C2M 是什么意思?

比如 25 G 以太网标准 802.3by,信号 25 Gb/s,它不用复杂的 xxAUI 的表述,直接写阿拉伯字母,叫 25 GAUI。

电信号接口,25 GAUI,包括两种连接类型:

(1) 芯片和芯片之间的差分信号连接,长度不超过 25 cm,英文叫 chip to chip,简称 C2C。

(2) 交换机芯片与插入的光模块金手指/连接器之间电信号连接,这个要更复杂一些,差分线信号长度不超过 25 cm,英文叫 chip to Module,简称 C2M。

802.3by 标准是 2014 年启动,2016 年发布的,具体参数 109A/109B。

直流耦合与交流耦合

什么是直流信号?什么是交流信号?

一个信号,就像一缸水,直流分量就是水位有多高,交流分量就是浪有多大。

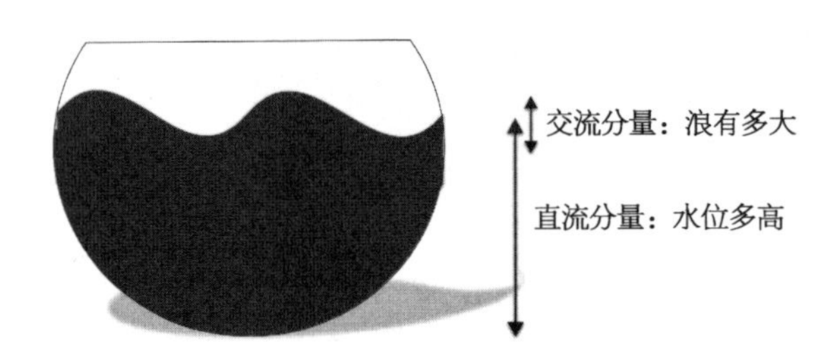

直流耦合 DC coupling,就是信号的直流分量与交流分量一起传递到下一个信号接收端。

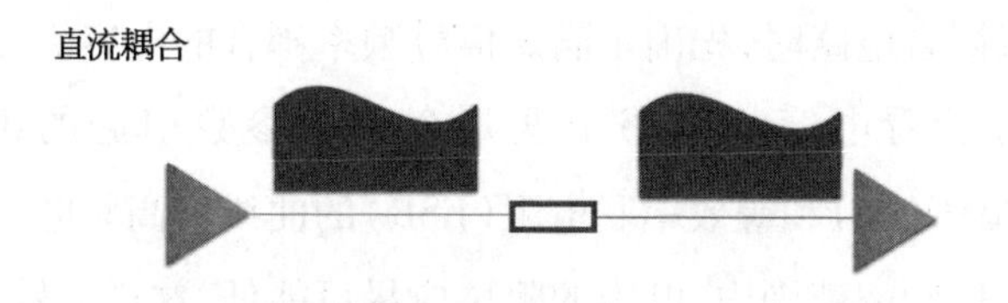

交流耦合 AC coupling,就是隔离直流,只允许交流分量通过。通常电容具有隔直通交的作用,交流耦合一般是用电容。

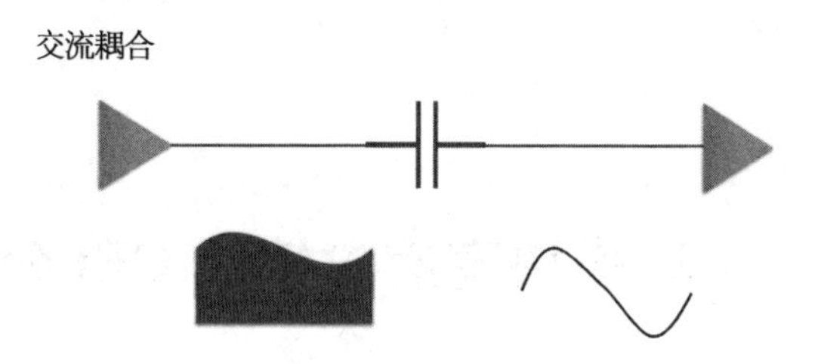

AC 耦合,不用考虑各种直流分量,确实也算是方便。电容选取也就变得更重要了。尤其是高频信号耦合时。

电容,很少是理想电容,它有寄生参数。

在高频信号的 AC 耦合时,电容就成下图这样。

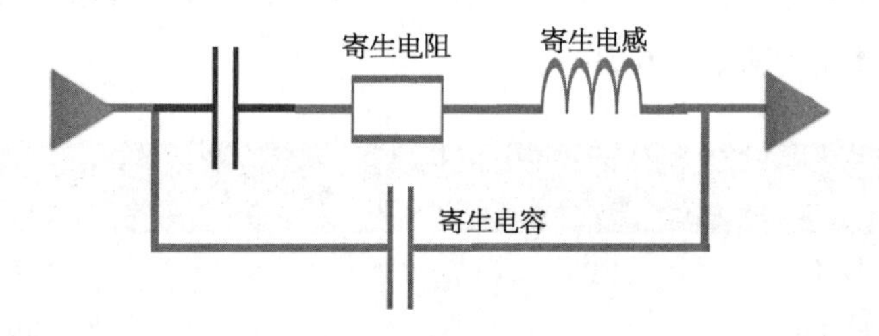

这个网络就有自谐振点,在这个点,电容的阻抗最小,插损也小。

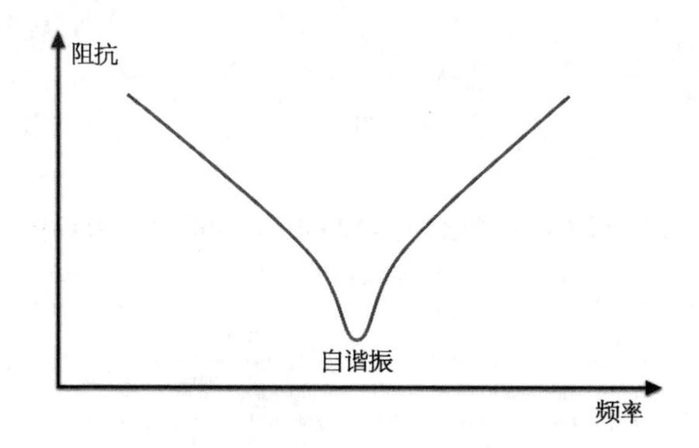

设计交流耦合电路时,先确定满足信号频率耦合的电容值。

同时还得看看电容规格书中这几个寄生参数引起的串联谐振频率(FSR)、阻抗幅值(Z_c)和等效串联电阻(ESR)的曲线。高频电容选取原则:

(1) 在工作频率范围内,电容的阻抗应尽可能低,这样信号损耗才小。

(2) 耦合电容尽可能小,这样也可以减少信号的衰减。

(3) 自谐振频率点的阻抗是最小的,但是这个频点不能选,不允许落入工作频带内的。

光模块高速电接口 CEI 分类

CEI-56G-VSR,和 CEI-56G-LR 有啥区别?

先说,CEI,electrical implementation agreements,电接口协议,这是 OIF 和 IEEE802.3 制定的,咱光模块里,有光信号,也有电信号。

再说 56 G,这是指差分线的信号速率。OIF 从 2004 年开始,就在做电接口的协议,那会儿的速率是 6 Gb/s,

类　别	速率/(Gb/s)	发布年度
CEI-6G	6	2004
CEI-11G	11	2008
CEI-28G	28	2011
CEI-56G	56	2016 发布一部分 另一部分制定中
CEI-112G	112	正在制定中

现在讨论的是 112 Gb/s,单通道 112 Gb/s,为的是 400 G 的应用。

Physical and Link Layer Working Group/Physical Layer User Group Working Group

- Common Electrical Interface – 112G – XSR (CEI-112G-XSR)
- Common Electrical Interface – 112G – Long Reach (CEI-112G-LR)
- Common Electrical Interface – 112G – Medium Reach (CEI-112G-MR)
- Common Electrical Interface – 112G – Very Short Reach (CEI-112G-VSR)

继续,LR,XSR……指的是不同的电连接类型。

VSR 是系统板到光模块的电连接。

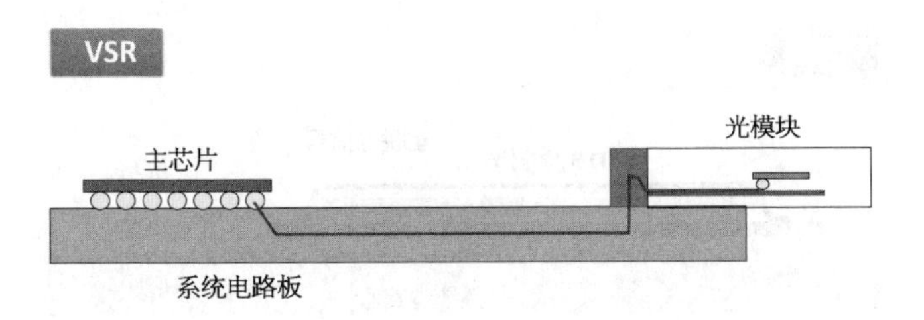

LR 是背板之间的电连接。

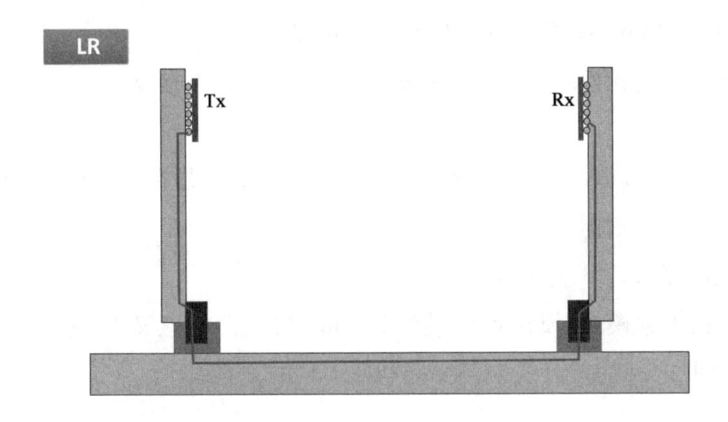

MR 是芯片和芯片之间的电连接。

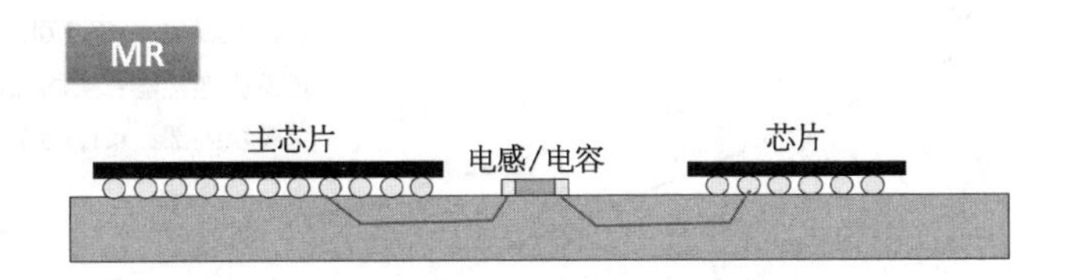

XSR 是主芯片和光引擎之间的电连接,有些交换机不用光模块,就是嫌弃模块的线太长,用 OBO 这类的光引擎,可以靠近主芯片,比如讨论 800 G 的 COBO MSA。

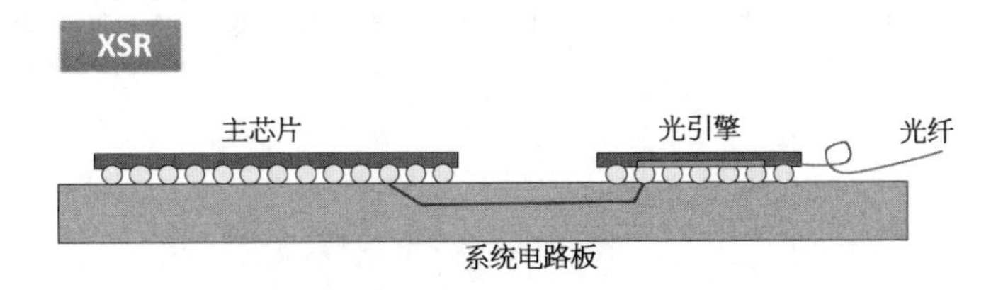

USR，就是主芯片与光引擎进一步做 3D 合封的内部电互联，它的距离比 XSR 更短。

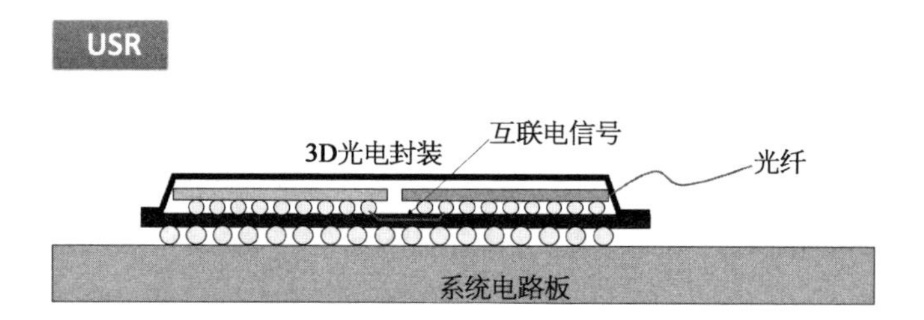

高速电接口，信号损耗是重要因素，比如现在 200 G/400 G 光模块用到了单通道 50 G PAM4 技术，或者 112 G PAM4 技术。

从主芯片到光模块，之间有主板上的长信号，有连接器损耗，也有模块内部损耗。

在 CEI－56G－VSR 中，各个损耗节点做了划分。是在 14 GHz 这个频率点对损耗做了一个指标。

系统内部 7.3 dB，连接器 1.2 dB。

从连接器到模块，损耗要控制在 1.5 dB 之内，严格意义上，是从连接器到模块的 CDR 之间的差分线损耗要控制在 1.5 dB 之内。

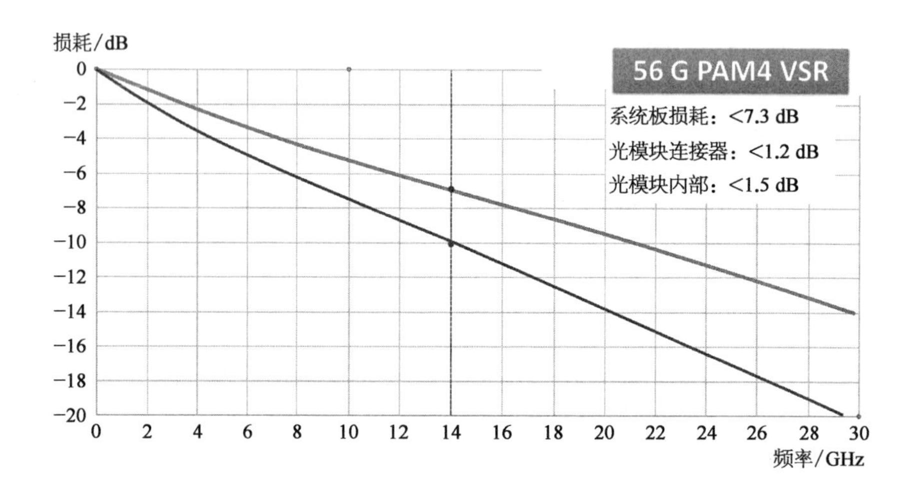

电路简析
发射端

驱 动 器

驱动这个词，是从赶马车、开汽车，再到咱们光通信的。

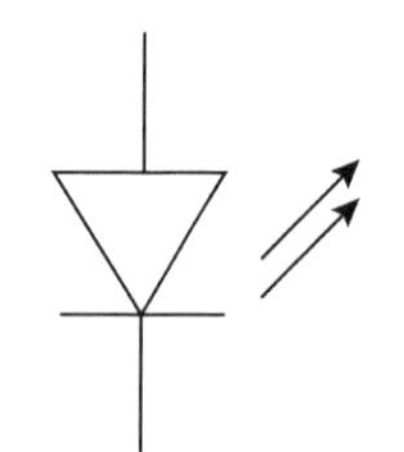

在光模块里，驱动，指的是让激光器发光这个动作，所以驱动器的设计一切以服务激光器为标准。

激光器是一个二极管，PN 的电压变化不大，发光功率的大小，与流经激光器的电流相关。

激光驱动器，就是一个电流源，为了能适应激光器的不同工作状态，这个电流源需要精准控制。

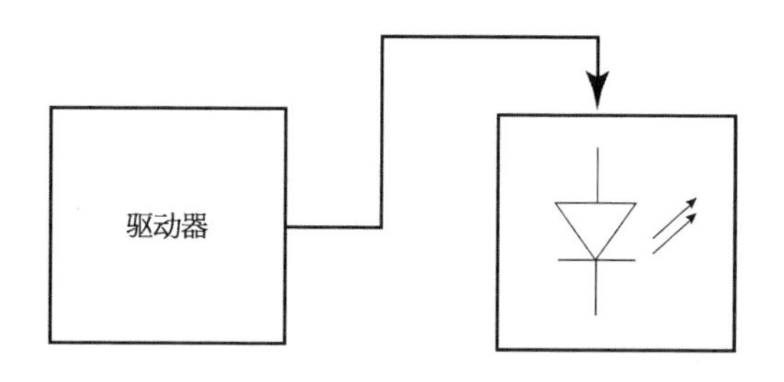

激光器也是个温度敏感型的器件，那驱动激光器就得考虑不同温度下的斜效率变化，一般驱动器也会带自动功率控制，不同温度下提供的驱动电流不同，总的目标是光模块对外的输出光功率不变。

驱动，常常和调制在一起。

驱动的作用，是让激光器发光。

调制的作用是把信号平移到传输载体上，换到光模块的场景就是，把电信号平移到光这个载体上。

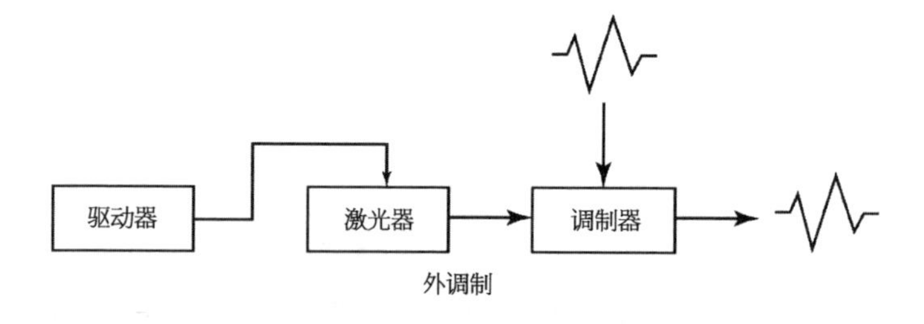

外调制

EML,就是激光器和电吸收调制器的集成,激光器负责发光,调制器负责信号。

驱动器,负责给激光器提供电流,让它发光。

调制,就是把信号加载到调制器上。这个调制器可以是很多方式,比如MZ、电吸收等。

还有一种更便宜的做法,就是不同调制器,驱动与调制在一起,激光器既负责发光,又负责调制。这种模式叫作直接调制。

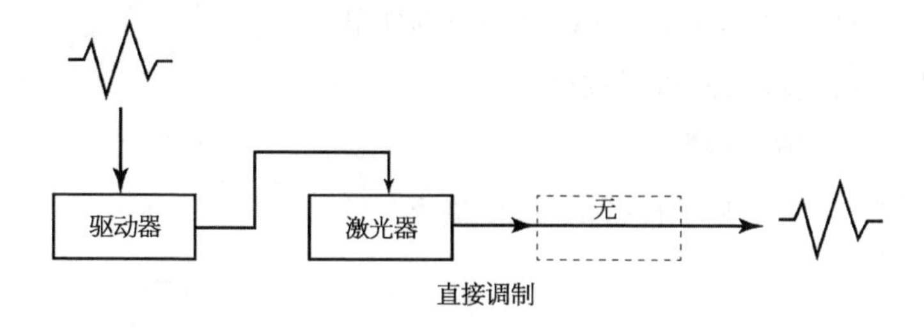

直接调制

驱动器的作用,就也跟着变了,一方面负责提供电流,另一方面负责传递信号。

信号传递的过程就是,把电压信号,转变为电流信号的大小。

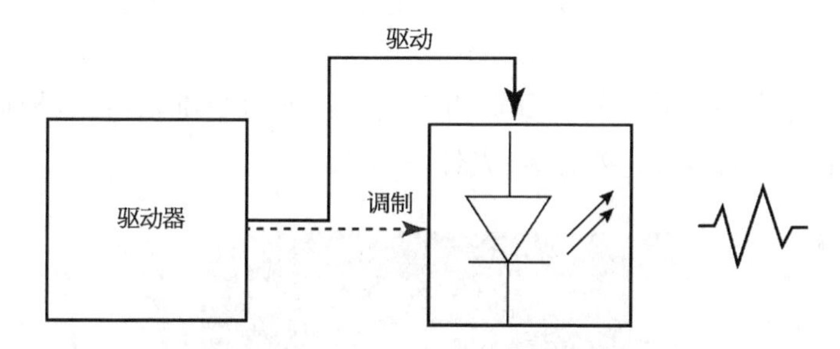

动,就是让激光器有电流流过即可,上图,驱动器是电流源输出,给激光器正极电流,可以。

下图,激光器正极接 V_{cc},驱动器负责吸入电流,总之控制的是流经激光器电流的大小。

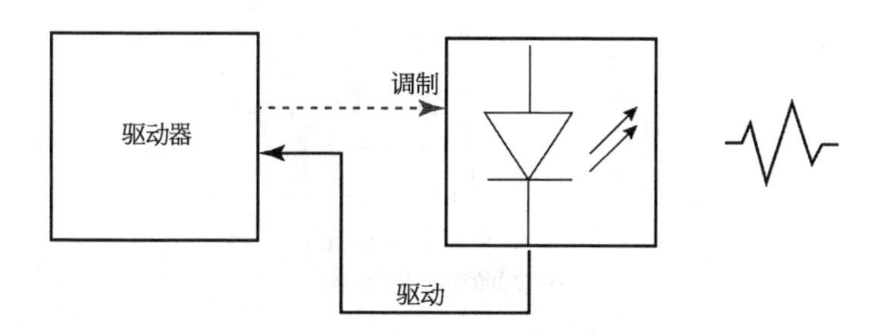

这都叫驱动器。

光模块中的 CDR

CDR,clock and data recovery,时钟数据恢复。

为什么要恢复时钟,恢复数据?

怎么恢复时钟和数据?

一般发送出来的数字比特信号,很整齐。

但经过一段传输后,各种衰减、劣化……就变得很难认出,这种信号的传输路径如电路板的一对儿差分线、光纤……

信号传输，时间出现偏移，叫作抖动

如果 bit 们有快的,有慢的,很容易造成误判。

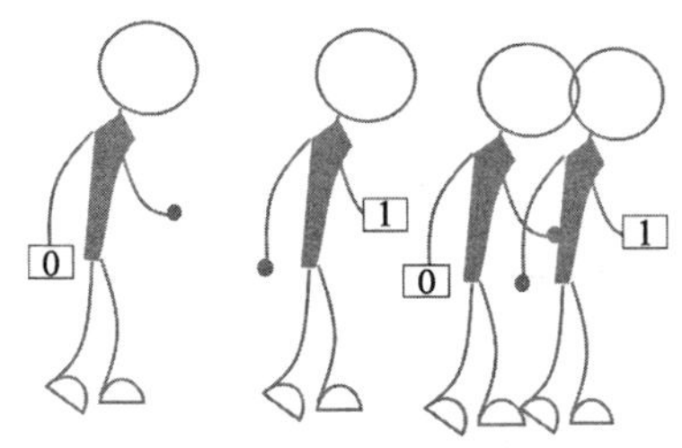

Bit之间的时间出现偏移

CDR 的功能,就是对信号进行 retimer,再定时,是 3R 中的时间恢复。另外两个是幅度恢复和形状恢复,叫作再放大和再整形。

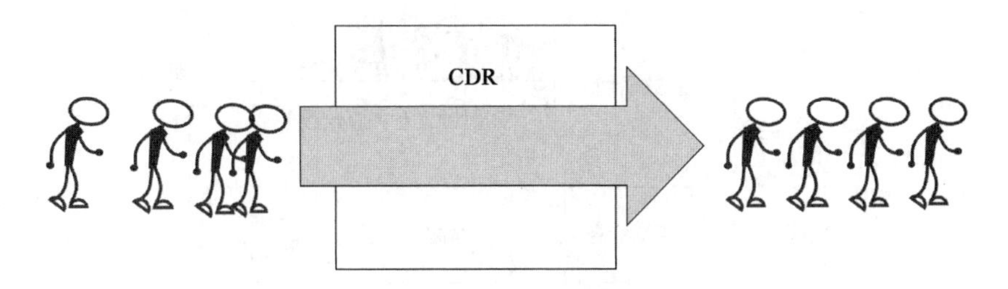

CDR 的原理很简单,当然要把芯片做出来是很难的,先是找到这些 bit 之间的时间间隔(单位时间内的周期变化次数就是频率),可以知道频率点。

进行频率判断的功能就是相位检测技术,相位、频率、时间间隔等是一个内在关联关系,不同的表述方式而已,相位检测找到 1 变 0,或 0 变 1 的边沿,再根据次数就能找到这组数据的频率点。

频率是有好多个频点的,比如 1010 和 11001100,之间的边缘变化的节奏不同,但成倍数。用滤波把基础频率检出来。

后面的一个压控振荡器,是输入电压不同,输出频率也跟着变化。

压控振荡器的输出,反馈到最早的相位检测,两者之间的微小差异,可以通过压控振荡器的电压进行微调,形成一个闭环控制,振荡器输出的那个信号,就是时钟。与来的那一串儿数据的中心频率相同。

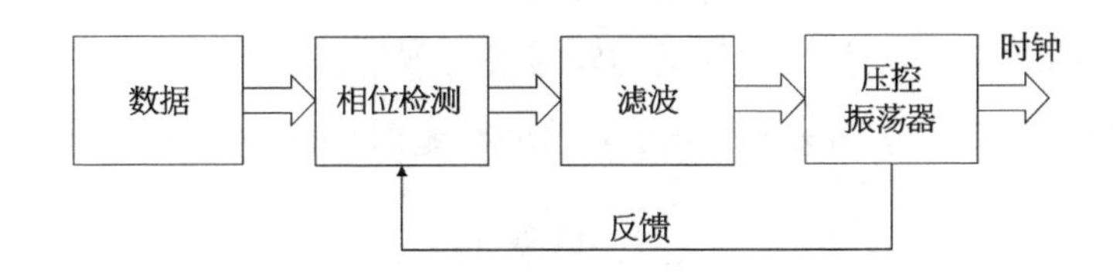

这个电路,是传说中的 PLL 锁相环。

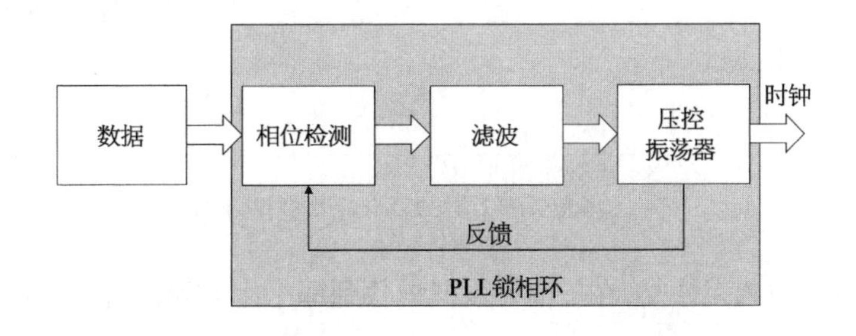

但咱光模块里一般不直接用时钟,而是用这个时钟,来对之前的数据流进行重新定时。

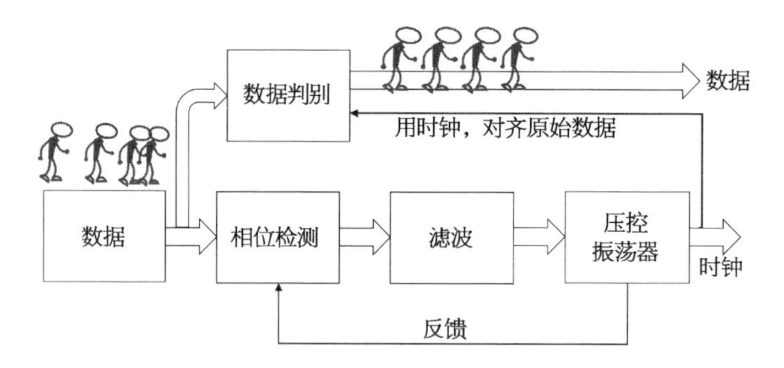

重新定时,主要用的是可调延迟线。

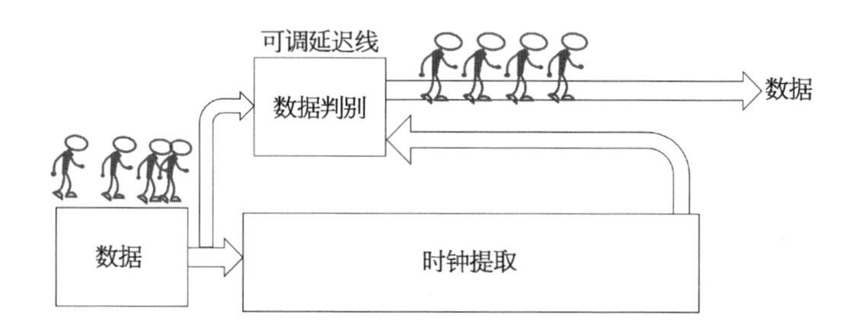

信号传输,是有速度的,传输线的长和短,用的时间就不同。可调延迟线,是一串儿接在一起的传输线,中间有抽头出来。

之前跑得慢的 bit,那给它分配的传输线,短一点。

之间跑得快的 bit,给它分配的传输线长一点。

等出来之后,大家就又排整齐了。这叫再定时,retimer。

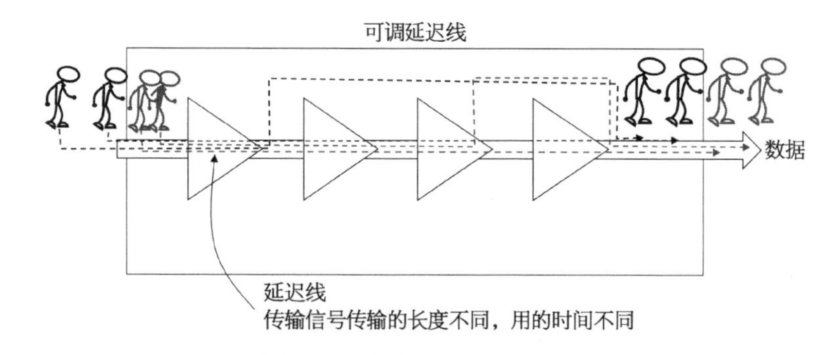

CDR,时钟数据恢复,在一串儿数据里找到那个中心频点,做时钟,时钟再

反馈给数据,进行再定时。

时域上有了再定时(也可以加上再整形,再放大),信号捋齐,对后面的处理电路有很多方便之处。

激光器 AC 驱动,为什么用$\frac{1}{2}$ mod 电流计算

写 AC 耦合驱动直接调制激光器,计算工作电流为啥是$\frac{1}{2}$ mod?

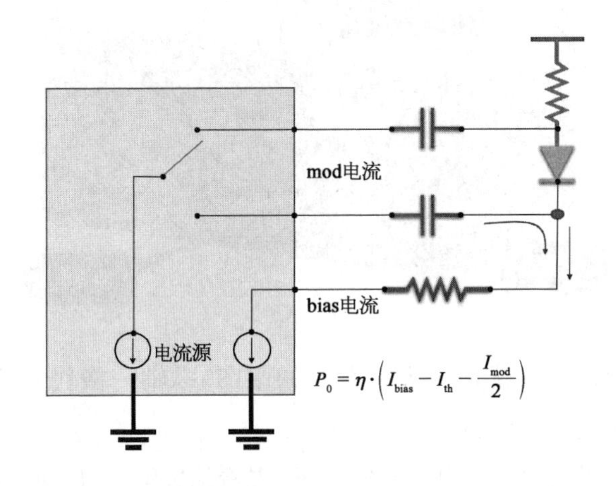

信号调制,本质就是让信号产生差异,来代表 1 和 0。

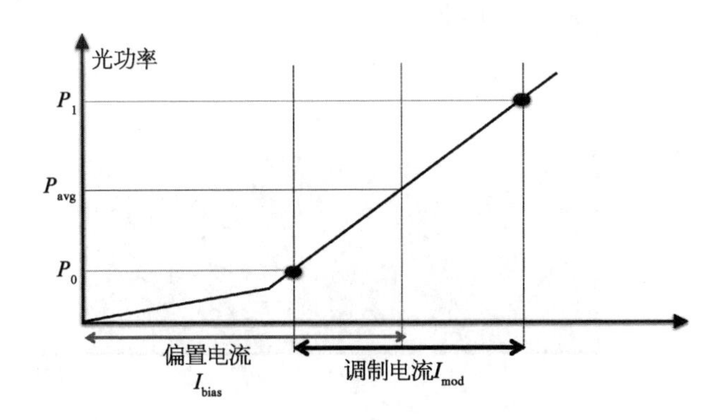

激光器的电流与功率曲线是这样的：

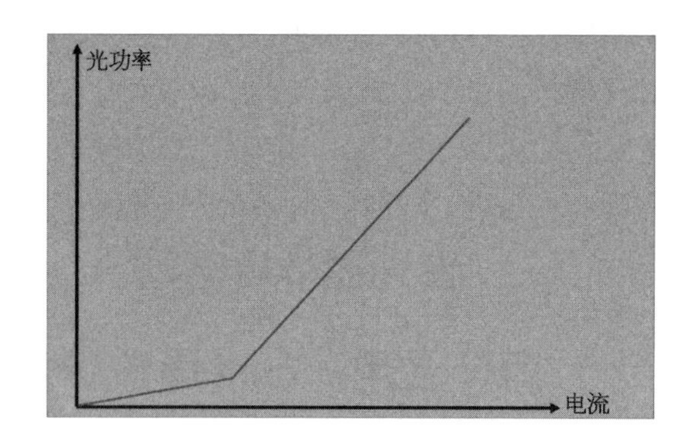

咱给它换个视角来看，漏出时间轴。

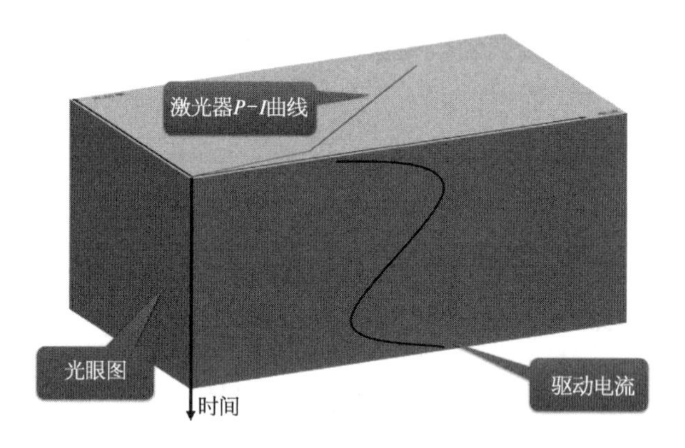

光功率与时间轴，就是咱天天看到的眼图，纵轴一格代表多少微瓦光功率，横轴一格代表多少皮秒。

回到主题，激光器工作电流与时间轴，来看偏置电流，任何时间都有偏置。

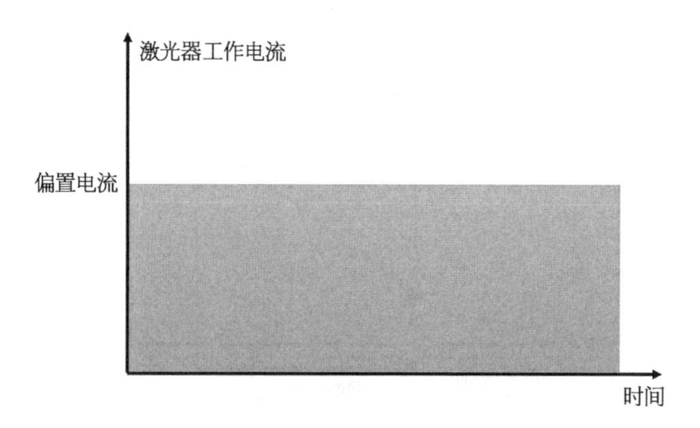

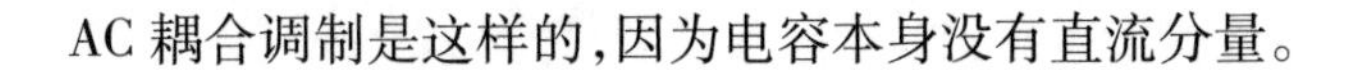
AC 耦合调制是这样的,因为电容本身没有直流分量。

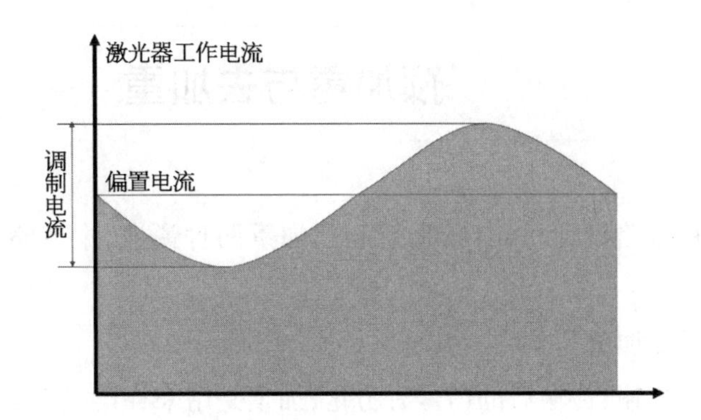

所以,计算 P_1,加$\frac{1}{2}$ mod,算 P_0 时需要减掉$\frac{1}{2}$ mod。

DC 耦合,是调制电流有直流分量,这样子。

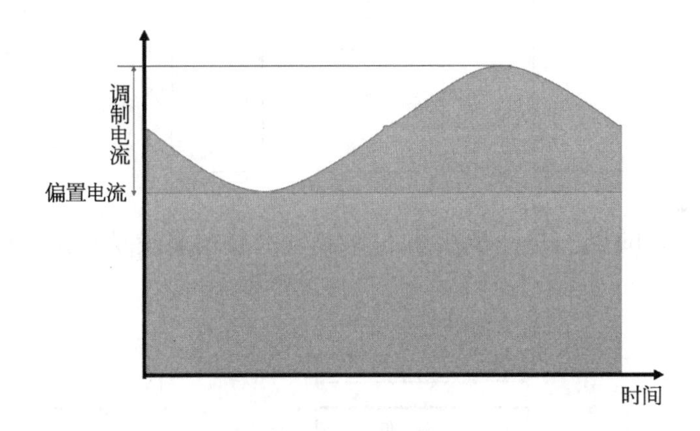

通俗理解就是,为了实现家庭的贫富差异化,丈夫比妻子多 10 块钱(调制电流,0 和 1 之间的电流差异),他有两个选择:

一是,丈夫出门挣了 10 块钱,实现家庭的贫富差异,这是 DC 耦合。

二是,丈夫抢妻子 5 块钱,从而实现比妻子富裕 10 块钱的人生目标,这是 AC 耦合。

这就是$\frac{1}{2}$的来历。

预加重与去加重

光模块在电路设计里，有预加重和去加重两种说法，本节略聊一聊两者区别。

为什么需要加重？

因为信号传输，传输后的信号有劣化，加重是用来补偿修正信道传输劣化的信号，以提高传输质量。

以最简单的 NRZ 码形来举例。

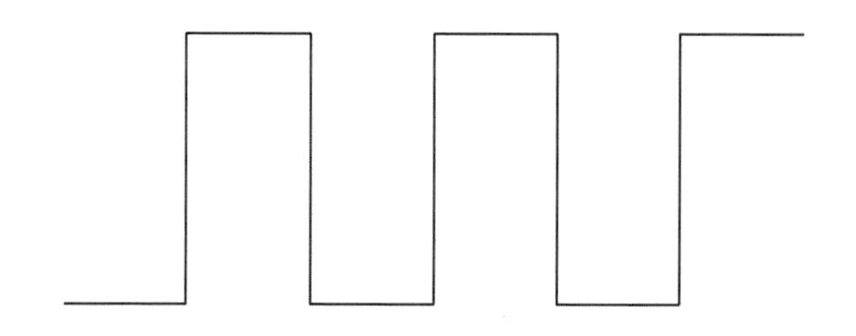

对每一个 bit 进行进一步拆分，它的信号分量前半段是高频分量，后半段是低频分量。

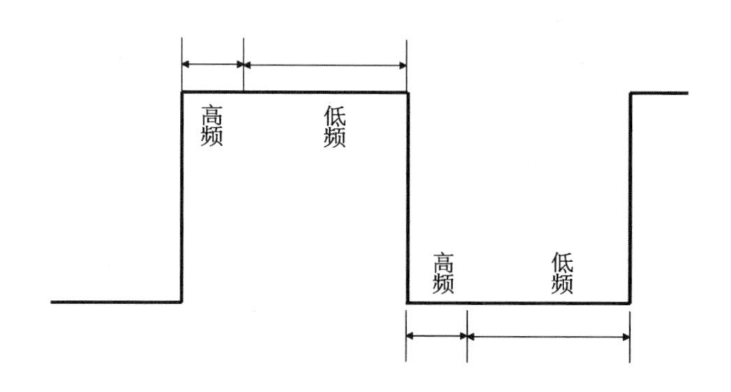

何谓高频：信号切换速度快。

同理，低频就是信号切换的速度慢。

一个 bit 的前半段，前半段是从 0 到 1 或者 1 到 0 的变化过程，而且变化得很快,而后半段是信号幅度的维持阶段。

前半段的快速切换过程相对于后半段来说是高频,而后半段信号幅度不切换,换句话说就是切换速度非常低,是低频。

这么划分,是因为,光纤传输(电传输也一样),高频分量衰减大,低频分量衰减小。

传输后的信号就变成了:

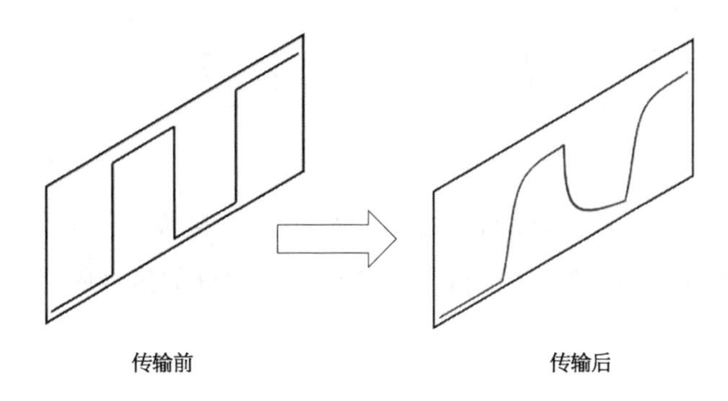

高频衰减幅度大,低频衰减幅度小。

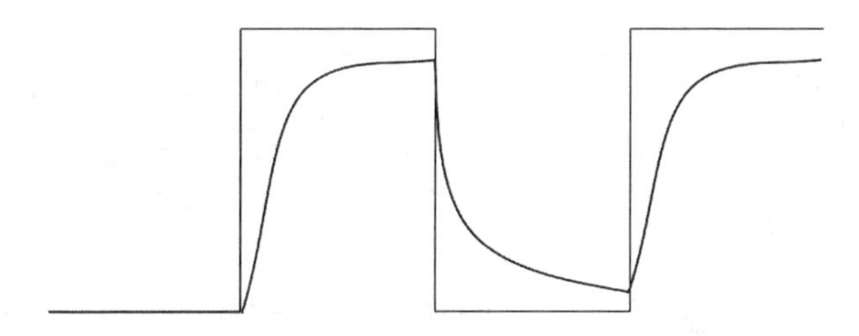

既然产生了劣化,那就做信号补偿吧。

第一个思路,预先把原始信号,加重高频分量。

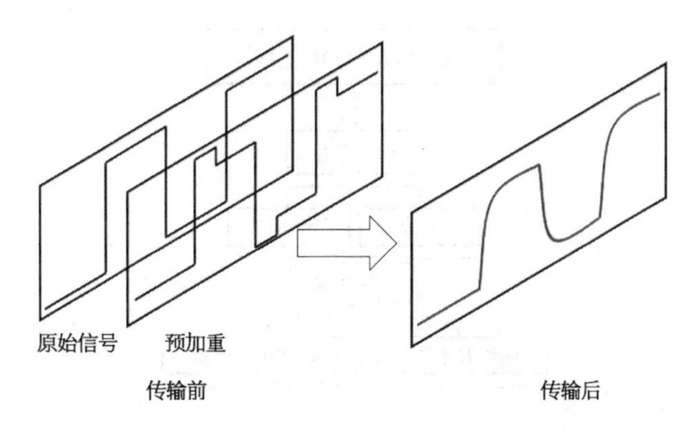

加重的前半段高频分量，留给信道足够的高频衰减空间，传输后的信号看起来比没加重的信号传输后的效果要好。

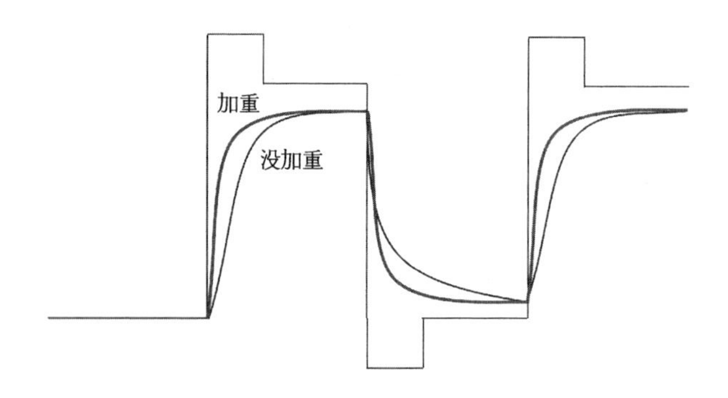

另一个思路是，直接处理接收的信号，把原始接收信号的低频分量降低（不仅不加重，而且去加重），也得到一个相对比较好的信号质量，通常把去加重叫作“均衡”。

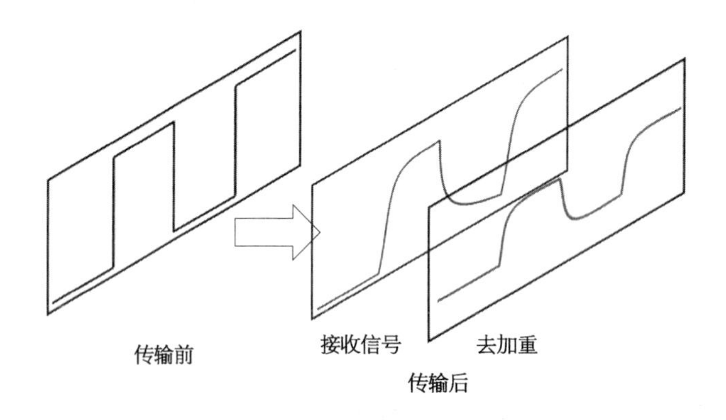

小结：

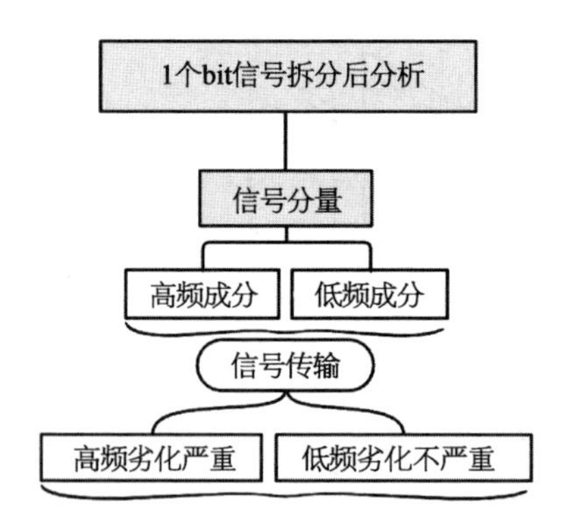

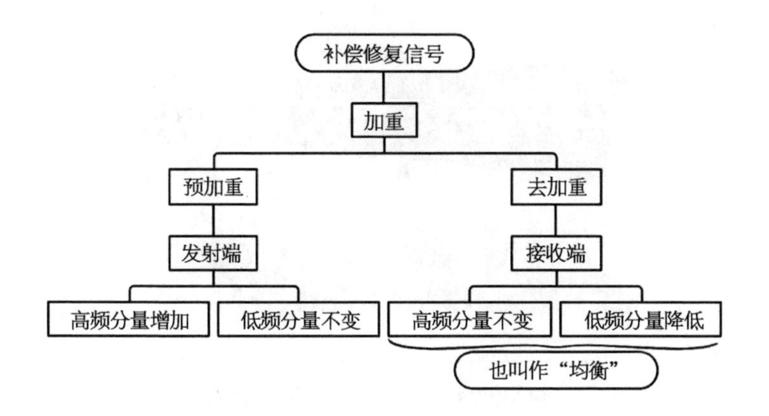

预加重与均衡——S 参数分析

各行各业都在谈 S 参数。

咱们也聊聊,S 是如何 S 的?

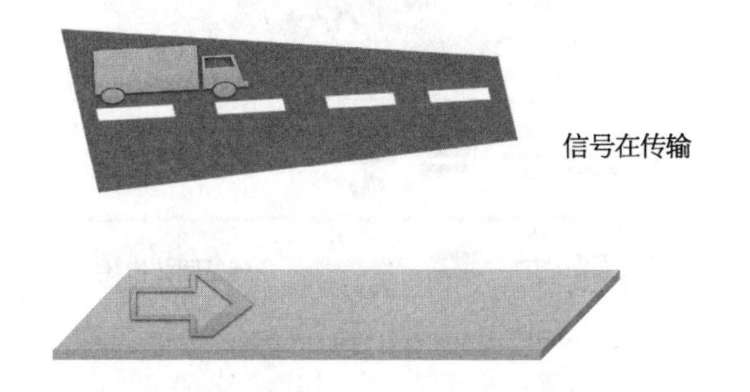

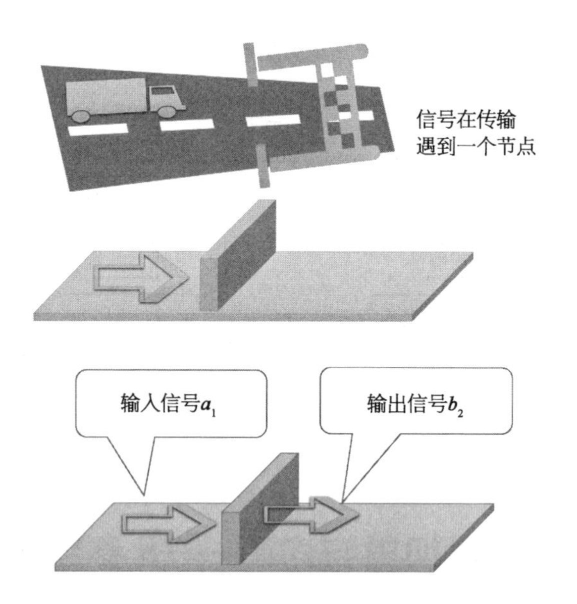

如果把各行各业谈的S,都看成万能的电磁波,就相当好解释了。

S参数:scattering parameters,就是电磁波的散射参数。

波的特性:

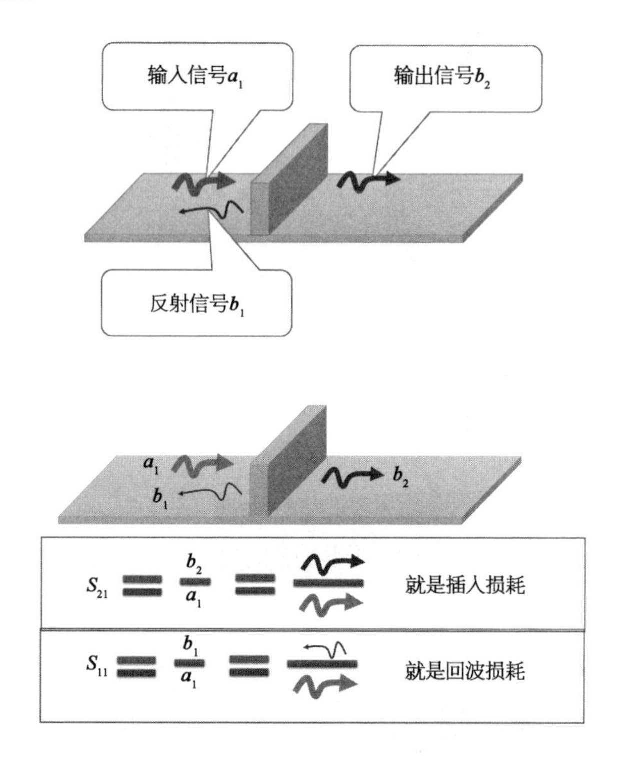

其实 S 参数是一个矩阵,看波的端口数目。

很多工程师看到有个 S_{21} 的插损曲线,去分析信号,这是为什么?

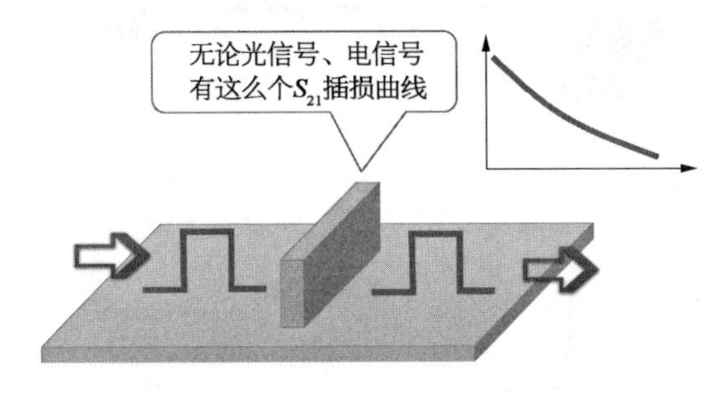

实际的信号不是理想信号。

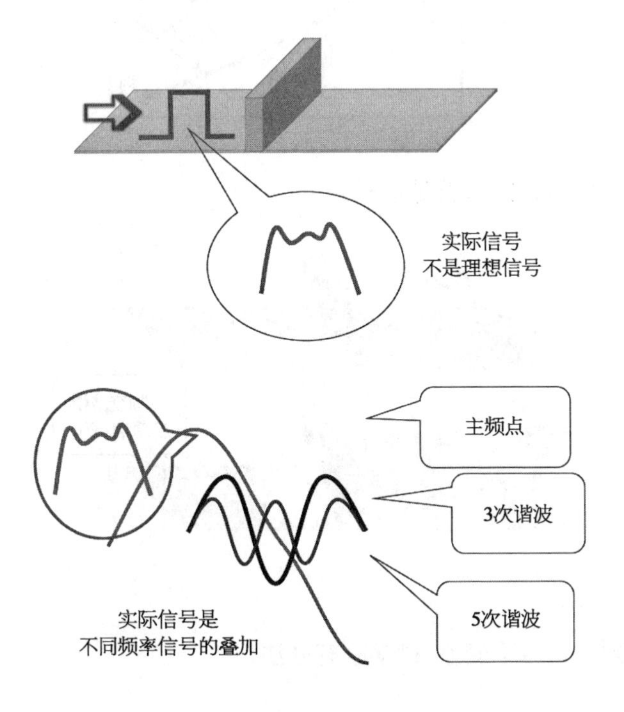

宇宙万能的电磁波理论有麦克斯韦方程组,还有一个霸气的爷爷是傅里叶,时域与频域的变换,打通了很多工程师的任督二脉。

一个时域信号,实际上是不同频域信号的叠加。

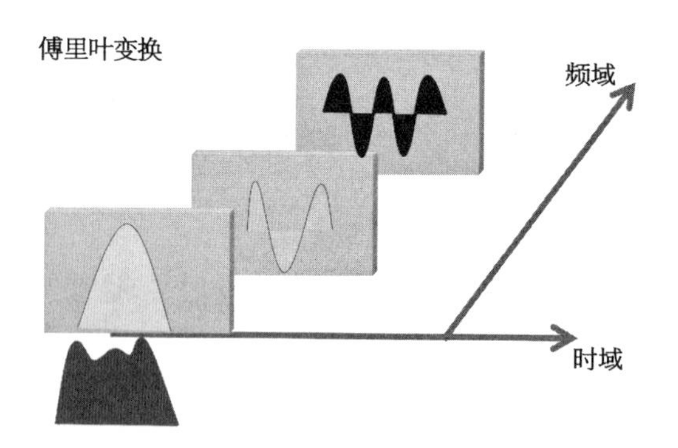

S 参数告诉我们:

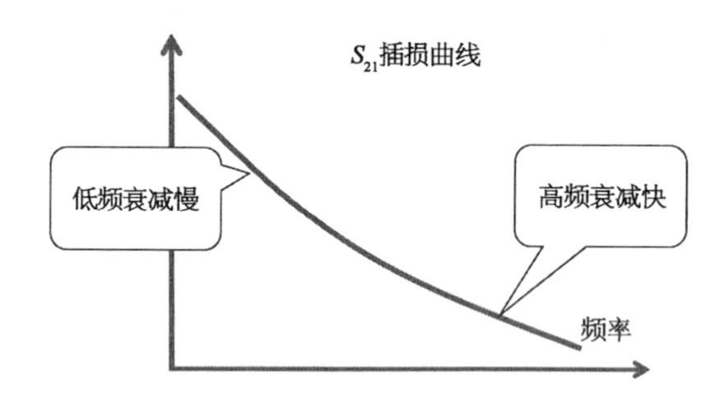

信号的传输,拆分开,就是这样:

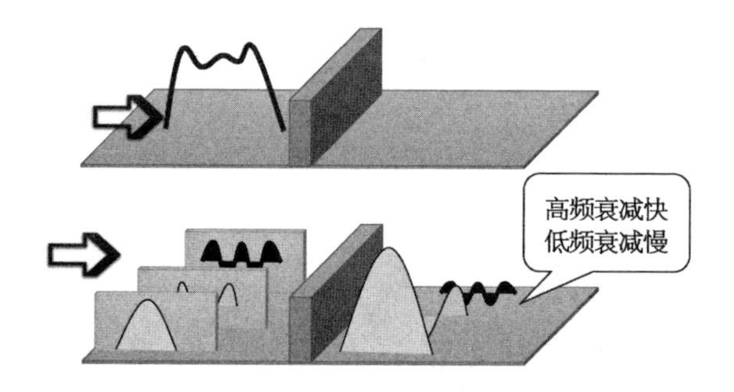

传输后就变差了。

要想收到的信号不变差,科学家有办法。

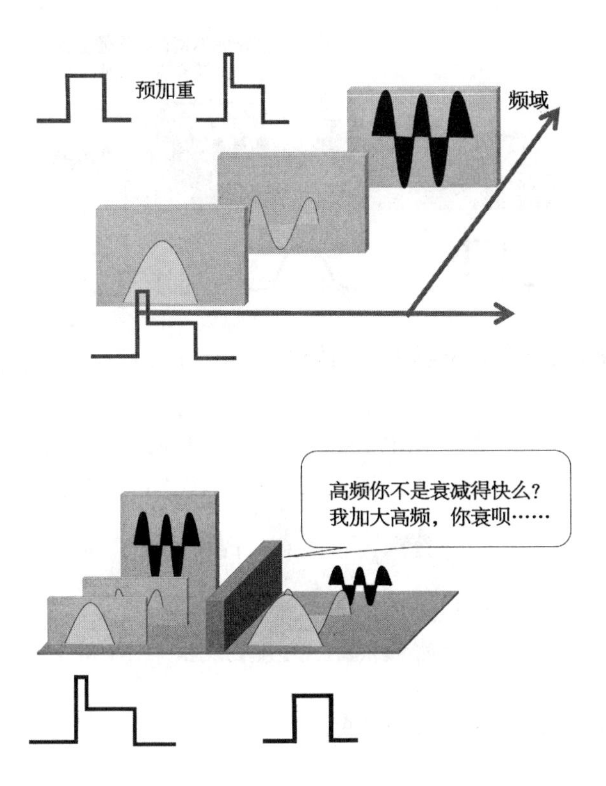

预加重的时域信号看起来怪怪的,其实时间和频率是可以互相计算的,预加重的小凸起,时域上看时间短,说明频率高。

把频率高的地方加重,在信号输入的地方提前增加高频分量,这叫“预”。

预则立的预。

再聊均衡。

均衡就是让原来衰减慢的低频信号,多衰一衰,就高频低频衰得差不离儿。

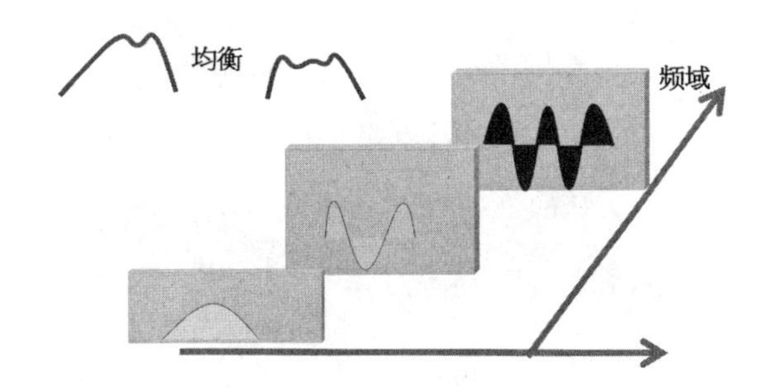

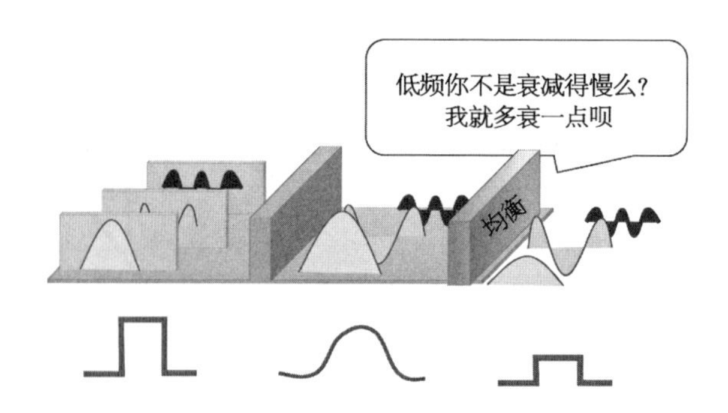

小结一下，用 S 参数来聊加重与均衡：

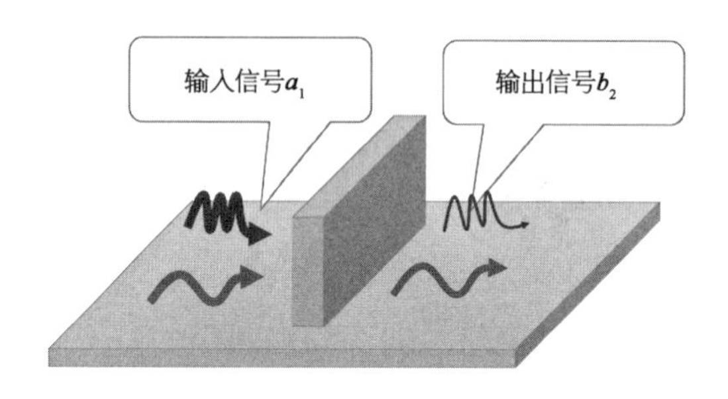

预加重在发射端，加大高频分量：

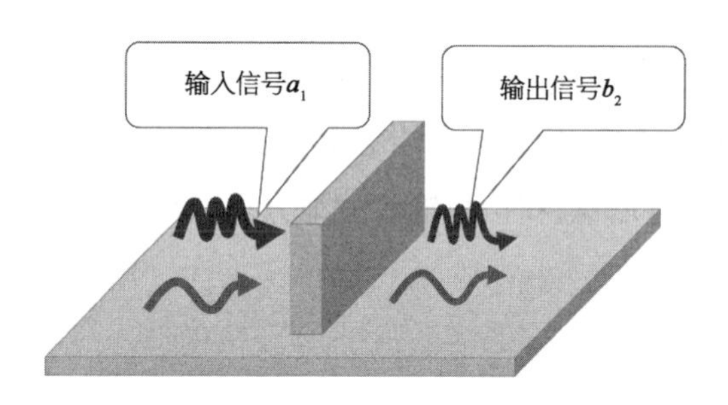

均衡在接收后，衰减低频分量。

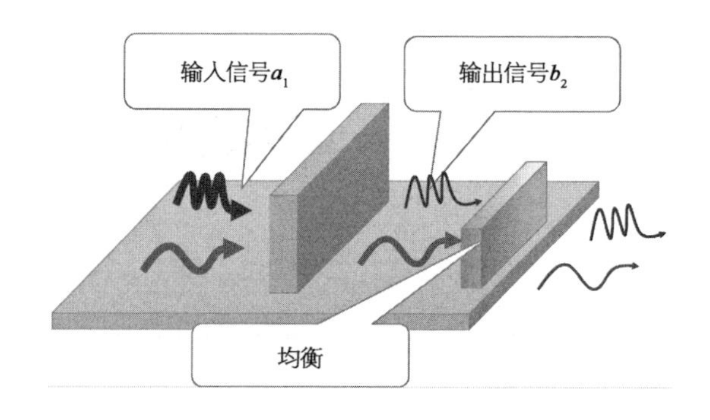

自动功率控制

判断故障,很容易,在应该发光的时候,发现没光,这就是故障。

自动光功率控制(APC),也很容易理解。

娃晚上写作业,调整台灯的亮度(光功率),太亮不行,伤眼睛,太暗也不行,看不清作业本。

爸爸脑中,是有一个亮度范围的,这是他调亮度的目标(光功率目标值)。

先看看现在的亮度,眼睛就是 MPD(背光探测器),和脑中的目标亮度比较一下,如果认为现在比较暗,手就去调整旋钮加大电流(调控激光器驱动的 bias 电流),手是 APC 闭环控制的执行者。如果认为现在比较亮,手就去降低电流。

脑、眼、手形成一个闭环反馈控制环路,缺一不可。

眼,就是背光探测器。

如果我是个盲人,先生就不会让我去给闺女调台灯,是吧。

万一家里只有我一人,开不开灯不重要是不?其实也重要,开一盏灯,会让其他眼睛明亮的人看到黑夜中的盲人我,避免碰撞的伤害。这时候的我,脑中也有个灯光亮度的目标,想着把旋钮调到中间位置,手会哆哆嗦嗦地摸着去旋,这就叫开环驱动。

所以,也有无背光的激光器,在开环下工作。

APC 单闭环与双闭环

激光器的特性,是温度敏感型器件,高温时斜效率下降,经常会看到下面这样的图。

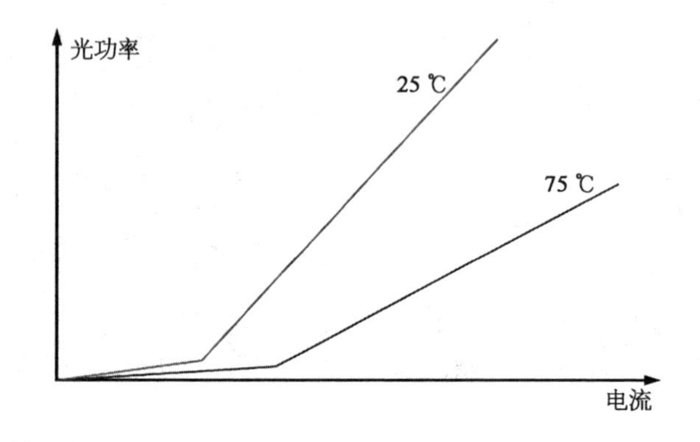

激光器有电流才能发光,给激光器提供电流的这个芯片,叫 driver,驱动器。

这个斜效率的变化,同样的驱动电流,在不同温度下光眼图是不同的,高温时功率降低,消光比也降低。

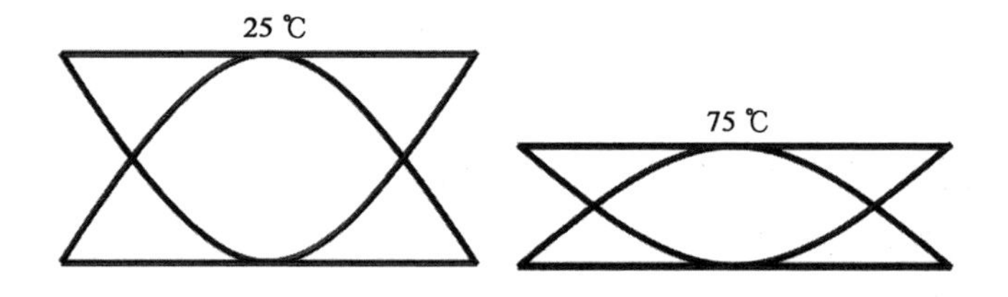

还是上节的例子,台灯刚买来时,把旋钮扭到中间位置,亮度合适,一个月一度电。

可用了一年,灯泡老化,还是同样的一度电,还是那个旋钮位置(同样的驱动电流),灯泡变暗(光功率降低)。

要想让灯泡和以前一样亮，就得加大旋钮量（增加驱动电流）。

高温时，眼图的光功率下降，消光比也下降，那就增加驱动电流。增加的方式有两种。

第一种：闭环控制光功率，开环控制消光比，这叫单闭环。

第二种：闭环控制光功率和消光比，这叫双闭环。

激光器 DC 驱动时，光功率和消光比的计算公式为

$$P_{avg} = \frac{P_1 + P_0}{2}$$

$$ER = \frac{P_1}{P_0}$$

bias 偏置电流与 mod 调制电流：

$$P_{avg} = \eta \cdot \left(I_{bias-th} + \frac{I_{mod}}{2} \right)$$

增加或者减少 bias 电流，可以控制平均光功率，这是单闭环的思路。

而要同时调控光功率和消光比，就得知道 P_1 与 P_0 的值，同时调整 bias 和 mod 电流，这是双闭环的思路。

激光器的输出信号是这样，MPD 因为频率低响应低，它的电流响应波形是被压缩的。

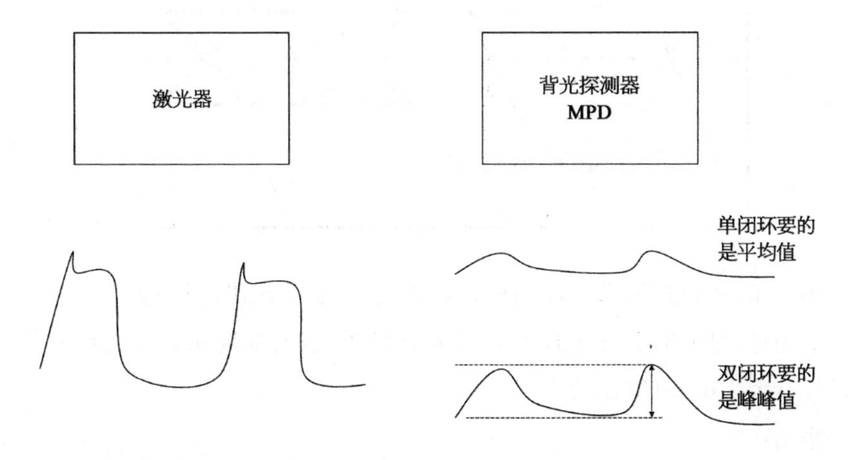

对单闭环来说，平均光功率就是信号 1 与信号 0 的中间值，MPD 这种很平

坦波形,恰恰也是 P_1,P_0 的中间值,所以让它作为单闭环的反馈值,是很好的。

咱家里的电是交流电,就像早些年不做整流直接给电的台灯,灯是亮(P_1)和不亮(P_0)快速闪烁的,只是人眼(MPD)响应不了那么快,咱看到的其实是个1,0中间的平均值。

双闭环是需要 P_1,P_0 单独反馈,同时调控 bias 与 mod,那需要知道 MPD 的波形峰峰值,所以对 MPD 的响应带宽和背光电流都要求。

单闭环:依据反馈的 MPD 平均功率,与目标值比较。

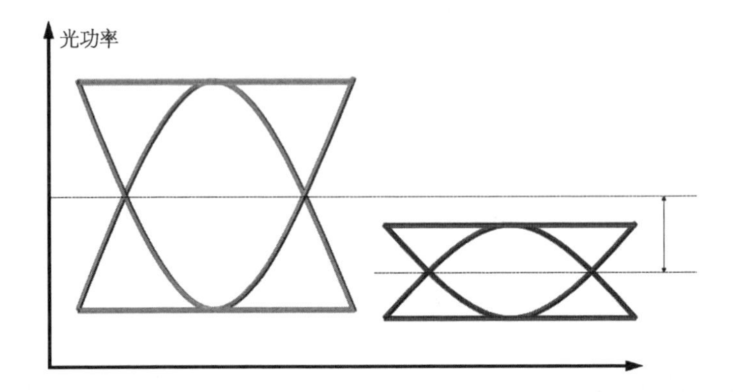

调整 bias 电流来控制光功率。

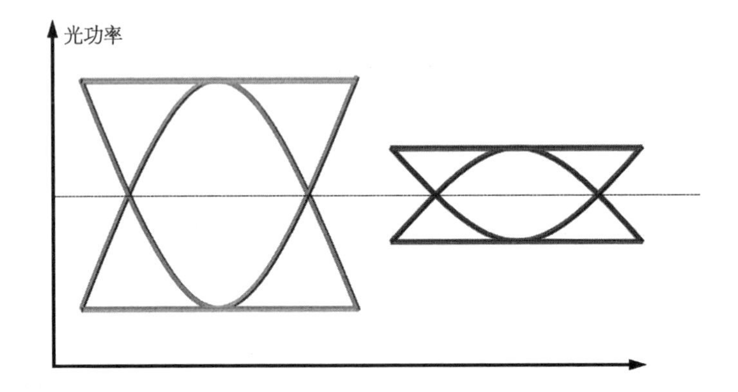

第二步,用查找表来开环调整 mod 电流,控制消光比(见下页上图)。

双闭环,是同时完成上述 bias 和 mod 两种调控,对应用者来说更方便,对驱动设计者来说,难度比较大。

小结:

(1) 激光器是温度敏感器件,在高温时,斜效率下降,导致同样驱动电流,

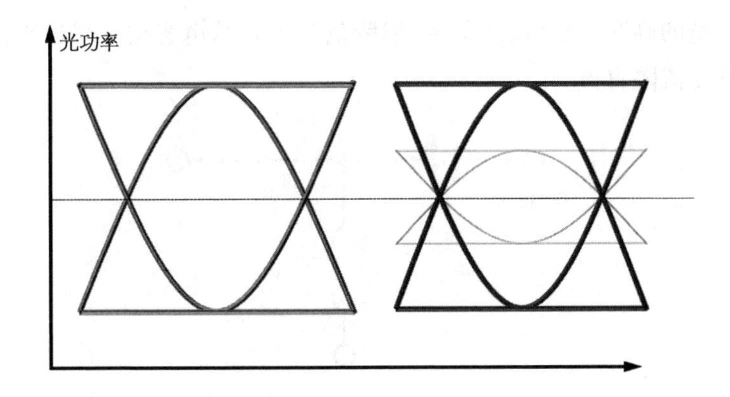

高温光功率降低，消光比降低。

（2）单闭环，是闭环控制光功率，开环控制消光比。

（3）双闭环，是闭环控制光功率，闭环控制消光比。

（4）单闭环对 MPD 的要求，带宽要小，知道 P_1 和 P_0 中间值即可。

（5）双闭环对 MPD 的要求，是带宽要大一些，背光响应电流也要大一些，需要知道 $P_1 \backslash P_0$ 的峰峰值。

Bias－T

现在高速光模块发展迅速，高阶调制用得也越来越多，很多激光器的驱动电路参考设计中出现一个词“bias－T”。

有人说，bias－T 的目的是加直流分量，这么理解也没错儿。

也有人说，bias－T 的目的是加调制，这么理解也没错儿。

简单说，这是一个 T 型电路，目的是给被调制的信号加上直流偏置。

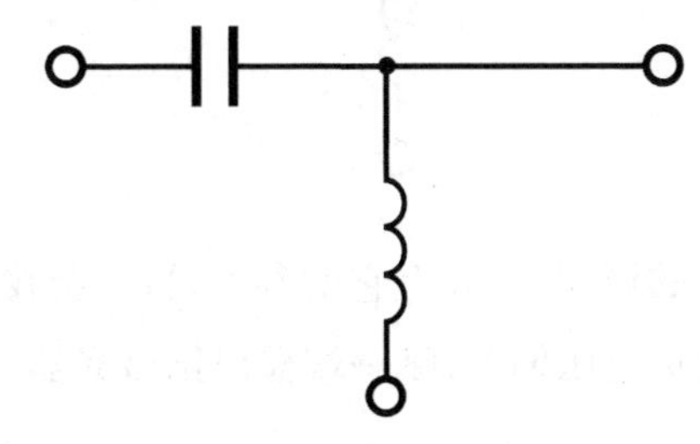

被调整的高频信号(高速信号、射频信号等),从电容这一端过来,电容的作用是通交流隔直流。

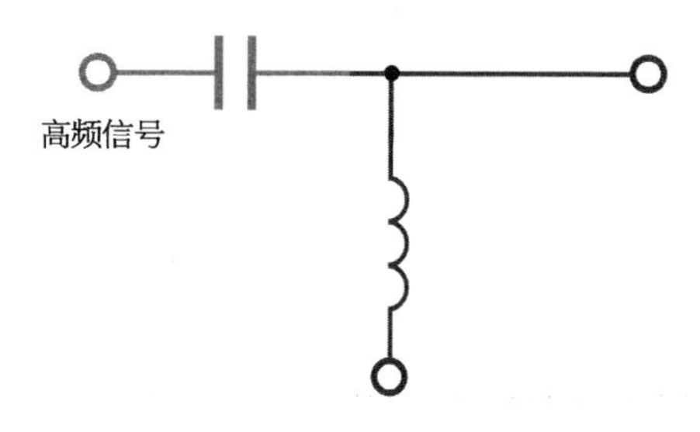

直流分量从电感处进来,电感的作用是通直流隔交流。

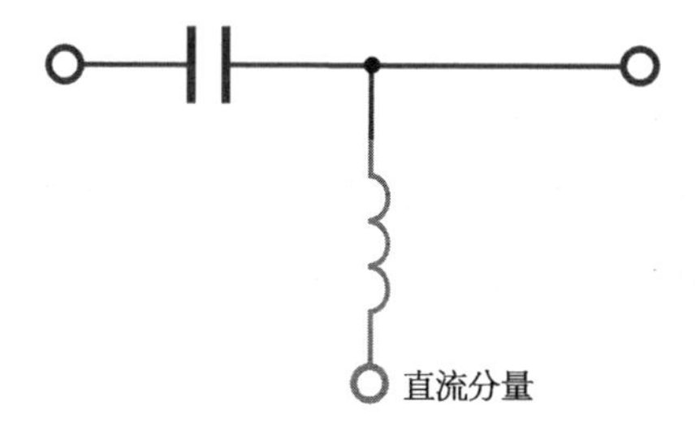

这一步是 bias - T 电路里很重要的一个事儿,一是把电源中的高频噪声滤掉,这样就不用引入太多噪声(也就是光眼图看着毛,毛茸茸的那些都是噪声)。

二是电感有自谐振频率,这是会导致电路失效的一个隐患,电感的设计和选取要非常慎重,甚至需要组合电感或阻感,平衡自谐振频点+带宽+损耗等参数。

这就是输出端,加了直流偏置且不引入过多额外噪声的信号。

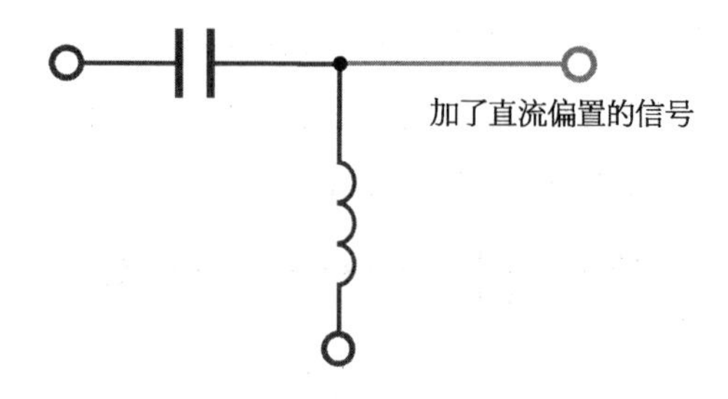

比如电吸收 EAM 的调制,仔细看它的参考设计,会找到这个 T 型分布,哪一端加信号,哪一端加负电压偏置,哪一端输出给激光器。

电路简析
接收端

前向纠错 FEC

10 G PON 的灵敏度条件是 BER 1E－3,或者 1E－4。

这是因为系统有 FEC,可以把-3 次方的误码率纠正到-10 次方或更好。

纠错,一般有两种方式:

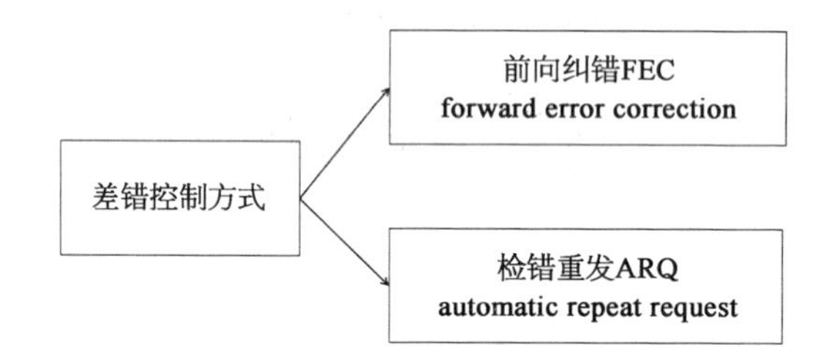

举个例子:

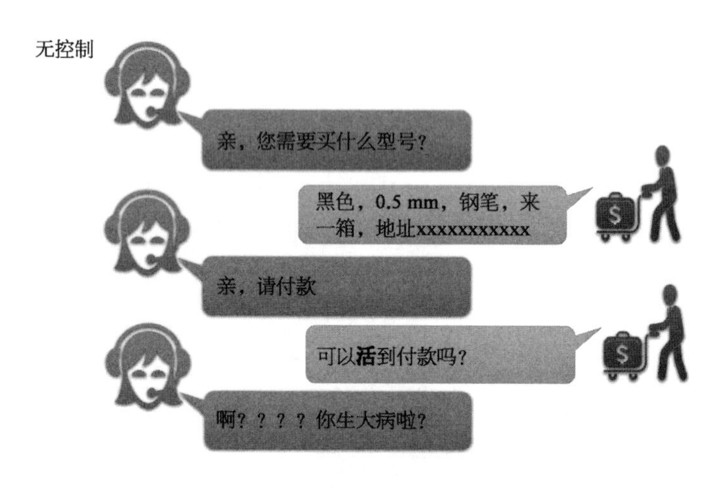

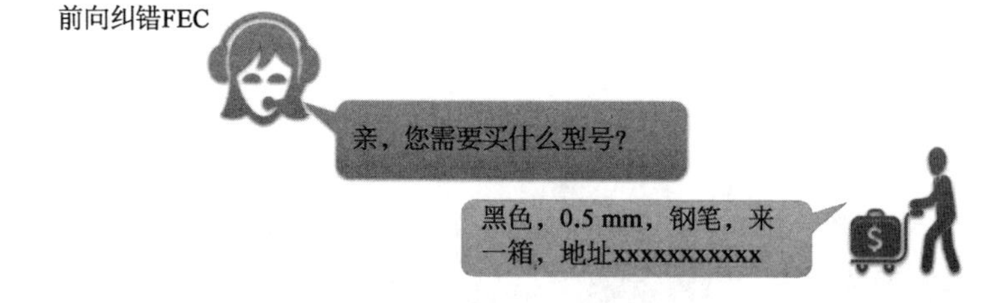

有纠错,比没有纠错,交流起来更顺畅。

检错重发,比较费劲。

前向纠错,是我们比较喜欢的。在一定条件下,比如客服知道顾客用的拼音输入,知道前后文语义,就可以自己判断纠正一些随机的误码。

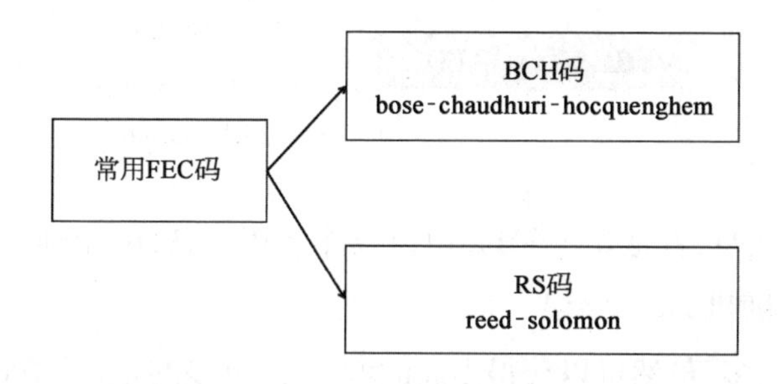

比如 10 G PON 用的是 RS 码,它在纠错码中是一种优化了的 BCH 码,非

二进制 BCH 码。

这是一门学问，所谓的码型，就是客服能纠正错误，源于正常信息之外还知道的那些输入法类型，前后文语境这类的。

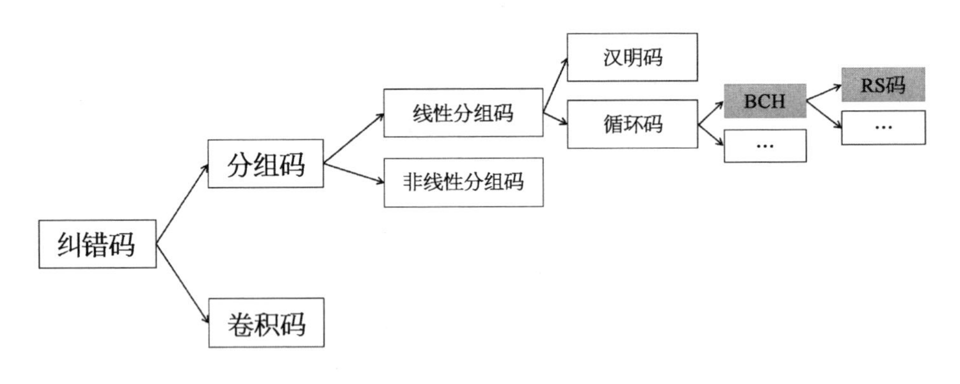

类　　别	FEC 码型	编码增益
EPON	RS(255,239)	3～4 dB
GPON	RS(255,239)	3～4 dB
XG－PON	RS(255,239)	3～4 dB
10GE PON	RS(255,223)	5～6 dB

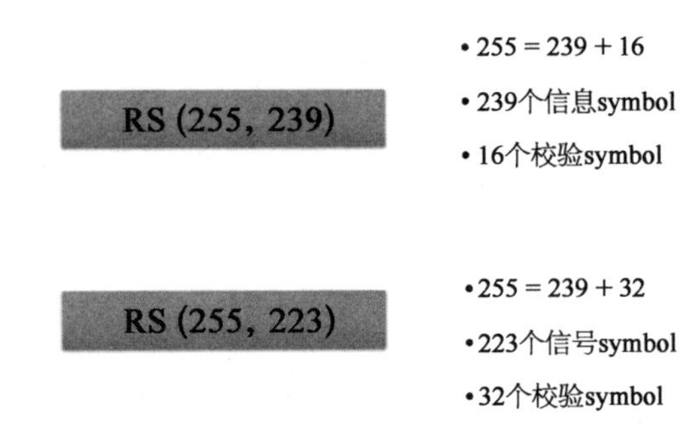

RS(255,239)，就是 255 个 bit 中，239 个有用信息，16 个辅助判断信息，可以纠正出 8 个随机 bit 的错误。

校验 bit 增多，虽然可以获得更高的增益，纠更多的错，可编码与解码也变得复杂，链路中插入的冗余位也更多了。

HCB 与 MCB

在提到光模块测试时,经常会提起一个名词,叫 MCB,module compliance board,模块适应性测试板。

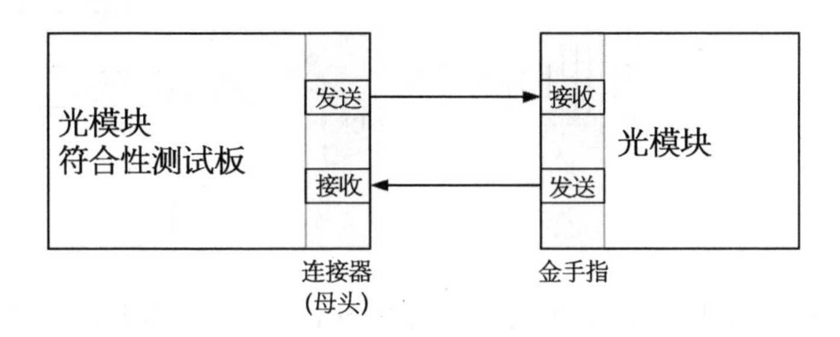

正常时候,是光模块插在主设备上(host),是通信业务的一个环节,但实际的加工、生产和评估时,主设备和光模块是分开验证的。

802.3 协议在定义电连接性能指标时,考虑了这个因素,设置了主设备与光模块之间的参考测试夹具,叫作适应性测试板,compliance board。

CB 分为两类:

一类是把主板的电信号引出进行测试,叫 HCB,host compliance board,主设备适应性测试板。目的是测试 SERDES 的信号质量。

另一类是与光模块电连接的,叫 MCB,module compliance board,(光)模块适应性测试板。用来把光模块的电信号引出来进行测试,或者将发射电信号引入模块,以便测试光性能。

在 802.3 标准中,对 HCB 和 MCB 的电连接性能作了明确的定义和约束,比如带宽、损耗等。并不是仅仅支持模块插拔的板子都可以叫作合格的 MCB。

好,一句话小结:平时用来测试光模块的那个测试板就叫 MCB,用来接信号发生器,接误码仪,插光模块等,这个测试板的性能也是有要求的。

突发 TIA

TIA 为什么需要突发控制?

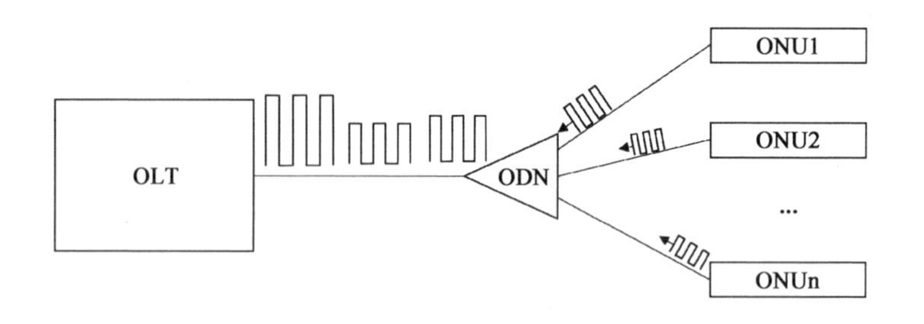

PON 的结构,用了无源节点,一个局端 OLT 可以带很多个 ONU,从系统层面来说,省钱。

但是 ONU 的发射属于时分复用,就是一个时间段内只允许一个 ONU 发光,其他 ONU 如果不同指挥也发光,在系统里就判定为“流氓 ONU”。

这对 OLT 来说,接收很多个 ONU 的信号,还要快速切换,那些 ONU 们发射的光功率不一定是非常一致的,即使出光时光功率一致,但是铺设光纤的时候,谁知道师傅会多弯一下呢,或者哪个接头连接得紧或不紧,都对 OLT 的接收功率有影响。

这里头 TIA 就涉及两问题。

第一个,TIA 的输出需要增益调节,为什么需要,是因为探测器的接收功率从饱和到灵敏度的点,如果有 30 dB 的范围的话,就是 1 000 倍。这很恐怖,TIA 的输出电压是有一个幅度限制的,输出太小,分辨率不足,输出太大进入饱和了,识别不出信号,所以需要增益调节。

第二个,在一般通信里,一个发射对应一个接收,基本上一年才有个四季轮回,光功率的变化很缓慢,允许 TIA 的增益调节处在 xxxx 微秒,这都简单。可是在 PON 里头,一个发射对应 n 个接收,一天功率大小轮回一万回,这就不允许 TIA 缓慢调节增益了。一定得快。

所以突发 TIA 的增益,或者叫跨阻,为了调整得快,通常有 3 种模式。

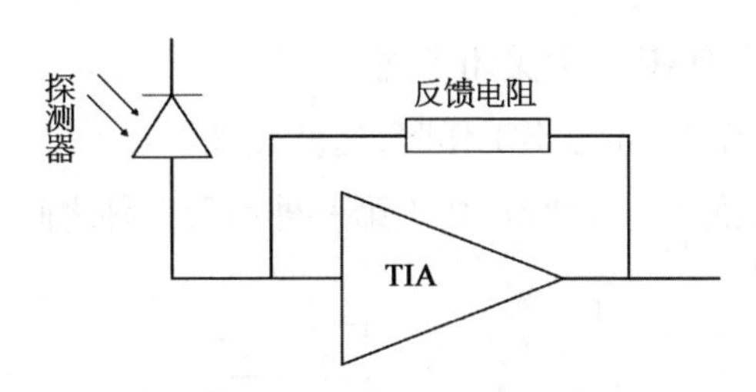

上图,第一种,有些厂家,就直接把增益固定了的,那就是牺牲动态范围,下图大信号波形,很容易就进入饱和了。横轴是输入TIA的光电流,纵轴是TIA输出的电压幅度。

大接收功率,进入饱和之后,就看着眼图的饱和点上移,然后就会出误码。有些人没办法,为了快速切换,就牺牲吧,让灵敏度附近工作正常就好。

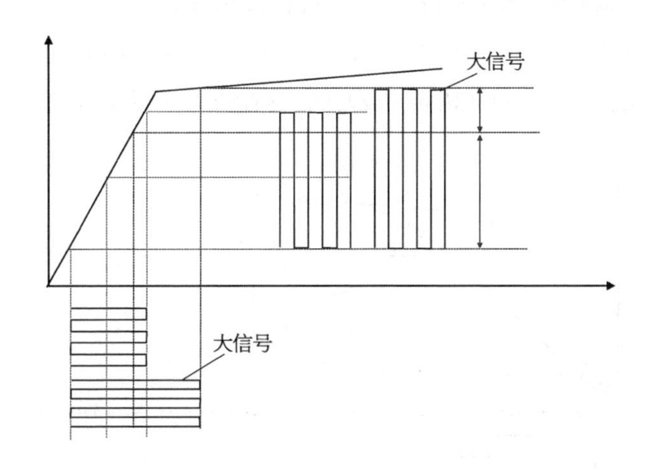

下图,第二种,是bit by bit,TIA增益并联一个二极管,每一次TIA完成转换后,这个二极管就钳位输出电压了,作为一个级联的反馈机制,电阻就咔一下调整到位。

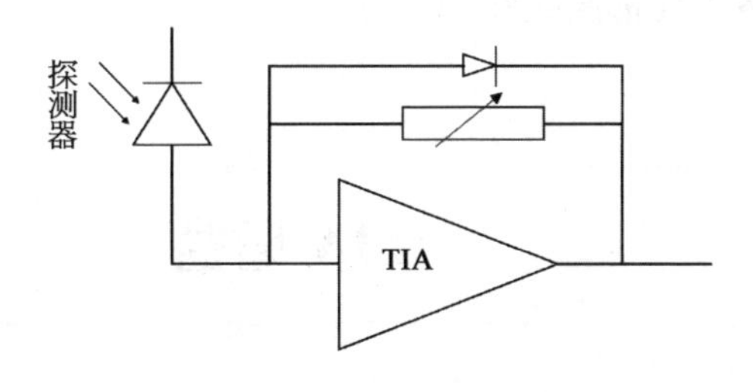

但是bit by bit,快是快,增益也不固定了。经常会失误,比如信号传来七

八个零,OLT 会以为 ONU 发射关闭了呢。

谁知道你是工作呢,还是不工作呢,这就凌乱了。

下图,第三种,就是分段增益,介于第一种和第二种之间的。

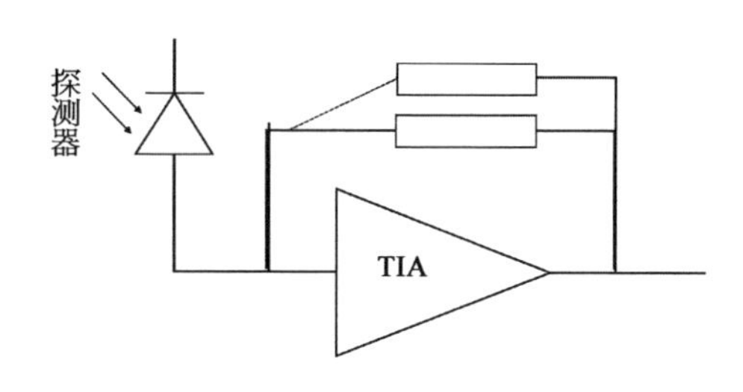

一个小增益跨阻,用来解析大输入信号,避免进入饱和。

一个大增益跨阻,用来解析小信号,提高灵敏度。

只是这种代价,是增益切换的速度不够快,因为第一个压根儿不切换,第二个是一个 bit 就切换,这种是观察一段时间,看看情况,再去选择哪一段增益。

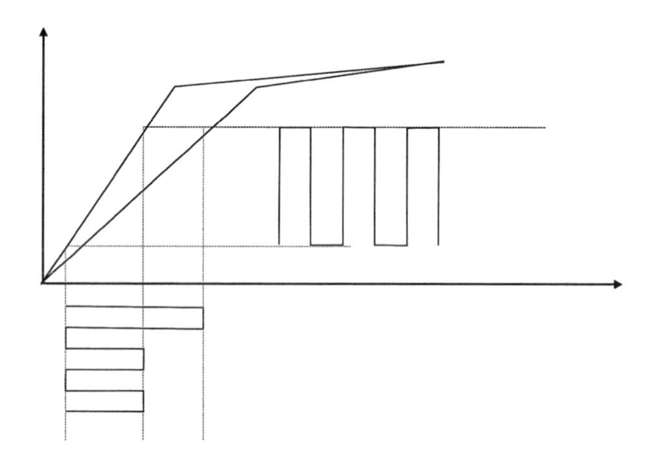

突发 TIA,想各方面都照顾好,很不容易。

TIA 增益

本节来解释突发 TIA 的固定增益引起的削边现象,也就是眼图交叉点上移的原因。

TIA,跨阻放大器,通常这么表示:

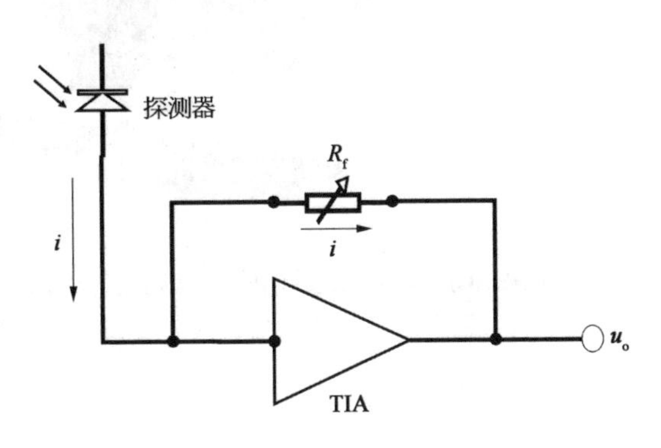

跨:对 TIA 来说,输入的是电流,输出的是电压,跨领域的节奏。

阻:电阻就可以把电流转为电压,$U=iR$,这是初中知识点。

放大:小电流转为大电压。

增益,自动增益,这个怎么理解?

对光模块来说,接收到 0 dBm 的光,与接收到-30 dBm 的光,是常态,两者的光强看“30 dB”这个值表示数值不大,其实它是 1 000 倍。

类似的现象,咱出门散步,大日头底下能看清楚路,半夜星光下也能看清路,这是人的眼睛接收的光,瞳孔会自动调节大小。瞳孔的调整就是“自动控制”。

再用一个例子来说明。

探测器的光，转成了电流，大电流咱起个名“长颈鹿”，小电流起个名“猴”。

连续工作状态的光模块，一旦工程结束，基本上也就确定了整个链路的损耗，也就是说，我们的门（TIA），门的高度可以自动调节（增益），如果确定装在猴子家，那门口就这样。

如果确定装在长颈鹿家，门高就这样，它自动调好。

咱白天出门，白天是一个很长的时间段，瞳孔比较小，晚上出门也是很长的时间段，瞳孔比较大，这就是连续状态下的自动增益。

虽然很少遇到这种状况，需要瞳孔一会儿大一会儿小的状况，但是生活中也有。比如说半夜突然开灯，人的自然反应一般是，眼睛眯起来还是不行，更多的人是把眼睛捂住，要不受不住。

救灾常识里也有，从煤矿底下救人，在出洞前，要给他们戴上眼罩。

这都是因为瞳孔来不及反应和调整。

OLT 的突发接收，就是这种半夜开关灯的状态，常规的自动控制增益的

TIA,根本来不及反应,一会儿就给它弄瞎了(捂住眼,彻底不工作了的)。

所以 OLT 的 TIA,增益是固定的,或者阶梯状的半固定状态。再回到门高的例子,如果猴子家来了长颈鹿,他家的门来不及调整高度(固定增益)。

那么,固定高度的门,对人家长颈鹿的处理,就是把上半截拍扁(饱和钳位)。

本来人家 ONU 发的眼图是这样:

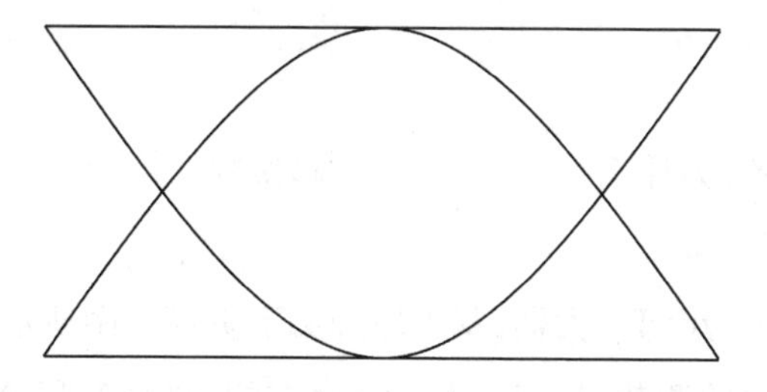

在接收功率比较大时,OLT 的固定增益就把上边给拍扁了。

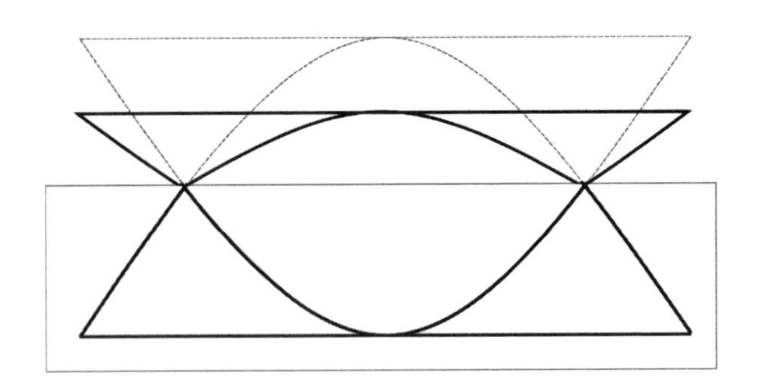

这就是眼图交叉点上移的原因。

来一点突发 TIA 的几种增益模式：

一是增益固定，过大信号和过小信号则进行双边限幅，优点是突发性能好，信号恢复快，缺点是电信号交叉点在临近饱和的地方上移，临近灵敏度点下移，动态范围有比较大的限制。

二是 bit-by-bit 的增益切换，可以缓和第一种方式的信号变形，一般可以将 APD 的倍增因子设置在最佳灵敏度点。整体的动态范围和信号质量都有所提升，突发性能好。但由于是 Bit 触发增益切换，会导致长连 0 长连 1 时的误判。

三是多阶段增益切换方式，依据前导码前一段信号平均幅度来自动调节最佳增益，可以同时缓和上述两种方式的缺点，有较佳的灵敏度、动态范围、允许长 0 长 1，但需要相对较长的信号恢复时间，突发性能略有下降。

bit by bit 的突发 TIA

好多人不理解，为什么长 0，长 1，会引起误判。

好，举例说明。

探测器，和 TIA 跨阻放大器，基本原理如下页第 1 图所示。

通常跨阻增益的调节，是有一点电容存在的，电容有积分作用。要想反馈跨阻调节得快，也有方法，即时调整，不要积分。

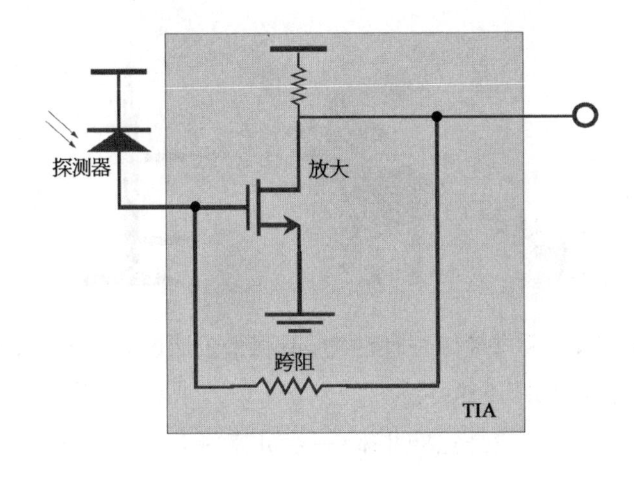

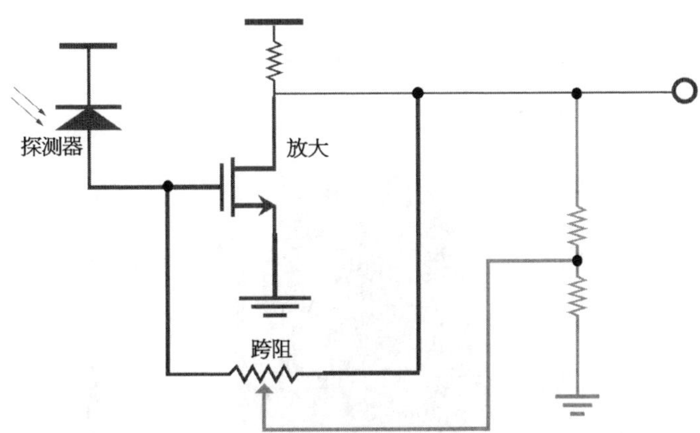

怎么理解？还是动物来举例。我现在是一个动物世界的接待人员，动物世界么，有大象、梅花鹿，还有小乌龟……都得具备接待能力。

具体的接待任务就是负责主题公园的检票，老板交代我，公园组织一场亲子活动，一个大人带一个孩子，大人是1，小孩是0，咱们信号1和0之间的占空比接近50%，也就是约一半1，一半0。

同时，大人的票和小孩的票要分开存放，因为他们的优惠方式不一样。我就做了个滑竿（可变跨阻）。

如果我们动物园一天只接待一种动物（连续模式），每天早上（光模块上电）观察几百只动物，看了下他们大人和孩子递票的高度，然后我把滑竿调整高度（TIA的阈值，在1和0之间），看到大人票就放在高处，看到小孩票就放在低处。

后来老板说，一天只接待一种动物，不利于公园的长远发展，老板说啥就是啥喽，不能不干活，那就想办法。

我发现个规律，一般是扎堆儿来，一会儿来一队大象，一会儿来一队乌龟（突发模式）……

那也行啊，我就别观察几百只动物了，观察十来只动物后，再决定如何调整（突发 TIA 的快速增益切换）。

大象和小象这么调整

大鹿小鹿这么调整

大龟小龟这么调整

后来老板还是嫌我不能及时调整放票板，让我做到更快。只有想不到，没有做不到，我只看俩就能判断，不就是 101010，大人孩子大人孩子们。

这就是 bit by bit 的增益切换，通过 bit 的 1 和 0 之间的峰峰值，可以迅速预判出阈值。很好啊。

可是，大象队，其中有几个孩子聊得高兴，孩子们就排在一起了（长 0），几个大人（长 1）也排在一起。

我本来是依靠着大小之间的递票高度，及时调整我杆子的高度，可你告诉我，下面一排是大人还是孩子，我该咋调杆子？

有个笑话：

老板：国华啊，听说你心算很快？

国华：是的，我算得很快。

老板：127+5 等于多少。

一秒钟后……

国华：48。

老板：这不对啊，算错了吧。

国华：你就说快不快吧。

PHY 与 TIA 的区别

PHY 芯片与 TIA 芯片的区别很大。

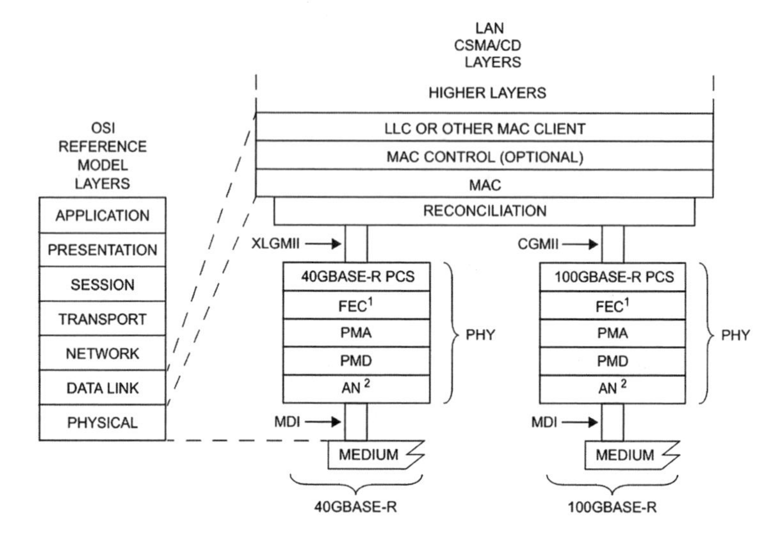

上图，是以太网协议里经常看到的一幅图，PHY 芯片和 TIA 都在物理层，下图用虚线框标出来。

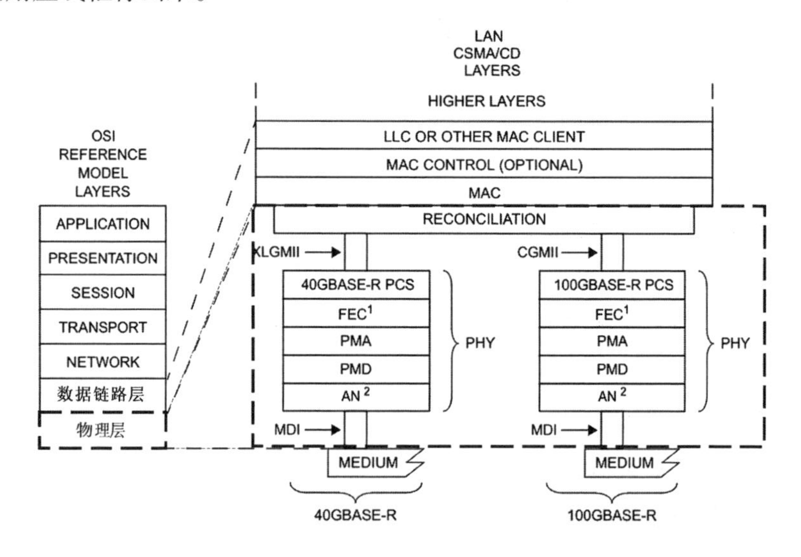

100 G 光模块举例,物理层有哪些东西。

从 MAC 到物理层,有一个 PCS,就是编码,64B/66B,每隔 64 bit 的信号,插入 2 个 bit 来防止长 0 长 1,然后有前向纠错。

PMA,物理媒介子层,也就是信号的串并并串转换,也叫 serdes。

PCS+FEC+PMA,这三个是在 PHY 芯片中实现。

PMD,是物理媒介层,啥叫物理媒介,就是传输介质,咱光通信的传输介质就是光纤呗。

咱光模块,就是实现的 PMD 功能,连接媒介和 PHY 芯片的,PHY 芯片绝大多数是在系统板上/线卡/交换机里,而 TIA 是在光模块内的。

光模块的主要功能框图如下:

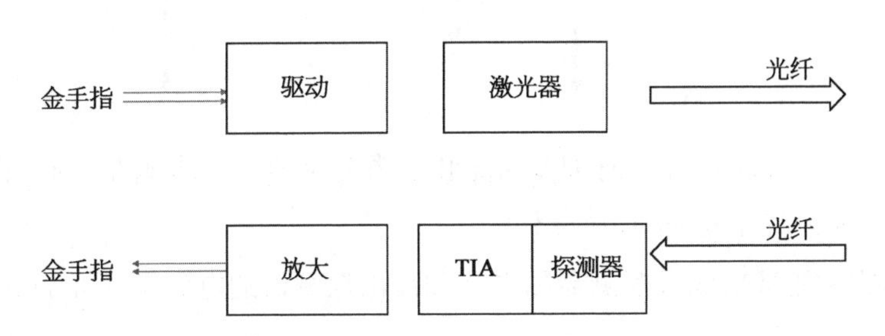

光模块包括发送端和接收端。

发送,就是把 PHY 给我们的信号,转换成光信号发射到媒介(也就是光纤)。

接收,就是收到光纤的信号,转换成电信号,给 PHY 芯片。

接收,收到的是光信号,探测器(PIN,PD,APD……),是把光转换成电流信号,TIA 叫跨阻放大器,它的功能是把电流信号转换成电压信号。

小结:

PHY 芯片实现编码、前向纠错 FEC 和串并转换 SERDES 的功能,它是在线卡/交换机主板上的(现在 400 G 光模块中 DSP 实现了一部分 PHY 的功能，如 FEC 等)。

TIA 芯片是在光模块中，是把探测器转换后的电流小信号转换成电压大信号，电流到电压，跨的是电阻的功能，还有一个信号放大作用。所以 TIA 叫跨阻放大器。

RSSI 之 MON，Sink，Source

想测试接收端光功率，用镜像光电流的方式，既不影响业务也可以测量电流。

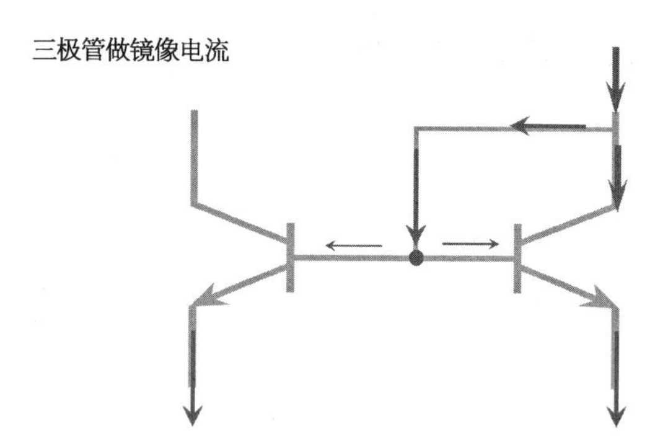

很多 TIA 的芯片直接把 TIA 功能和镜像电流的功能集成在一起，很方便。可是理解起来就比较繁琐。

探测器到 TIA，流入探测器的电流和流出探测器的电流是一样的。

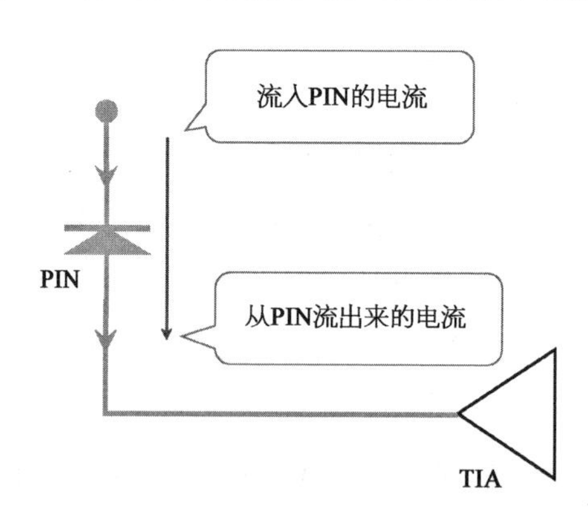

所以,在流入端和流出端,做电流镜像本质没有差别。主要看这个集成芯片的设计。

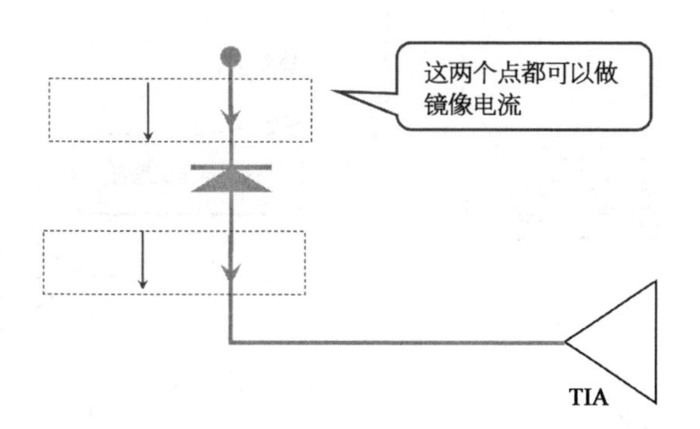

距离一:某厂 TIA 芯片:

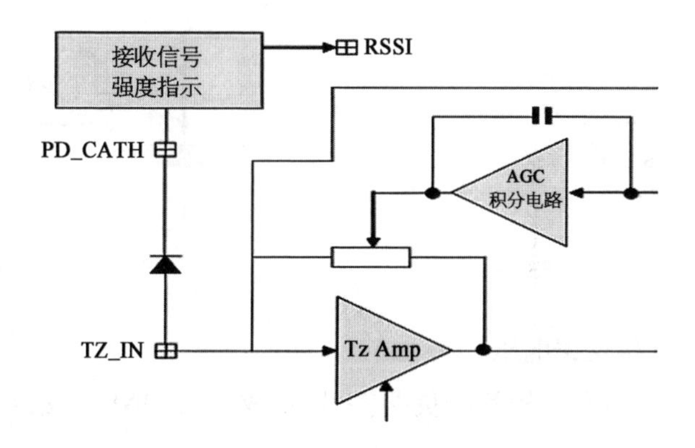

集成了镜像电流,用 RSSI 标注(也有厂家用 MON 标注,也就是 monitor 监控电流)。

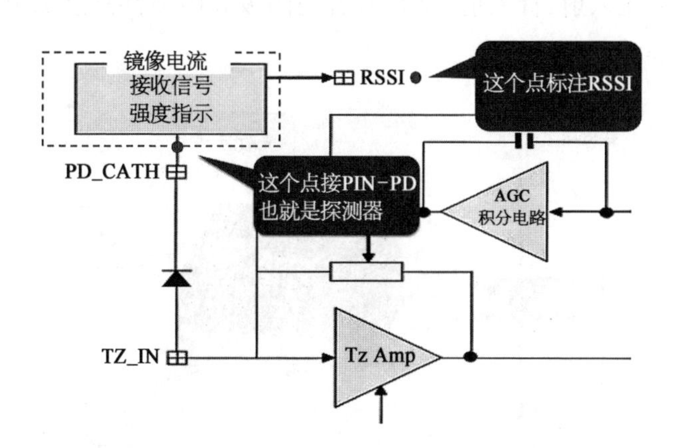

电路实际是下图：

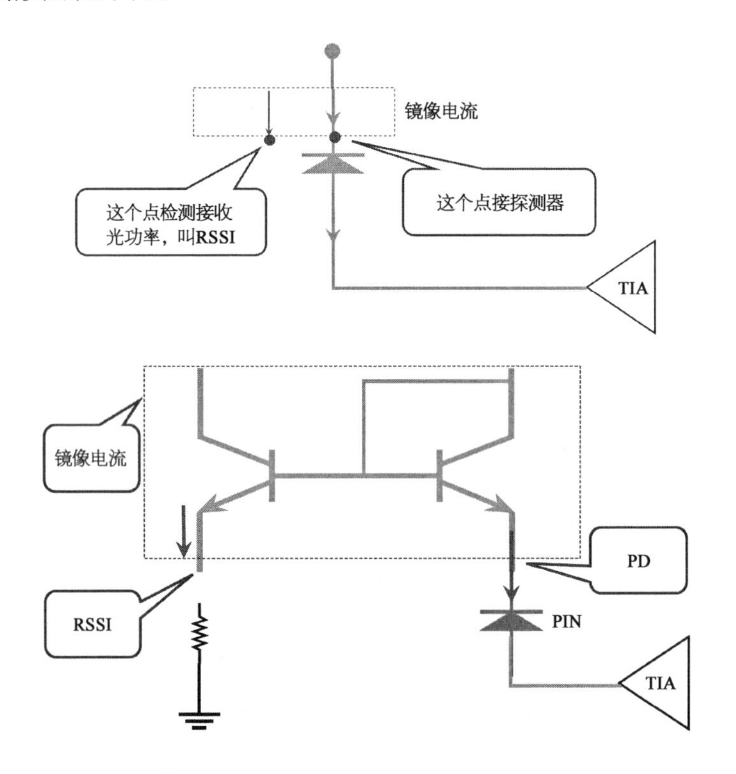

探测器芯片接反偏电压。

反偏电压，也就是二极管的负端（-，阴极或者叫 PINK），接高电压；二极管的正端（+，阳极，或者叫 PINA）接低电压。

探测器的电流，是从负端流向正端。

探测器有正入射，背入射，不是所有的阴极和阳极都是这么分布的，关键要每一个产品的说明。

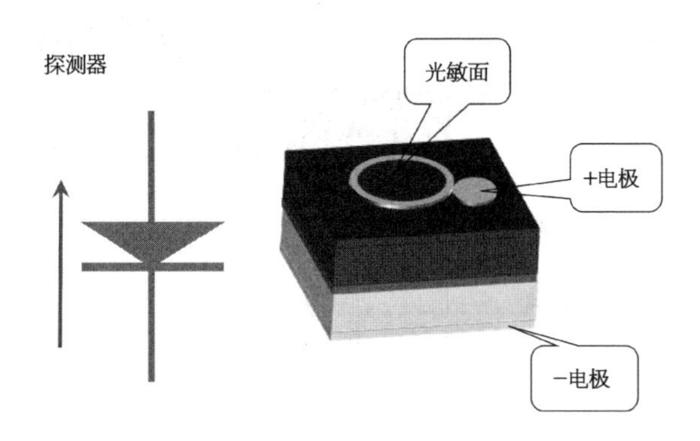

TO 打线示意图如下，PDcatch 是探测器的阴极，TZin 是阳极，RSSI 是 source。

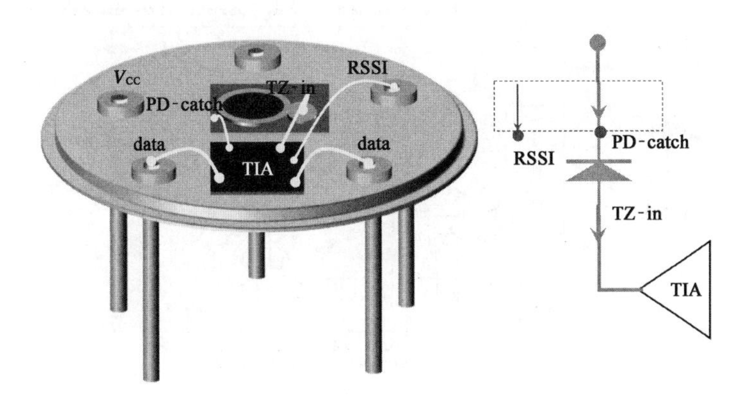

所谓 source，就是电流的流向是“出”。

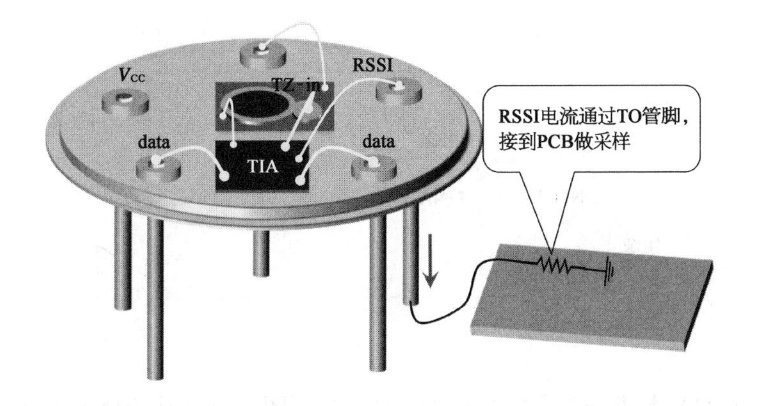

再举例，另一个 TIA。

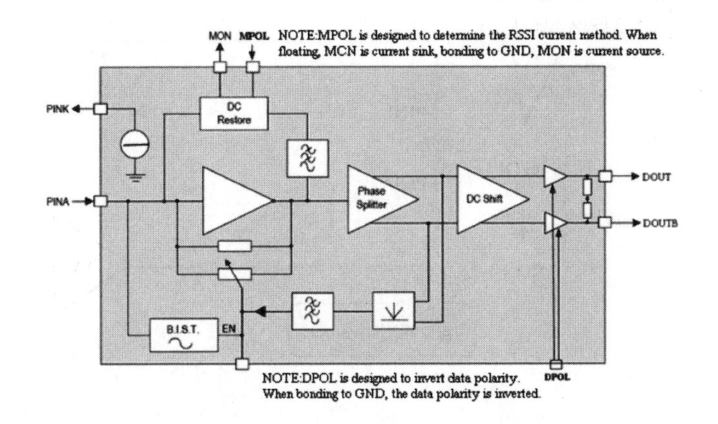

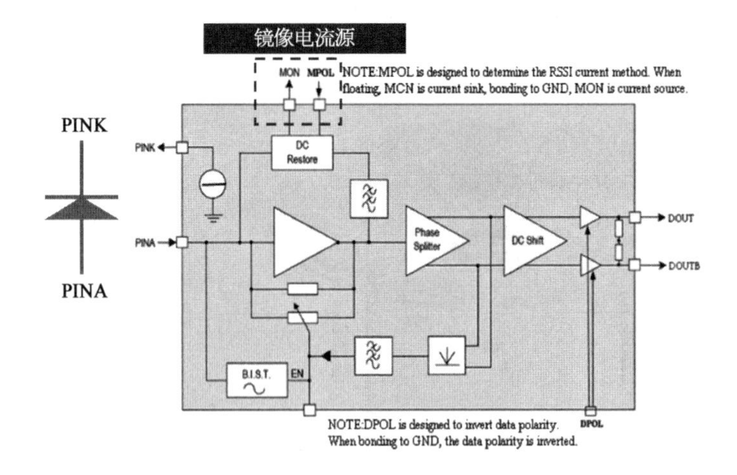

简化电路如下：

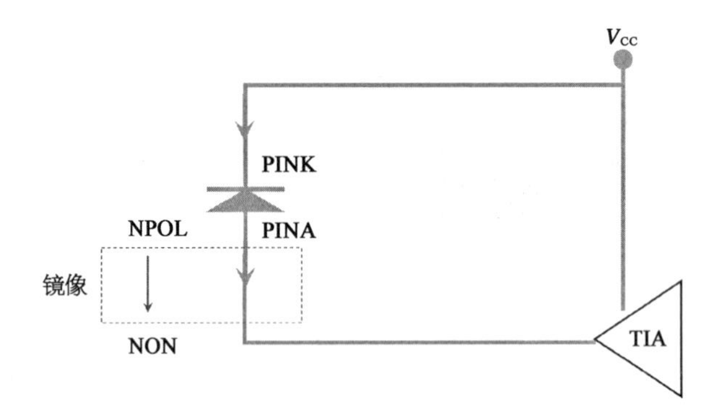

这个 TIA 支持 sink，或 source 的选择，从下图看也就是选择电流流向。

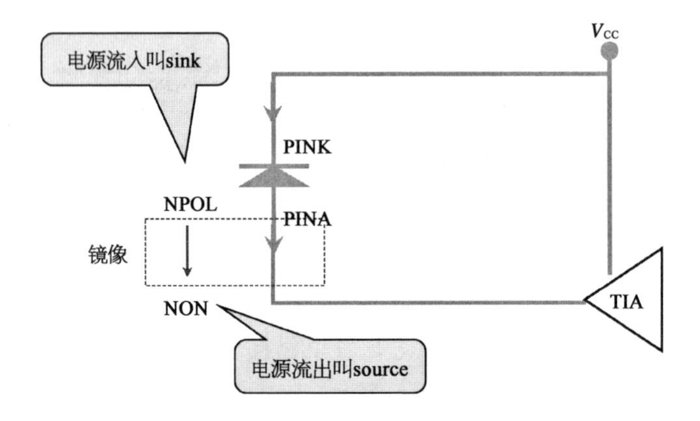

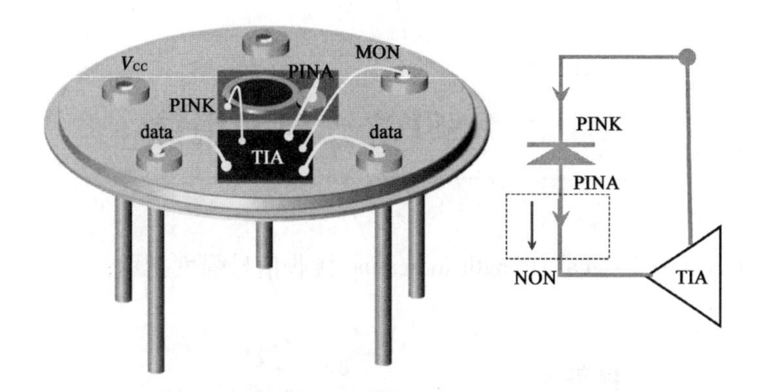

source 模式，TO 与电路板的连接。

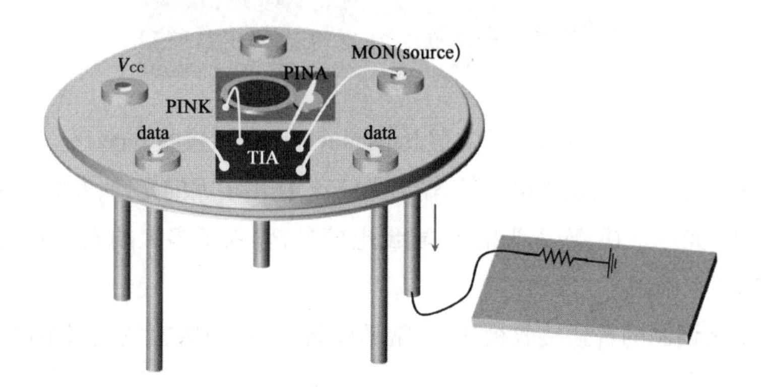

sink 模式，TO 与电路板的连接。

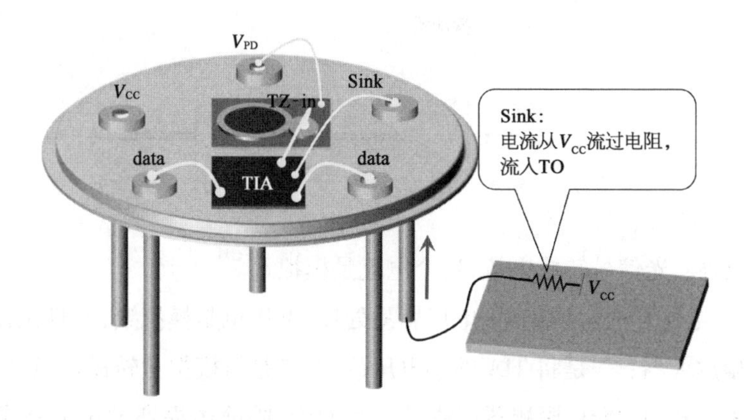

采样，就是测量电阻的压降 V。

$$V = i \cdot R$$

RSSI之光电流镜像

RSSI，received signal strength indication 接收信号强度指示：

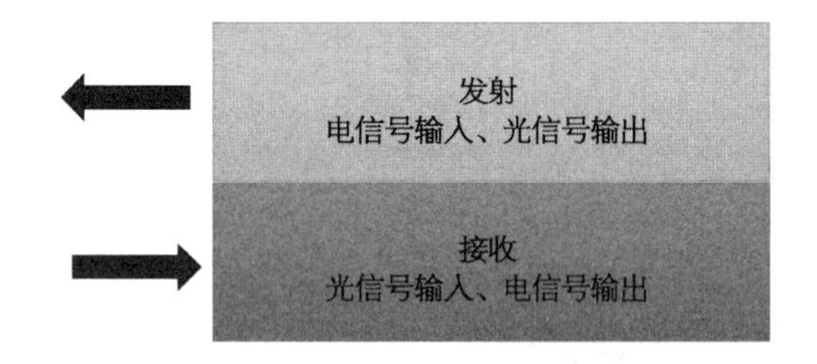

通常一个 transceiver，包括发射 transmitter，也包括接收 receiver。

发射：电光转换，输入电信号，输出光信号，输出多大的光，叫发射光功率。

接收：光电转换，输入光信号，输出电信号，输入了多大的光，叫接收信号强度，也就是 RSSI。

非复杂调制的普通接收模块，通常是探测器+TIA+限幅放大器组成。

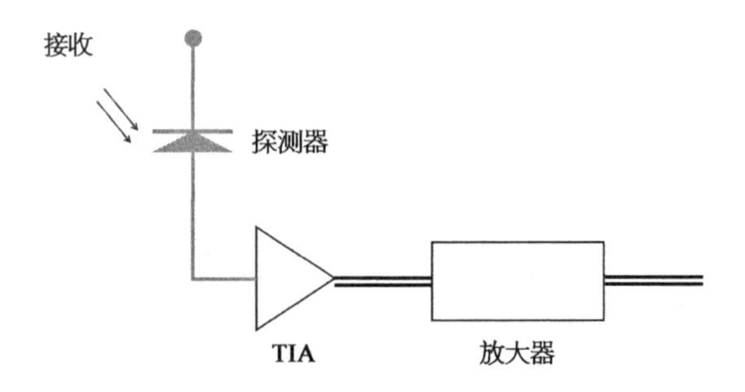

探测器：光信号转成电流，这个电流是模拟量。

TIA：电流转成电压信号，电压容易处理，电压也是模拟量，而且比较小。

限幅放大器：一是将 TIA 的小电压放大，二是将模拟量转成数量信号。

如果想知道 RSSI，探测器接收了多大的光，咱前边提到过这个公式，响应度对一个探测器来说是个定值，那如果知道光电流有多大，就可以算出来输入光功率。

探测器响应度

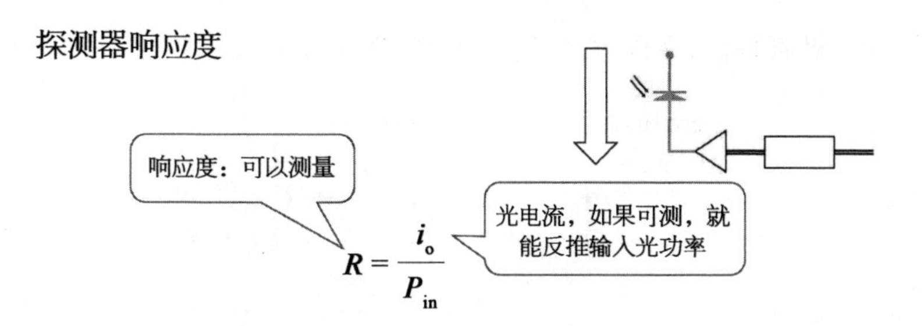

那怎么才能知道光电流有多大？很早的时候大家考虑过直接在探测器输出端串联采样电阻。

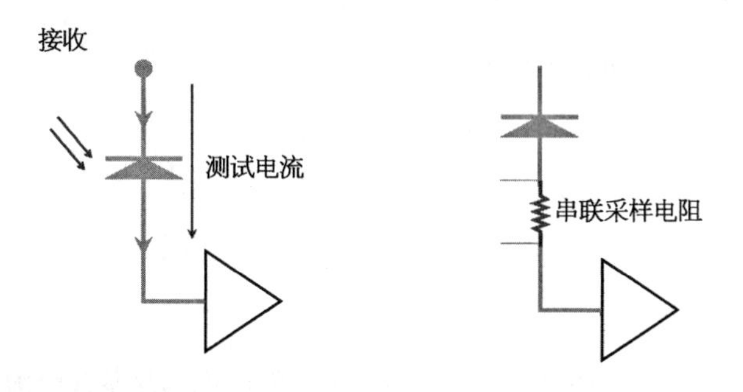

一般链路功率预算都很大，比如 10 G EPON 是 29 dB，最小的光（灵敏度）和最大的光（饱和）有接近 1 000 倍的差异。

那直接串联的电阻，想将灵敏度点测准确，那电阻就得大一点。

如果采用电阻大，那饱和点，这颗电阻的压降可是 1 000 倍啊，接收电路整个就凌乱了。

而且引入的测试点，对原信号产生很大的影响，噪声、阻抗……

咱的光电流，是要参与业务信号转换的，最好不折腾它，那也来个镜像电流呗。

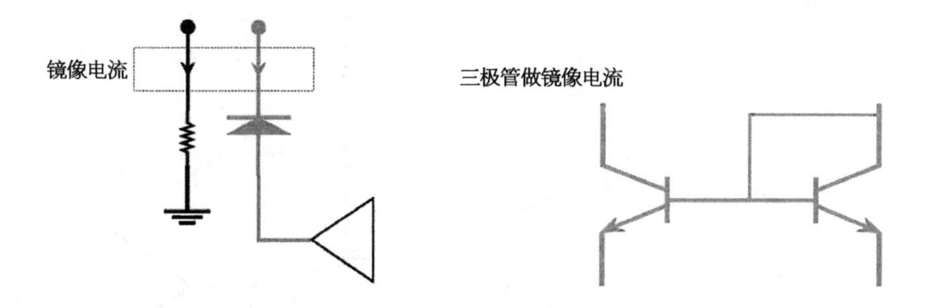

下页第 1 图右边三极管，电流输入端，在节点会分成两路电流。

因为三极管特性，在放大区，这个比例是恒定的。

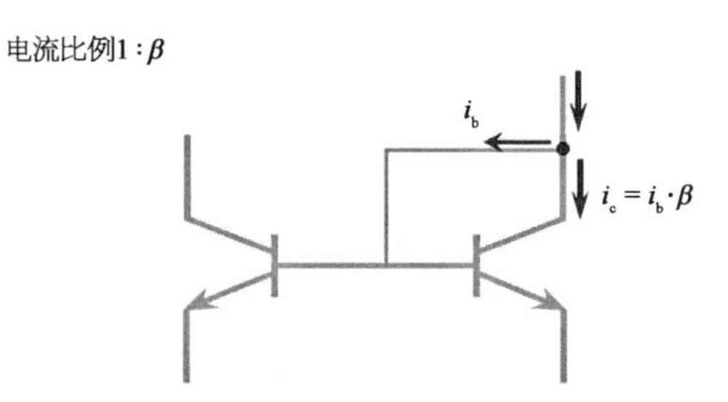

第二个节点，电流会继续分成两路，比例是1∶1。

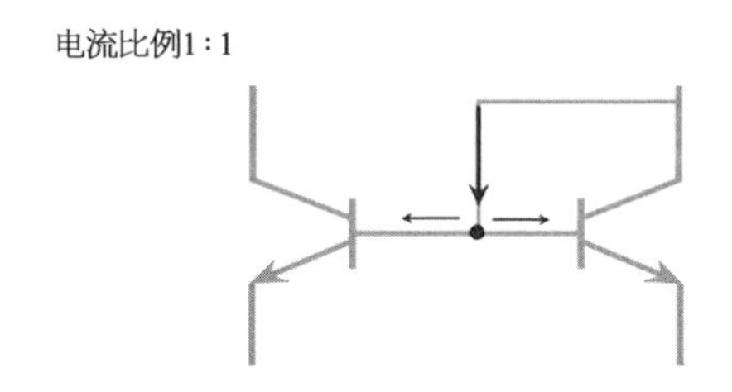

左右三极管的基级电流相等，那左右发射级的电流都是基极电流的(1+β)倍。

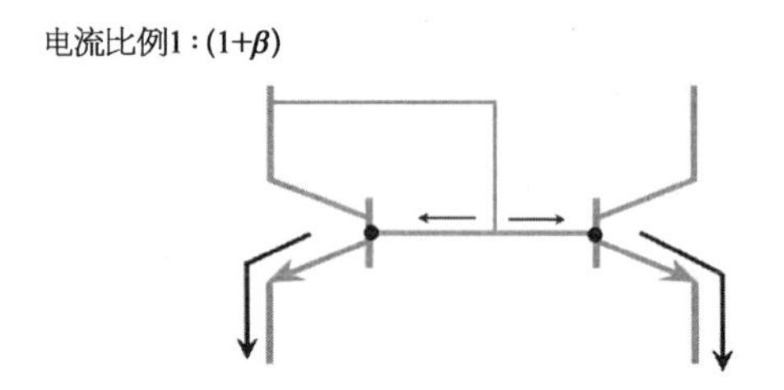

(1+β)是多少不重要，关键是左右两边都是(1+β)，这就是镜像电流。

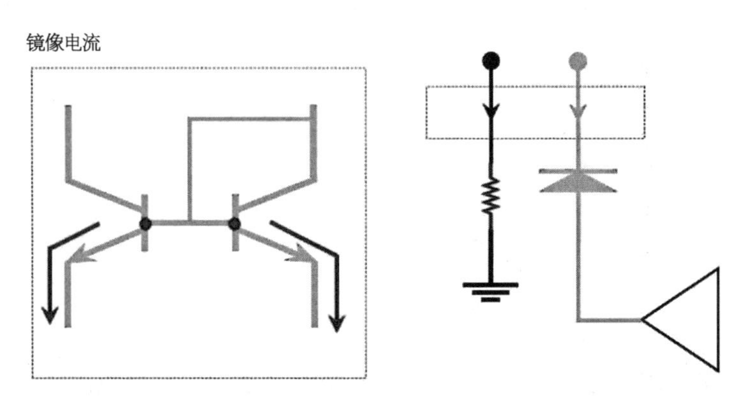

升压电路的控制

升压电路的升压原理，有小伙伴问，这电压会一直升下去么？它怎么知道什么时候要停。

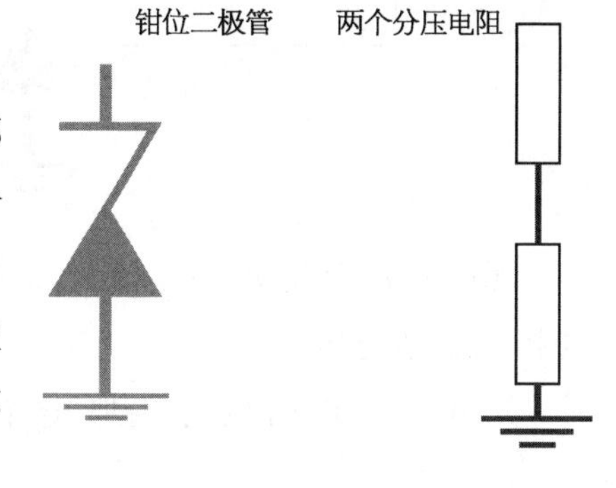

这更简单。

升压电路的电压点控制，需要两部分：一部分是钳位二极管，另一部分是分压电阻。

钳位二极管，也就是稳压源，把电位钳制在某一个点，它就是 DC－DC 升压芯片中的那个 FB 管脚，FB：feedback。

它的目的是稳定在一个固定电压值，重要的是稳定，不重要的是值。咱假定钳位电压是 2 V，好计算。

两电阻的分压电路，更好理解。

咱看下电压如何设计和计算？假定 R_1 和 R_2 分别阻值是 1 K 和 10 K，它俩这种分压网络最重要的是电流相同。

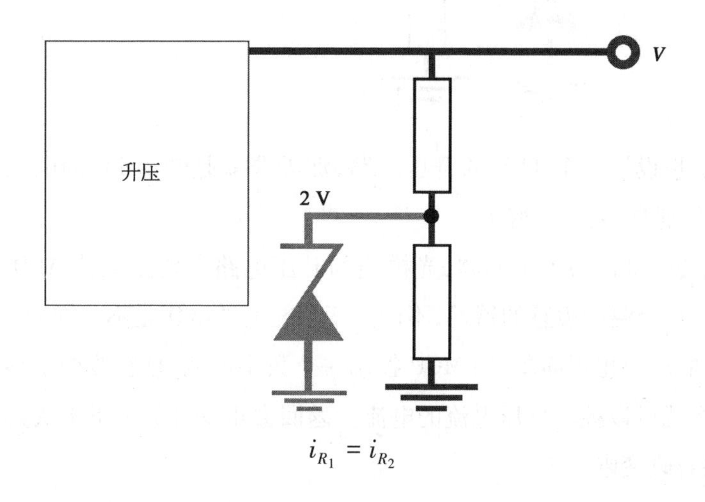

$i_{R_1} = i_{R_2}$

对 R_2 来说,知道电压和阻值,可以求出电流值。

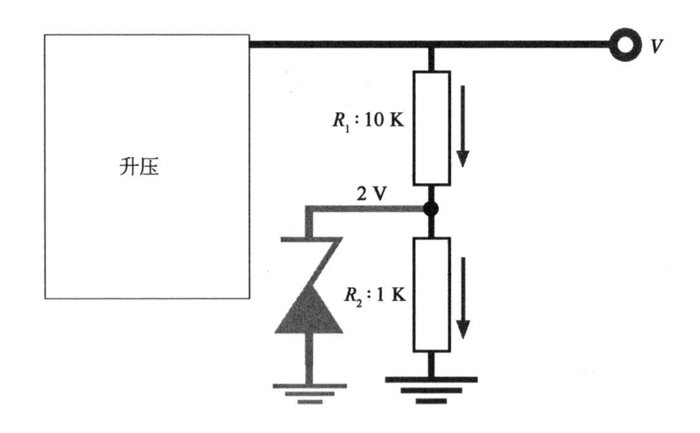

那接下来,知道 R_2 的电流值,也就等于知道 R_1 的电流值,R_1 已知电流和电阻,可以求电压。

知道了 R_1 和 R_2 的电压,那,这个升压电路的电压值就等于 22 V 了呗。

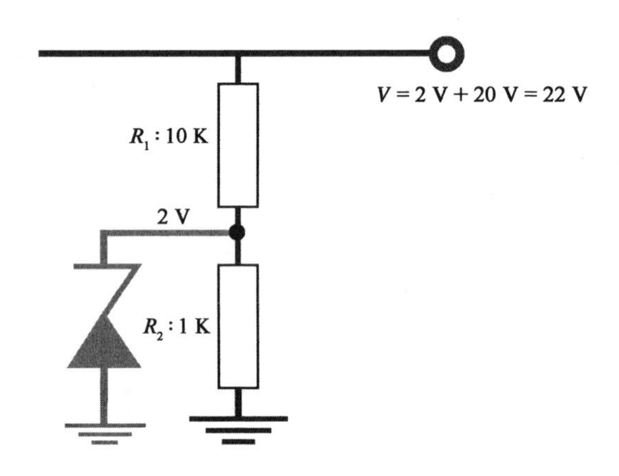

所以,想设计一个 44 V 的升压电路,那无非就是知道 FB 的电压是多少,R_1 和 R_2 分别是多少,就好啦。

这里会牵扯出另一个问题,光模块的升压电路主要是支持 APD 的操作,而 APD 又是个温度敏感的器件,不同温度下需要的电压是不一样的。

解决的思路也很简单,用 MCU 控制一个数字可调电阻,改变了整个 R_2 的阻值,那么就可以控制分压电流的电流。返回去重新计算一下上头几步,电压值也就跟着改变啦。

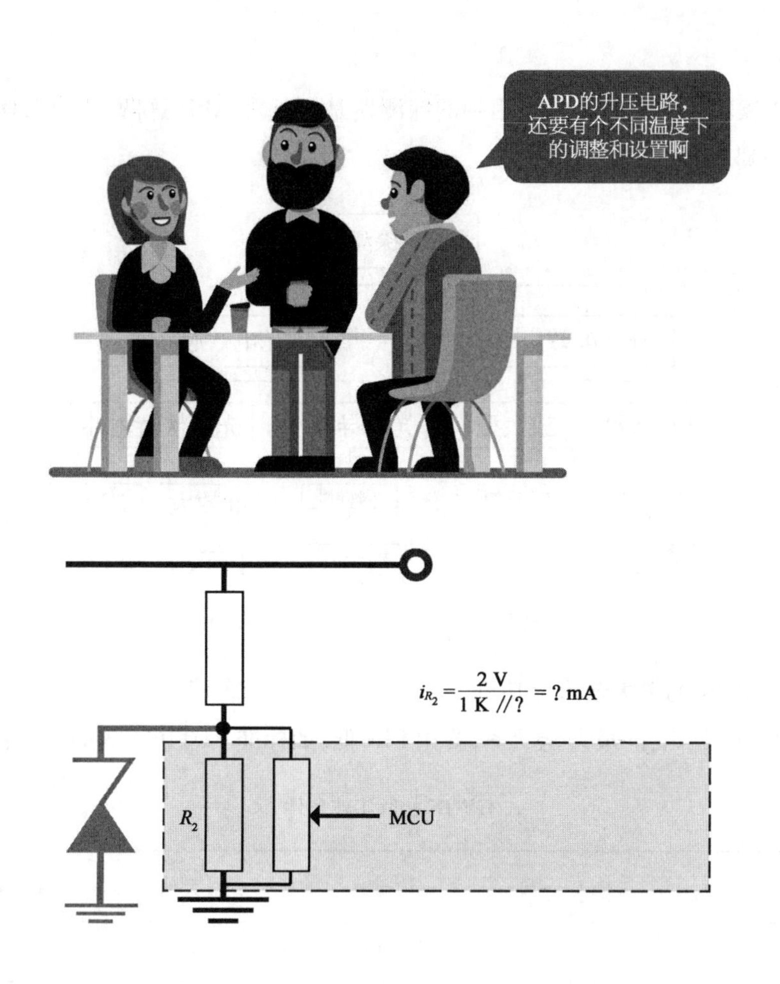

为何 APD 的电压输入端会串联一个电阻

APD 偏压输入端的一颗串联电阻，会引起 OLT 突发 RSSI 的采样保持精度。知其然，要知其所以然：

(1) APD 的饱和输入功率为何低于 PIN？

(2) APD 容易击穿损坏，需要一个串联电阻来保护。这颗保护电阻，是否可工作在突发模式下？如工作在突发模式下，是否对突发 RSSI 精度产生影响?

光模块中通常的接收端用到的探测器是 PIN 和 APD 这两个类型,OLT 光模块用到 APD。

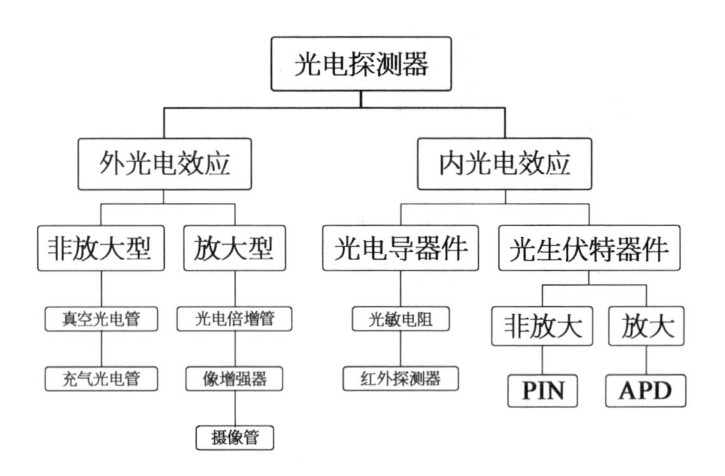

1) APD 的最大输入光功率

APD 可承受的最大光功率,要比 PIN 低,如标准 YDT1688.3 的定义:

GPON 极限工作条件

参　　数			最大值	单　位
最大输入光功率	OLT	APD	-5	dBm
		PIN	0	dBm
	ONU	APD	-9	dBm
		PIN	1	dBm

这是因为,APD 的设计,要比 PIN 多一层 P,倍增层(见下页第 1 图)。

倍增层的意义是,对电流有雪崩放大的作用,也就是可以这么理解:

PIN:一颗光子转成一颗电子。

APD:一颗光子转成一颗电子,倍增区或者叫雪崩区,把这颗电子放大到十几颗或者几十颗。这就更容易被测量到,所以 APD 的灵敏度更高。

如果让 APD 有放大的效果,需要工作在高压反偏状态,所以用到 APD 的

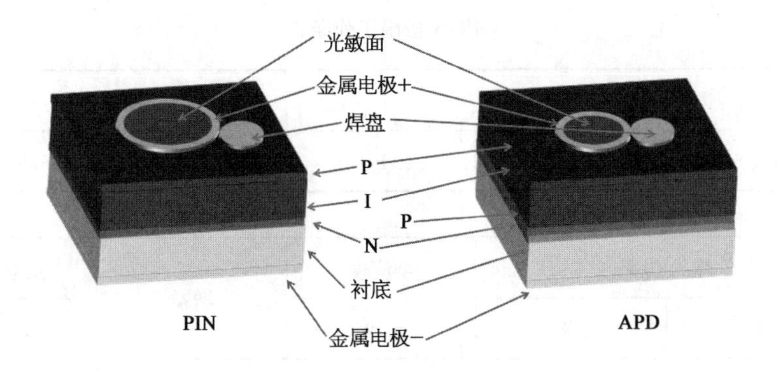

光模块,通常就有一个升压电路,把 3.3 V 升到几十伏。

同时,APD 相比较 PIN 来说,那么多电子(电流),产生了更大的热量,反过来会把 APD 烧坏。

所以 APD 不能有更大的光功率输入。

2) APD 的串联电阻

通常咱们光模块中探测器的链接方式为

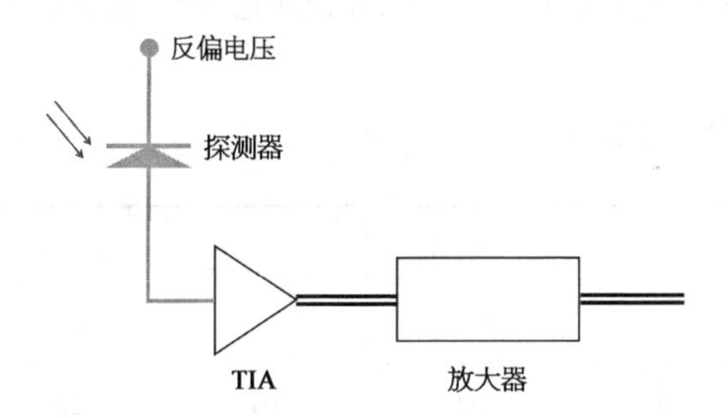

假如 APD 工作在 44 V 时,增益是 10,响应度 0.9 A/W 那咱们算一算进入 APD 的光电流有多大?

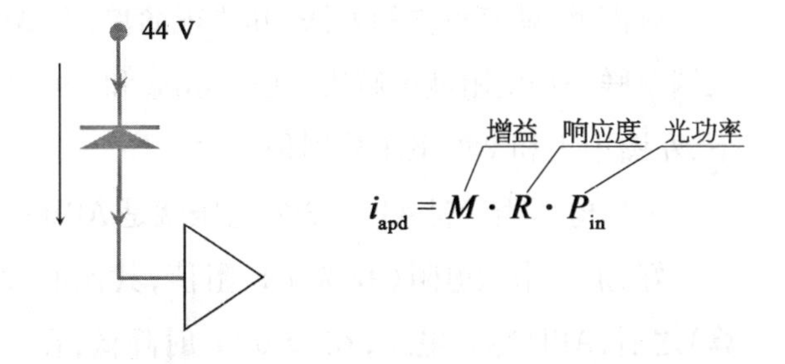

列个表,算一算,最大-5 dBm 和灵敏度-30 dBm 的光电流有多少?

GPON 极限工作条件

参　　数			最大值	
最大输入光功率	OLT	APD	-5 dBm	316 μW

输入功率		响应度	增益	光电流
dBm	μW	A/W		mA
-5	316	0.9	10	2.8
-30	1	0.9	10	0.009

看上表，2.8 mA，意味着什么？通常 APD 的最大电流是 1 mA 左右。2.8 mA，这分分钟是打算把 APD 给烧了。

咋办？降低反偏电压呗。把反偏电压降低，最大功率的时候光电流小了，可是-30 dBm 输入时的光电流也小了，光模块选 APD 就没意义了，提升不了灵敏度。

所以，工程师有了需求：

输入功率		响应度	增益	光电流	需求
dBm	μW	A/W		mA	
-5	316	0.9	10	2.8	降低
-30	1	0.9	10	0.009	别降低

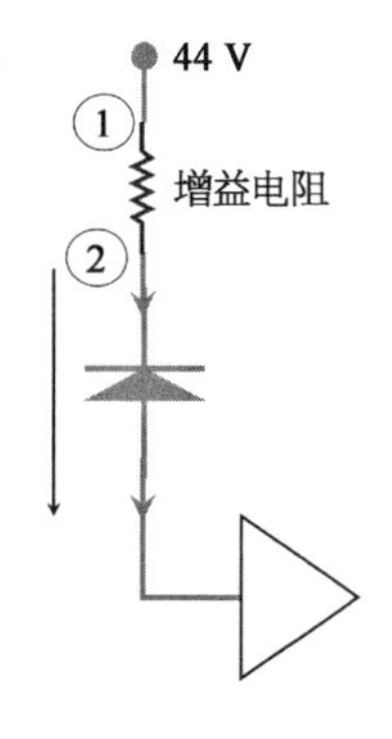

有需求，就有解决的方法，办法很简单，在 APD 的反偏输入端串联一颗电阻就能解决，在-5 dBm 和-30 dBm 两种情况下，左图中①和②的电压分别是多少？

①的电压当然是 44 V，②的电压就是 APD 的反偏电压。

好，加了串联电阻（我选 1 K 阻值，其他值大家可以自己算）之后，APD 输入电压，在-5 dBm 时降低，在-30 dBm 时几乎相同。

输入功率		光电流	电阻压降	②电压
dBm	μW	mA	V	V
-5	316	2.8	2.8	44-2.8=41.2
-30	1	0.009	0.009	44-0.009≈44

反过来，这两个电压，对 APD 的增益是有影响的。44 V 可以达到 10，而 41 V 就会降低增益，每一家 APD 的设计不同，假定在 41 V 被降到 4，咱们反过来再计算加了串联电阻后的光电流。

输入功率		看电阻效果	光电流
dBm	μW		mA
-5	316	无串联电阻	2.8
		加 1 K 电阻	1.1
-30	1	无串联电阻	0.009
		加 1 K 电阻	0.009

加电阻，会起到保护 APD 的作用，同时不降低灵敏度。

3）RSSI 与镜像电流

光模块有个 DDM 的要求，比如大家熟悉的 SFF-8472 协议。

DDM 要求测试接收到的光功率值，也就是 RSSI，接收功率强度，要测试这个值就需要知道光电流的大小。

要想测试从探测器出来了多少光电流，早期的工程师是串联一个采样电阻：

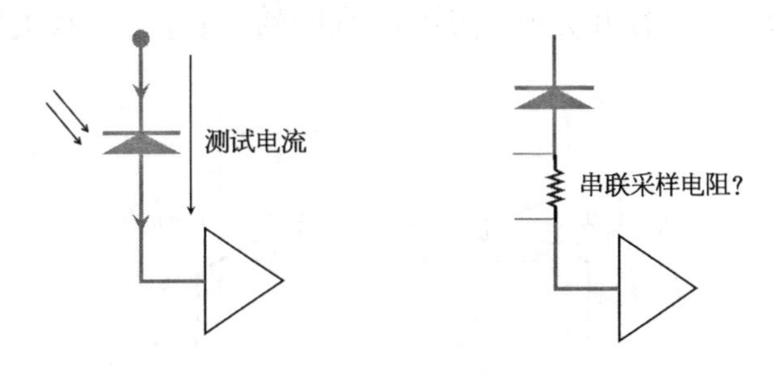

但是，RSSI 采样电阻，是需要分档的，原因是 ADC 有最大的采样输入范围，也有最小的分辨率要求。

没办法串联电阻，就采样了镜像电流来做接收光功率检测，咱看到的镜像电流源一般是按照下图标注，用两个三极管做。

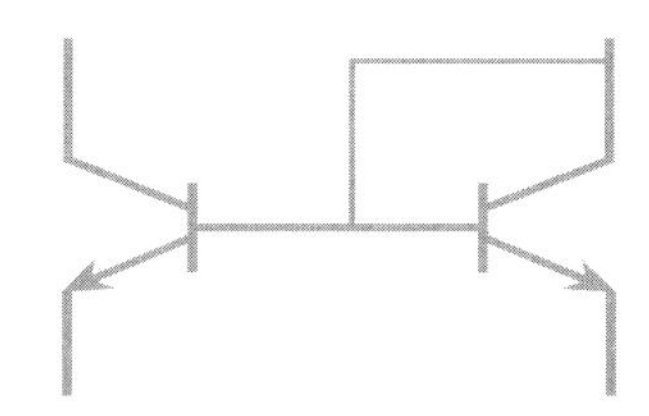

我作个分析，为什么可以产生镜像电流，模拟电路这门课，讲过三极管的导通电流 i_c 是基极电流的 β 倍，这个放大作用在咱们镜像电路中不重要。

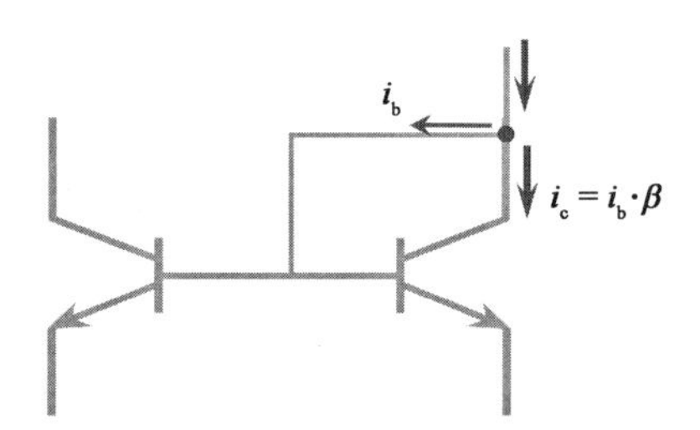

重要的是，基极电流 i_b 流向下图节点时，是往两边分的。

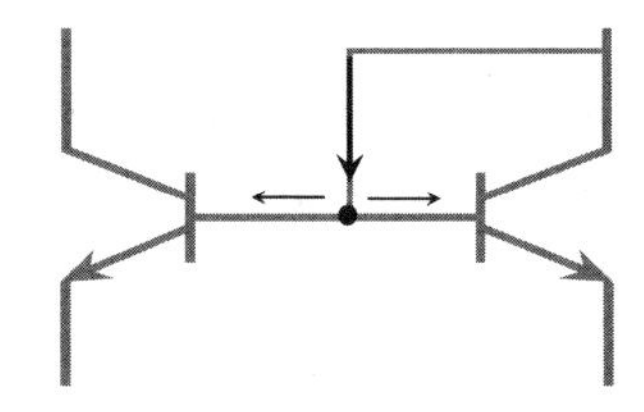

分到左边的 i_b 电流和分到右边的 i_b，同时都产生了 i_c 的放大效果。

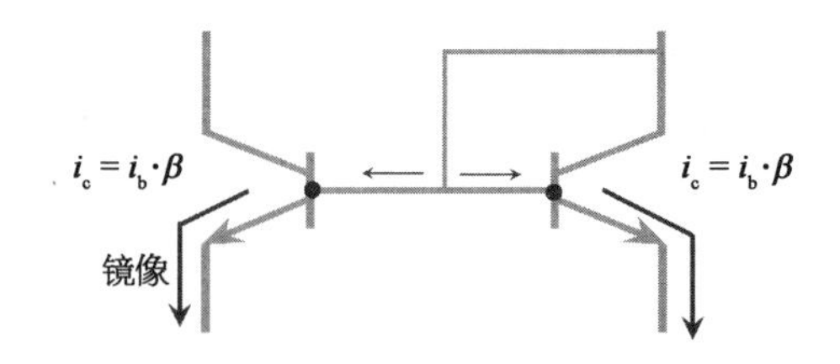

这就是镜像电流,右边是多少,左边同样的也是多少,左边的电流就来处理 RSSI,右边的电流主要用在业务上。

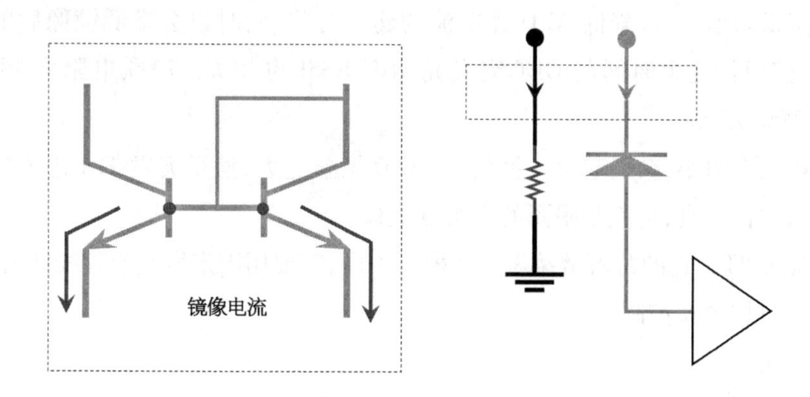

咱们用 NPN 来作电流分析,PNP 是逆向,它的镜像电流这么做:

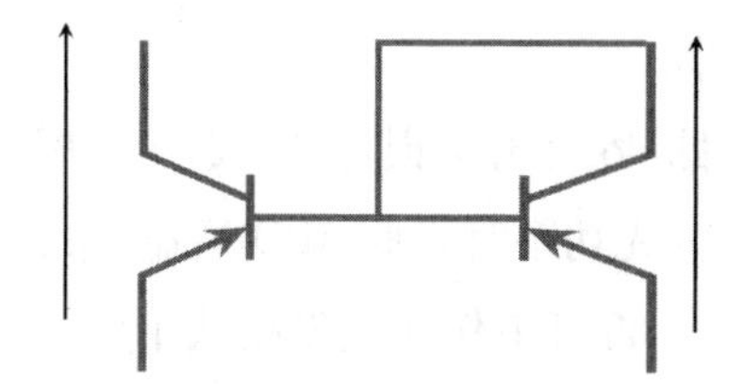

4) OLT 串联电阻的选取

说完镜像电流,原理图的 DS3920 就介绍完了,再回到 APD 的串联电阻,这个阻值的选取会造成什么现象?

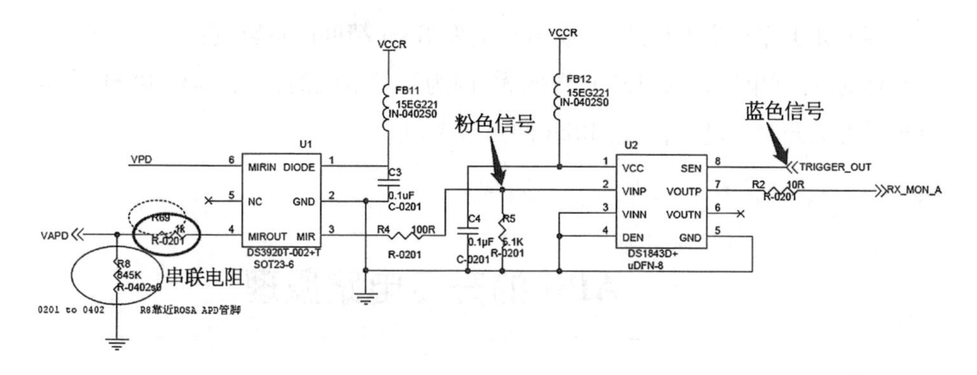

不是越大越好,串联的电阻大,OLT 是突发接收,电阻与旁路电容以及 APD 的结电容会形成 RC 电流。

粉色那一端，是镜像端，我照镜子，我做鬼脸，镜子同样会做。看一组串联电阻引起的突发建立时间。

降低阻值，可以降低 APD 光电流的建立时间，同时也会降低镜像后的电流建立时间，这个时间与 OLT 突发光功率 RSSI 也相关。串联电阻大，引起 RSSI 测试失真。

串联电阻小，会引起另一种失真，APD 增益过大，使得突发 TIA 进入饱和引起占空比失真，也就是眼图的交叉点上移。

突发 TIA，它的跨阻增益与连续模式不同，需要用固定增益或者线性增益，不能用自控增益控制。

小结：

（1）APD 的饱和输入功率为何低于 PIN？

因为 APD 的增益放大效果，使得电流增大，热量积累，更容易导致击穿，所以需要控制输入光功率。

（2）APD 饱和功率低，容易击穿损坏，需要一个串联电阻来保护。

串联电阻，是为了在大光功率时降低 APD 增益，保护 APD，否则容易死掉。

（3）这颗保护电阻，是否可工作在突发模式下？

可以工作在突发模式下，但是需要降低串联电阻，否则容易引起 RSSI 失真，突发接收建立时间加大。

但又不能降得太大，否则起不到保护作用，APD 被击穿，也是 OLT 模块不能容忍的现象。

（4）如工作在突发模式下，是否对突发 RSSI 精度产生影响？

是的，串联电阻过大，RC 常数变大，因为镜像电流的存在，同样 RSSI 采样也会变得上升时间过长，引起 RSSI 测量误差。

APD 的升压电路原理

APD 通常需要一个几十伏的电压，而光模块的电压通常是 3.3 V（少数也有 5 V）。

使用了 APD 的模块,就有一个 DC－DC 升压电路,我问一个工程师,为什么能从 3.3 V 升到几十伏呢？然后得到了一个行业大招：

别人都说这么做的

还有一个辅助大招,那就是：

参考设计是这么画的

本节聊聊升压电路,升压电路最核心的就这么几个器件：电源,电感,开关,二极管和电容。

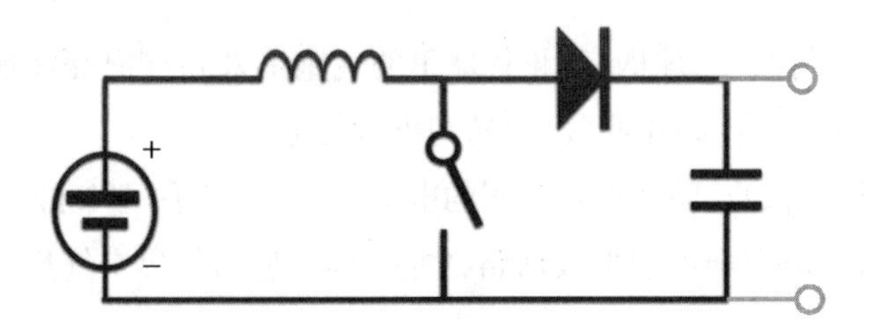

有个比方,咱们人吸一口就那么多,怎么能吹大气球呢？

吹气球的过程,就是一个升压电路。

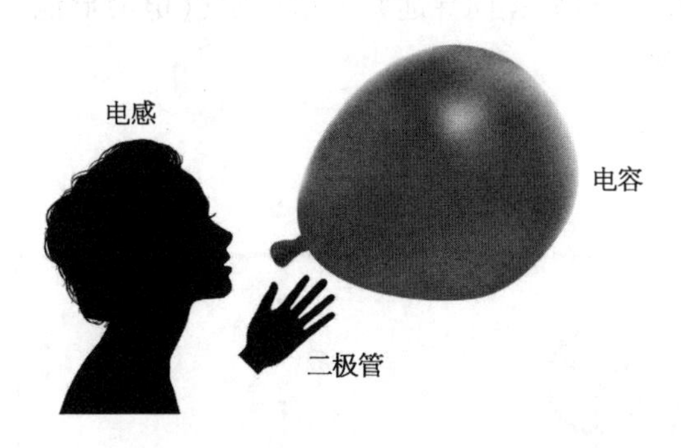

吹气球分两步：

第一步：吹气，往气球吹气，手不要捏着气球柄（嘴与气球导通）。

电感是有能量的，二极管正向导通（电感与电容相连），电容储存了电荷。

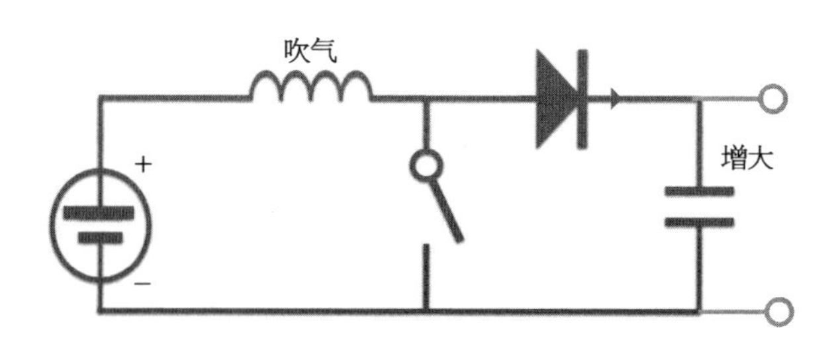

第二步：手捏住气球柄（防止气球里的气跑出来），同时深深地吸一口气，嘴（电感）从空气（电源）中吸气（电感与电源导通）。

二极管反向截止，防止电容积累的电荷流失，就是手捏气球防止跑气。

开关闭合，电源与电感形成回路，电感储能，嘴与外界空气连接，嘴里储存新的空气。

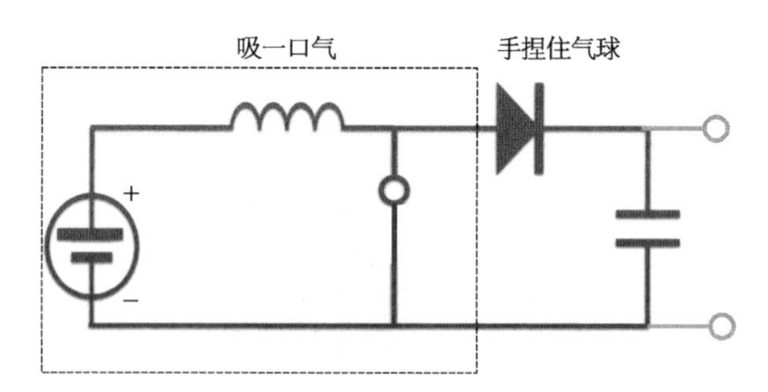

吹气球的过程就是，吸气（开关闭合）→嘴腔（电感）储存气体→呼气（开关断开）→手松开（二极管正向导通）→气球充气（电容储能）→吸气→手捏→吹气→吸气→吹气……

简单。

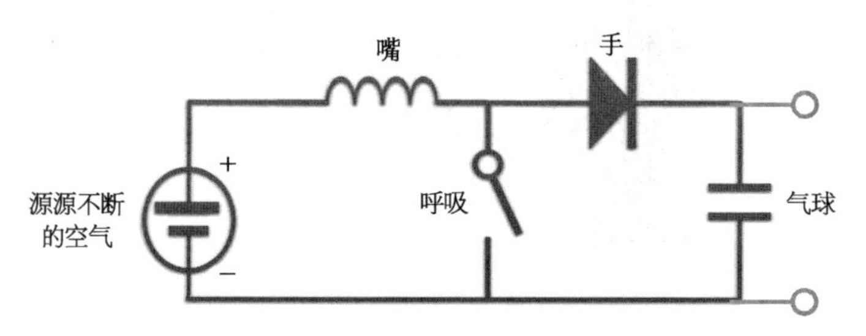

然后看升压原理,有 3 个二极管和电容,本质不变,这其实就是吹长气球的经验。

先吹一段:

然后把这一段的气用手给他捏到里边,电容一段段储能。

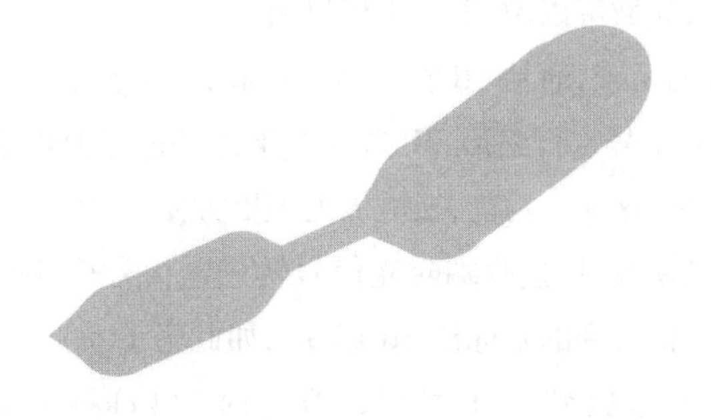

信号的 1R, 2R 和 3R

线路传输,大约隔那么几百上千公里,光信号就已经劣化得不成样子了。

那么信号有劣化，就有再生 regeneration。

光通信的信号再生分为几类：

1R：再放大，reamplifying。

2R：再放大和再整形：reamplifying reshaping。

3R：再放大、再整形和再定时 reamplifying reshaping and retime。

1R 的典型器件，就是 EDFA 啊，信号的损伤，首先是损耗和衰减。EDFA 干的就是这个事，对光信号的功率重新放大。

君不见，海底中继站，就这么计算的呗。

信号的再生，光域可以做，电域也可以做。

咱们现如今的系统，通常 1R 在光域进行放大，主要是省钱方便。

而 2R 需要对信号进行整形，3R 除了整形之外还需要再定时，就时间的延迟和抖动进行处理，这两个功能，在电域处理更方便。

所以，提到光模块时，接收端对光信号转成电信号后，顺便进行了电域的整形和时钟恢复，常看到的是标注 2R 或 3R，如此罢了。

对，光模块还总提到一个术语，CDR，时钟（clock）数据（data）恢复（recovery），数据恢复 D 和 R，就是再整形和再放大，时钟恢复 C 和 R，就是再定时。有了这个，通常也就表示它支持 3R。

高速信号处理

光模块电路之高速信号为何要考虑反射

光模块电路：

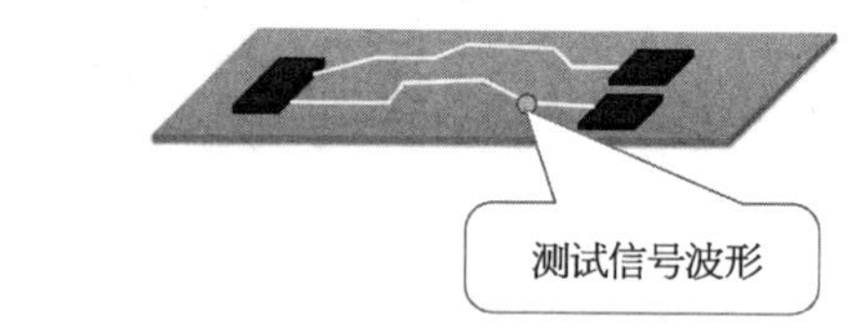

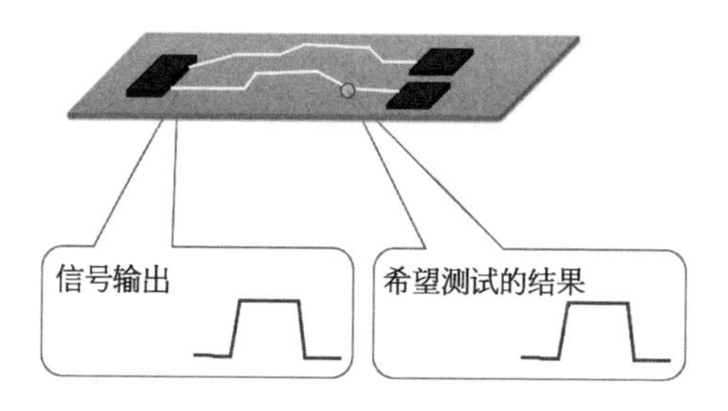

实际测试波形：有两台阶

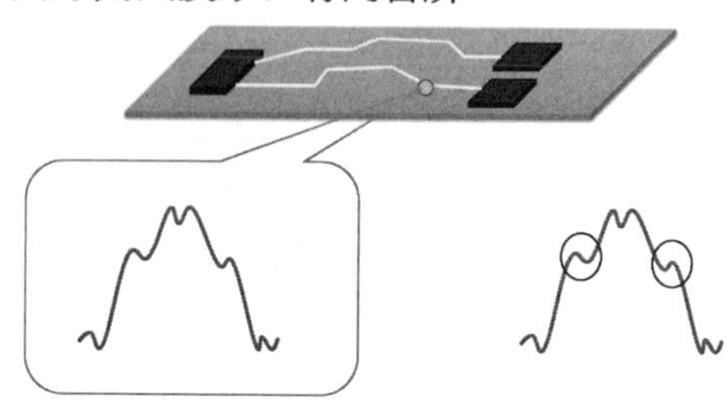

咱们定量来分析下,假定条件:

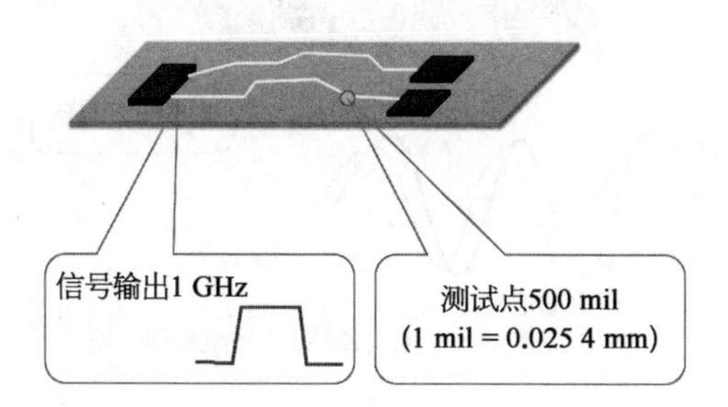

信号用电磁波、射频理论来分析。

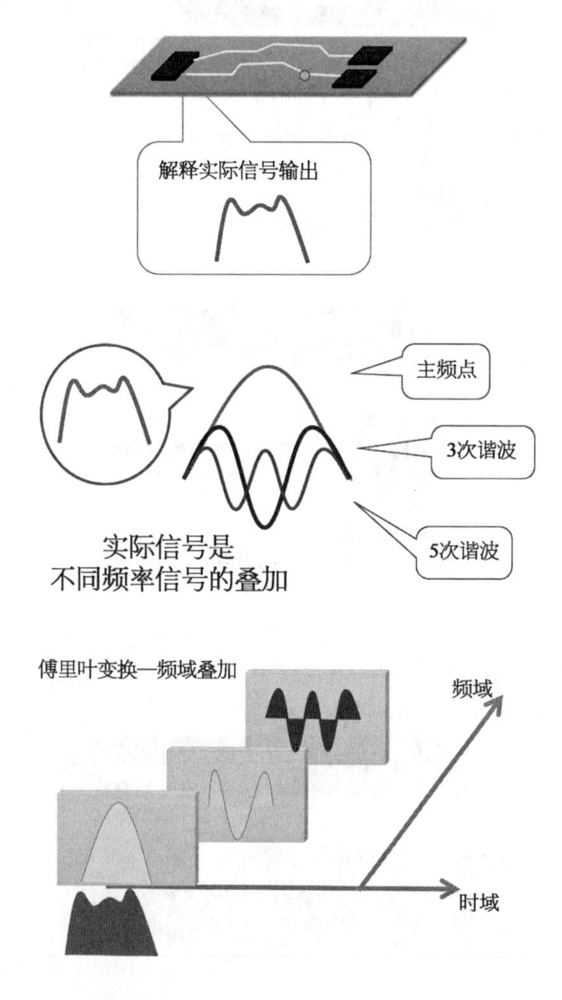

主频、3 次谐波、5 次谐波,测一测。

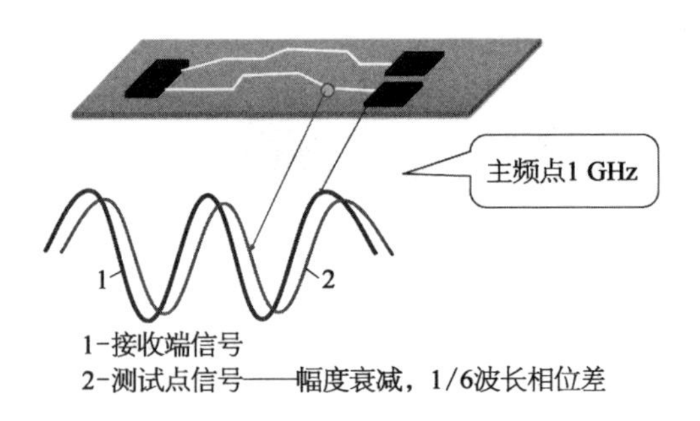

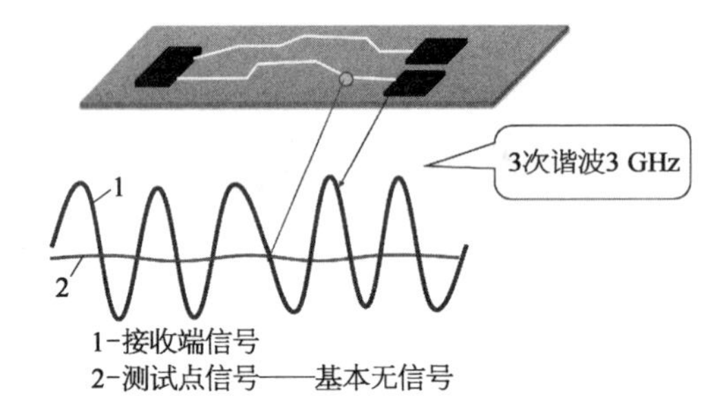

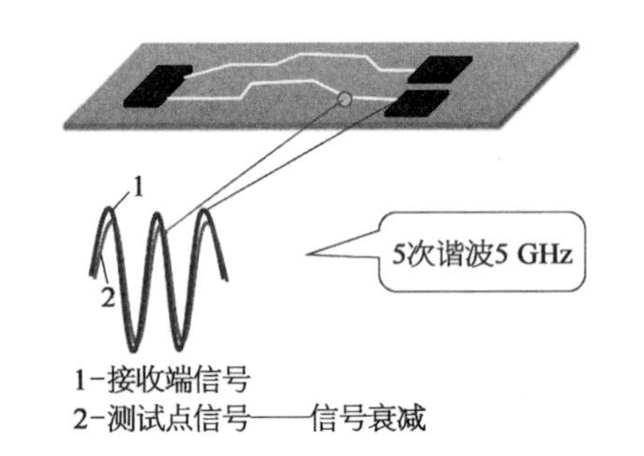

来分析原因：

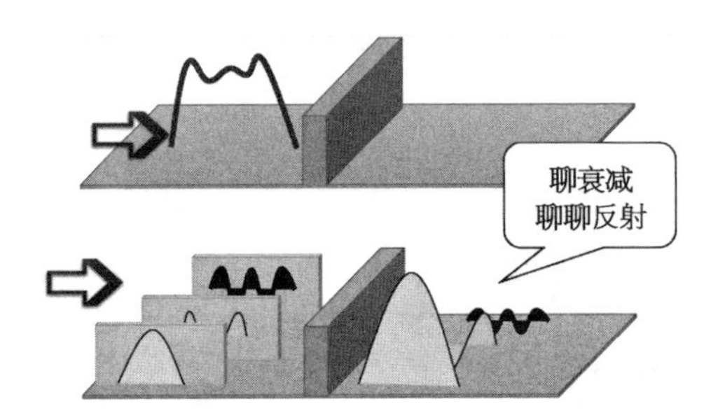

波导传输，有反射。

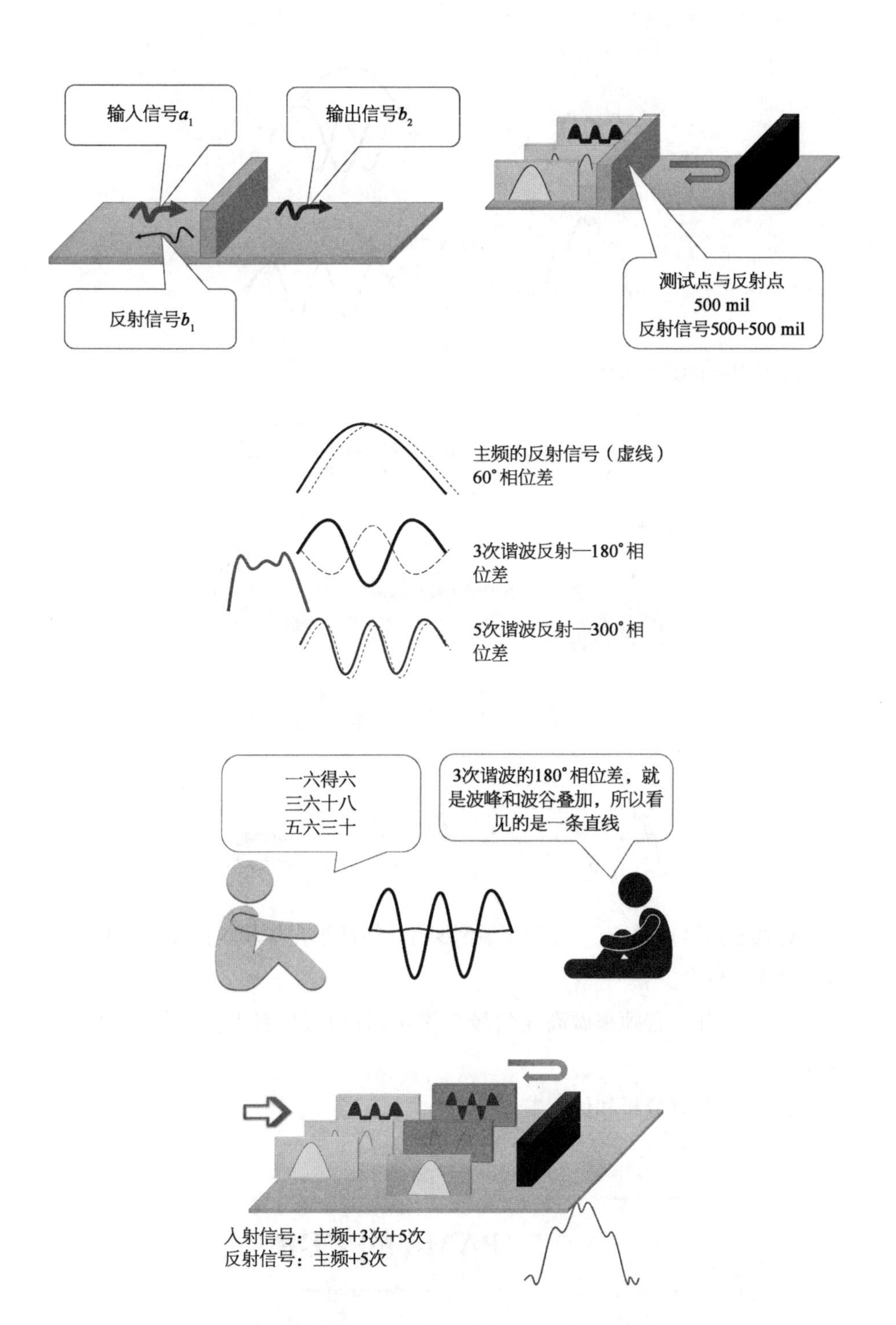

信号叠加后：原始信号和有反射后的信号。

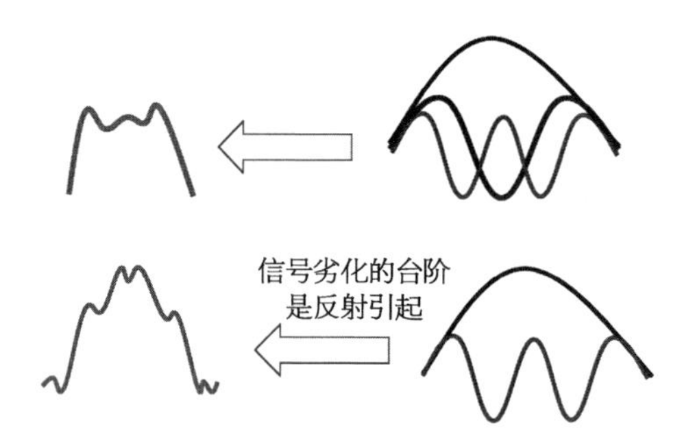

反射引起的信号劣化。

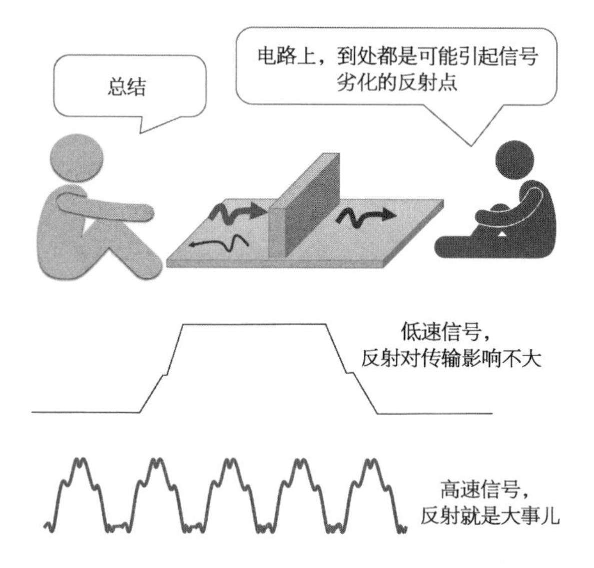

对低速信号来说,有一点反射,不影响。估计很多模块电路工程师就没有考虑过这个概念。

某一天,让工程师来做高速信号光模块,看到信号有劣化现象,找不到原因很着急。

能定位,就好分析和优化啦。

PAM4 的 CDR

NRZ 的 CDR,恢复时钟,容易理解,PAM4 的时钟如何恢复?

其中一种思路,比较简单的理解,就是三沿判决。

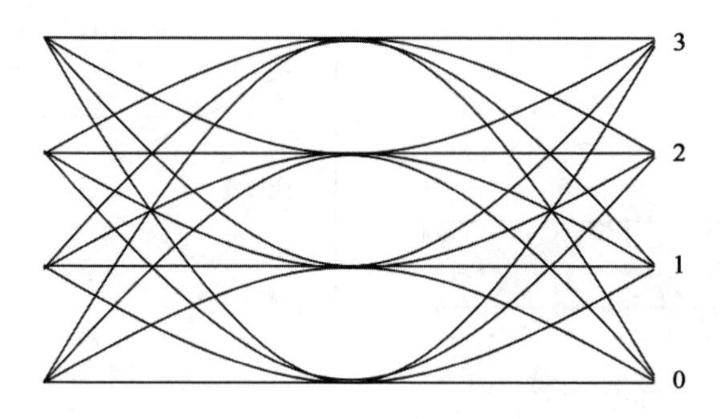

PAM4 的信号有 4 个幅度,0,1,2,3。

比较器的作用,就是和阈值电压作比较。

如果输入端高于阈值电压,比较器输出高电平。

如果输入端低于阈值电压,比较器输出低电平。

一个比较器的输出只有高和低,两个状态。

那,PAM4 的信号来了之后,是输入端,如果和较低的阈值电压作比较,那比较器的输出端,高电平对应的是原始 PAM4 的 1,2,3,低电平对应 0。

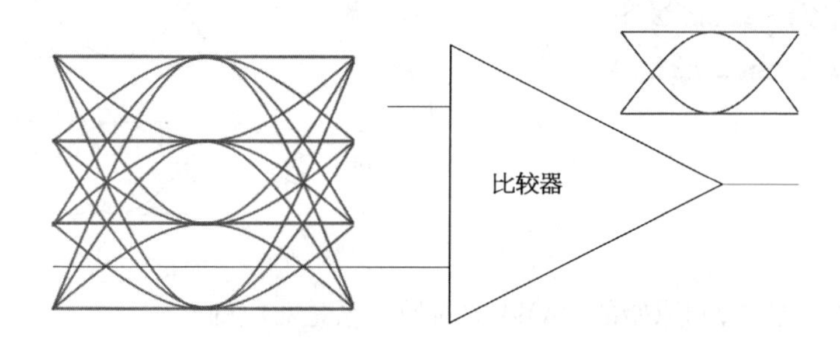

如果阈值设到中间,比较器的输出,高电平代表 2,3,低电平代表 0,1。

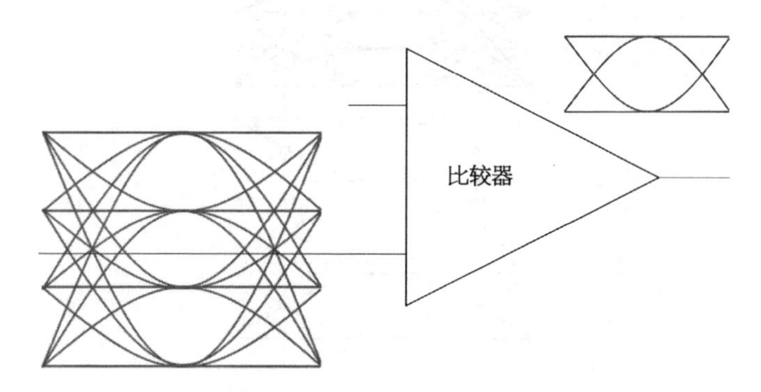

同理,阈值电压设成高状态,比较器的输出高电平代表3,低电平代表0,1,2。

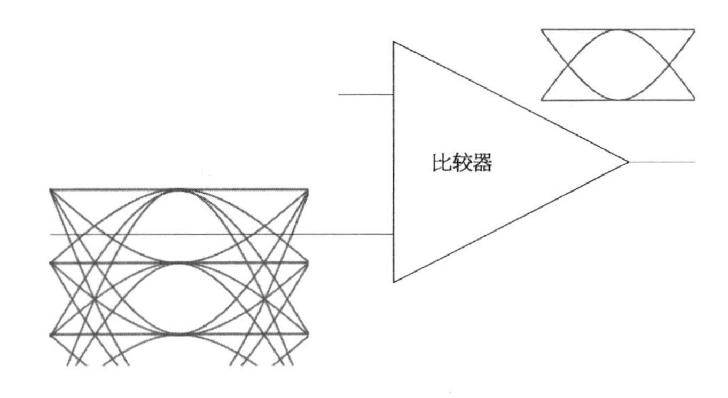

同一个PAM4,信号,同时经过3个比较器,这3个比较器输出的3个眼图,就能体现出原始PAM4所有的上升沿与下降沿状态。

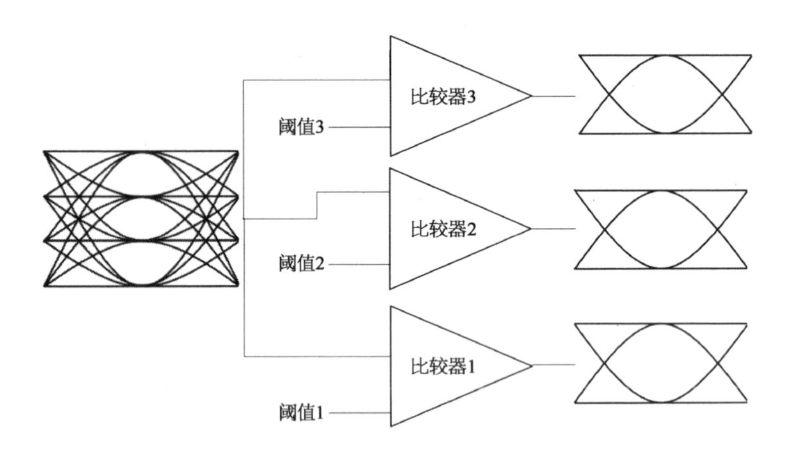

这3个眼图,和原始的PAM4的时域关系是对应的。

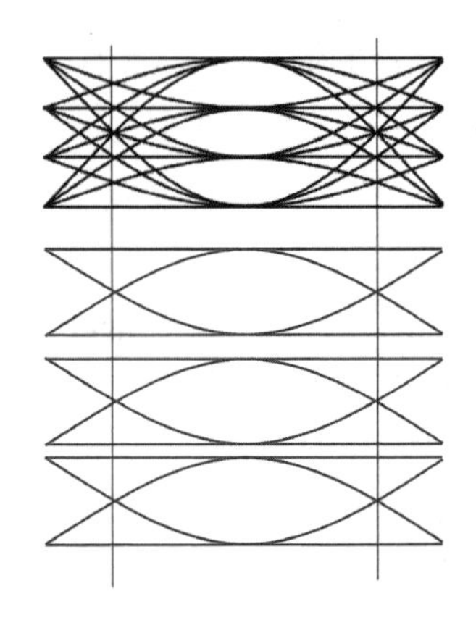

通过3个高速的比较器,找到PAM4所有的上升、下降沿,分解后利用NRZ的CDR时钟恢复技术,就恢复出PAM4的时钟。

如何用两路 NRZ 合成 PAM－4

如何用两路NRZ来合成PAM－4,可以用电的方式合成,也可以用光的方式合成,原理一样。

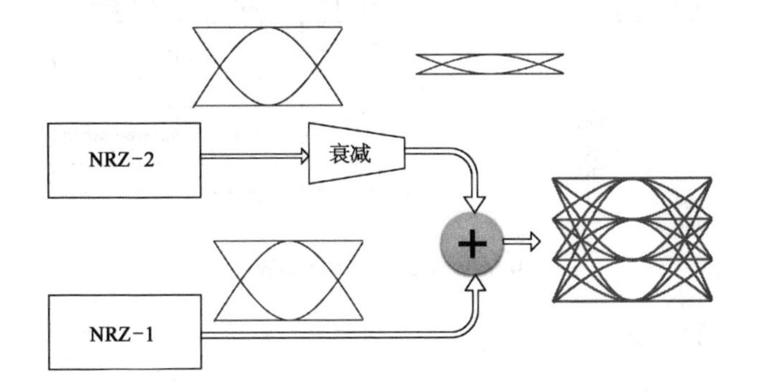

如果用光的方式,咱们NRZ－1的幅度就按照0 mW和4 mW代表0和1(电的话,可用mV作单位,一样的算法)。

NRZ－2,衰减成NRZ－1的一半儿(经常说6 dB,是因为通常用MZ来做PAM4调制器,而MZ本身有3 dB损耗,再衰减3 dB,共计6 dB),那NRZ－2的0 mW和2 mW代表0和1。

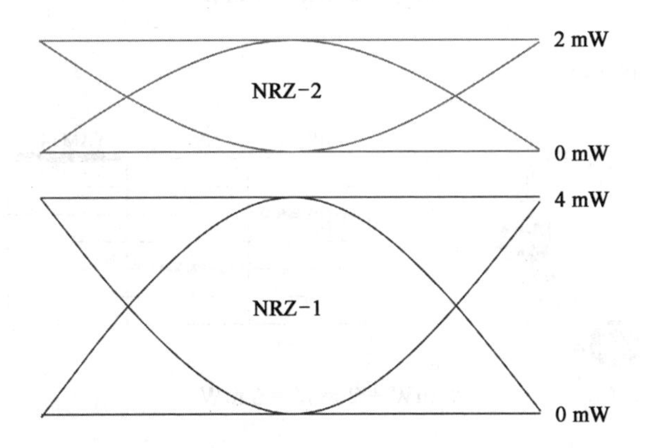

来做小学算术题,PAM－4 的 0,0:

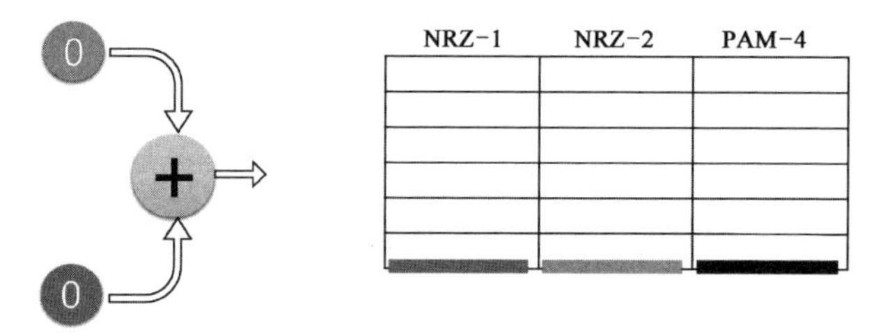

0 mW＋0 mW＝0 mW

PAM－4 的 0,1:

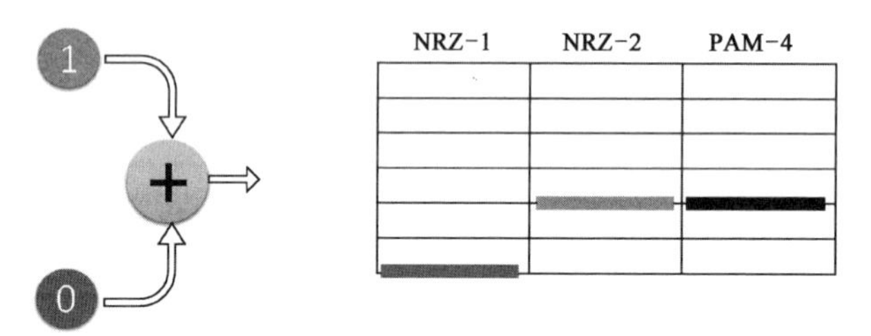

0 mW＋2 mW＝2 mW

PAM－4 的 1,0:

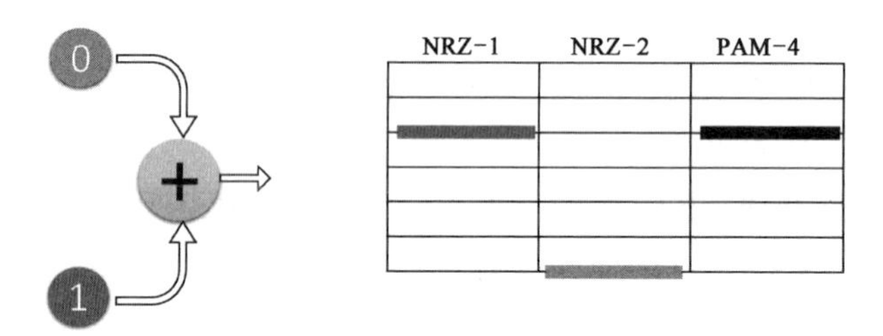

4 mW＋0 mW＝4 mW

PAM－4 的 1,1:

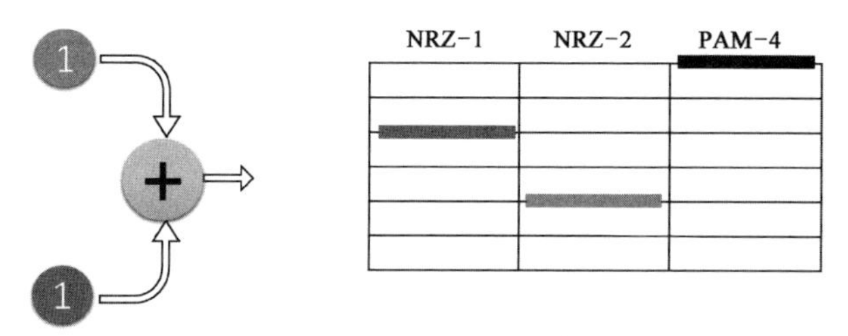

4 mW＋2 mW＝6 mW

合成的结果就是这样式儿：

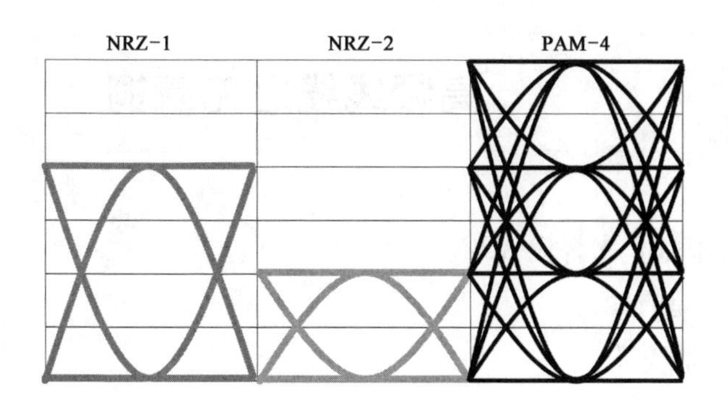

把它们叠加在一起：

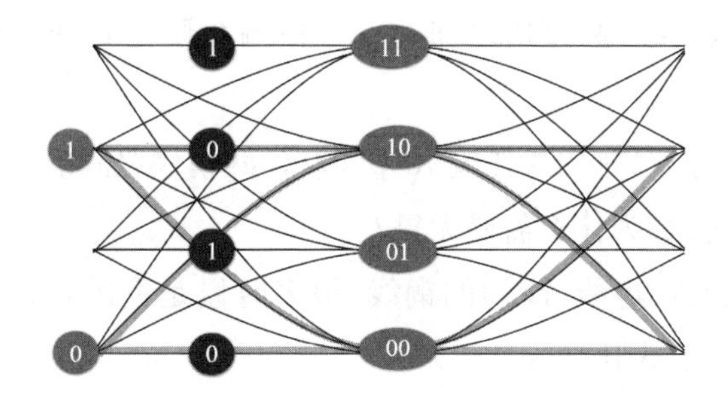

下图的上下的眼图高度，是 NRZ－2 来决定的：

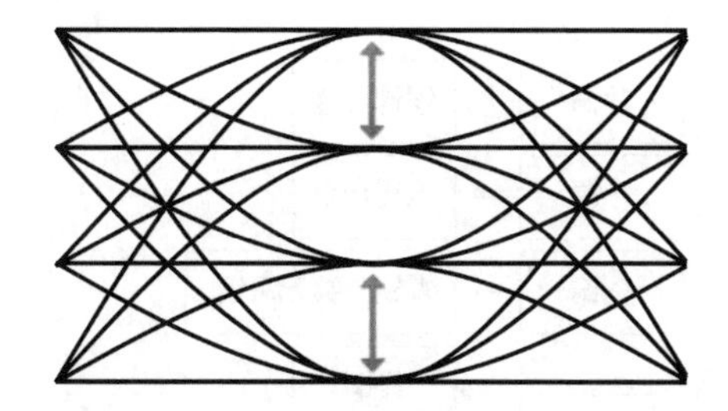

如果 NRZ－2 的衰减调得不是很准确，就会出现上下对称的幅度失调。

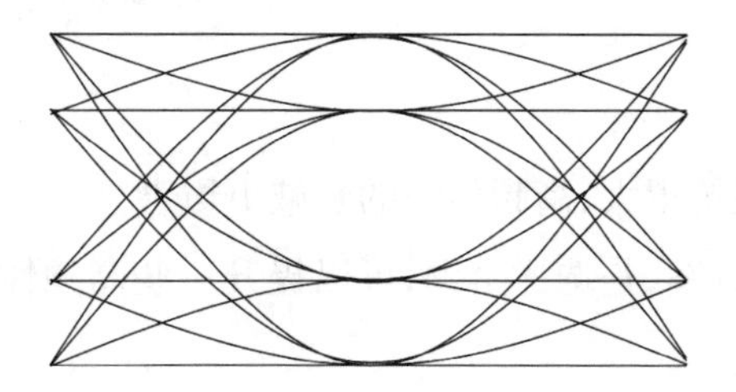

高频线缆之无氧铜

思路是用 AEC 来替代 AOC。

A，active，是有源。

C，cable，是线缆。

E，electronic，是用电。

O，optical，是用光。

AOC 是有源光缆，两模块之间的信号传输介质是光纤，AEC 是两模块之间的线缆用金属。

无氧铜这种金属，是用来传输 AEC 400 G 两模块之间的信号传输介质。

铜，咱们理解，那为什么需要无氧？

咱们用的便宜的电线，所谓的铜线，很多时候是铜的合金，合金的机械强度比较大，我们摸起来比较硬。

黄色的一般是铜锌合金，青色的一般是铜锡合金，几千年前的青铜器就是铜锡合金。

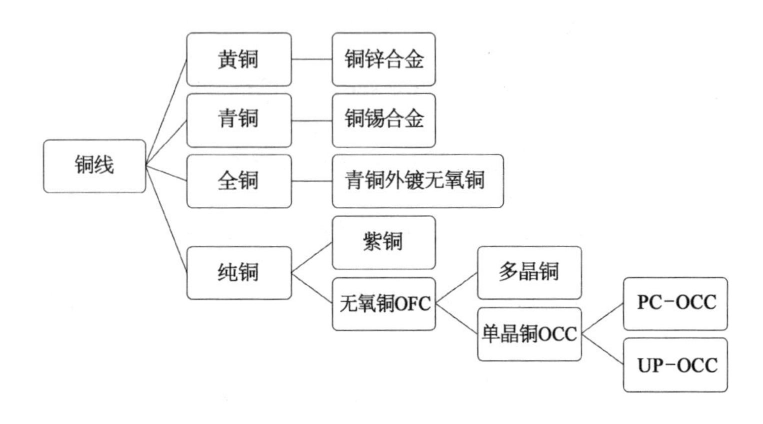

但是合金铜，阻抗很大，高频信号的衰减更厉害。

相对好一点的方案，是选择全铜，可以提升一些高频性能。全铜是在合金铜外镀一层无氧铜。

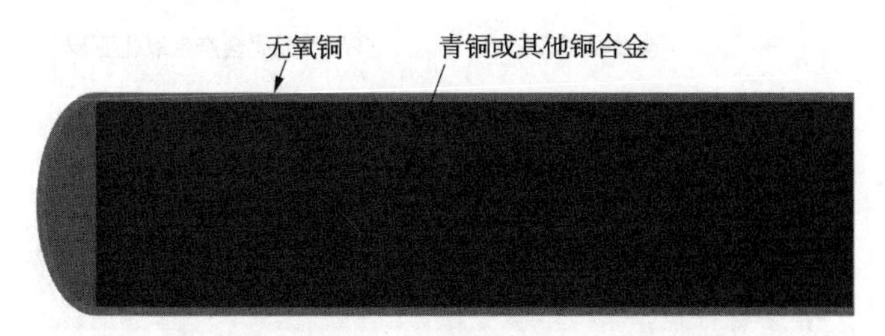

高频信号的趋肤效应，表面采用无氧铜，可降低高频阻抗

因为高频信号，交变的电场产生磁场，而磁场反过来对电场产生作用力。这使得高频时，电流积聚在线缆的表层，俗称趋肤效应。表层为什么镀无氧铜，一会儿聊。

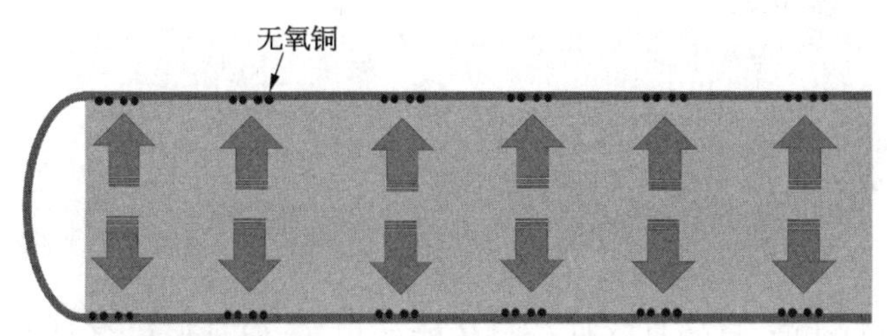

高频交变信号产生磁场，
磁场对电荷产生作用力，电流集中于导线表层

比全铜更好一些的是纯铜，铜原子的比例占据99.9xxx%，这种纯铜呈现的颜色是紫红色，也叫紫铜。

纯度高，比非纯铜的金属线，信号损耗大大降低，但内部依然有一些杂质，这些杂质中钛、铁等对信号依然产生衰减，降低电导率。

少量的杂质钛、磷、铁、硅等显著降低电导率

另外，纯铜中含有少量的氧分子，会产生晶体聚集的现象，是一种多晶态，单个小区域内的原子呈现规则排列，多晶的晶界会和氧分子生成一种氧化亚铜。

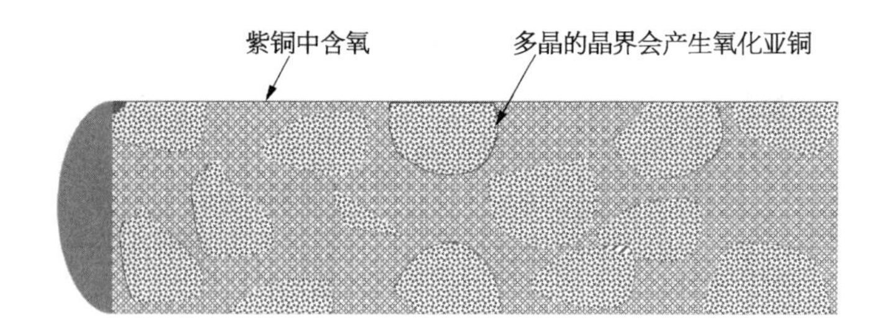

氧化亚铜遇到氢，或者一氧化碳，会产生气体。金属电线内部有气体存在，那就咔嚓断裂呗。

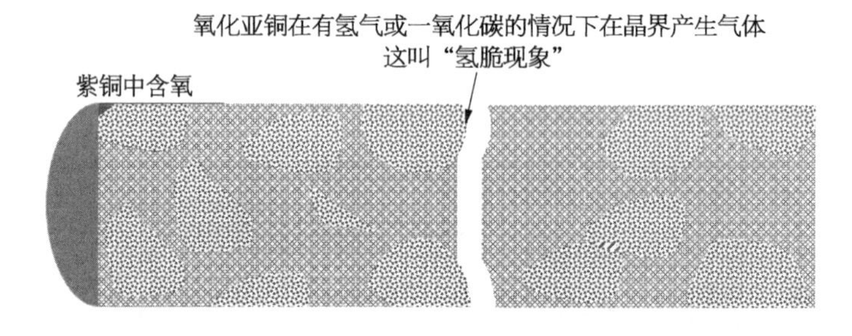

提高铜的纯度，目的是降低信号传输的损耗，但是形成多晶态，晶界由于氧分子的存在而产生气体，导致“氢脆”。

这就有了无氧铜这个概念。既可以高频低损耗，又能保持一定的韧性和强度。

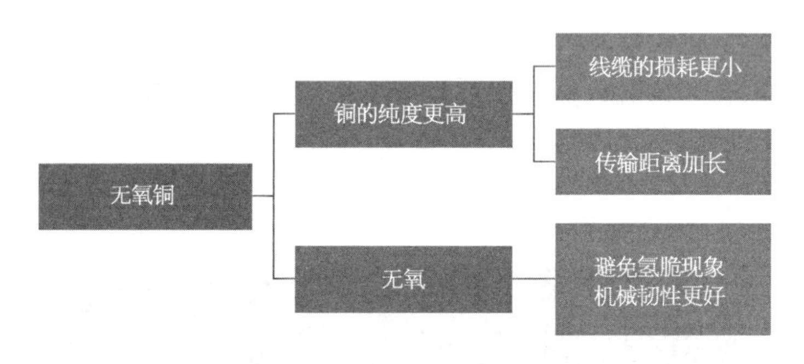

无氧铜，比紫铜更优的选择

虽然无氧铜已经是很好的选择了，但是多晶的晶界，对信号也会产生一些损耗。在更高频的应用中，人类还是想进一步找到损耗更低的选择。

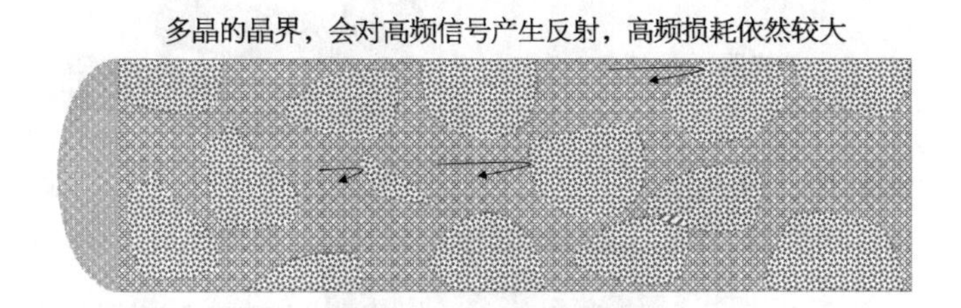

这个无氧纯铜，杂质也降低到 5N，7N 啥的，N 是英文 nine 的意思。7N 是指纯度 99.999 99%，7 个 9，杂质很少，它引起的损耗已经极低了。

无氧铜目前的多晶态的晶界产生的微弱反射，现在也浮出水面。再继续优化，就把多晶态改成单晶态，不让它有产生反射的晶界出现，所有的铜原子只有一种排列规则，叫单晶铜。

单晶铜，高频损耗更低

25 G TOcan 的高频信号处理方法

总有一些厂家，说我们有 25 G TO 的技术，对高频信号的处理很关键。

略聊一下，他们这些厂家是怎么来处理的。

如果把光芯片放入 TOcan，光芯片可以是激光器也可以是探测器，处理高频的思路一样。

一般底座上会做金属凸台，一个是对边发射激光器做垂直耦合的固定作用。

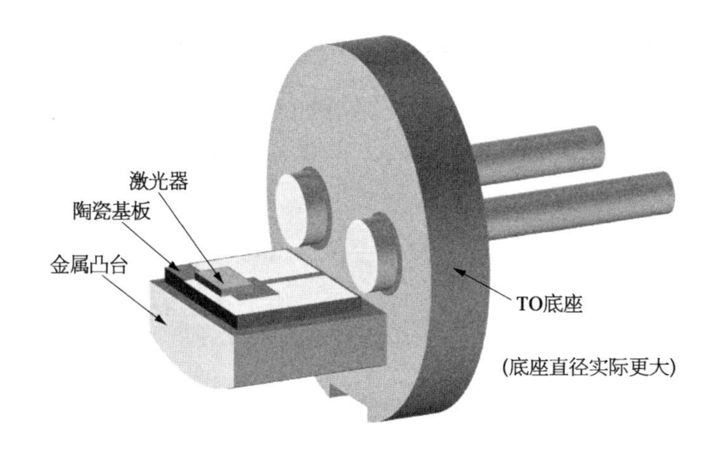

另外,凸台会接 GND,在高频信号里,陶瓷基板比如氮化铝做高频信号的介质材料,那信号线就有了参考 GND,就可以设计阻抗。

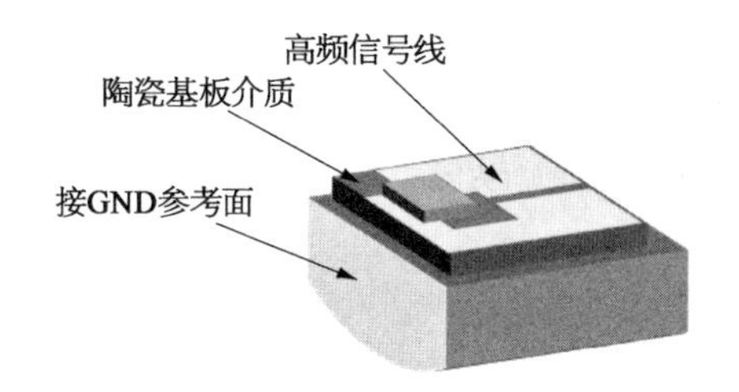

另外,底座也是接 GND,中间引脚会用玻璃体来填充,一是绝缘,二是膨胀系数合适。

在 TO 底座这个区间内,信号线、玻璃体介质和底座 GND 之间,也可以做阻抗匹配设计。

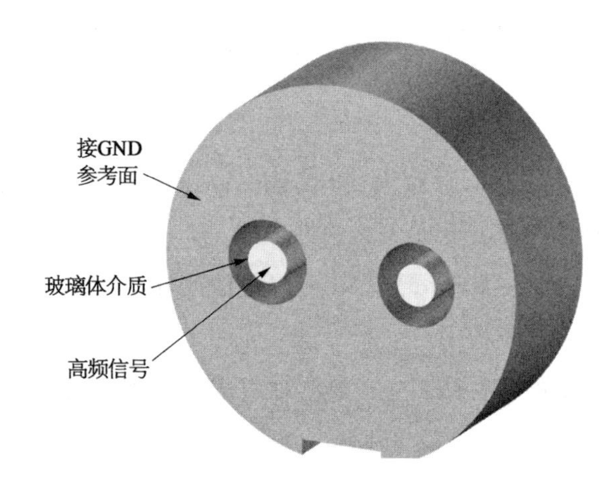

TO 引脚的部分,出来就可以接柔性板,这里头也有了阻抗设计的材料,或者接陶瓷基板,也同样可以设计阻抗匹配。

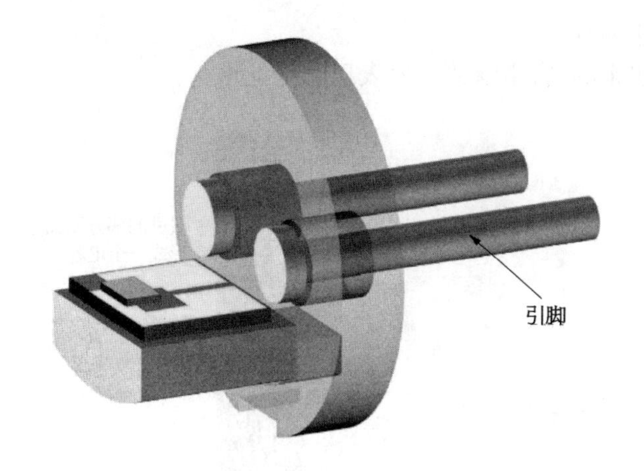

现在,整个 TO 通道里,只有两个部分是没有阻抗匹配的了,一个是引线连接的头部,它悬空在外面,为的是要做金丝键合。

另一个就是键合金丝了,它也是悬空的。没能力做阻抗匹配。

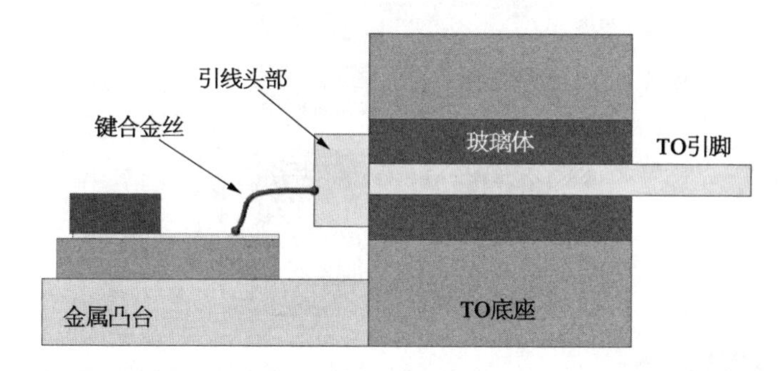

因为 25 G 的信号,相比较 10 G 来说,总体的高频抗反射能力变弱。比如那个引脚头悬空的那一点点凸出,在 10 G 信号的时候,随便放,反射都不高,毕竟突出来的这个高速只有 0.2 mm 左右,可到了 25 G,反射就比 10 G 多十几个 dB,很恐怖。

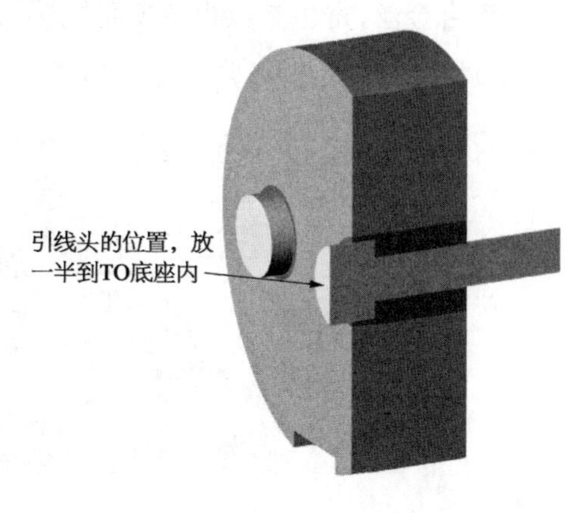

对这个引线头部的位置,高频里

边的处理,是放一半到 TO 底座内。

这个引线头(直径比引脚粗一些,是打金丝需要的),嵌入的一部分和 TO 底座形成一个电容。

而悬空出来的,寄生参数主要表现就是电感。

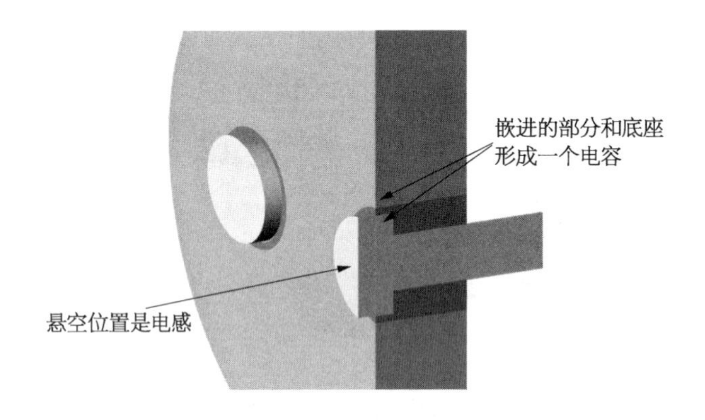

电感阻抗会增大,电容阻抗会降低,这俩就是一个互相补偿的设计了,多好。

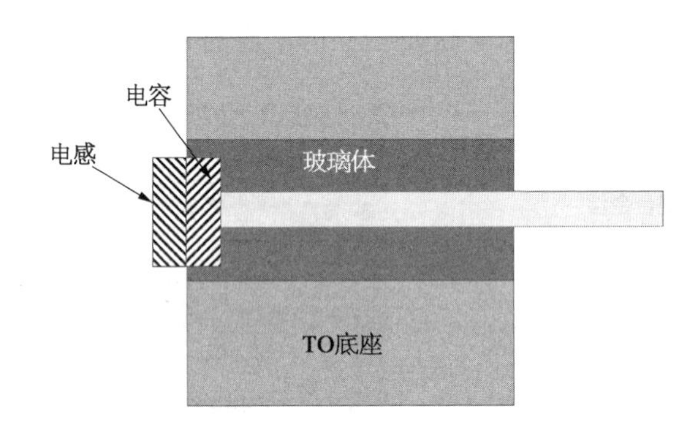

键合金丝,寄生参数也主要是电感,这个实在是找不到参考面去设计阻抗的话,就多根儿线并联,降低电感值。

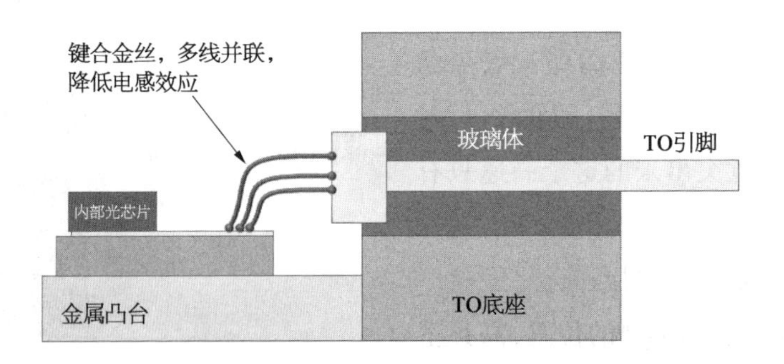

一根金丝，在 10 G 信号时，就已经非常勉强了，如果两根金丝，会把信号的反射量降低 10 dB 左右。

到了 25 G，两根金丝并联也会难以通过高频信号。这需要做 3 根或者4 根（很憋屈，这怎么打线呢），4 根金丝在 25 G 的高频反射量会比两根降低 10 dB 左右。

一般厂家对 25 G TOcan 处理，就是一点点把每个微米的信号经过的地方，都尽量去做好阻抗匹配。

高频差分低阻抗（连接激光器）的过孔处理

一般的差分线阻抗设计是 100 Ω，但连着激光器的差分阻抗通常会小，单端阻抗 25 Ω，差分阻抗 50 Ω。

在高频信号里，一点点金丝的寄生电感就会产生很多反射，这成为咱们电路设计里很郁闷的一个点。

激光器从 TOcan 要连接到 PCB，会经过一个柔性板，不可避免地需要一对儿过孔，这就又有了阻抗不连续的一个连接。PCB 上如果不做过孔，那附着力不足，稍微一动就会铜箔剥离，需要过孔的话就很烦人，孔又是一个电感。

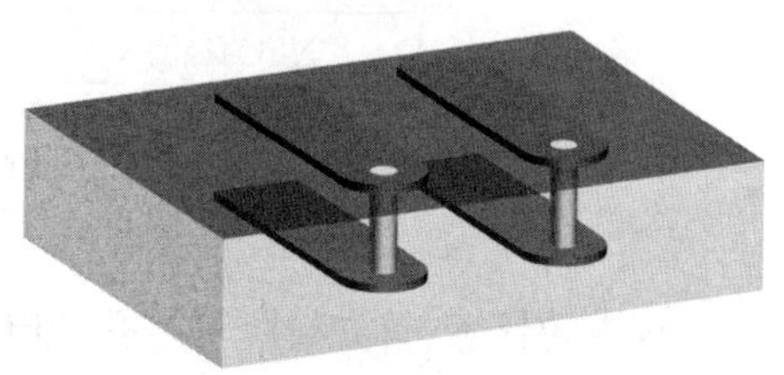

咱们现在的电路好多路并联，有的时候，也不可避免地需要过孔。

那万不得已，要做过孔，怎么处理？假定差分线和过孔是右图这样的：

过孔的差分阻抗，越小越难处理，换句话说，100 Ω 的差分阻抗好说，而连接激光器的 50 Ω 差分阻抗会要命。

比如下图，咱们常用的板材做个阻抗匹配计算，100 Ω 设计，孔直径 0.2 mm，孔间距 0.3 mm。

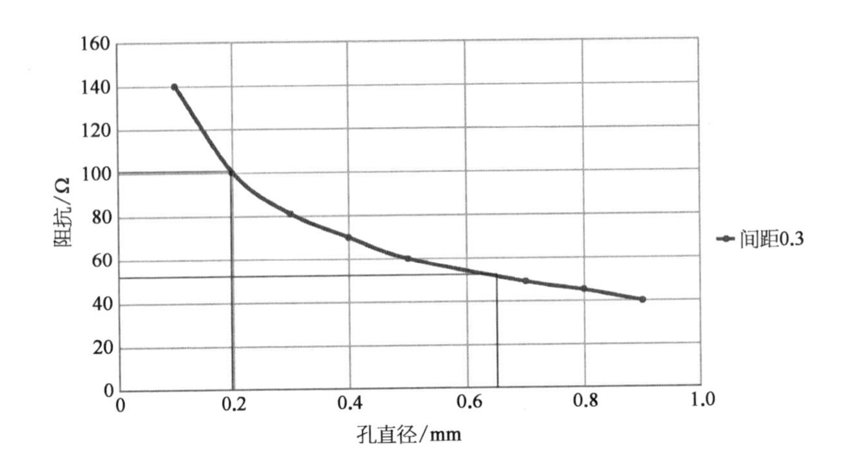

但是，如果要做 50 Ω 设计，对降低阻抗，一是要加大孔的直径，降低自己的寄生电感，可是这样就不可避免地需要加大两孔之间的距离，又导致差分耦合效应降低，阻抗控制不住。

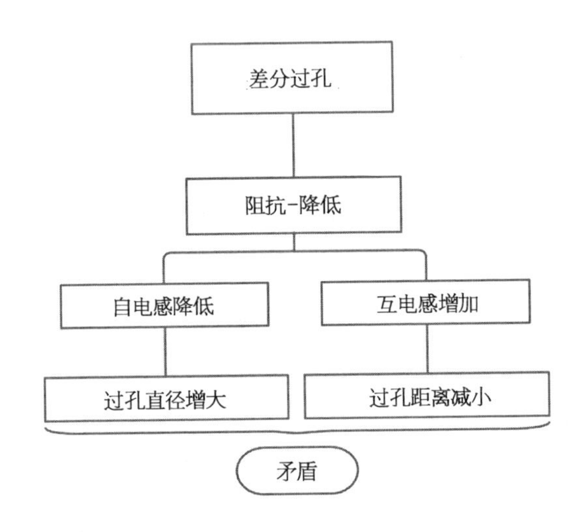

现在的目标，首先得降低过孔的电感值，不得已要拉开间距。

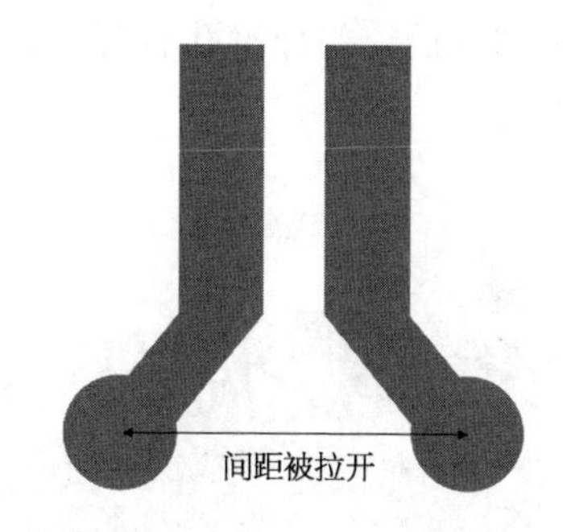

差分线一旦被拉开，中间就有一段儿阻抗失配。

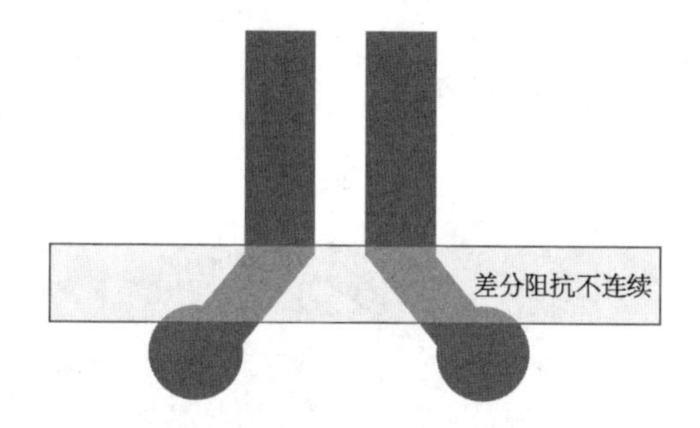

处理方式，如下图所示，条纹的部分，重新设计一对儿过渡区，要阻抗匹配的过渡区。不能再用上图低速信号的那种转弯处理。

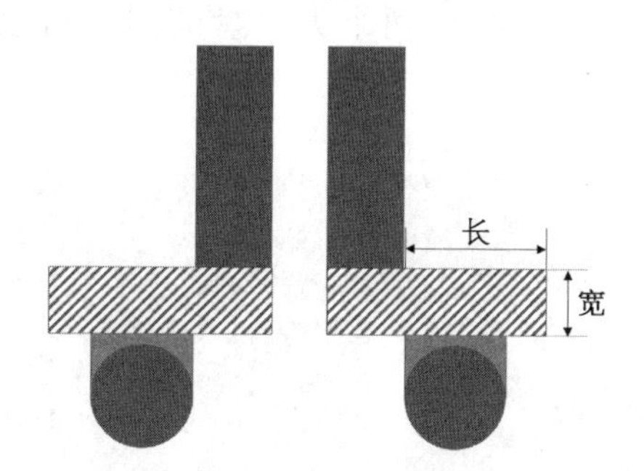

那过孔增大，间距要缩小，处理方式在中间层。

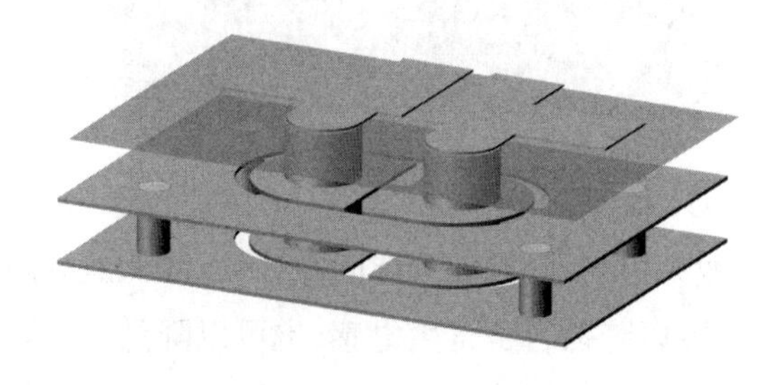

把顶层去掉，看下图的中间层，差分过孔直径大，两侧的伴地孔是给它们提供参考面的。常规设计。

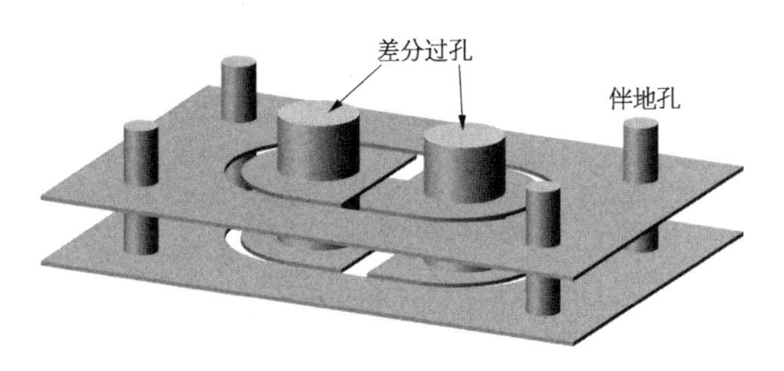

再继续剥离，看中间层的铜箔：

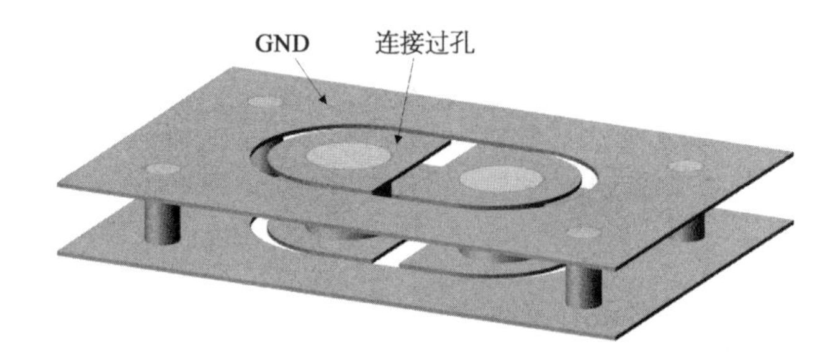

差分过孔做一对儿大焊盘，两个大焊盘的间距可以降低，甚至可以非常小。

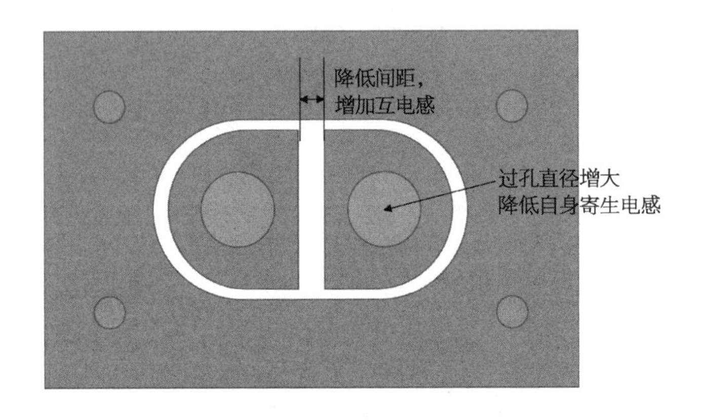

这就处理掉高频矛盾了。

中间层给过孔做大焊盘，降低差分线间距，可以降低差分阻抗。

过孔直径加大，可以降低自身寄生电感，也可以降低差分阻抗。

这样，原本一对儿过孔，由于寄生电感的存在，导致阻抗突然增加的这么一个现象，通过增加孔径和降低间距，再把阻抗给拉下来。避免阻抗的不连续。

高频差分信号处理

咱们现在光模块的速率越来越高，高频信号的处理就变得很困难。差分线，如果信号速度变得很快，也就是在信号长度上，就越来越短。

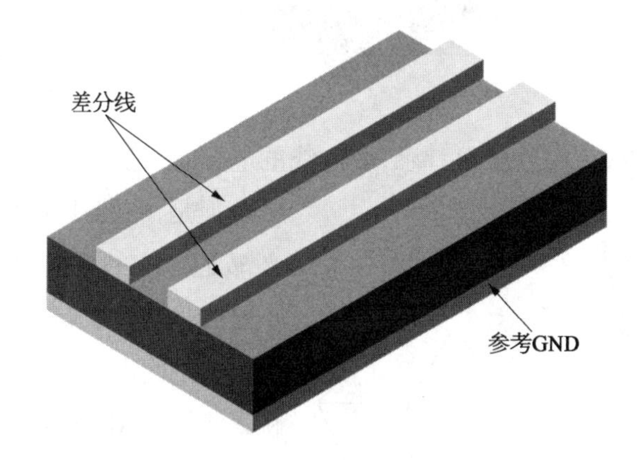

所谓差分信号，就是四个字，等值反相。

也就是一条信号线的电压，是从高电压到低电压的变换，那另一条信号线就是从低电压到高电压，压差是相等的。这叫等值反相。

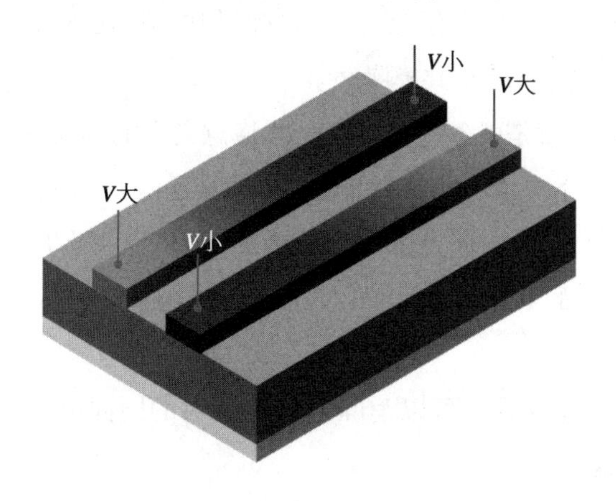

对同一位置的信号电流来说,应该是电流方向相反,电流是从高电压流向低电压。

对应的耦合电容,就是差分线一条是充电,一条是放电。

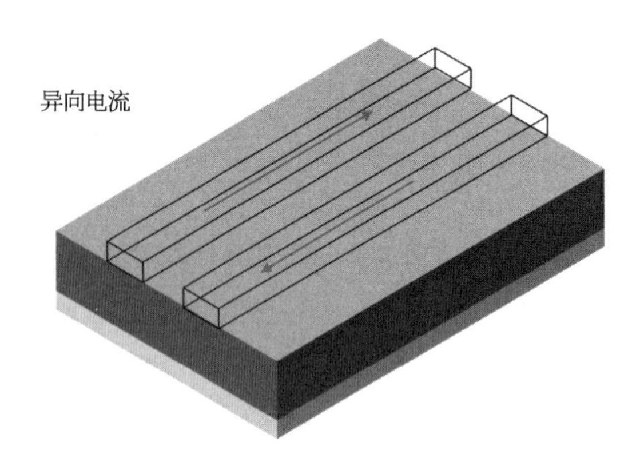

理论是理论,现实通常很骨感,差分线的电压,都是相对于 GND 来说的。

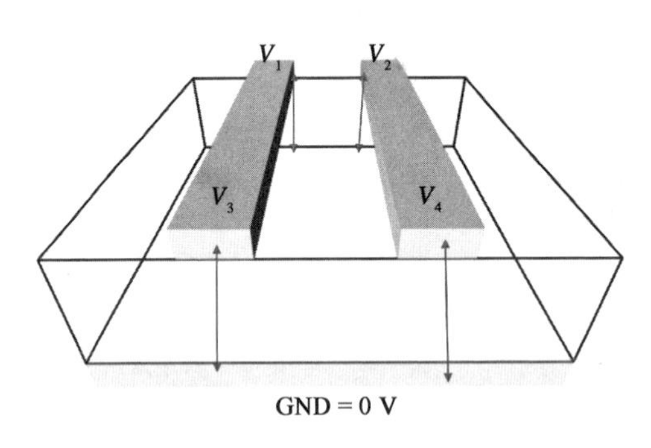

但是,左图 4 个点的电压,可未必都是标准的 0 V,PCB 布线,GND 也是通过一两个点连接到外部的,那这个地平面也会有阻抗啊,各自信号跳来跳去,GND 也会有地弹现象啊。

这就导致,$V_1 \sim V_4$ 的动态电压差(微分电压),与宏观输入的静态电压差不一样。

就也许会在某一个时刻存在一个同方向的电流,比如在信号切换的过程中,这个同方向的电流,就是共模噪声。

还有一种现象,就是两条差分线不是严格意义上的等长,那在某一个时刻,一条线是 V+,另一条应该出现 V-,但是因为信号延迟了(不等长)还停留在上一个信号的状态,导致某个时间点有可能出现两 V+,这也就产生了共模噪声。

差分信号出现的共模噪声,信号频率越高,影响越恶劣。高频设计里就得考虑消除。

有一个"共模滤波器",可以消除差分信号对的同向电流。差分线在一个磁环上,对称绕线。

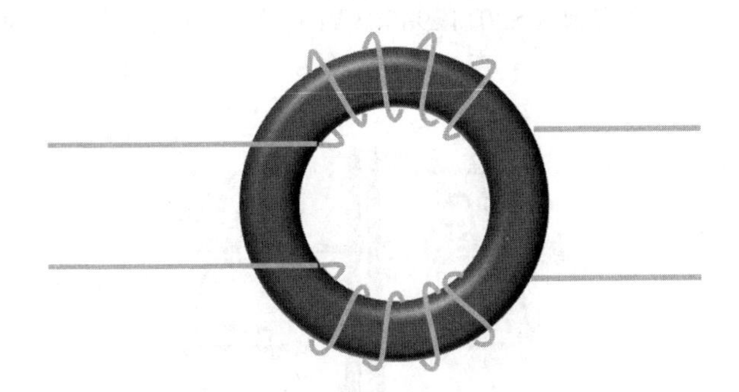

如果上下两根儿线,电流相反,那么线圈儿的电磁感应出来的磁通量是相反的,也就是没有磁。

对差分信号来说,这个线圈不产生作用(互相抵消),可以直通。

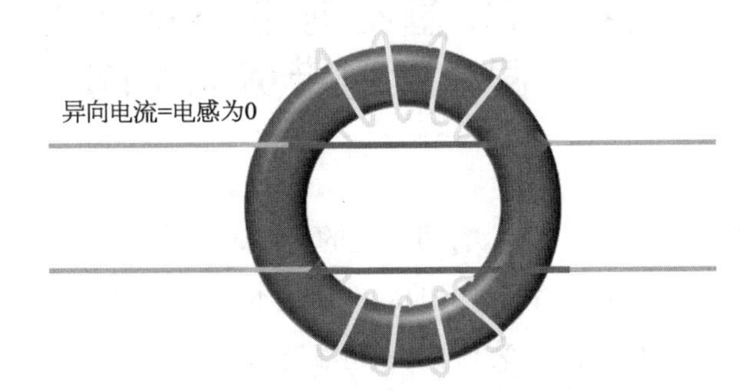

对同模噪声,同向电流来说(短时突变的),线圈就成了一个电感,在线圈的谐振频段,信号就转化成磁了,电流被抑制。

这就是共模滤波器。

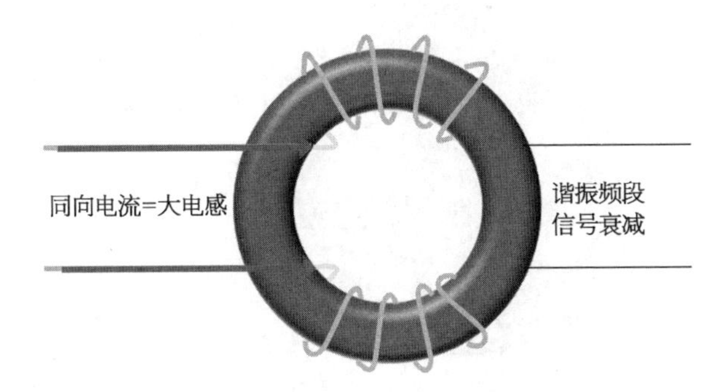

在咱们的PCB设计中,通常在参考地平面上做处理,是在差分信号线的垂直方向上刻槽,再做一组感应线圈,来消除共模噪声。

下图是美国一个专利US2011298563A1中的一部分,差分线的共模噪声抑制的PCB设计。

用于5G基站前传TOcan管脚偏心度对带宽的影响

5G基站前传,用25 G光模块,用传统的TOcan过光器件封装,一是气密性很容易实现,再一个就是成本会比BOX封装成本更低一些。

那劣势就是,TOcan的封装形式,高频特性不好。改善高频特性,各家有各家的招数,很有意思。

光迅在期刊《光通信研究》上发了一篇文章,25 G的OSA设计,写的就是用于5G基站TOcan的OSA,其中提到一个思路,TO管脚偏移对带宽的影响。

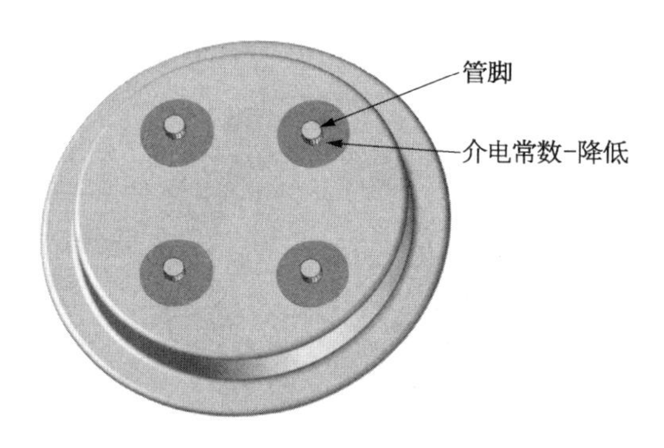

他们是在肖特底座上做的改进,肖特的高频TO底座,与低速TO的主要区别是,高频TO用的玻璃介质的介电常数更低,更适合高频传输。

光迅在这个基础上，继续改进了差分高速管脚的偏心度。

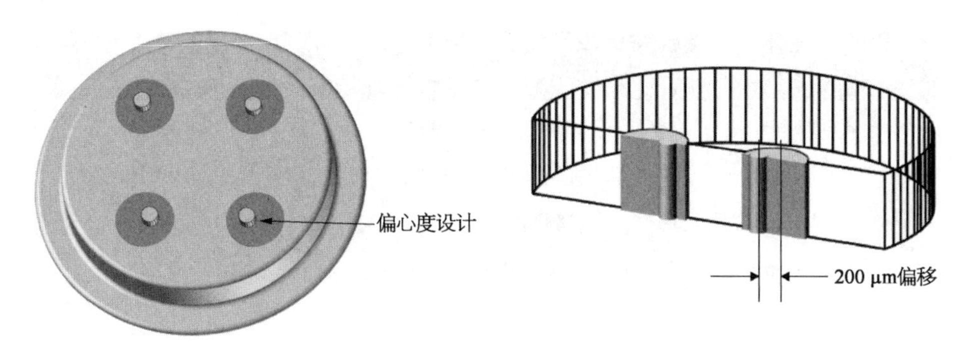

从他们的测试结果来看，偏移量越大，带宽越好。下图是光迅的 3 dB 带宽与管脚偏移量的测试结果。

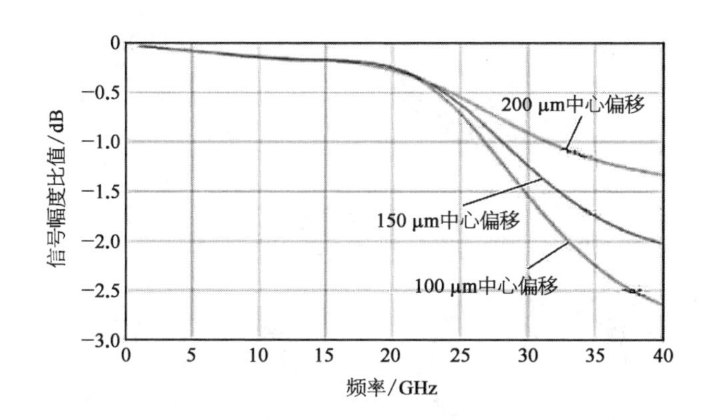

令人好奇的是，为什么偏移会提升带宽？里头没提到公式，以下仅为猜测。

如果管脚的偏心，是由于更接近 TO 底座的话，也就是 L1<L2，而导致的频率特性更好。

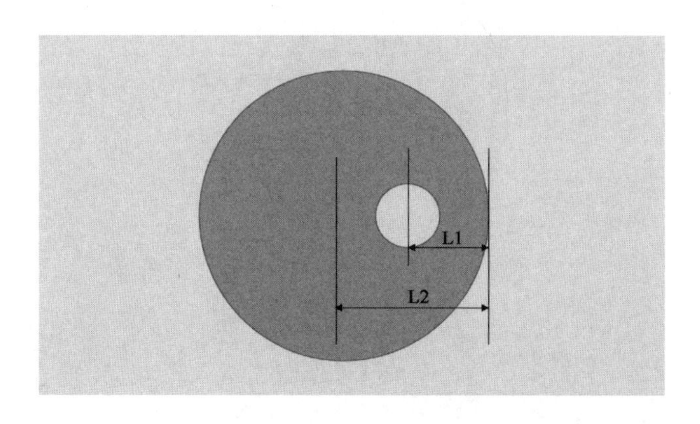

找不到偏心度与带宽理论,突然想起来射频同轴电缆设计。

射频电缆的外导体直径	应用领域	工作频率
3.5 mm	射频高频高精度应用	DC-34 GHz
2.92 mm	射频高频高精度应用	DC-40 GHz
2.4 mm	射频高频高精度应用	DC-50 GHz
1.85 mm	射频高频高精度应用	DC-60 GHz

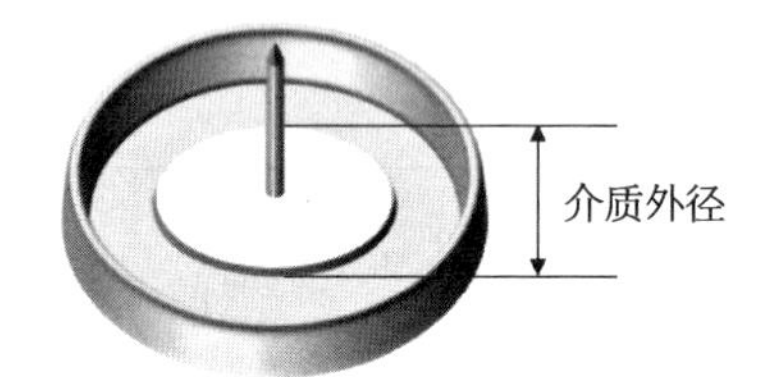

射频电缆,介质直径越小,信号线与参考 GND 之间越近,带宽越大。

低频同轴电缆

高频同轴电缆

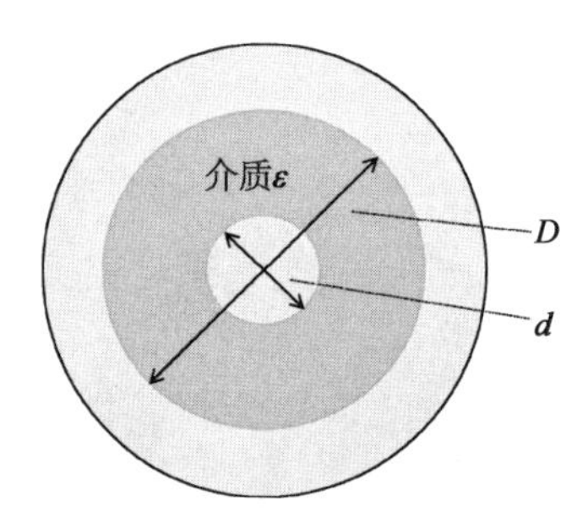

$$f=\frac{190.8}{\sqrt{\varepsilon}\,(D+d)}$$

回到 TOcan，如果偏移轴心，是约等于降低介质外径 D，提升带宽的话。

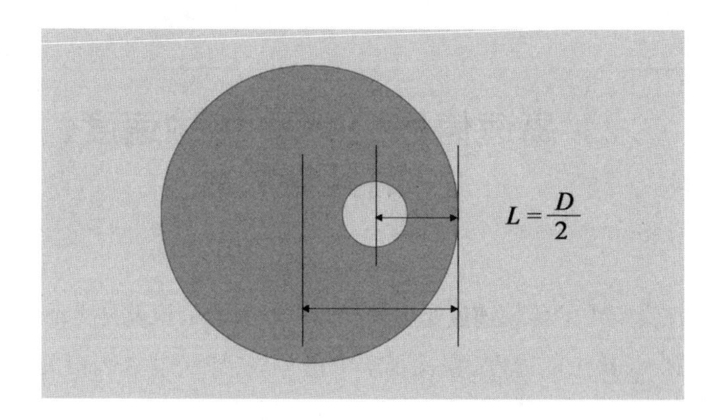

那不做偏心度，而是整体降低高频信号线的开孔直径，好像可以的啊。

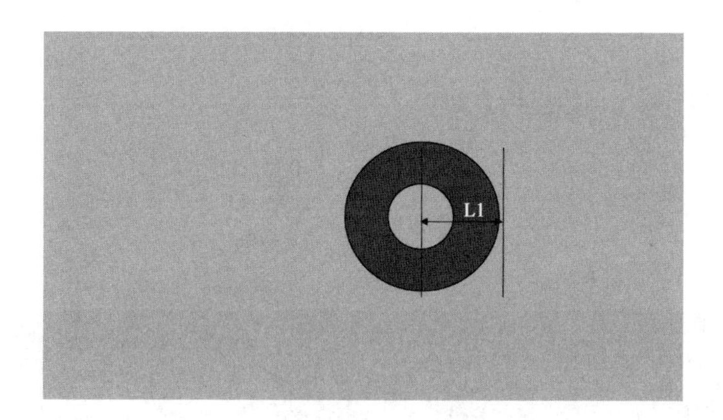

$$f = \frac{190.8}{\sqrt{\varepsilon}\ (D + d)}$$

降低介电常数

拉近管脚与外壳的距离

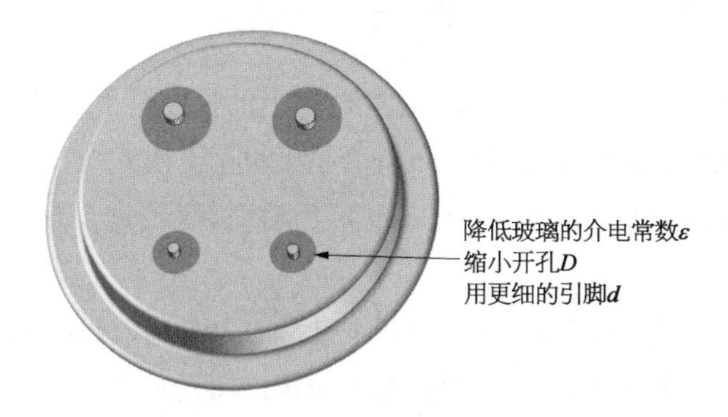

高频 TO 设计,差分信号线的处理,就是与 3 个参数相关联。

高速信号的 PCB 传输速度、时延与危害

电信号在真空中的传输速度是光速,每秒 30 万 km,也就是 1 ns 传 300 mm。电信号在 PCB 中的速度,要比真空中慢一些,与介电常数相关。

$$v_{PCB} = \frac{\text{真空速度}}{\sqrt{\varepsilon_r}}$$

PCB的介电常数

速度以 mm/ps 做标注,就是:

$$v_{PCB} = \frac{0.3}{\sqrt{\varepsilon_r}}$$

PCB的信号传播速度, mm/ps　　介电常数

参　数	PCB 介电常数		单　位
	4.2	2.6	
PCB 信号速度	0.146	0.186	mm/ps
25 Gb/s 信号长度	5.86	7.44	mm
1 mm 传输线延时	6.8	5.3	ps

一个 25 Gb/s 的信号是 40 ps,它在 PCB 上的长度是不同的,如果是 FR4,取介电常数为 4.2 的话,长度是 5.86 mm(见下页第 1 图)。

如果用高频板材,比如是 2.6 介电常数的高频板,这个信号的长度变长(见下页第 2 图)。

一对儿差分线,两路信号如果出现上升沿的 20%的时延的话,信号就会有明显的振荡。不等长可以导致时延(见下页第 3 图)。

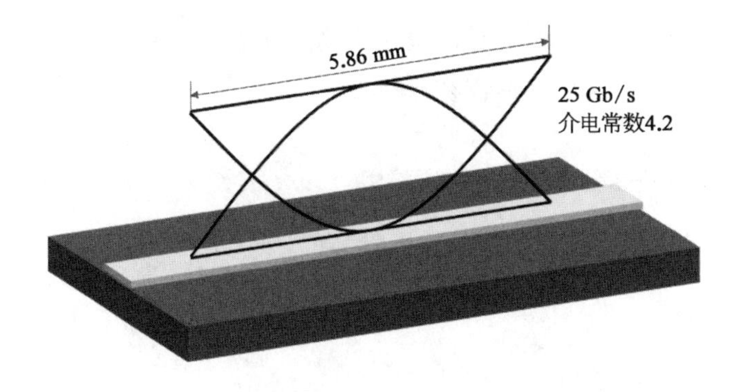

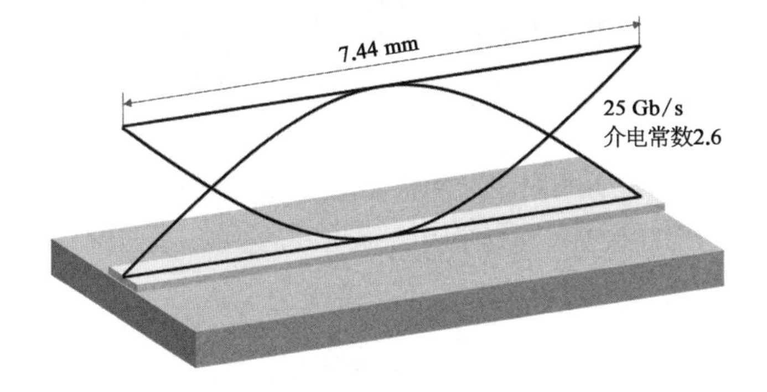

不等长导致的时延

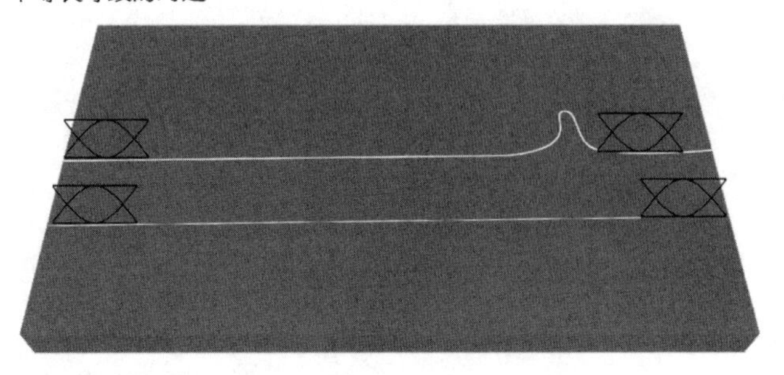

一般一个信号的上升沿,需要低于总信号长度的 30%。

那 4.2 介电常数的上升沿长度,小于 1.7 mm。

2.6 介电常数的上升沿长度,小于 2.2 mm。

差分线的信号时延,小于上升沿的 20%。

换句话说,传输 25 G 信号,差分线的不等长要控制。

介电常数 4.2,差分线的长度差,小于 0.3 mm。

介电常数 2.6,差分线的长度差,小于 0.45 mm。

两条线不等长，引起的延时，很容易理解，也很容易控制。不过，下图的等长，也会引起延时。这个是不容易理解的。

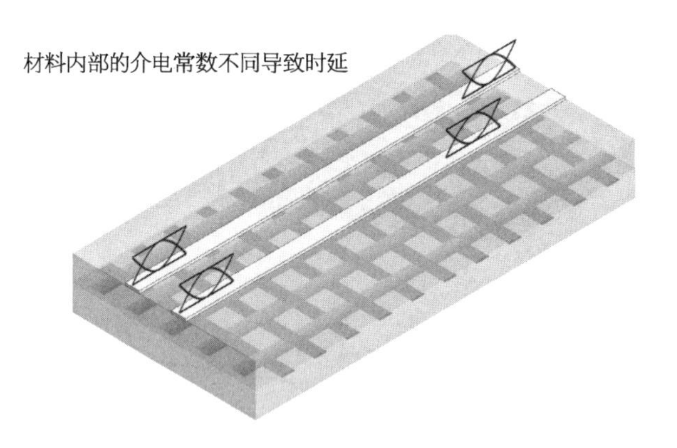

这是因为 PCB 是几种材料的混合体，一是要用树脂（或者其他名称），二是有纤维存在，那纤维编织混合树脂成为 PCB 的叠层。这几种材料的介电常数不一致。

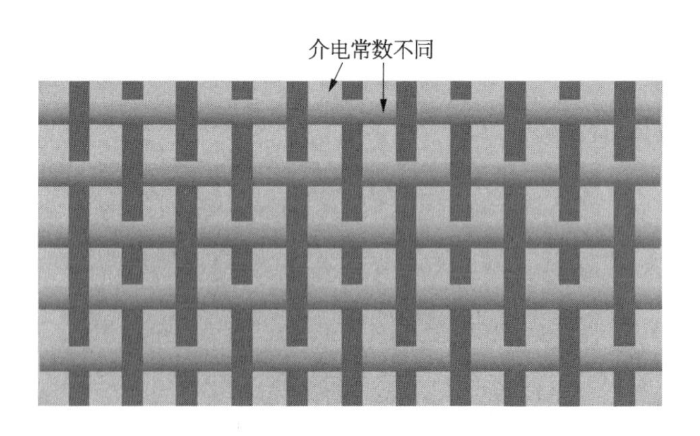

低速率的信号，信号长度很长，可允许的延时也很大，内部 PCB 纤维材料的介电常数分布几乎不用关注，高速就不行了。这种信号的延时，用布线的方式来避免，也就是差分线尽量与玻纤编织结构斜着走，每条线同时通过经纬

线以及填充介质,大家的延时就可控。

再一个,过孔。

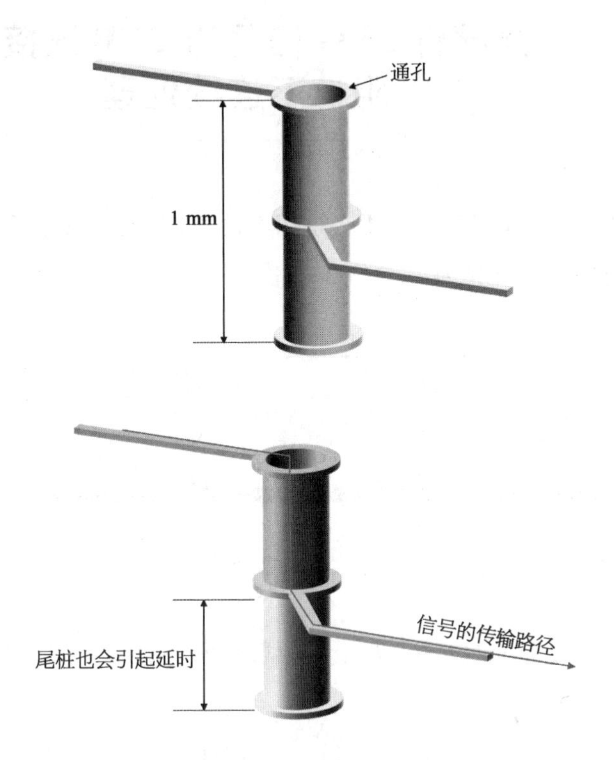

尾桩引起延时的危害更大,因为这是同一信号线由于两个传输路径不同而引起的延时。道理是一个道理,现象是两个现象。

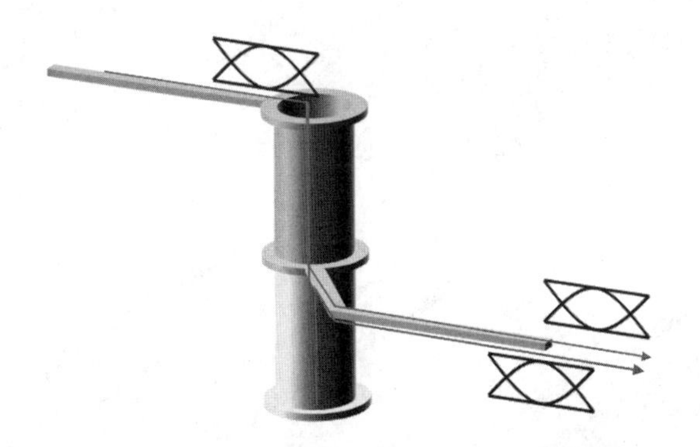

这个延时的控制,是对通孔的尾桩钻孔,消除,因为孔不敢钻得太深,要控制不住精度的话,就会伤到信号通道。一般也会残留一点点。

光器件 25 G 信号与 PCB 连接的阻抗不连续处理

25 G 光器件,与 PCB 连接,要么是用柔性板,要么是陶瓷板,总有个焊接的过程。差分阻抗的计算为

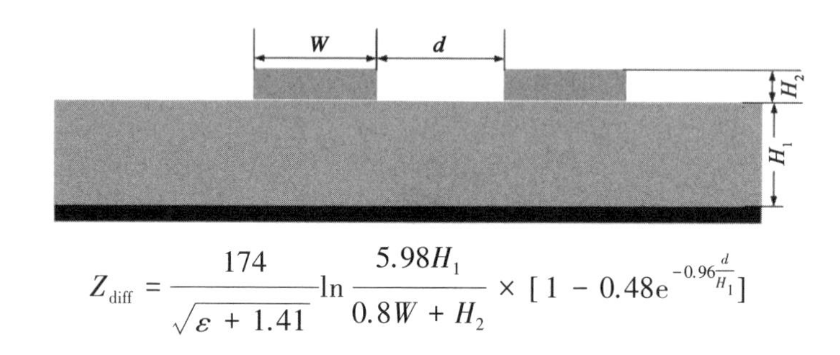

$$Z_{\mathrm{diff}}=\frac{174}{\sqrt{\varepsilon+1.41}}\ln\frac{5.98H_1}{0.8W+H_2}\times\left[1-0.48\mathrm{e}^{-0.96\frac{d}{H_1}}\right]$$

光器件会有差分线对存在,两组差分线之间,一般用 GND 来隔离。

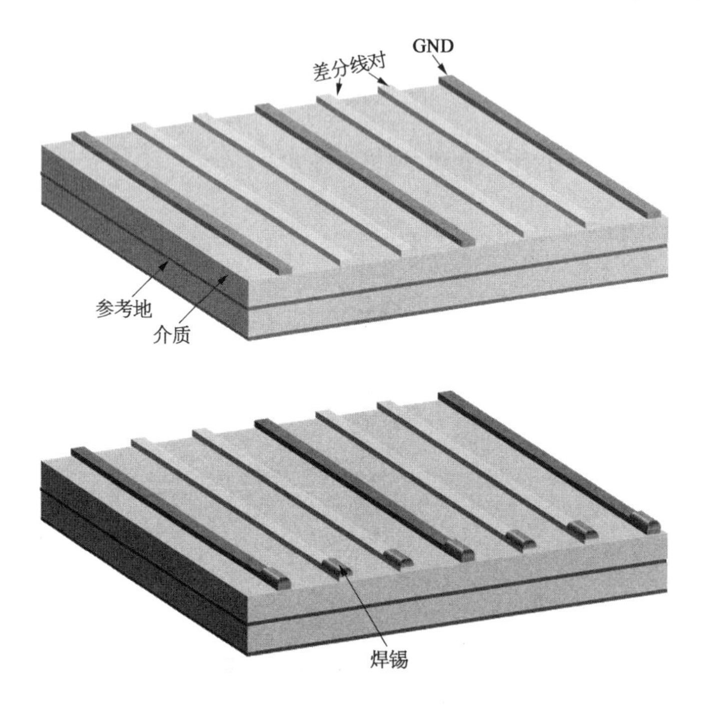

要焊接的地方，加焊锡，等于信号线厚度增加，也就是 H_2 增加，阻抗降低。导致阻抗的不连续。

业内常规的处理方法很简单，把差分线有焊锡部分下方的 GND 掏空。

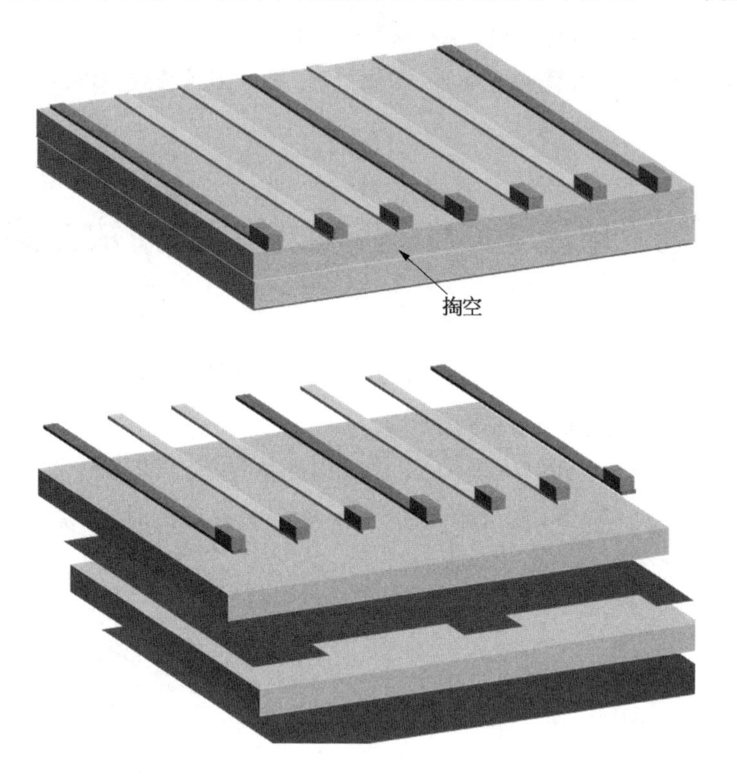

差分阻抗，H_2 增加，降低阻抗。

掏空中间的 GND 之后，差分对的参考 GND 就成了下一层。换句话说，是 H_1 增加，阻抗可以补偿回来。

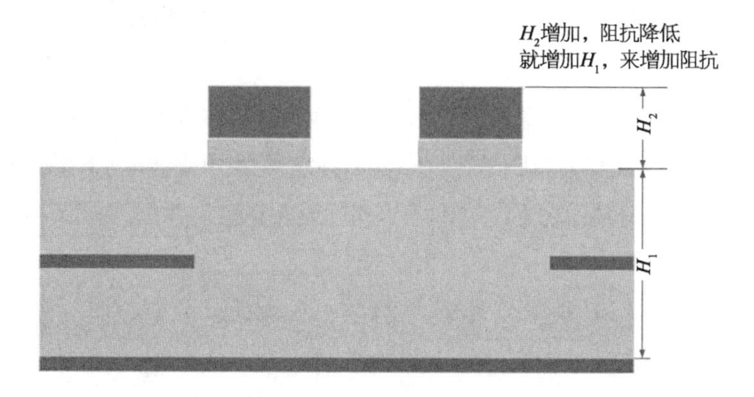

具体的叠层设计，与选择的材料的介电常数以及各层介质厚度相关。要做个补偿计算。

上次看一篇文章，说，这种掏空补偿的方式，对大于 25 GHz 的信号就不适用了。也就是单波 100 G 的信号需要额外补偿。

额外的补偿，是在陶瓷介质上，焊锡之后，做一组延长线。可以降低串扰。

单波 100 G 差分线的串扰解决方案

光器件 25 G 信号与 PCB 连接的阻抗不连续处理，焊锡位置下方的参考地面掏空，可以缓解阻抗不连续的情况。

两对儿差分线之间的串扰，文章中给出的仿真曲线（下图）来看，25 G 可以用这种方式，但在 55 GHz 以上串扰增大，也就是高频的时候，就不能用这种参考地面掏空的方式了。

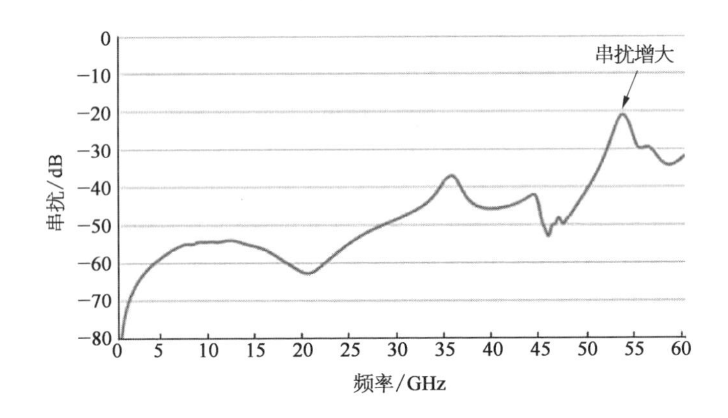

因为高频电磁波在掏空处会突然失去约束，电磁波泄露会导致两组差分线之间的串扰增加，文章的思路是在掏空处做补偿，约束电磁波（见下页上图）。

也就是在差分线下方的参考地面掏空，为的是阻抗匹配，补偿焊锡带来的阻抗不连续。

在这个参考 GND 掏空位置处，差分线下方侧面以及中心加对称的 GND，目的是防止高频电磁波泄露，做一个约束结构。

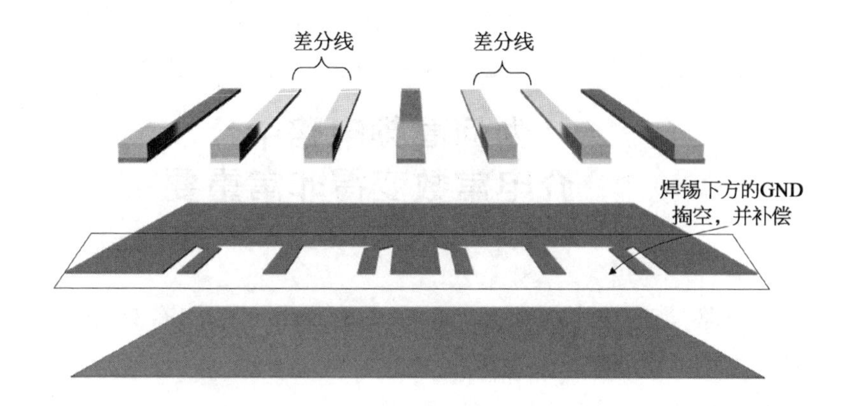

降低泄露,也就降低两组差分线之间的串扰。

补偿之后的仿真(见下图),高频串扰改善很多。

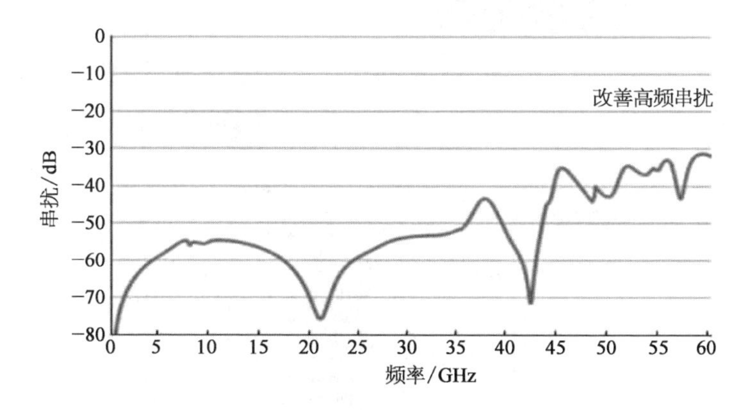

大于 55 GHz 的差分线结构,就适用于 400 G − xx4 PAM4 的光模块应用了。

为何高频电路中，介电常数变得非常重要

写高频电路，当信号的速率变高时，就不能再用传统的定律分析了，比如欧姆定律。要用电磁波理论来理解。

其中的物理关系：

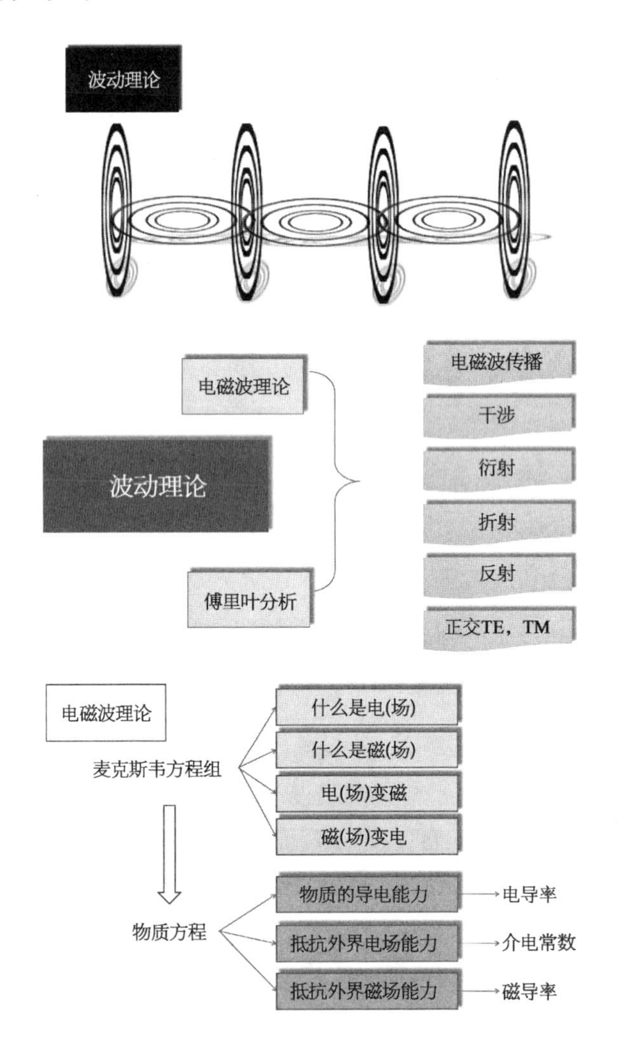

宇宙万能的麦克斯韦方程组,咱们用微分习惯些。

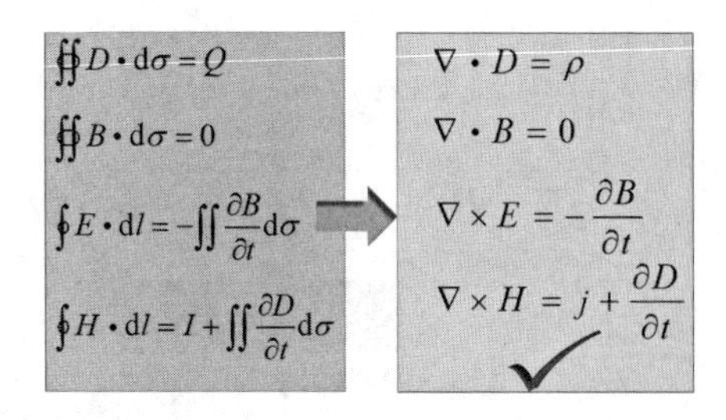

万能的方程组里,就两基本量:电场强度和磁感强度,其他属于辅助量。

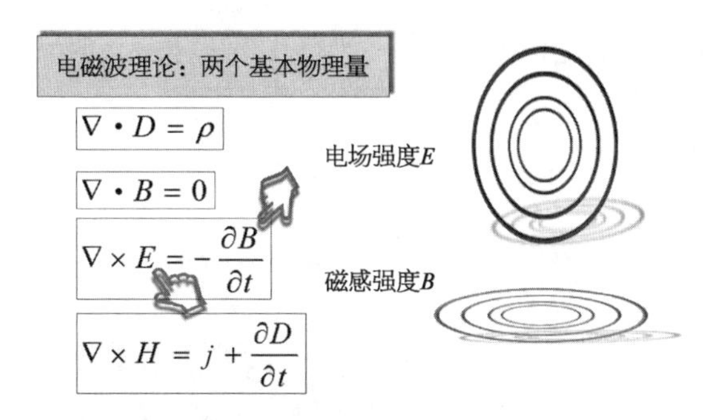

再看看通行天下的物质方程,哈哈,这可不是宇宙万能的质能方程啊。电路板可不就是导电的物质么,有 3 个方程。

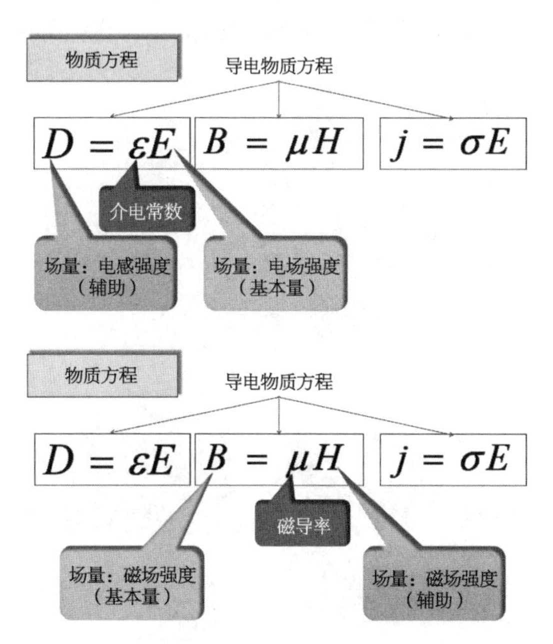

低频电路,初中物理,欧姆定律,是物质方程的一点儿。

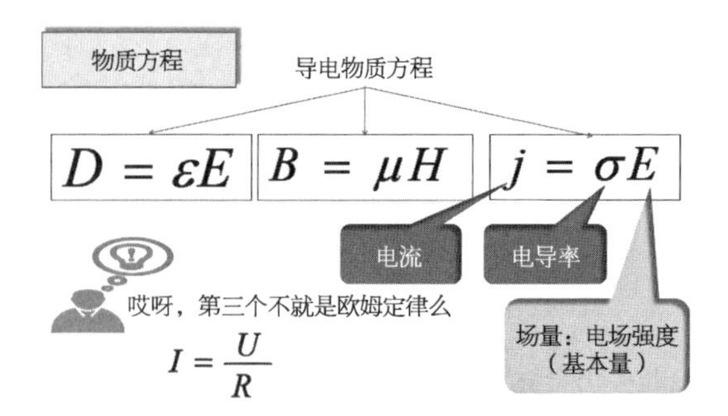

把物质方程代入麦克斯韦方程组,忽略中间过程,与时间 t 相关就有速度的概念。

$$D = \varepsilon E$$
$$B = \mu H$$
$$j = \sigma E$$

代入

$$\nabla \times H = j + \frac{\partial D}{\partial t}$$

电磁波速度

$$v = \frac{1}{\sqrt{\varepsilon\mu}}$$

用在电路上,电磁波的传播,电路不是磁体,不考虑磁导率,则

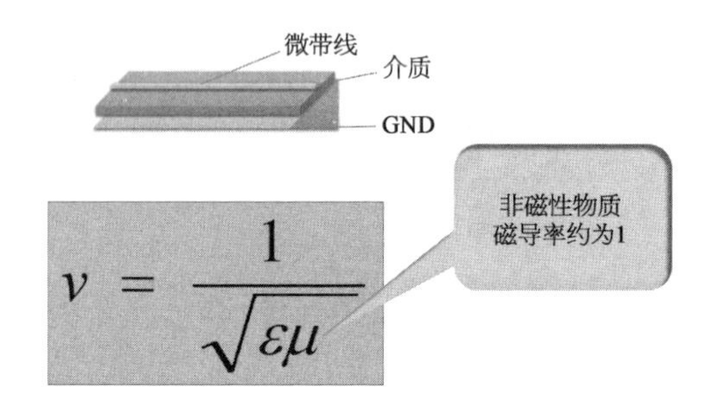

用电磁波、波导理论来分析高频电路

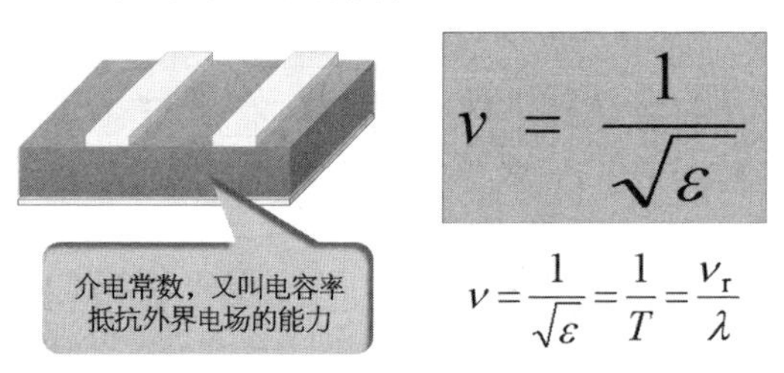

介电常数，与电磁波传输、电磁波的频率，强相关。

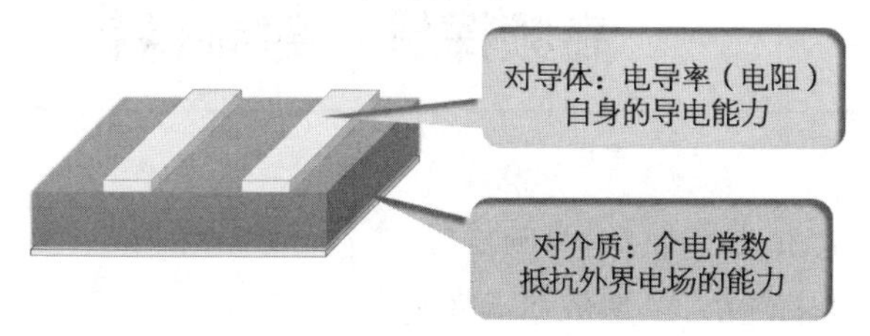

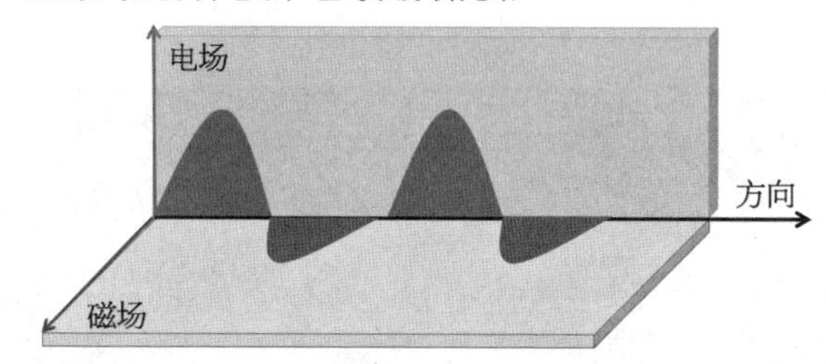

分析光学，两大分支。

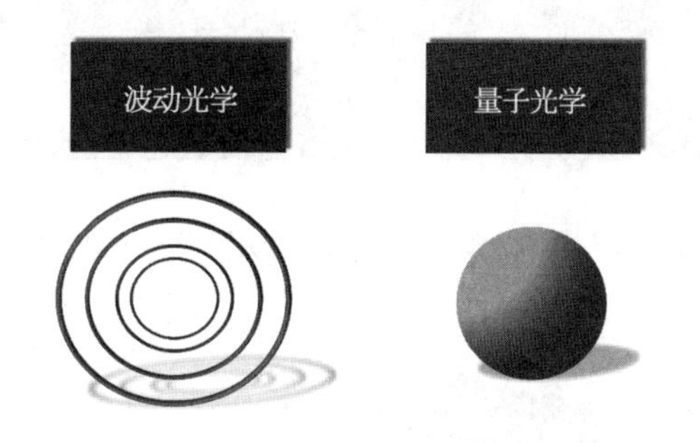

波动光学，与电磁波高频电路的分析，几乎一致。

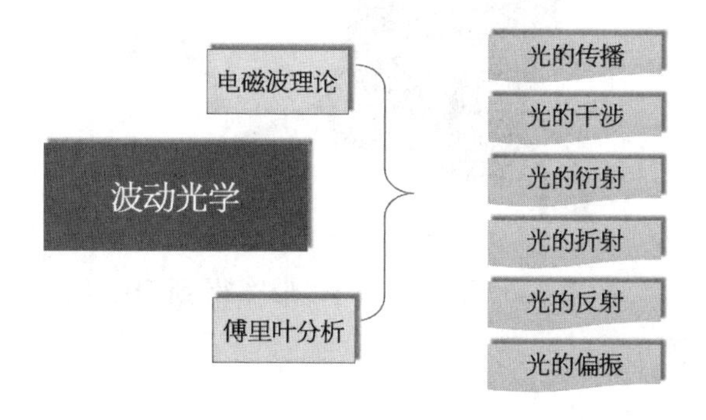

高频探针　射频探针

光芯片也好,电芯片也好,有两趋势:

一是体积越来越小,二是带宽越来越大。

先论体积,很早以前,想象第一个半导体晶体管儿,那得多大啊。

电接触面,毫米级别。

这探针,什么寄生电感啊,电容啊,都可以忽略,为啥,因为带宽低呗。

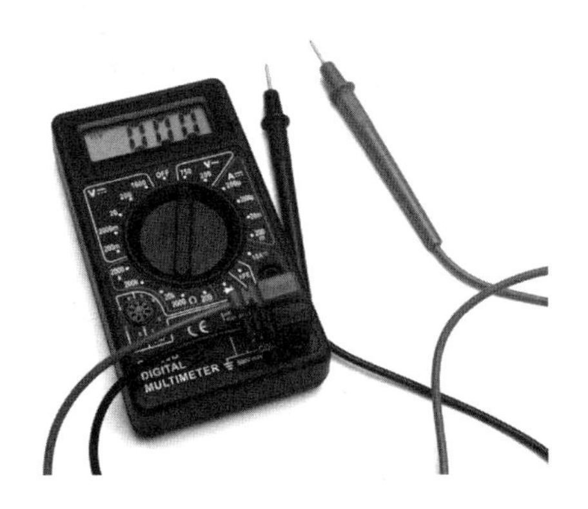

现如今的芯片,一个 pad,几十个微米,带宽得到 20,30,40 GHz,咱们还讨论过 67 GHz 的测量。

高频信号的传输，要把它看作波导，比如咱们常见的射频连接器。

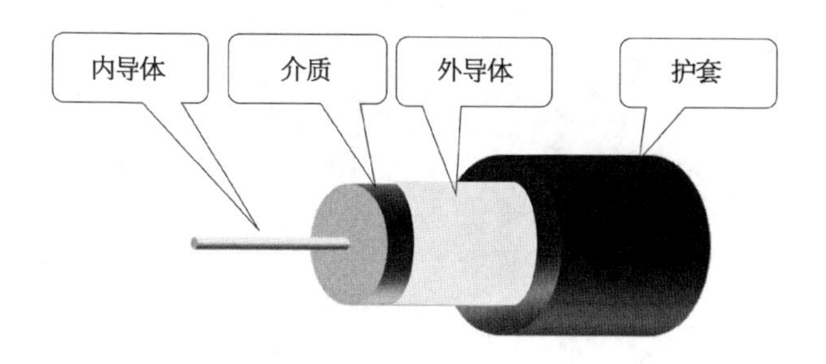

咱们要把待测试的信号，尽量无损地传递给仪器仪表，这个探针就是高频探针。通常有两种方式：一是微同轴，二是共面波导。

微同轴的射频探针：

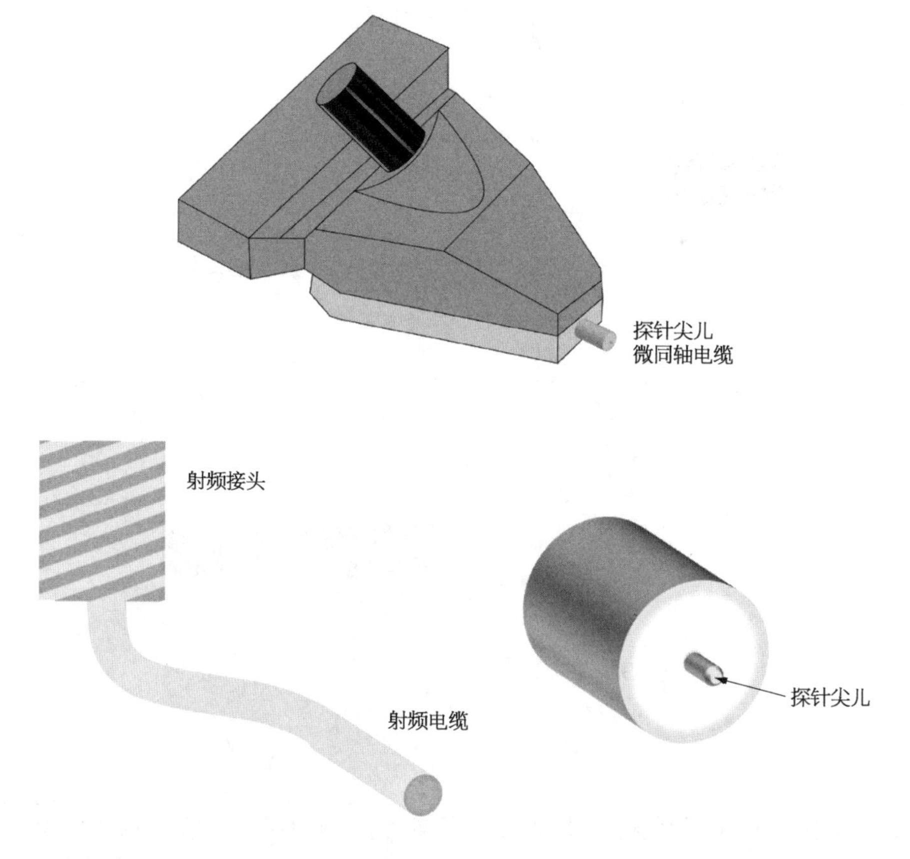

走的都是圆波导，信号与参考面，也就是内导体与外导体是这样的：

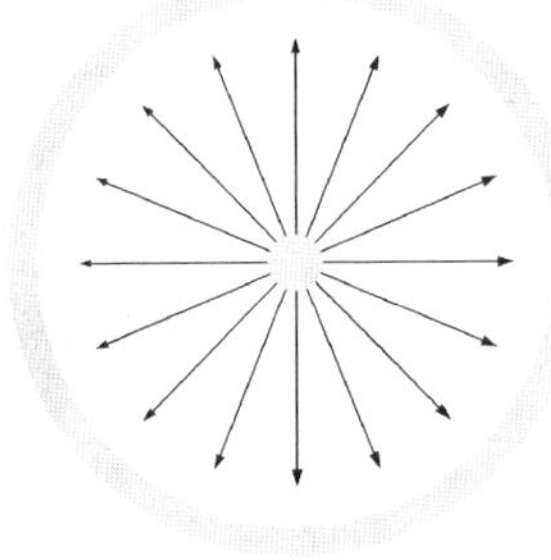

圆波导的截止频率计算：

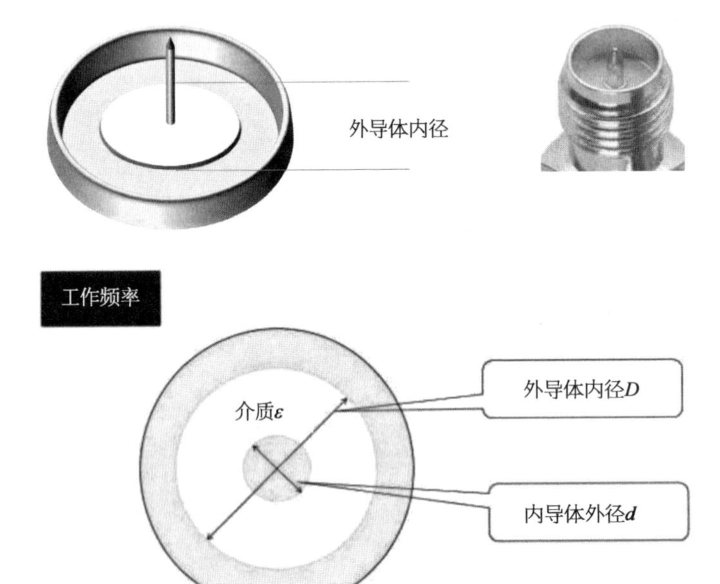

$$\uparrow f=\frac{190.8}{\sqrt{\varepsilon}\,(D\downarrow\ +d)}$$

D/mm	F/GHz
3.5	34
2.92	40
2.4	50
1.85	60

还有一种，是共面波导，共面波导很霸气，传输 TEM 模，没有截止频率的说法，太好了，做高频。

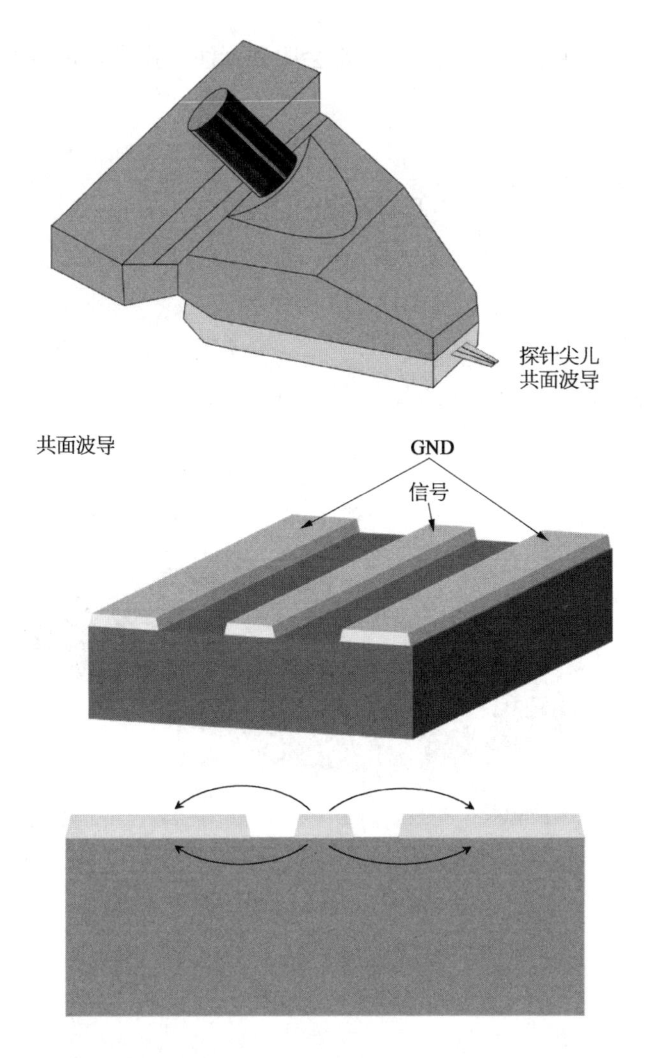

这种高频探针就是把射频电缆的圆波导,转成共面波导。

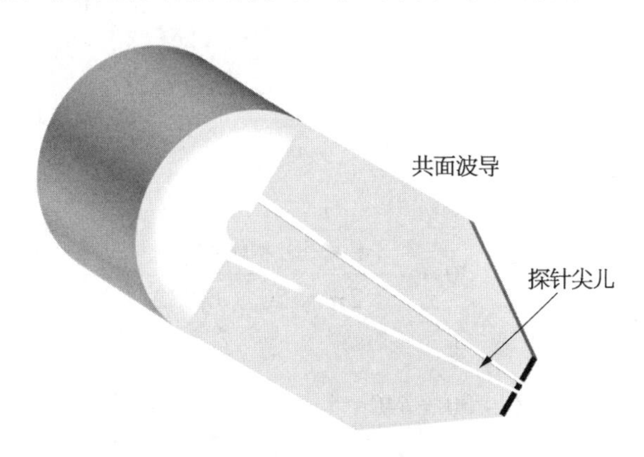

射频电缆、射频接头、射频探针,都会明确标注工作带宽是多少吉赫兹。

史密斯圆图(一)

Smith 圆图是什么?

为什么这么做?

阻抗:

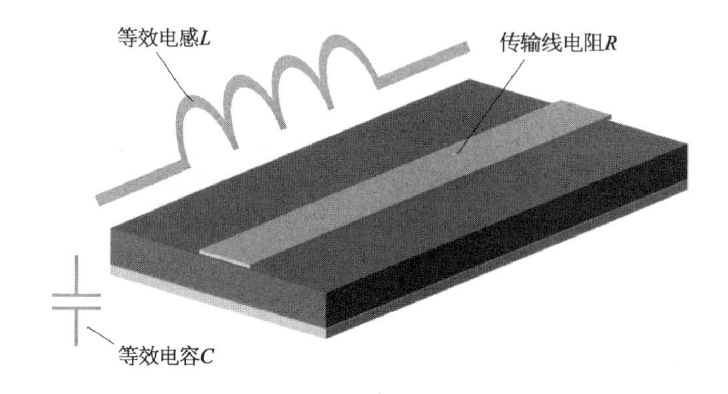

举个例子:

$$Z = R + \mathrm{j}\,\frac{\omega L - 1}{\omega C}$$

Z: 阻抗

R: 30 Ω

L: 445 mH

C: 32 mF

$\omega = 2\pi f$, $f = 50$ Hz

$$Z = 30 + \mathrm{j}\,\frac{2\pi \times 50 \times 0.445 - 1}{2\pi \times 50 \times 0.032}$$

$$Z = 30 + \mathrm{j}40$$

阻抗的实部虚部已求出，咱们在坐标轴上画出来。

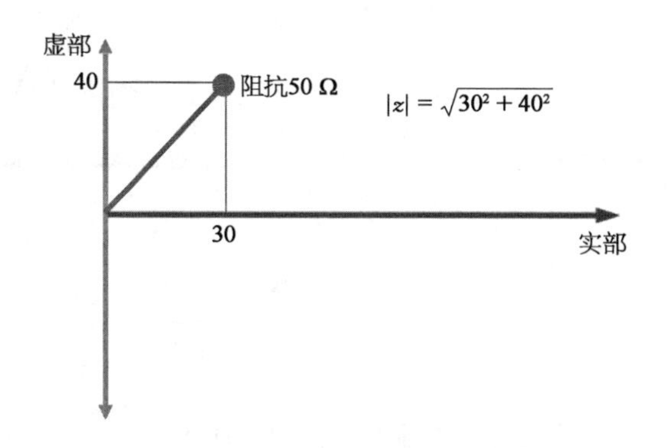

当然，不同的实部虚部，都有可能是相同的阻抗。

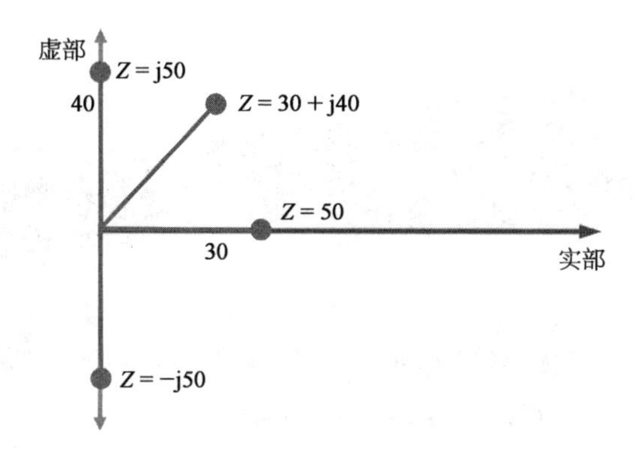

咱们把虚部的坐标掰弯，没人说坐标一定是直的啊，只要坐标系中每个点都存在。

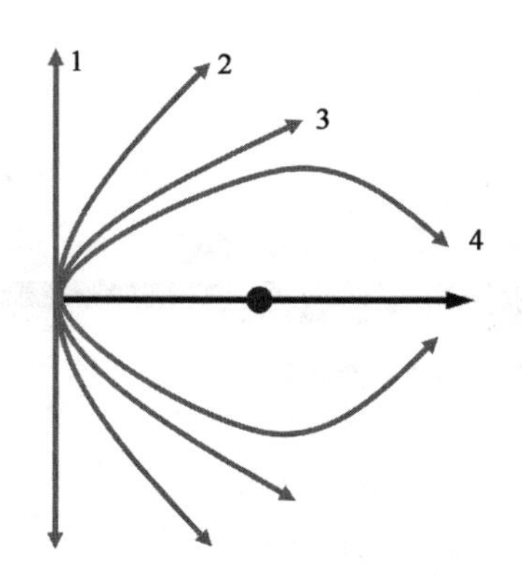

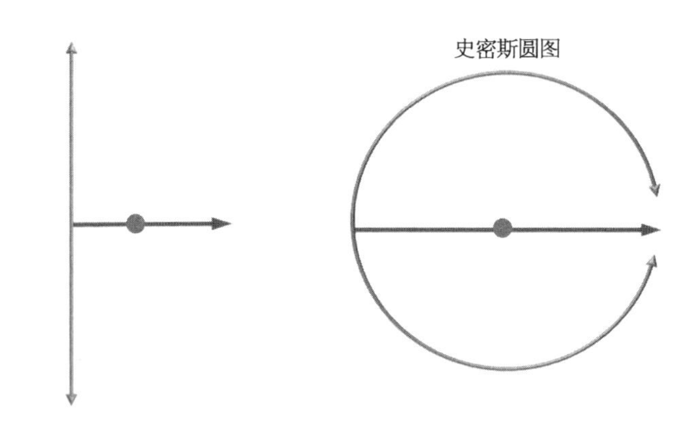

那接下来,就要了解,为什么虚部要做成圆形?

如果阻抗不匹配,就有反射啦,咱的 Zin 和人家的 50 Ω 阻抗不匹配,那反射量有多少?

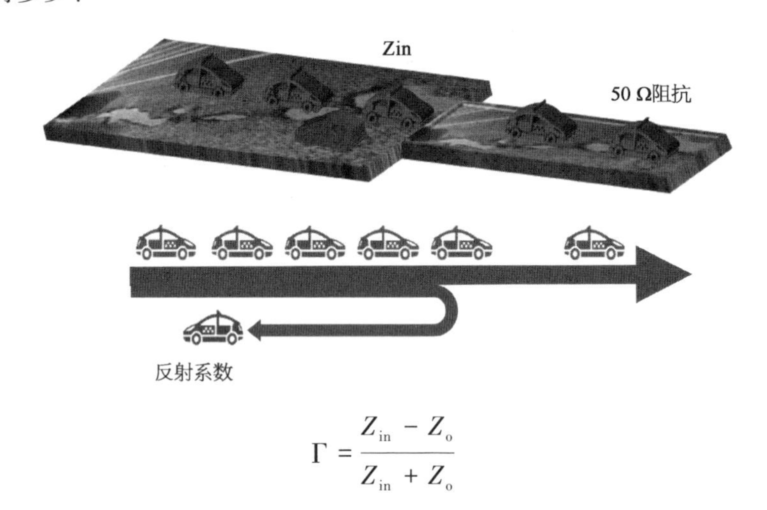

$$\Gamma = \frac{Z_{in} - Z_o}{Z_{in} + Z_o}$$

再举个例子:

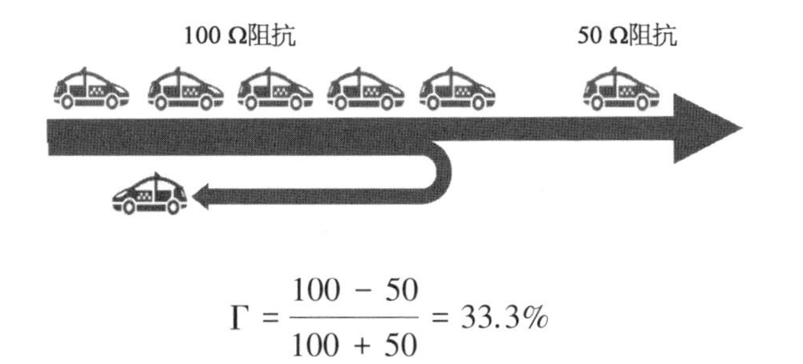

$$\Gamma = \frac{100 - 50}{100 + 50} = 33.3\%$$

咱们发挥一下想象力。

$$Z = R + \mathrm{j}\left(\omega L - \frac{1}{\omega C}\right)$$

1. 当 R 无穷大,虚部为 0,阻抗无穷大
2. 当 R 为 0,虚部正无穷,阻抗无穷大
3. 当 R 为 0,虚部负无穷,阻抗无穷大

$$\Gamma = \frac{Z_{\text{in}} - Z_{\text{o}}}{Z_{\text{in}} + Z_{\text{o}}}$$

当 Zin 无穷大,则反射系数为 1

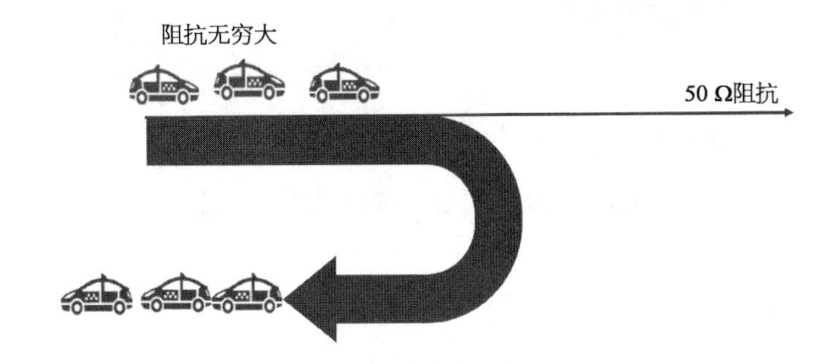

全反射啦,在坐标系中,这 3 个黑点都是反射系数为 1 的点。

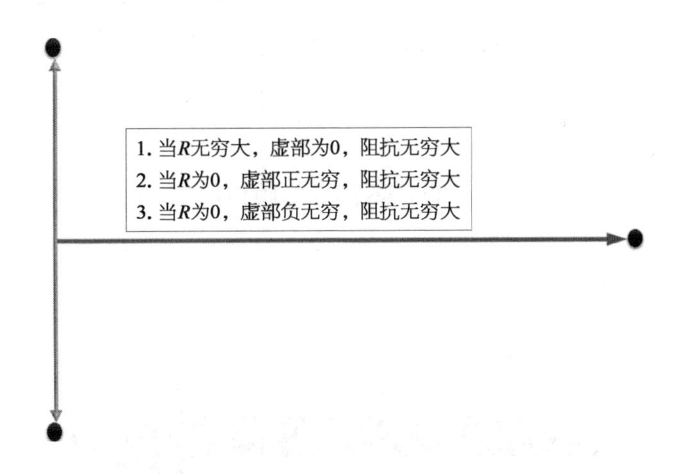

Zin 阻抗无穷大,反射系数为 1,在 Smith 圆图中重合在一个点上。

就像南极北极,跨越所有的经度(见下页上图)。

$$\Gamma = \frac{Z_{\text{in}} - Z_{\text{o}}}{Z_{\text{in}} + Z_{\text{o}}} = r + \mathrm{j}x$$

反射系数,也有实部虚部,史密斯圆图把阻抗的坐标作成圆,它的反射系

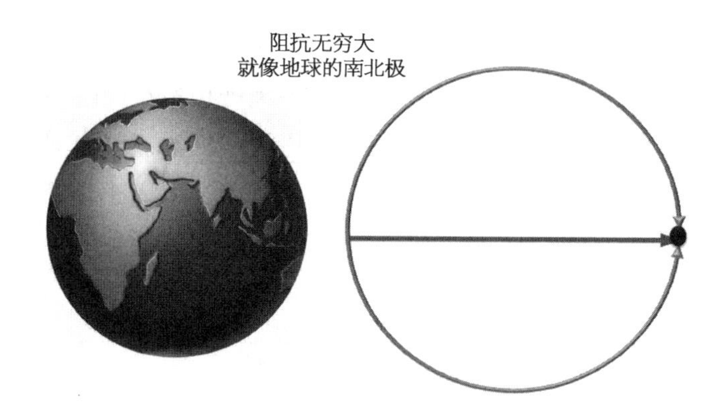

数的坐标就成直角坐标(r,x)了。

为什么用Smith圆图,是因为自家的阻抗容易计算,而反射系数不容易计算。

所以,我们希望快速知道:

反射系数是多少,实部是多少,虚部是多少?

人类的天性是喜欢简单的事物,解决复杂的难题。Smith把反射系数的实部虚部坐标做成直角,不用计算,眼观即可查询。

史密斯圆图(二)

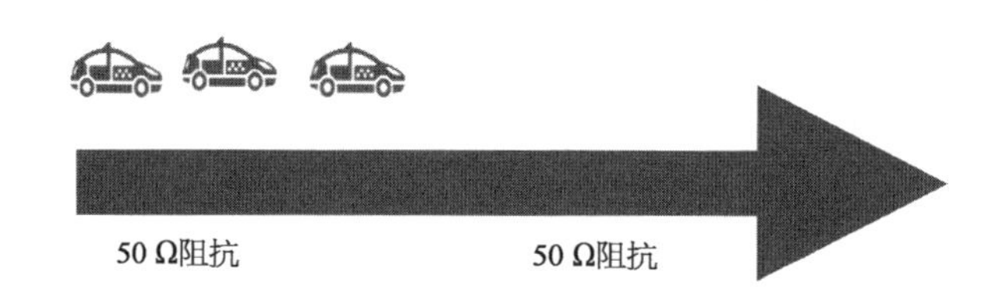

如果,前后阻抗都是50 Ω(还是以50 Ω阻抗为例),那反射系数为0。比如下页上图中黑点。

这个0就是反射坐标的原点,直角坐标(见下页中图)。

有了坐标,咱们尝试找一下直角坐标的实部50、虚部50的阻抗,在圆图中是哪个点。

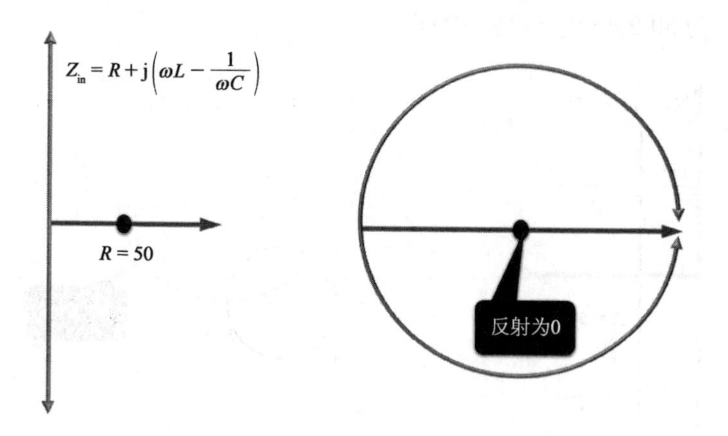

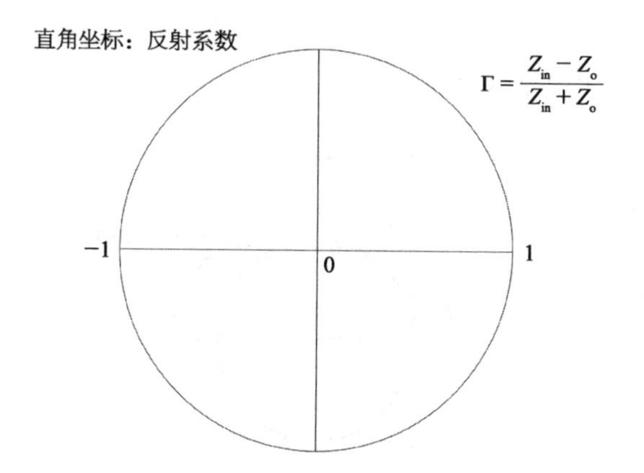

直角坐标系实部为 50 黑色线,在圆图中也是一个圆。

纵坐标弯了。

和纵坐标平行的线,也跟着弯了。

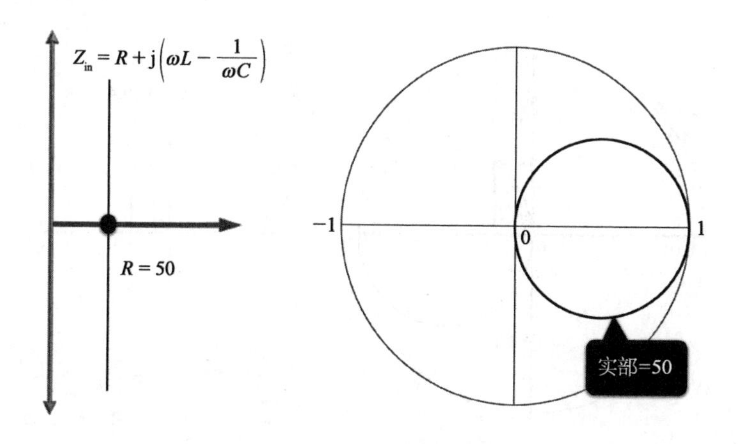

虚部为 50 的横线，也是一个圆。

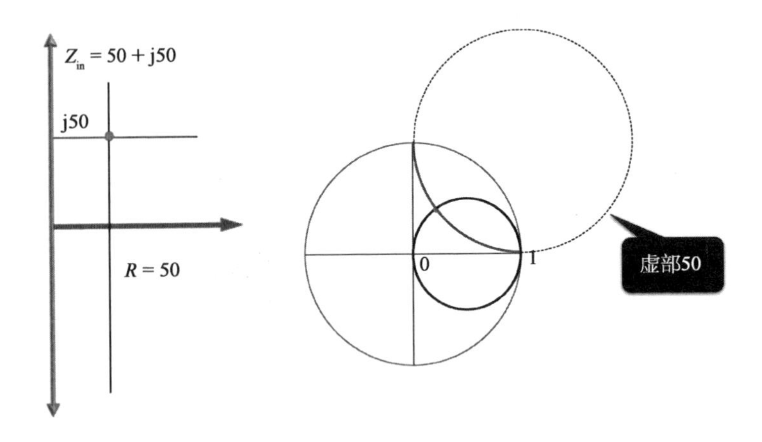

50+j50，在圆图中是这个点。

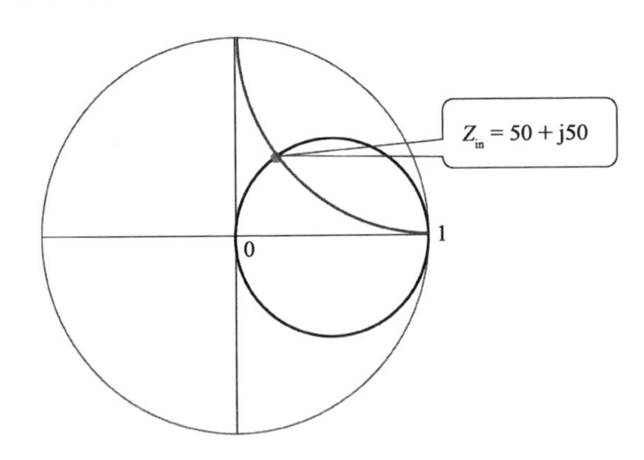

圆图中的直角坐标，是反射系数的坐标，咱们提取出来反射系数的实部和虚部。

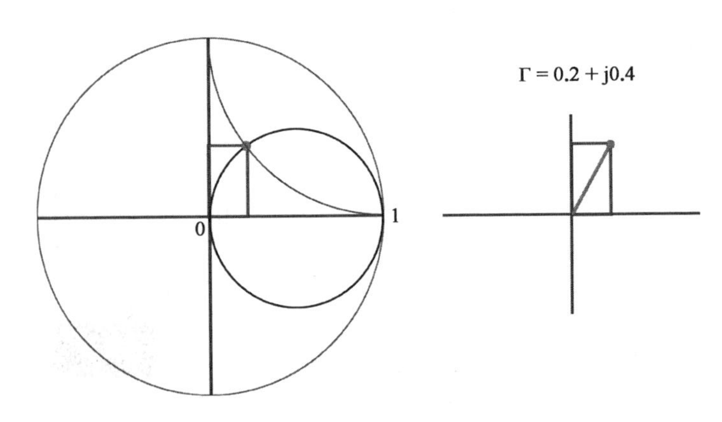

用公式验证：

$$\Gamma = \frac{Z_{in} - Z_o}{Z_{in} + Z_o} \quad Z_{in} = 50 + j50$$

$$\Gamma = \frac{50 + j50 - 50}{50 + j50 + 50}$$

$$\Gamma = \frac{j}{2 + j}$$

$$\Gamma = 0.2 + j0.4$$

这里边有个阻抗归一化的过程。

$$\Gamma = \frac{Z_{in} - Z_o}{Z_{in} + Z_o}$$

⬇

阻抗归一化 $$\Gamma = \frac{\left(\frac{Z_{in}}{Z_o}\right) - 1}{\left(\frac{Z_{in}}{Z_o}\right) + 1}$$

阻抗归一化，不影响反射系数。阻抗写成大 Z，归一化阻抗写成小 z。在圆图中，更容易标识。

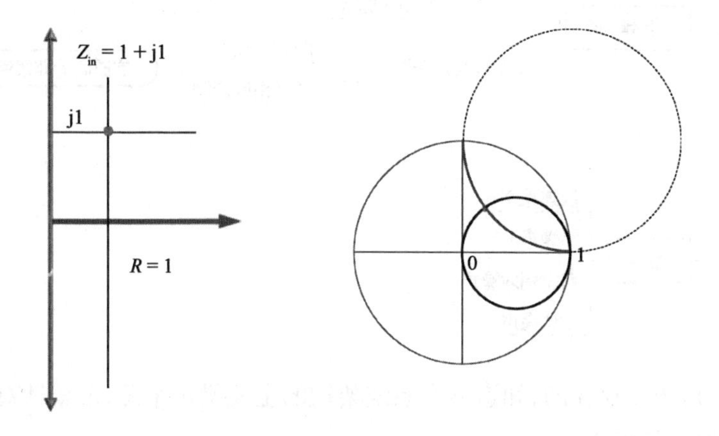

当然可以把横纵坐标，标得细细的。

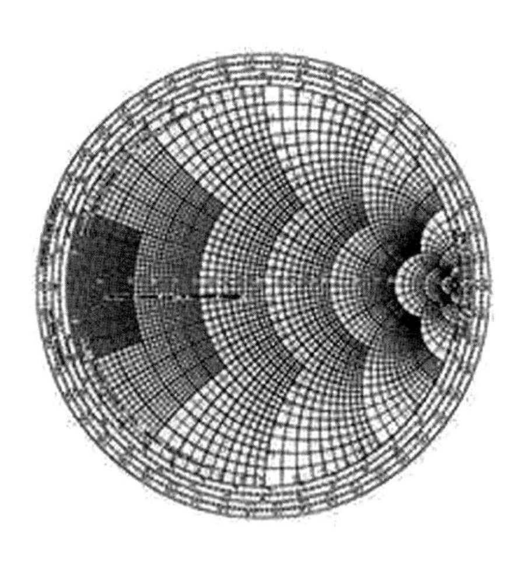

光传输的信号损伤与补偿

啥叫补偿算法?

光信号的传输,由什么引起的性能劣化,就逆向进行修复呗,用算法的方式来修补信号损伤,这就是算法补偿呗。

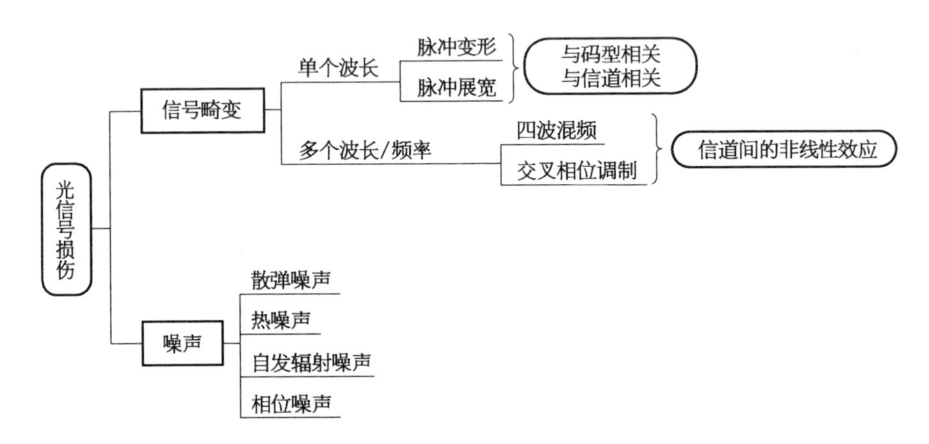

噪声是普遍存在的,知道整个系统架构的主要噪声来源,那就针对性地降低噪声,提高信噪比。

再一个就是信号损伤,这分两种,一是单个波长引起的畸变和劣化。这主要和信道与码型相关,限制的是比特率。

咱们光通信的信号是光纤,那光纤引起的信号畸变主要是色散,另外多模光纤还有光的模式引起的信号劣化,不同的码型,比如 NRZ,PAM4/8,QAM 等在同一种信道中传输引起的劣化也不同。

再就是多个子信道或者多波长(波分复用)引起信号劣化的,多是非线性效应。

明确了信号损伤的类型,然后找出相应的逆向工程,这就叫补偿。

补偿有物理补偿(比如色散补偿光纤等),也可以做算法补偿(比如 MLSE 的最大似然数补偿等)。信号在传输中,缺了啥,就补点啥。

光模块电路之高速布线串扰 3W 原则

聊聊串扰。

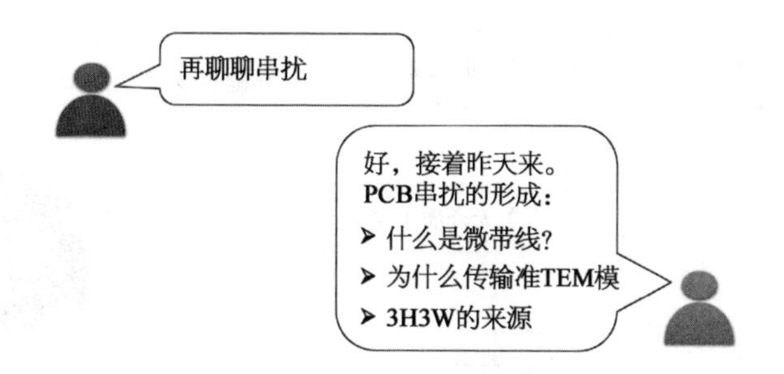

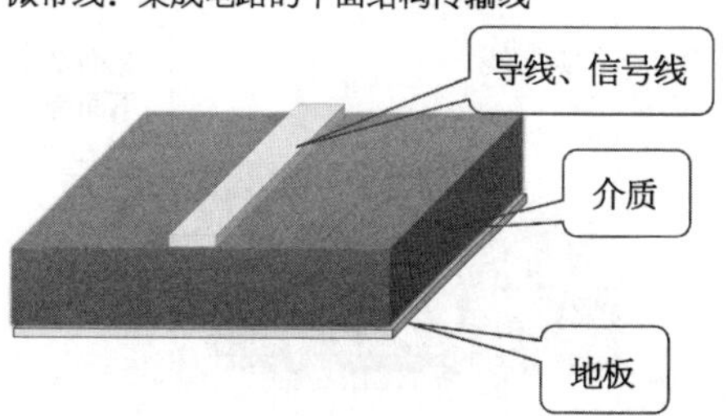

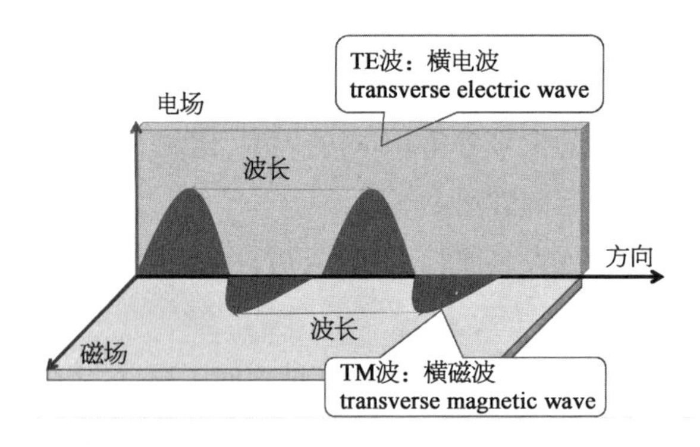
TE波：横电波
transverse electric wave
电场
波长
方向
波长
磁场
TM波：横磁波
transverse magnetic wave

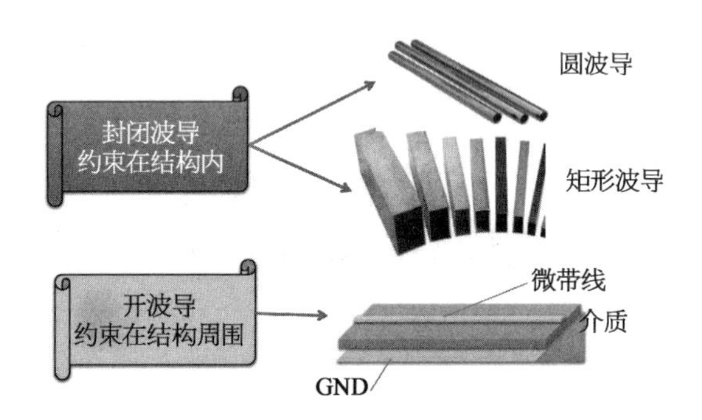
圆波导
封闭波导
约束在结构内
矩形波导
微带线
开波导
约束在结构周围
介质
GND

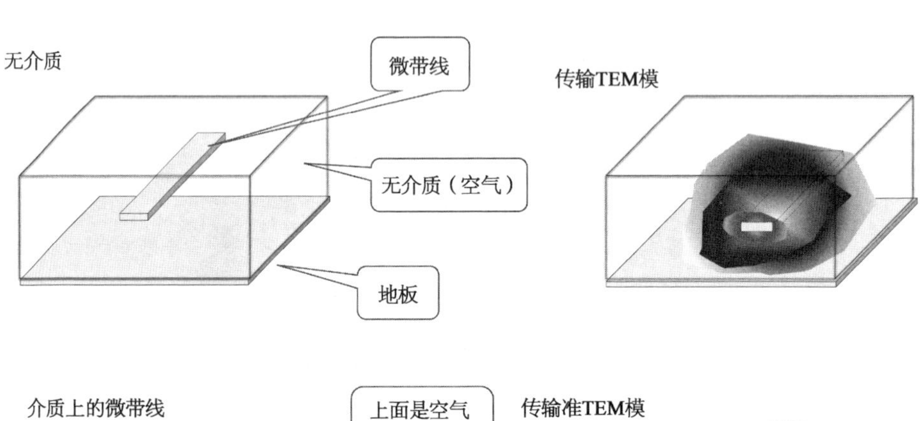
无介质
微带线
传输TEM模
无介质（空气）
地板

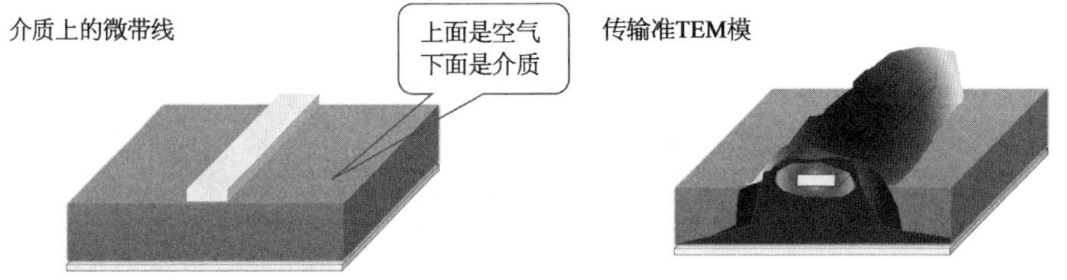
介质上的微带线
上面是空气
下面是介质
传输准TEM模

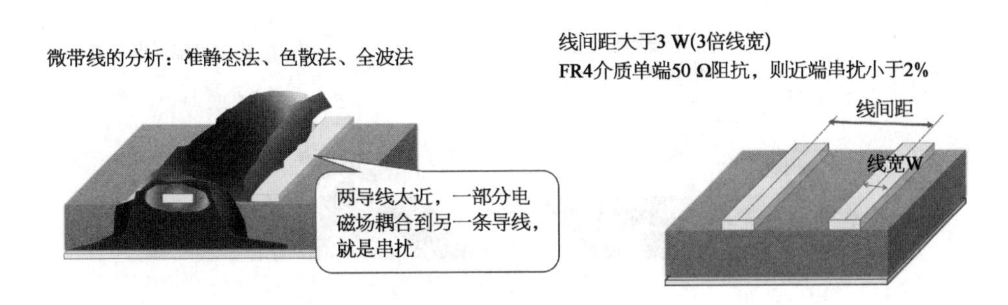

在高速光模块设计中,数字电路需要转变到模拟电路设计思维。

这句话,有点像,光通信的物理模型还要考虑化学材料。

跨界转向后,会发现自己领域很纠结的事情,在另一个领域简直简单得不要不要的。

光模块的电路设计——为什么考虑 EMC

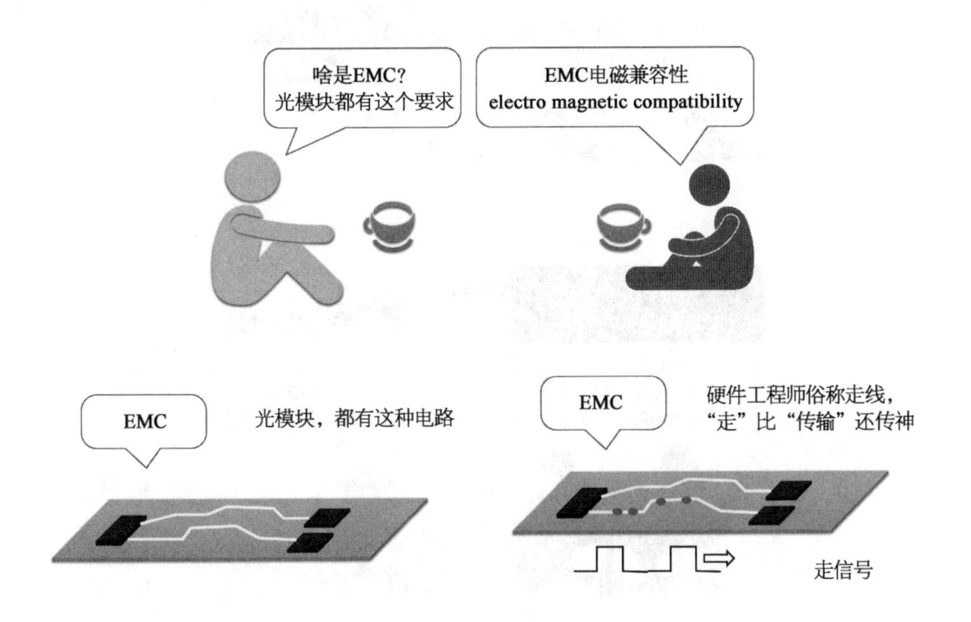

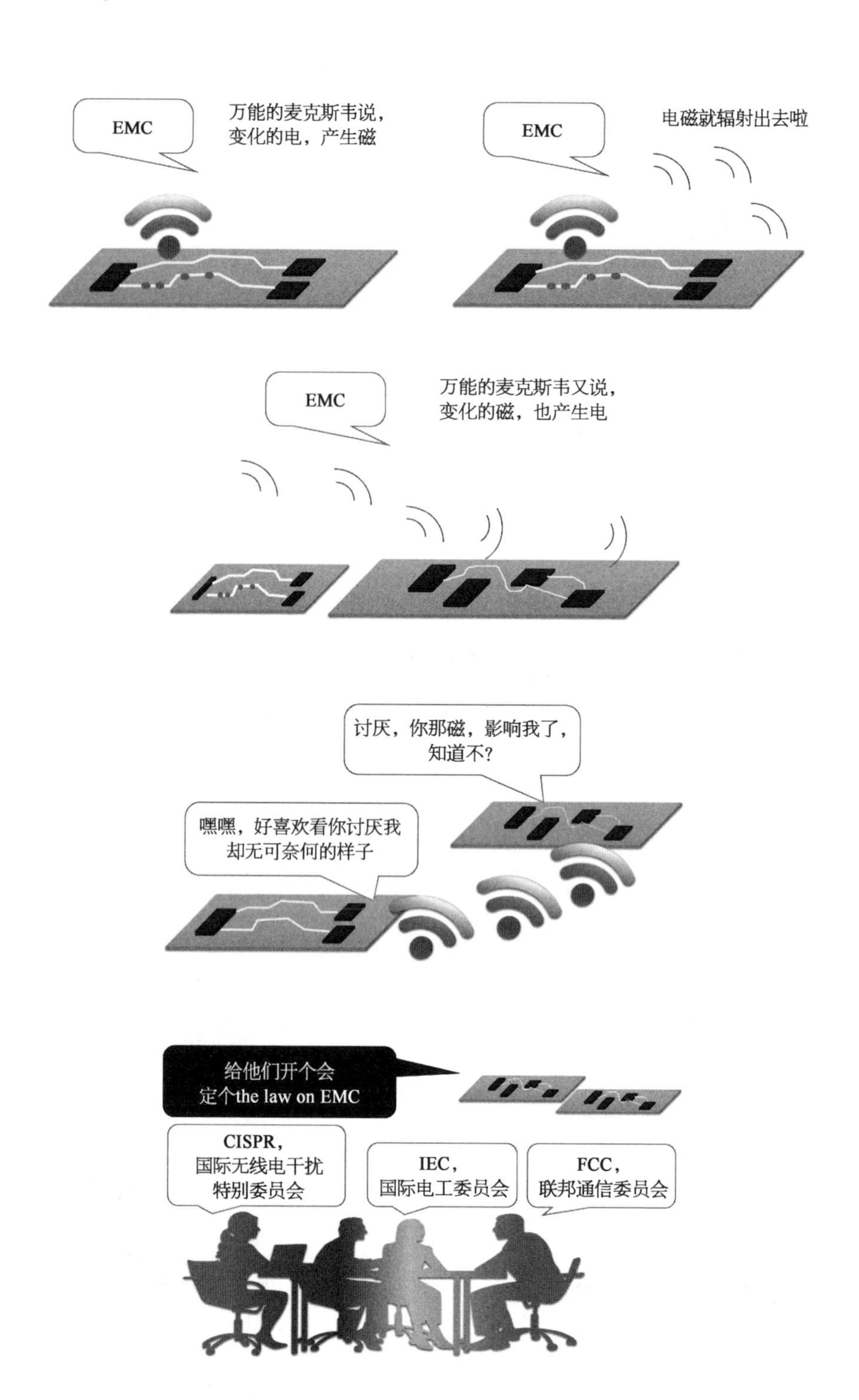
EMC
万能的麦克斯韦说，
变化的电，产生磁
EMC
电磁就辐射出去啦
EMC
万能的麦克斯韦又说，
变化的磁，也产生电
讨厌，你那磁，影响我了，
知道不?
嘿嘿，好喜欢看你讨厌我
却无可奈何的样子
给他们开个会
定个the law on EMC
CISPR，
国际无线电干扰
特别委员会
IEC，
国际电工委员会
FCC，
联邦通信委员会

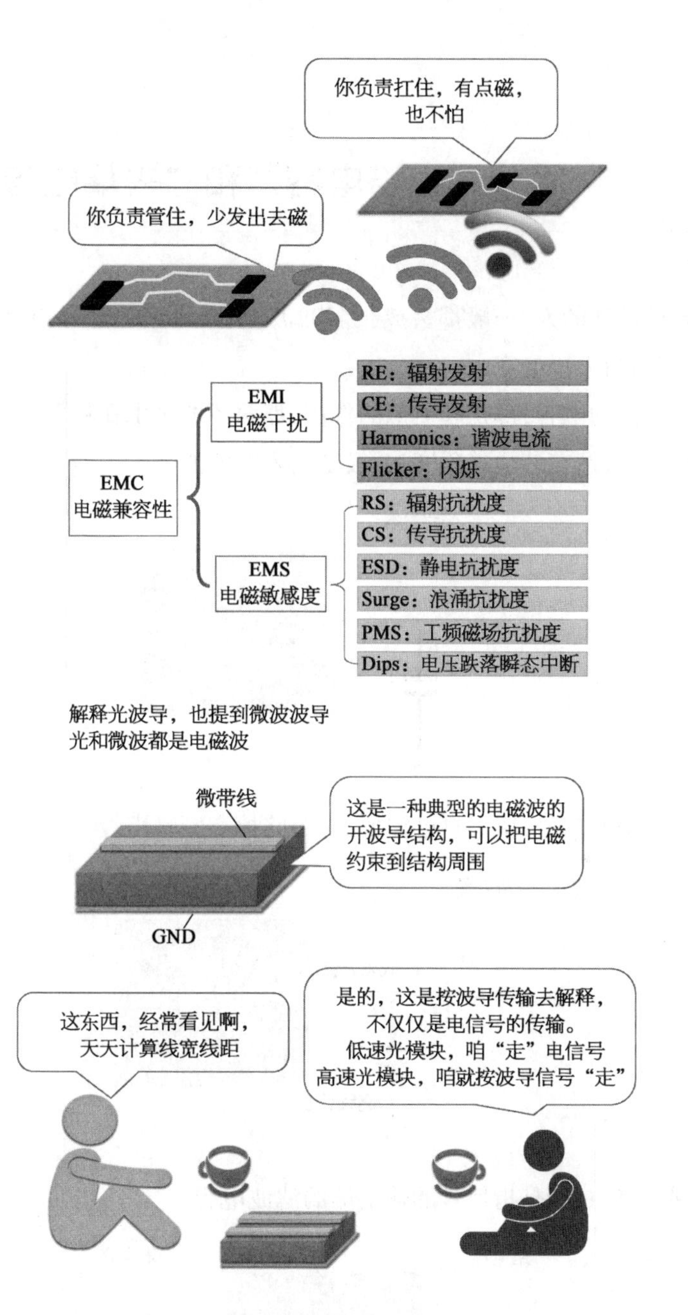

电信号速度越高，电和磁的变化越快，互相影响就大。

低速光模块，就像骑自行车，没有刹车也不要紧，脚拖地凑合也能刹住。

高速光模块，就像开汽车，刹车坏了，用脚拖地上，腿都秃噜半截也刹不住。就得讲科学！

区分“旁路电容”和“去耦电容”

做硬件设计的人,一般都会放很多滤波电容,用来去除噪声,但有的叫旁路电容,有的叫去耦电容。

都是类似的电容,都是起类似的作用,那两者的区别在哪里?

旁路电容,站在芯片的角度,一般是输入端的滤波。

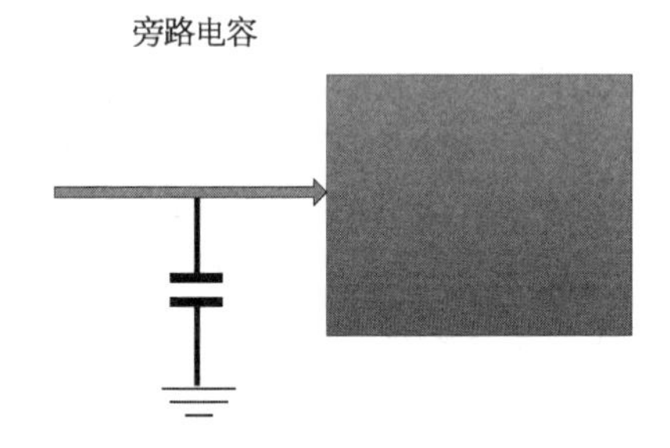

把接收来的信号,留下自己需要的,旁路掉高频噪声。

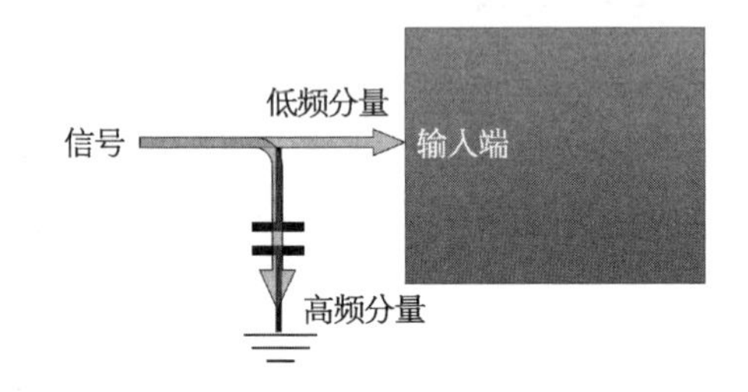

去耦电容,一般是指信号的输出端的滤波电容。

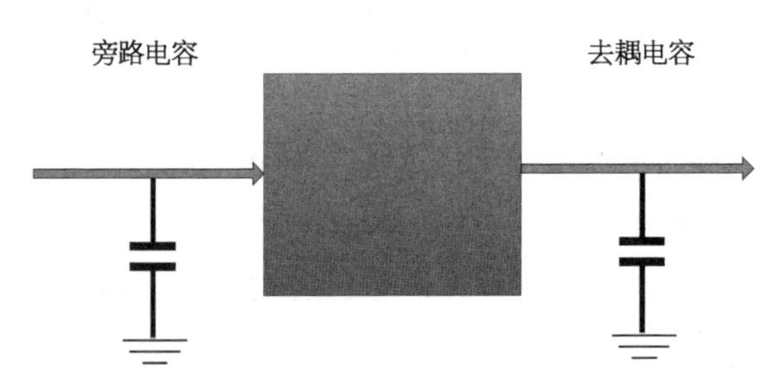

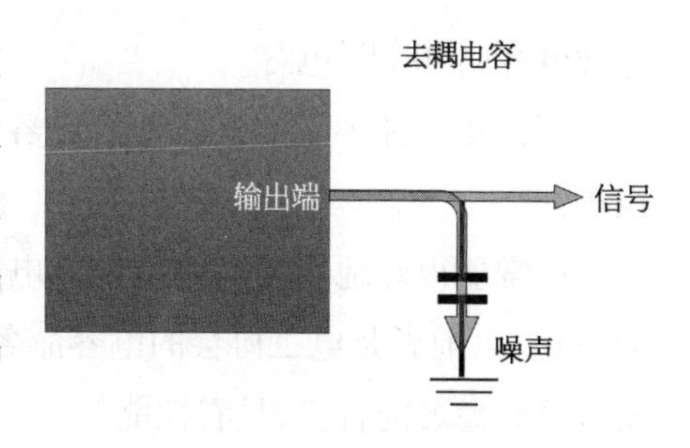

因为芯片本身是打算产生一个完美的信号，可是里边其他部分的电路太多了，有一部分噪声会“耦合”到它制造的这个信号线上去，输出后用电容把耦合到信号上的那些噪声去掉，叫去耦电容。

再简单理解一下，我们打算送给小伙伴一个苹果，用手帕先擦一下灰尘，然后再递过去，那这个手帕是去耦手帕。

如果我们是苹果的接收人，拿到苹果后，用一条手帕先擦一下再放到冰箱，那这个手帕就叫“旁路手帕”。

手帕是一样的手帕，作用是一样的作用，位置不同而已。

为何 400 G 的高频耦合电容都是 pF 级别

现在做高速光模块，高速差分信号需要高频耦合电容，有时候小伙伴们称这种电容叫“0 nF”电容。

其实是一种小于 1 nF 的耦合电容。这就带来一个问号？为什么高频电容很小？

通常能很好地用于高频耦合的电容，会选择 COG 的陶瓷电容，或者也叫 NPO 电容，前者是电工协会的电容命名方式，后者是美军标的命名方式。今天略过这些命名的含义，只看性能。

COG 这种电容，是可以用在高频的。而 X7R 和 Y5V 这些常见的电容一般用在低频率下。

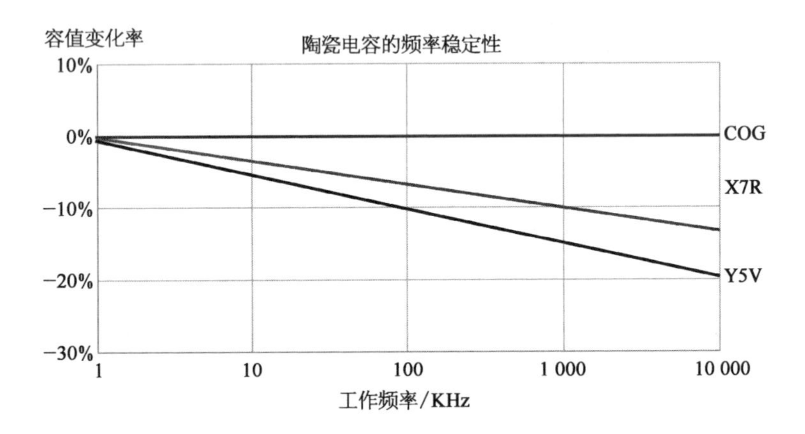

再看它们的其他参数的稳定性，下图，COG 电容的特点是电容值几乎不随温度变化而变化。

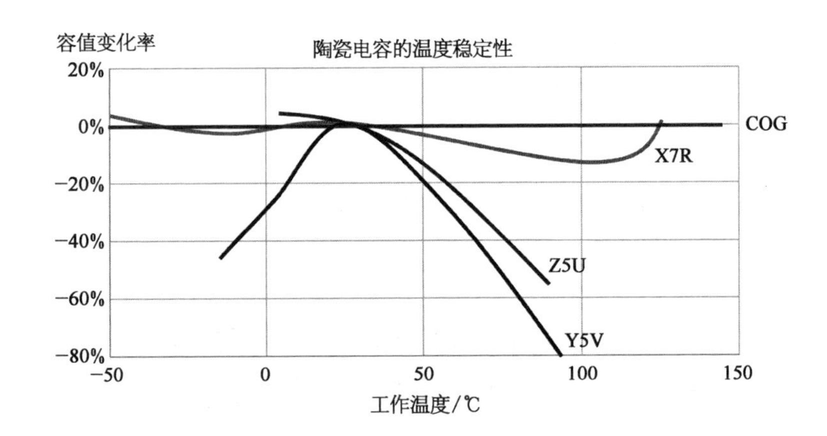

另外，COG 电容不会像其他电容一样，在长时间工作后出现老化现象。

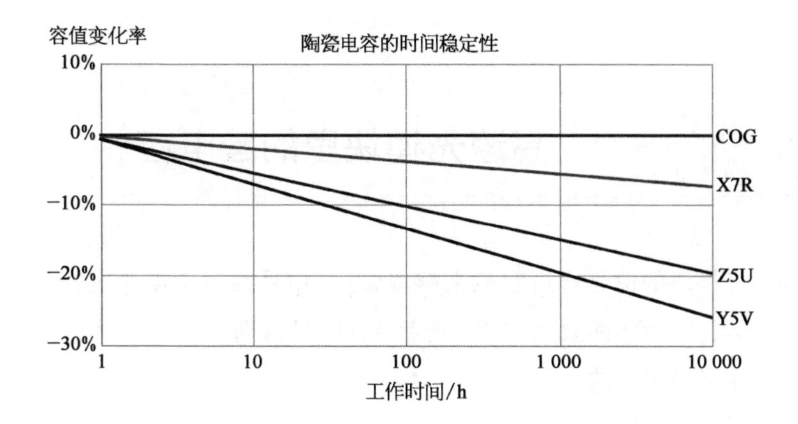

COG 具有宽频工作的特点，同时有着极强的温度稳定性和时间稳定性。经常被用在超高速电路的信号耦合或射频电路的信号耦合中。

电容类别	介质类型	介电常数	工作频率	备　注
COG	Ⅰ类陶瓷	几十	高频	非铁电材料
X7R	Ⅱ类陶瓷	几千	中频	铁电材料
Y5V/Z5U		几万	低频	铁电材料

要想实现这种超强稳定的电容性能，就不能选择常用的铁电材料。在划分陶瓷电容中，经常用Ⅱ类陶瓷标注铁电系的陶瓷，用Ⅰ类陶瓷来标注非铁电系材料。

Ⅰ类陶瓷和Ⅱ类陶瓷有个明显的区别，就是介电常数。

Ⅰ类陶瓷的介电常数很小，一般是几十，顶多到 100。

Ⅱ类陶瓷的介电常数随便就到几千上万，同样的电容面积和距离的话，容值与介电常数成正比。

因为Ⅰ类陶瓷的介电常数很小，在咱们常用的 PCB 板的 0402，或者 0201 这么有限的空间内，容值只能做到 pF 级别。

介电常数　　电容板面积

$$C=\frac{\varepsilon \cdot S}{4\pi k \cdot d}$$

静电力常数　　板间距离

高速光模块里的硅电容

咱们光模块的信号通道数越来越多，差分信号线通常需要电容做 AC 耦合，电容的尺寸 0402 都太大，0201 或者 01005 是首选。电容的尺寸长宽高依然还是用毫米做单位的。

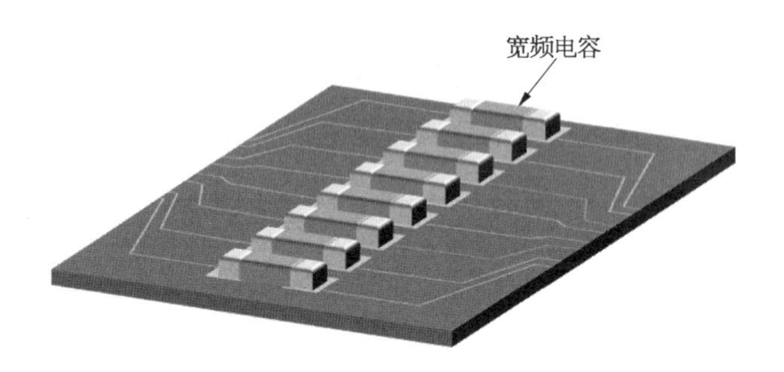

现在模块中有一种超薄的硅电容，比那种 MLCC 的多层陶瓷电容还薄几十倍，用微米做计量单位。

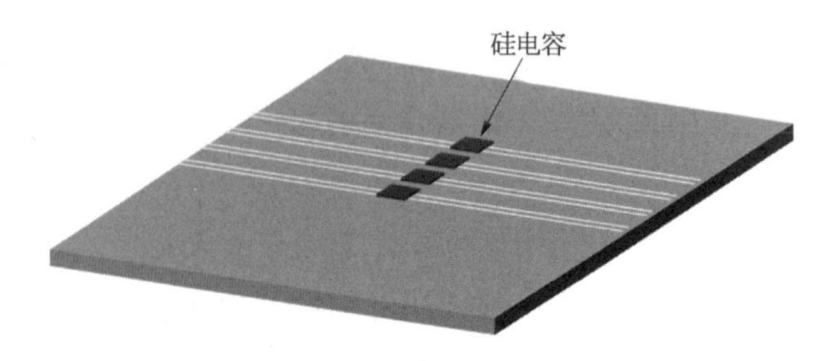

电容无非就是两金属板，可以集聚电荷，两金属板不能接触。

做电容很容易,做两电极,电极之间用绝缘材料隔离一下,尽量贴近就好。

但是电容做小就不容易了,电容的容值与两参数相关,一是电极的面积,二是它俩的距离。面积越大容值越大,越近(绝缘介质越薄)容值越大。

怎么把电容体积做小,容值不变,那这意思就是得有足够的金属面积和足够薄的绝缘介质。

咱们常用的电容,陶瓷做绝缘,用几十层电极来保证面积。

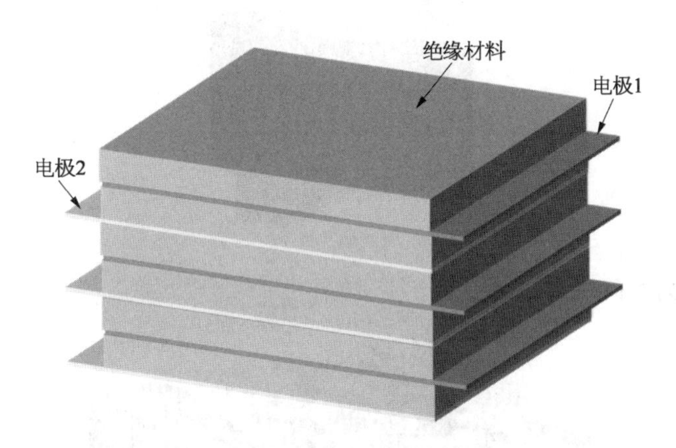

其实还有别的方法,比如把金属板做成鸡蛋托一样的结构。

两层鸡蛋托架中间用一层白纸隔开,呵呵,这不就是上下两个大面积的电极和超薄的绝缘物。

硅,咱们芯片用得很多,MOS 管就叫金属-氧化物-半导体,那是个电容。咱们也可以做金属-氧化物-金属,MOM,这也是电容。

硅做成立体结构是很容易的。

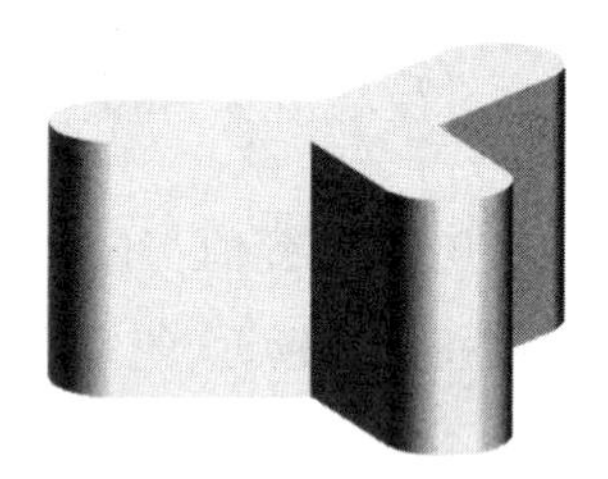

在立体结构上,做一层介质膜,最后覆盖另一层金属即可。

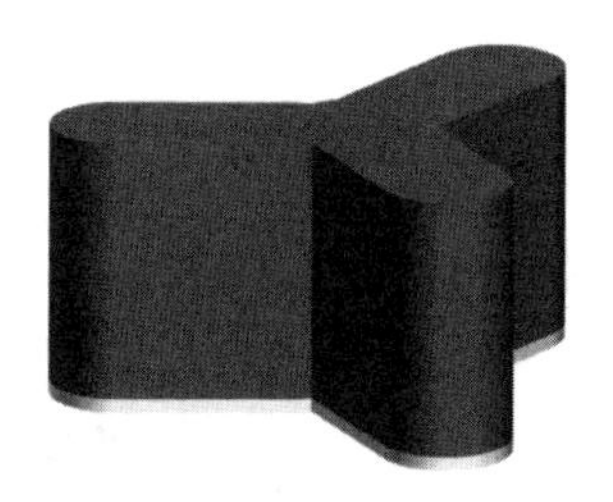

做很多这样的。

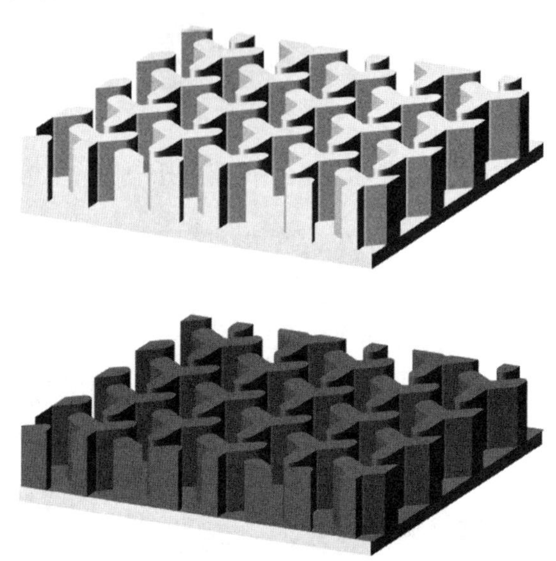

把它切开看是这样:

覆盖:

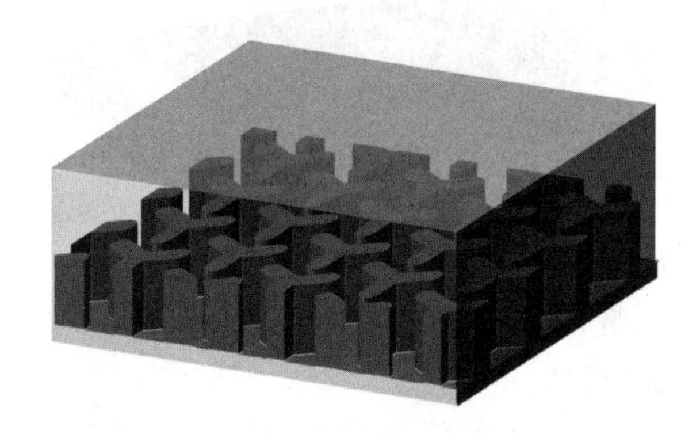

随意从中间切开看电容结构:

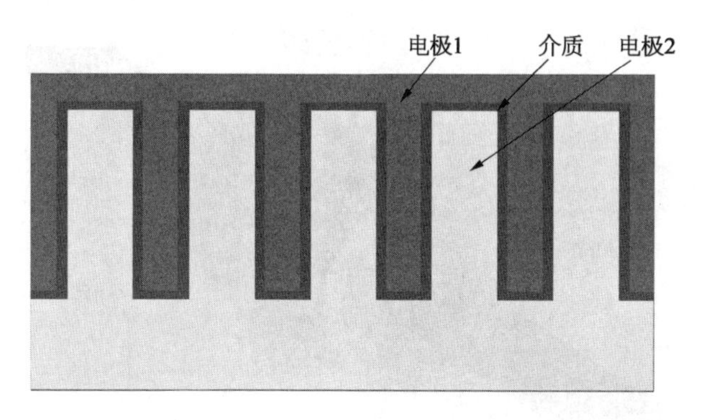

体积又薄又小,容值不变,还可以用半导体工艺光刻来做,这就是硅电容的优点。

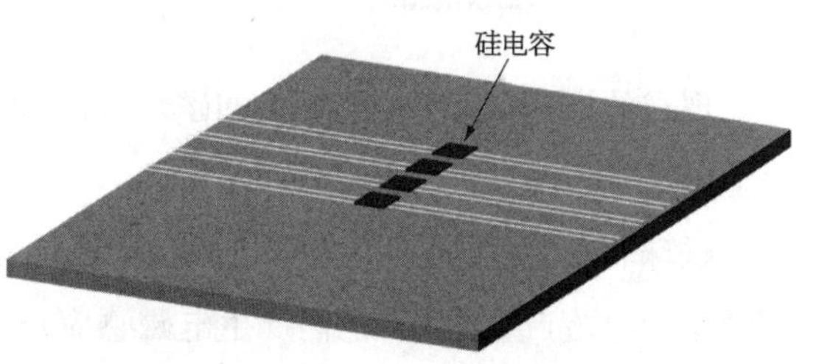

光模块的 EMI 为什么选用磁珠而不是电感

高频光模块，抑制 EMI 电磁干扰，有一种神器，叫磁珠。

磁，一般咱们能猜出来，和电磁感应相关，为什么叫“珠”？

因为，最早时，是把这些叫铁氧体的材料，做成环状套在电源线或者射频线上，来抑制电磁干扰的。

这种铁氧体套管儿，以及穿管的方法，很像“珍珠项链”的制作，所以叫“珠”，磁珠。

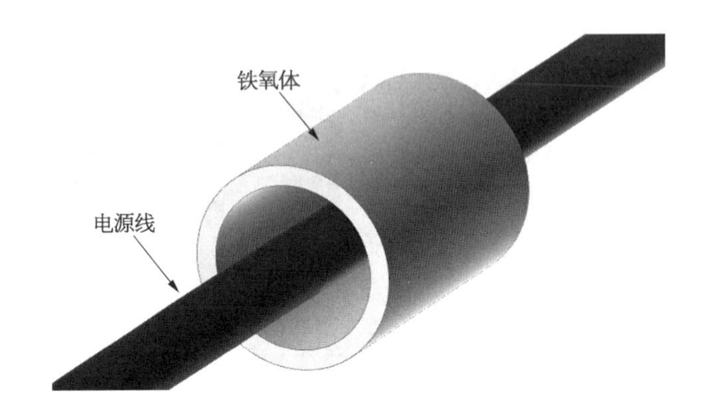

现在的光模块里边，PCB 上的磁珠，拆开来，依然是一圈圈儿的盘旋（见下页上图）。

磁珠和电感，在原理上有相似的地方，都可以对高频噪声产生抑制作用，高频交变电流产生磁场，他们产生电磁感应，从而抑制了高频信号的传输。

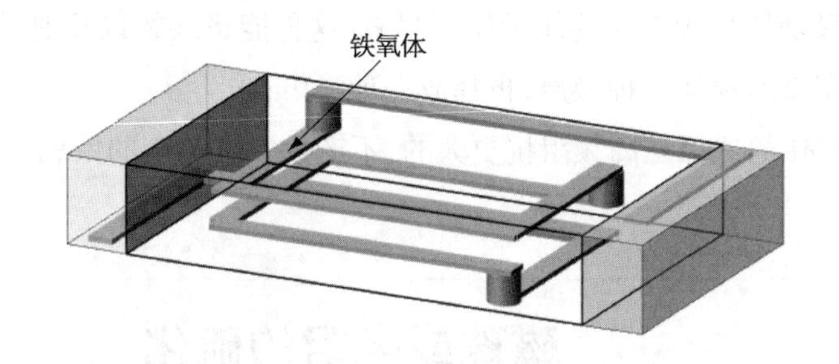

对直流则都能通过,在制作上,也是类似的一圈圈盘旋。

那它俩的区别是啥?

磁珠用的材料是铁氧体,突出的是一个氧字,最早是铁的氧化物,现如今发现好多金属氧化物具有同样的特点,统称为铁氧体。

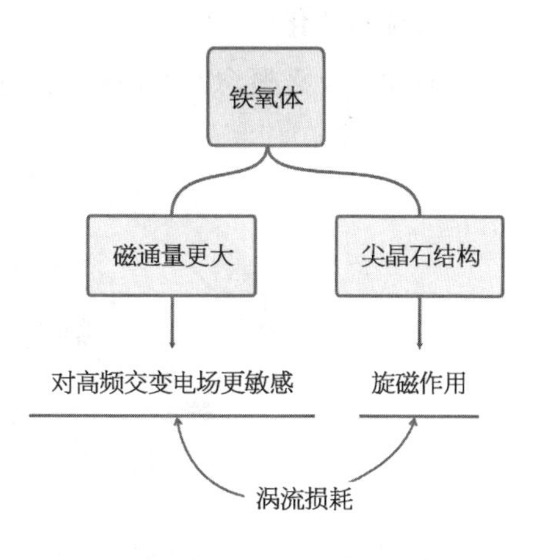

铁氧体,与铁相比,磁通量更大,同样的交变电磁场,铁氧体能感应出更多的磁场来。

对光模块电路来说,外界的高频交变电磁场,是一种噪声,需要滤除掉,那铁氧体对这个感应更灵敏,能滤除得更干净。

铁氧体,还有一种效果,尖晶石结构的铁氧体有旋磁效果,磁场的旋转会产生涡流,涡流会释放热能。

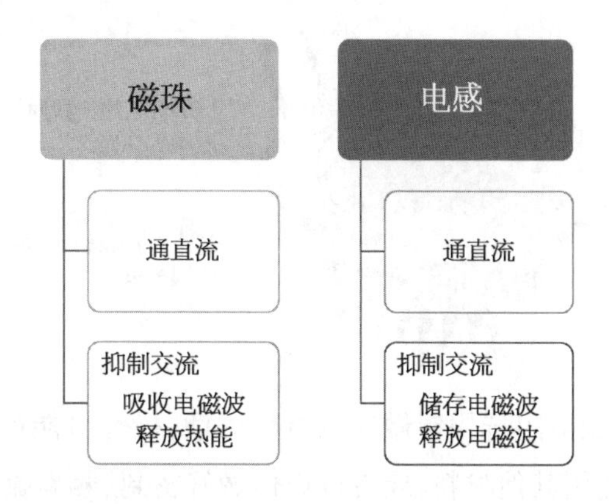

铁氧体,吸收高频噪声,产生旋磁,涡流损耗加大,以热的形式释放出来。

电感，只是把高频噪声的能量储存起来，这种能量终将以其他形式释放到电路板上，那就是逮住一种噪声，再释放一种噪声，唉。

所以，EMI 的选择是高频阻抗更大的，不产生二次噪声的铁氧体磁珠。

磁珠或电阻的硫化

磁珠易硫化。

硫化是什么概念？生活里经常遇到，比如银首饰容易变黑，那就是硫化。

咱们现如今用 LED 灯，很多，时间长了就不咋亮，最常见的一种原因是 LED 银电极硫化，硫化银本身不导电，被硫化了一部分的银体现出的特征就是电阻越来越大。

同样，如果薄膜电阻选用银做导电材料的话，极有可能被硫化，电阻增加，抗硫化电阻就是选用其他材料，或者选银但做好密封，隔离硫化物的侵入。

薄膜电阻可以选镍铬 Ni－Cr，或者氮化钽。

同理,铁氧体磁珠,里边如果有银,那也会遇到同样的现象,硫化后有着同样的电阻增加的现象(见 P455 第 1 图)。

那,咱不用银呗,铁氧体的这两种效果好就好,没说离了银就干不了磁珠啦。

在尖晶石结构的铁氧体材料中,镍锌铜合金的高频磁导率很不错,这种材料可以用啊。

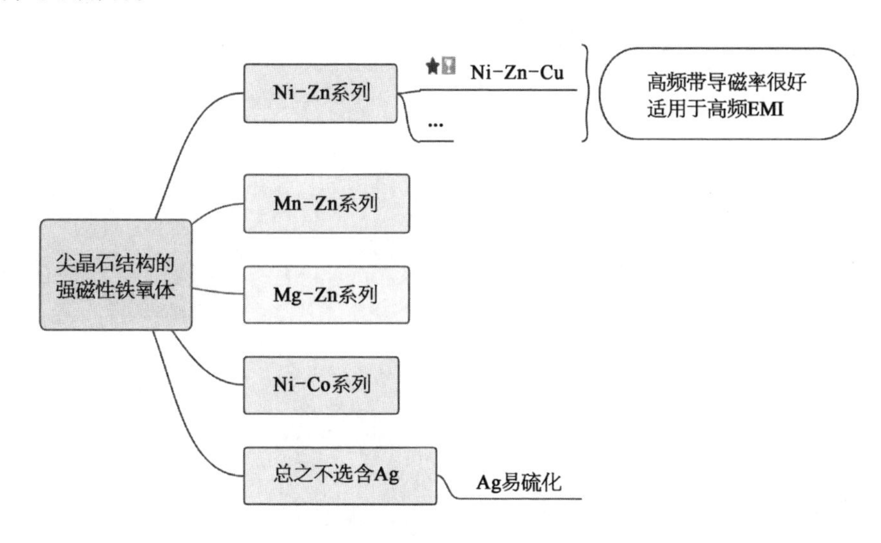

缩略语

缩略语	中文	全文	浅释
3G	第三代(无线通信技术)	3rd generation	
4G	第四代(无线通信技术)	4th generation	
5G	第五代(无线通信技术)	5th generation	
10 G PON	10 G 比特无源光网络	10 gigabit-capable passive optical network	
AAU	有源天线	active antenna unit	把原来 BBU 中的一部分功能和原来的 RRU 集成在一起
ACO	模拟接口的相干光模块	analog coherent optics	
AG	接入控制器	access controller	
AlAs	砷化铝	aluminum arsenide	
APC	自动功率控制	automatic power control	由于激光器的发光效率随温度升高而下降,光模块中常用此功能来整体控制高低温变化时输出光功率的值
APD	雪崩光电二极管	avalanche photo diode	光模块中探测器的一种常用结构,是在 PIN 的半导体结构上增加一层用于产生雪崩效应的结构
ASIC	专用集成电路	application specific integrated circuit	区别于通用集成电路(通用型可编程硬件软件电路,功能非常多),在光通信应用中如果特定功能十分明确,将此功能群单独开发成一个芯片,降低成本

续 表

缩略语	中文	全文	浅释
AWG	阵列波导光栅	arrayed waveguide grating	是一种无源合分波器件,用一组阵列波导实现光程差
BBU	基带处理单元	base band unit	
BEN	突发使能	burst enable	
BER	比特误码率	bit error rate	
BH	异质掩埋	buried heterostructure	边发射激光器的一种常用波导结构,通过异质材料将波导掩埋进去,改善电光效率和光束质量,常用来对比RWG结构
BiDi	双向	bi-directional	特指单纤双向,一个光纤同时传输收发两个方向的信号
BOSA	双向光组件	bi-directional optical sub-assembly	把激光器/探测器组合在一起,一根光纤可以同时实现发射和接收
BRAS	带宽远程接入服务器	broadband remote access server	
BSC	基站控制器	base station controller	
CDR	时钟数据恢复	clock data recovery	
CFP	100 G 可插拔	100 Gb/s form factor pluggable	希腊字母 C 代表 100,X 代表 10,CFP 是 XFP 的速率升级版本
CFP2	100 G 小型可插拔		是 CFP 的小型化版本,一个 CFP 光模块的空间可以插入 2 个 CFP2 的模块
COB	板载芯片	chip on board	无封装的裸芯片,置于 PCB 板上
COBO	在板器件联合	consortium for on-board optics	
COC	载体芯片	chip on carrier	无封装的裸芯片,置于(陶瓷灯)衬底上
COP	联合封装	co-packaging	指光器件与交换芯片一起封装
COT	中心机房终端	central office terminal	
CPO	联合封装	co-packaging optical	指光器件与交换芯片一起封装
CPRI	通用公共无线接口	common public radio interface	无线基站接口协议,其中包括光模块物理层指标

续 表

缩略语	中文	全文	浅释
CR	核心路由器	core router	光通信网络的节点
CU	集中单元	centralized unit	
CW	连续波	continuous wave	
CWDM	粗波分复用	coarse wavelength division multiplexer	
DBR	分布式布拉格反射	distributed Bragg reflection	布拉格是人名,用来命名一种周期性变化的光栅,用布拉格光栅可以实现光反射的功能,而且是逐层反射,叫分布反射
DCI	数据中心互联	data center inter-connect	
DCO	数字接口的相干光模块	digital coherent optics	
DeMUX	多信道解复用	demultiplex	电信号的 DeMUX,指一路高速电信号分解为多个低速电信号,也可以叫 SERDES,或者 GearBOX 光信号的 DeMUX,一般指把一根光纤上多个波长分解到每个输出光信道一个波长
DFB	分布反馈	distributed feedback Bragg	光模块常用的一种激光器结构,用光栅实现分布式反射,在晶圆的侧边发光,DFB 也是边发射激光器
DML	直接调制激光器	direct modulation laser	不使用调制器的激光器,叫直接调制, VCSEL,FP,DFB 都可以用作 DML 直接调制,主要区别于 EML 这种带有调制器的激光器
DMT	离散多音调制	discrete multi tone	是频分复用的一种方式
DP - QPSK	双偏振四相相移键控	double polarization-multiplexing and quadrature phase shift keying	
DRV	驱动(电路)	driver	在光通信中,特指激光器的电流驱动功能

续 表

缩略语	中文	全文	浅释
DR	用于数据中心的距离	datacenter reach	特指 500 m,数据中心特有的一种传输距离,早期电信分为 SR,LR 等,后来增加了数据中心的两个距离,DR 与 FR
DSP	数字信息处理	digital signal processing	特指一种可以快速实现大量数据量信息处理的芯片,在高速光模块上的应用越来越广泛
DU	分布单元	distributed unit	
DWDM	密集波分复用	dense wavelength division multiplexing	光通信的一种传输方式,一根光纤采用很多波长,比粗波分复用更多的波长,每个波长都是独立的信息通道
EAM	电吸收调制器	electrical absorbing modulator	
EDFA	掺铒光纤放大器	erbium-doped optical fiber amplifier	光放大器的一种,利用光纤中掺入铒离子实现放大功能
EML	电吸收调制激光器	electro-absorption modulated laser	光模块常用的一种集成式激光器,是 DFB 激光器与电吸收调制器的集成
EPON	以太网无源光网络	ethernet passive optical network	1 G 速率的以太网无源光模块,标准由 IEEE 确定
ESA	电组件	electric sub-assembly	也叫 PCBA,就是把电芯片和 PCB 板组装在一起的半成品
FP	法布里-珀罗	Fabry - Perot	法布里、珀罗是人名,光模块常用的一种激光器结构,反射腔是水平方向上的两个反射镜,在晶圆的侧边发光,FP 是边发射激光器
FR	(比 DR)远的距离	far reach	特指数据中心的 2 km 应用
GaAs	砷化镓	gallium arsenide	
GaP	磷化镓	gallium phosphide	
GBIC	吉比特转换接口	gigabit interface converter	早期光模块封装形式,用于 1 Gb/s 传输,光电转换接口
GPON	吉比特无源光网络	gigabit capable passive optical network	1 G 速率的无源光网络,标准由 ITU - T 确定

续　表

缩略语	中文	全文	浅释
GRX	变速箱	gearbox	信号速率的变换，详见电信号的 MUX 与 DeMUX
ICR	集成相干接收机	intradyne coherent receiver	
InAs	砷化铟	indium arsenide	
InP	磷化铟	indium phosphide	
ITLA	集成可调谐激光器组件	integrable tunable laser assembly	密集波分复用中的一个常用器件，把可调谐波长的激光器及其配件组装在一起
LASER	受激辐射放大器	light amplification by stimulated emission of radiation	
LA	限幅放大器	limit amplifier	
LC			一种光纤连接器接口
LDD	激光器驱动器	laser diode driver	
LO	本地振荡器	local oscillator	相干光模块中，用来和接收的信号产生干涉的本地光源，光是波，可以视作一种高频振荡器
LR	长距	long reach	
LTCC	低温共烧陶瓷	low temperature co-fired ceramic	是陶瓷基板的一种烧结工艺
LTE	长期演进	long term evolution	是针对第三代无线通信（3G）技术的长期演进计划，可以理解为 4G
LWDM	LAN－波分复用	local area network-wavelength division multiplexer	LWDM 是针对 CWDM 波长间隔略窄的一种复用方式，借用的 LAN 8 023.3 的波长间隔
MGW	媒体网关	media gateway	
MOD	调制	modulation	
MPO	多光纤推进	multi-fiber push on	多芯连接器
MSA	多源协议	multi source agreement	光模块协议的一种，一般是多个厂家协商后制定，是松散的自由组织形式，目的是增加产品之间的互操作性，规定光电和外形形状，主要区别于 IEEE/ITU－T 等标准联盟

续 表

缩略语	中文	全文	浅释
MUX	多信道复用	multiplex	电信号的 MUX,指多个低速电信号合成一路高速电信号,也可以叫 SERDES,或者 GearBOX 光信号的 MUX,一般指多个波长(一个波长一个通道)的信号合在同一个光纤上(多个波长共用一个通道)
MWDM	中等波分复用	medium wavelength division multiplexer	波长间隔比 CWDM 更窄,比 DWDM 宽的一种波分复用形式
MZ	马赫-曾德尔	Mach-Zehnder	马赫、曾德尔是人名,特指一种双臂结构的光路,可以用于信号调制器,这种结构的调制器叫作马赫-曾德尔调制器
NRZ	非归零	non return zero	光通信的一种常用调制格式,是一种二进制调制,由于非常简单,最常用法是高低光功率分别代表 1 和 0 两种状态
ODN	光配线网	optical distribution network	是有线接入中的分光节点
OLT	光线路终端	optical line terminal	有线接入网的局端光模块
ONU	光网络单元	optical network unit	有线接入网的用户侧光模块
OSA	光组件	optical sub-assembly	也叫光器件,可以实现激光器与光纤的连接
OSFP	八通道小型可插拔	octal small form factor pluggable	是光模块的一种外形封装定义,一个光模块支持八通道收发,主要用于 400 G 光模块
PAM4	四脉冲幅度调制	4 pulse amplitude modulation	目前 400 G 短距应用的一种调制方式,幅度分为 4 段,表征 4 个状态,同一个时间段传输 2 bit 的 NRZ 容量 长距离常用 QPSK,相位分为 4 段,表征 4 个状态
PBS	偏振分束	polarizing beam splitter	在 DP - QPSK 的双偏振光模块中,用于偏振的分离

续　表

缩略语	中文	全文	浅释
PCB	印刷电路板	printed circuit board	电子线路连接的一种常用方式,电气连接通过内层线实现,区别于早期离散金属电线的连接
PDSN	分组数据服务节点	packet data serving node	
PD	光探测器	photodetector	光模块中接收端的一种光芯片,PIN型和APD型是光模块中PD的主要类型
PE	骨干网边缘路由器	provider edge	
PIN	P-I-N半导体叠结构		光模块中探测器的一种常用结构,在PN半导体之间插入一层本征层(intrinsic),目的是增加光的吸收率
PN	P型半导体与N型半导体的一种结构	positive negative	半导体,是电阻介于导体与绝缘体之间的一种材料,可以掺入带负电荷(电子)的杂质,或带正电荷(空穴)的杂质,形成PN半导体叠层, PN正向呈现导体特征 PN反向呈现绝缘体特征 是目前激光器、探测器、集成电路等各种半导体设计的集成结构
POB	印刷光路板	printed optical board	光纤连接布线的一种方式,在同一个平面上实现光波导传输,区别于离散的光纤跳线连接方式
PON	无源光网络	passive optical network	无源光网络,特指有线接入的一种低成本连接技术,采用无源分支节点,点对多点接入方式
PS	相移	phase shift	
QAM	正交振幅调制	quadrature amplitude modulation	信号的传输格式,一般QAM后标注数字,比如QAM16,指的是相位与幅度总共有16个状态,等效为单位时间段传输4个bit(2的4次方)
QOSA	四向光组件	quad optical sub-assembly	4个TO封装在一起,实现1根光纤4路信号,一般指2路发射和2路接收

续 表

缩略语	中文	全文	浅释
QPSK	正交相移键控	quadrature phase shift keying	信号传输格式,单位时间段传输 4 个相位,等于两个 bit(一个 bit 有两个状态 1 和 0)
QSFP28	100 G 系统到小型可插拔	100 Gb/s quad small form factor pluggable	一般指 4×25 G 的 100 G 光模块封装形式 28 是指每个通道的最大速率可支持到 28 G
QSFP - DD	双倍密度的 QSFP	double density QSFP	QSFP+/QSFP28 是四通道,DD 是指电连接口的密度增加一倍,金手指有两排,一般用于 400 G 光模块
QSFP+	四通道增强型小型可插拔	quad enhanced small form factor pluggable	是 SFP+的四通道版本 SFP+一般走 10 G 信号,QSFP+一般指 4×10 G 的 40 G 光模块封装
RIN	相对强度噪声	relative intensity noise	
RNC	无线网络控制器	radio network controller	
RN	远端节点	remote node	
ROSA	光接收组件	receiving optical sub-assembly	把探测器以及配件组合在一起
RRU	射频拉远单元	radio remote unit	
RWG	脊型波导	ridge waveguide	边发射激光器的一种常用波导结构,常用来对比 BH 结构
SECQ	四相压力眼闭度	stressed eye closure quaternary	
SFP	小型可插拔	small form factor pluggable	小于 10 G 的一种光模块封装外形
SFP+	增强型小型可插拔	enhanced small form factor pluggable	“+”:是指比 2.5 Gb/s 速率更高,当时定义名词时主流速率是 2.5 G,特指 8~10 Gb/s速率 是 SFP 封装的增强版本
SGSN	GPRS 服务支持节点	serving GPRS support node	
SR	短距	short reach	

续 表

缩略语	中文	全文	浅释
SR	全业务路由器	service router	光通信网络的节点
TDECQ	四相发射机色散眼闭度	transmitter dispersion eye closure quaternary	
TDEC	发射机色散眼闭度	transmitter dispersion eye closure	
TDP	发送色散代价	transmitter dispersion penalty	是光模块中表征激光器由于光谱较宽而出现色散,导致信号分量传输时延,引起的额外代价
TEC	热电制冷器	thermal electrical cooler	光器件中常用于控制温度的一种半导体器件,既可以加热也可以降温
TIA	跨阻放大器	trans-impedance amplifier	是光模块接收端的一种专用放大器芯片,前端连接探测器(PD),PD 的作用是将光能量转换为电流,TIA 把电流转换为电压(类似电阻)并放大,叫作跨阻放大
TOSA	光发射组件	transmitting optical sub-assembly	把激光器以及配件组合在一起
TO	晶体管外形	transistor outline	光器件的封装形式之一,并不是封装晶体管,而是借用更早期的电子晶体管圆形帽子的外形封装形式
TriOSA	三向光组件	triplexer optical sub-assembly	一根光纤可以实现收发发,或者收收发 3 个方向的光学功能 主要场景是早期用户需要网络通信收发和一路有线电视 CATV 接收 另一个场景是接入网 10 G EPON 的 OLT,需要一路接收和两路发射信号
TRX	光模块/光收发一体模块	transceiver	光信号和电信号的互相转换
TWDM - PON	时分波分复用无源光网络	time and wavelength division	40 G 速率 PON 的一种主要应用标准
VCSEL	垂直腔面发射激光器	vertical cavity surface emitting laser	光模块常用的一种激光器结构,反射腔是垂直方向,在晶圆的表面出光

续　表

缩略语	中文	全文	浅释
VOA	可调光衰减器	variable optical attenuation	
XFP	10 G 小型可插拔	10 gigabit small form factor pluggable	X：希腊字母 10 小：是指比 GBIC 封装更小 可插拔是指可带电插入，也叫热插拔
XGPON	10 G 比特无源光网络	10 gigabit-capable passive optical network	X：希腊字母 10 的意思
XGSPON	10 G 对称无源光网络	10 gigabit-capable symmetric optical network	对称，是指上行和下行速率都可以支持 10 G 信号传输 XG－PON，10 G PON，指下行速率可以到 10 G，上行速率为 2.5 G XGS－PON，也叫 10 G PON，指下行速率可以到 10 G，上行速率为 10 G